應考科目

考試類科		專業科目
領隊人員	華語	1. 領隊實務（一）（包括領隊技巧、航空票務、急救常識、旅遊安全與緊急事件處理、國際禮儀）。 2. 領隊實務（二）（包括觀光法規、入出境相關法規、外匯常識、民法債編旅遊專節與國外定型化旅遊契約、臺灣地區與大陸地區人民關係條例、香港澳門關係條例、兩岸現況認識）。 3. 觀光資源概要（包括世界歷史、世界地理、觀光資源維護）。
	外語	1. 領隊實務（一）（包括領隊技巧、航空票務、急救常識、旅遊安全與緊急事件處理、國際禮儀）。 2. 領隊實務（二）（包括觀光法規、入出境相關法規、外匯常識、民法債編旅遊專節與國外定型化旅遊契約、臺灣地區與大陸地區人民關係條例、兩岸現況認識）。 3. 觀光資源概要（包括世界歷史、世界地理、觀光資源維護）。 4. 外國語（分英語、日語、法語、德語、西班牙語等 5 種，由應考人任選 1 種應試）。
導遊人員	華語	1. 導遊實務（一）（包括導覽解說、旅遊安全與緊急事件處理、觀光心理與行為、航空票務、急救常識、國際禮儀）。 2. 導遊實務（二）（包括觀光行政與法規、臺灣地區與大陸地區人民關係條例、香港澳門關係條例、兩岸現況認識）。 3. 觀光資源概要（包括臺灣歷史、臺灣地理、觀光資源維護）。
	外語	1. 導遊實務（一）（包括導覽解說、旅遊安全與緊急事件處理、觀光心理與行為、航空票務、急救常識、國際禮儀）。 2. 導遊實務（二）（包括觀光行政與法規、臺灣地區與大陸地區人民關係條例、兩岸現況認識）。 3. 觀光資源概要（包括臺灣歷史、臺灣地理、觀光資源維護）。 4. 外國語（分英語、日語、法語、德語、西班牙語、韓語、泰語、阿拉伯語、俄語、義大利語、越南語、印尼語、馬來語等 13 種，由應考人任選 1 種應試）。

目錄　Contents

導遊與領隊實務（二）

石慶賀、張倩華、吳炳南　編著

全華圖書股份有限公司

編輯大意

一、本書依據考選部公布之華語和外語導遊人員應試科目「導遊實務（二）」（包括觀光行政與法規、臺灣地區與大陸地區人民關係條例、香港澳門關係條例、兩岸現況認識），以及華語和外語領隊人員應試科目「領隊實務（二）」（包括觀光法規、入出境相關法規、外匯常識、民法債編旅遊專節與國外定型化旅遊契約、臺灣地區與大陸地區人民關係條例、香港澳門關係條例、兩岸現況認識）所包括之範圍，並兼採近年來該考試趨勢編寫而成。

二、本書適用於參加華語和外語導遊人員「導遊實務（二）」科目考試，以及華語和外語領隊人員「領隊實務（二）」科目考試。同年參加導遊與領隊考試者，全書每章均應閱讀；僅參加導遊或領隊考試之一者，請讀者注意每章開始處註明—本章適用於導遊或領隊。

三、本書敘述盡量採用圖表說明，讀者容易閱讀和記憶。

四、全書分八章，每章最後為歷年試題與詳盡解析，增進讀者對每章內容吸收，試題疑惑盡釋，掌握最新考試趨向。

五、本書的作者曾編寫導遊領隊人員應試書籍，或長期任職於旅行社，在任教學校輔導學生導遊領隊考試多年，依據個人專長、興趣，分工而成。

六、本書編寫力求完善，如有未盡妥善周全之處，請讀者先進不吝指正。

第五章　罰則

第六章　兩岸現況

第七章　臺灣地區與大陸地區人民關係條例務

第八章　香港澳門關係條例

第一章　觀光行政、組織與政策

第一節　政府觀光行政系統

　　本章內容主要是中央政府觀光局行政體制、政府與民間觀光組織體系及其功能，以及我國歷年來觀光政策。每年出題數約3～5題，其中觀光政策方面因涵蓋面較廣，考題因此較難。

一、中央觀光行政系統

　　依據「發展觀光條例」第3條規定：觀光主管機關在中央為交通部；在直轄市為直轄市政府，在縣（市）為縣（市）政府。現在中央最高中央政府觀光組織為行政院觀光發展推動委員會，地方政府觀光行政體制則彼此略有差異。本節介紹中央與地方觀光行政系統。

（一）中央觀光行政機關

表 1-1　中央觀光行政機關

中央觀光行政機關	內容介紹
交通部觀光局	民國 60 年 6 月成立「交通部觀光事業局」，民國 62 年 3 月更名為「交通部觀光局」，綜理規劃、執行並管理全國觀光事業。
行政院觀光發展推動小組	1. 民國 85 年 11 月行政院成立跨部會「行政院觀光發展推動小組」，負責觀光政策的判定與跨部會業務的協調。 2. 觀光業務經常牽涉到跨部會，如外國旅客購物退稅，是財政部主管；又如給與外國旅客免簽證或落地簽證，以促進外國人來臺旅遊，是歸外交部管轄。因此行政院必須成立跨部會組織，協調各部會有關促進觀光的政策或計畫，以利觀光事業的發展。
行政院觀光發展推動委員會	1. 民國 91 年 7 月，行政院為有效整合觀光事業的發展與推動，將「行政院觀光發展推動小組」提升為「行政院觀光發展推動委員會」，以利觀光事業的推動與整合。 2. 由行政院指派一政務委員擔任召集人，交通部觀光局長為執行長，各部會副首長、直轄市副市長、業者及學者為委員（24 ～ 30 人），觀光局企劃組負責幕僚作業。

（二）交通部觀光局組織與職掌

　　交通部觀光局設局長1人、副局長2人與主任秘書1人，管理監督觀光局各項業務，其下設企劃、業務、技術、國際、國民旅遊5組，以及秘書、人事、會計、政風4室，其他各單位業務，簡介如表1-2：

表 1-2　交通部觀光局組織與職掌

單位或組別	負責業務職掌
企劃組	1.各項觀光計劃研擬、執行之管考，以及觀光相關法規審訂、整理。 2.觀光資料蒐集、統計、分析，以及觀光書籍、資訊之出版。
業務組	1.觀光旅館業、旅行業、導遊與領隊人員之管理與輔導。 2.觀光從業人員之培育、甄選、訓練。 **3.觀光法人團體之輔導及推動。**
技術組	1.觀光資源、風景區、古蹟之調查、規劃與維護。 2.獎勵民間投資之協調與推動。 3.稀有野生動植物調查及保育之協調。
國際組	1.國際觀光組織、會議、展覽之參加與聯繫。 2.與觀光局駐外機構聯繫、國際宣傳策劃與執行。 3.其他觀光局與國際事務有關之事項。
國民旅遊組	1.觀光遊樂設施審核與證照核發。 2.觀光遊樂業、海水浴場之經營與管理輔導。 3.國民旅遊事項之企劃、協調、行銷、獎勵。 4.地方觀光、民俗、節慶活動輔導。
旅遊服務中心	於臺北設立「觀光局旅遊服務中心」，以及臺中、臺南、高雄服務處，提供各類觀光旅遊資訊與服務。
機場旅客服務中心	於桃園與高雄國際機場分別設立「臺灣桃園國際機場旅客服務中心」與「高雄國際機場旅客服務中心」，以服務入出境國內外旅客。
旅館業查報督導中心	督導地方政府執行旅館業輔導與管理，建立旅館資訊查詢服務，提升旅館業服務水準。
國家風景區管理處	為開發及管理 13 個國家級風景區，成立 13 個國家風景區管理處（每一國家風景區設 1 國家風景區管理處）。
駐外辦事處	為推廣國際觀光與加強國際交流，於紐約、舊金山、洛杉磯、法蘭克福、新加坡、吉隆坡、首爾、東京、大阪、香港、北京、上海共 12 個城市設立駐外辦事處。

二、地方觀光行政系統

地方觀光行政系統包括直轄市（臺北市、新北市、臺中市、臺南市、高雄市）與縣（市）政府，列表簡介如表1-3：

表 1-3　地方觀光行政系統

直轄市或縣（市）政府	內容介紹
臺北市	設觀光傳播局綜理觀光、行銷與傳播，其下設與觀光較直接相關科室為觀光發展科、觀光產業科、城市旅遊科。
新北市	設觀光旅遊局綜理各項觀光業務，其下設與觀光較直接相關科室為觀光技術科、觀光行銷科、觀光企劃科、觀光管理科、風景區管理科。
臺中市	設觀光旅遊局綜理各項觀光業務，其下設與觀光較直接相關科室為觀光工程科、觀光管理科、觀光行銷科。
臺南市	1.設觀光旅遊局綜理各項觀光業務，其下設與觀光較直接相關科室為觀光企劃科、觀光事業科、觀光行銷科、觀光建設科、府城觀光科、風景區管理科。 2.由於臺南市國定古蹟特別多（有 23 處，占全國 91 處超過 1/4），故由文化局管理古蹟觀光各項事務。
高雄市	設觀光局綜理各項觀光業務，其下設與觀光較直接相關科室為觀光行銷科、觀光產業科、觀光發展科、觀光工程科、維護管理科、動物園管理中心。
各縣（市）政府	各縣市依其觀光業務的範圍與繁雜程度，設立的局處科有些差異。有的設觀光局或觀光旅遊處綜理觀光事務，有些縣市觀光單位置於交通處或觀光傳播處之下，不同縣市間其編制人員數量亦有所差別。

第二節　觀光組織

一、國內民間觀光組織

　　根據人民團體法規定，人民團體分3類：職業團體、社會團體、政治團體。職業團體通常是同一職業或工作人員組成的團體，例如臺電工會、桃園機場工會；社會團體包含範圍較廣，舉凡學術、宗教、文化、體育、慈善、聯誼…皆屬之，民間觀光大都屬社會團體；政治團體是與政治相關之團體，例如國民黨、民進黨、親民黨…皆是。

　　民間觀光團體組織多屬社會團體，但也有職業團體，可分為全國性（如中華民國觀光領隊協會）與地方性觀光組織（如臺南市旅行商業同業公會）。這些組織的功能，通常是促進觀光發展、同業之間聯誼、凝聚同業向心力、做為政府與業界溝通橋樑、向政府建言、會員合法權益之維護與協助解決有關困難問題。幾個國內重要觀光組織，簡介列表如表1-4：

表 1-4　國內民間觀光組織

國內觀光組織名稱	國內觀光組織概述
臺灣海峽兩岸觀光旅遊協會	1. 英文簡稱 TSTA（Taiwan Strait Tourism Association），民國 95 年 8 月成立，主要作為兩岸協商有關旅遊事務窗口，落實政府推動大陸旅客來臺觀光。 2. 民國 97 年 6 月我國海基會與中國海協會簽署「海峽兩岸關於大陸居民赴臺灣旅遊協議」，其內容規定協議議定事項由我方「臺灣海峽兩岸觀光旅遊協會」與中國「海峽兩岸旅遊交流協會」負責聯繫實施。
臺灣觀光協會	1. 於民國 45 年 11 月創立，至今已超過 50 年歷史，是所有旅遊相關協會中，歷史最悠久，結構最完整，且兼顧國內外市場之全方位觀光協會。 2. 該協會每年召集觀光業界人士組團參加國外重要旅展，推展臺灣觀光，瞭解世界觀光旅遊市場與趨勢。 3. 配合交通部觀光局國外宣傳，在多個國家設立辦事處。

（續下頁）

（承上頁）

國內觀光組織名稱	國內觀光組織概述
中華民國旅行業品質保障協會	1. 英文簡稱 TQAA（Travel Quality Assurance Association），成立於民國 78 年 10 月，是一個由旅遊業組織成立來保障旅遊消費者的社團公益法人，宗旨爲保障旅遊消費者權益及提高旅遊品質。 2. 其功能主要是管理及運用會員提撥之旅遊保障金，以及處理會員（旅行社）與旅客間之旅遊糾紛。
中華民國觀光導遊協會	1. 於民國 59 年成立，宗旨爲促進導遊同業合作、增進同業知識技術、謀求同業福利，以配合國家政策，促進觀光發展。 2. 接受觀光局委託辦理導遊人員職前訓練及換發導遊人員執業證。
中華民國觀光領隊協會	1. 於民國 75 年成立，宗旨爲促進觀光領隊之合作聯繫，砥礪品德及增進專業知識，提高服務品質，發展觀光事業及促進國際交流。 2. 接受觀光局委託辦理領隊人員職前訓練及換發領隊人員執業證。

二、國際觀光組織

以下列表（表1-5）介紹4個國際組織，是經常被命題的範圍：

表 1-5　國際觀光組織

國際觀光組織名稱	觀光組織概述
聯合國世界觀光組織	1. 英文簡稱 UNWTO（United Nations World Tourism Organization），2003 年成爲聯合國轄下的組織，總部設於西班牙馬德里。 2. 該組織宗旨爲促進觀光發展，使之有利於經濟發展與國際間互相瞭解，以及和平與繁榮。每年皆出版其觀光旅遊調查研究統計結果，成爲觀光產業與學界重要參考依據。 3. 1983 年接納中國爲其會員。我國因爲不是聯合國會員，故目前非該組織成員國。

（續下頁）

（承上頁）

國際觀光 組織名稱	觀光組織概述
世界旅遊與 觀光委員會	1. 英文簡稱 WTTC（World Travel & Tourism Council），成立於 1990 年，是全球觀光旅遊業的商業領袖論壇組織，總部設於英國倫敦。 2. 該組織宗旨為與各國政府和其他相關方合作，以提升人們對觀光產業重要性的瞭解。該組織亦對全世界觀光旅遊作調查研究，以彰顯觀光對經濟的貢獻。
亞太經濟合作 觀光工作小組	1. 英文簡稱 APEC-TWG（Asia Pacific Economic Cooperation, Tourism Working Group），成立於 1989 年，為亞洲太平洋地區各經濟體之間非正式諮商論壇，以促進亞太經濟發展與社區意識為目的，現有 21 個會員國。 2. 我國於 1991 年加入該組織，中國亦是會員國之一。該組織下設 11 個工作小組，觀光為其中 1 個小組。 3. 該組織每年召開成員國領袖會議，我國皆有參加，但因國際處境和成員國默契，每年由總統指派非官員代表總統參加。
世界貿易組織	1. 英文簡稱 WTO（World Trade Organization），成立於 1995 年，是負責監督成員經濟體執行各種貿易協議的一個國際組織，世界貿易組織共有 157 個成員。 2. 前身是 1948 年開始實施關稅及貿易總協定（GATT）的秘書處，世貿總部位於瑞士日內瓦。 3. 中國於 2001 年加入成為會員，我國於 2002 年以臺澎金馬個別關稅領域加入成為會員。

第三節　重要觀光政策或計畫

　　由於臺灣自民國68年開放國人出國觀光以來，一直都是國人出國人次遠超過外國人來臺旅遊人次。從民國97年開放中國大陸居民至臺灣觀光旅遊之後，這樣的情況稍有改善，但每年出入國旅遊人次仍差距將近300萬（民國102年國人出國旅遊1105萬人，外國人入境旅遊802萬人）。

因此政府（觀光局）一直努力的方向就是優化臺灣觀光建設，以吸引外國人來臺旅遊，同時希望國人多從事國內旅遊，以縮小觀光逆差。

一、觀光客倍增計劃

民國91年觀光局提出「觀光客倍增計劃」，該計畫希望經過政府縝密規劃與執行，使臺灣觀光在質與量方面都能提昇，該計畫的目標及主要內容如下：

訂定民國97年國際來臺旅客成長目標為：

1. 以「觀光」為目的來臺旅客人數，自民國91年約100萬人次，提升至民國97年200萬人次以上。
2. 在有效突破瓶頸、開拓潛在客源市場之作為下，達到來臺旅客自目前約260萬人次成長至500萬人次。

為達此目標，今後觀光建設應本「顧客導向」之思維、「套裝旅遊」之架構、「目標管理」之手段，選擇重點、集中力量，有效地進行整合與推動。因此，採取的推動策略為：

1. 以既有國際觀光旅遊路線為優先，採「套裝旅遊線」模式，視市場需要及能力，逐步進行觀光資源之規劃開發，全面改善軟硬體設施、訂定「景觀法」，改善環境景觀及旅遊服務，使臻於國際水準。
2. 開發具國際觀光潛力的新興套裝旅遊線及新景點，建置國際化且優質友善的新興旅遊據點，一方面平衡區域觀光發展，另一方面提供國際觀光客新的觀光選擇。
3. 提供全方位的觀光旅遊服務，包括建置旅遊資訊服務網、推廣輔導平價旅館、建構觀光旅遊巴士系統及環島觀光列車，讓民間業者及政府各相關部門建立共識，以「人人心中有觀光」的態度，通力配合共同打造臺灣的優質旅遊環境，同時規畫優惠旅遊套票，讓旅客享受優質、安全、貼心的旅遊服務。
4. 以「目標管理」手法，進行國際觀光的宣傳與推廣，就個別客源市場訂定今後6年成長目標，結合各部會駐外單位之資源及人力，以「觀光」為主軸，共同宣傳臺灣之美；同時，為擴大宣傳效果，並訂民國93年為「臺灣觀光年」、民國97年舉辦「臺灣博覽會」（迫於國際情勢與預算，後來未能舉辦），以提升臺灣之國際知名度。
5. 依據景點魅力、配套措施、地方政府配合度、知名度等因素，建立評選準則。選定具國際潛力之現有及新興旅遊產品，統合各部會駐外資源向國際行銷。

二、觀光拔尖領航方案

行政院於民國98年啟動「觀光拔尖領航方案」，預期4年後將創造40萬就業人口，吸引2000億民間投資，觀光收入超過5500億元（原計劃執行期間為4年，經檢討後改為3年，即民國98～100年2月），該方案主要內容如下：

目標：民國98年來臺旅客人數400萬人次。

願景：建構質量並進的觀光榮景，打造臺灣成為亞洲重要旅遊目的地。

現階段工作重點：美麗臺灣、特色臺灣、友善臺灣、品質臺灣、行銷臺灣。

（一）建置全方位旅遊資訊服務網

1. 輔導業者營運臺灣觀光巴士旅遊產品計33條，提供各大都市飯店與鄰近重要風景區的交通接駁及旅遊服務（其中4成為國際旅客）。

2. 輔導地方政府與相關單位於機場、火車站等重要交通節點，建置統一識別標誌「i」系統旅遊服務中心，提供多語文專人旅遊諮詢服務。

3. 輔導地方政府於外籍觀光客出入頻繁都會地區，建置地圖導覽牌，提供中、英對照觀光旅遊資訊。

4. 與中華電信合作設置中、英、日、韓語24小時免付費觀光諮詢熱線（call center）0800-011-765，及建置多語文版「臺灣觀光資訊網」（http://taiwan.net. tw）等旅遊資訊服務（包含6種語文）。

5. 印發全國性「臺灣觀光交通路網圖」摺頁、區域性「北、中、南、東臺灣觀光地圖」摺頁提供免費索取。

6. 獎勵觀光業者設置特殊語文（日、韓文）服務，包括指示標誌、導覽解說牌、廣播等，補貼50%製作費，每家最高30萬元。

（二）深化老市場老產品，開發新市場新產品

1. 老市場是指日本、韓國、香港、新加坡、馬來西亞、歐美等國家地區，這些國家地區是外國人旅遊臺灣的主力，希望提供新產品，使他們重遊臺灣。

2. 新市場是指中國大陸、穆斯林（回教）國家、東南亞5國（印度、印尼、泰國、越南、菲律賓）新富階級。經由簡化簽證與提供穆斯林教徒友善環境（例如回教食物餐廳認證），吸引他們到臺灣旅遊。

（三）產業面與人力面

轉型再造觀光產業，推動培養競爭力的「築底」方案：

1. 「產業再造」計畫，包括引進國際連鎖旅館品牌、扶植本土品牌旅館、獎勵觀光業取得專業證照、鼓勵興建MICE大型會議中心、展館、宴會廳，及異業結合（醫療、農業、SPA、文創、生態、部落）；

2. 「菁英養成」計畫則將強化國內職前培訓與在職精進訓練，同時與國際知名學院合作，薦送優秀觀光從業人員及觀光系所教師出國受訓。

（四）重新定位區域發展主軸

1. 北部地區為「生活及文化的臺灣」，以藝文時尚設計、流行音樂、兩蔣文化為主軸；

2. 中部地區為「產業及時尚的臺灣」，以茶園、花卉、休閒農業、文化創意為主軸；

3. 南部地區為「歷史及海洋的臺灣」，以歷史、古蹟、海洋、生態為主軸；

4. 東部地區為「慢活及自然的臺灣」，以自行車、原住民、有機休閒、太平洋為主軸；

5. 離島為「特色島嶼的臺灣」，澎湖定位為國際度假島嶼，金馬則以戰地風情、民俗文化、聚落景觀為主軸；

6. 臺灣全島（不分區）則在呈現「多元的臺灣」，以美食、溫泉、醫療觀光為主軸。

（五）「拔尖」行動方案

1. 魅力旗艦

   (1) 發展5大區域觀光旗艦計畫。

   (2) 輔導地方政府創造至少10處具國際魅力的獨特景點。

   (3) 推動至少10處無縫隙旅遊資訊及接駁服務。

2. 國際光點

   (1) 深化觀光內涵，依各區域特色定位，推出獨特性、長期定點定時、可吸引國際旅客之產品。

   (2) 依區域特色，舉辦或邀請國際知名賽會、活動。

   (3) 與2010花博、2011世界設計大會、建國100年等大型活動結合行銷臺灣。

（六）「提升」行動方案

1. 市場開拓

   (1) 深耕目標客源市場及開拓新興市場。

   (2) 突破行政機關缺乏彈性的組織編制，借重法人團體延攬國際專家及行銷研發的專業人才。

2. 品質提升

   (1) 推動旅行業交易安全、品質查核、星級旅館評鑑及民宿認證。

   (2) 提供品質保障的旅遊服務。

三、觀光局每年施政重點

下表（表1-6）列出民國91年至今觀光局的年度施政重點，每年約1～2題出自此一範圍：

表 1-6　交通部觀光局年度施政重點

年度	施政重點
2002	1. 配合行政院「挑戰 2008：國家發展重點計畫」，研擬「觀光客倍增計畫」執行計畫及分年分項計畫績效指標，以逐年改善旅遊環境。 2. 宣示民國 91 年為臺灣生態旅遊年，執行生態旅遊年工作計畫相關措施，並訂定生態旅遊白皮書。 3. 輔導 12 項具發展潛力之地方民俗活動，提升地方節慶活動規模國際化，並與週邊景點配套推廣，加強國內外宣傳，吸引遊客參與。
2003	1. 以套裝旅遊路線概念規劃 11 處國家風景區中長程建設計畫，並積極執行。 2. 訂定「2004 年臺灣觀光年行動計畫」，積極推動「人人心中有觀光」運動，設計臺灣之旅遊產品的開發計畫，期待掀起全民推展臺灣觀光之熱潮，打造臺灣觀光新形象。 3. 訂定「旅館評鑑制度」暨「旅館評鑑標準表」，期展現國際水準，使我國之旅館品質管理體制與國際接軌，有利推廣、行銷。
2004	1. 宣示民國 93 年為「臺灣觀光年」，落實執行各項活動及國內、外宣傳推廣工作，達成年度來臺旅客 320 萬人次之目標。 2. 以「套裝旅遊線」及「顧客導向」概念，辦理 12 處國家級風景區建設及整備工作。 3. 建置統一標誌之旅遊服務中心、輔導成立臺灣觀光巴士系統及設置旅遊諮詢服務熱線，提供來臺旅客優質友善之旅遊環境。
2005	1. 執行 Naruwan Campaign 國際宣傳行銷計畫。 2. 推動「旅館等級評鑑制度」，以星級標識取代「梅花」標識，使我國之旅館管理體制與國際接軌，便利消費者辨識。 3. 積極辦理民間參與三至五星級觀光旅館 BOT 案，以因應觀光客倍增之住宿需求。
2006	1. 協調高公局、高鐵公司於高速公路休息站及高鐵車站，建置旅遊服務中心，以提供旅遊諮詢服務。 2. 建立臺灣觀光國際品牌形象，持續以「Taiwan, Touch Your Heart」為國際行銷的 Slogan。 3. 研擬配合大陸人士來臺觀光之因應措施。

（續下頁）

（承上頁）

年度	施政重點
2007	全力衝刺行政院「2015 經濟發展願景第一階段三年（2007 ～ 2009）衝刺計畫」，以「美麗臺灣」、「特色臺灣」、「友善臺灣」、「品質臺灣」及「行銷臺灣」為主軸，全方位打造優質的旅遊環境。
2008	1. 啟動「2008 ～ 2009 旅行臺灣年」，落實執行國內、國外宣傳推廣工作，營造友善旅遊環境，開發多元化臺灣旅遊產品，引進新客源，達成年度來臺旅客 400 萬人次之目標。 2. 以「適當分級、集中投資、訂定投資優先順序」概念，研擬觀光整體發展建設中程計畫（民國 97 ～ 100 年）草案，強化具體投資成果。 3. 獎勵業者設置特殊語文（日、韓文）服務、開發臺灣觀光巴士行銷通路、輔導旅遊服務中心永續經營，及加強旅遊景點間之轉運接駁機制，強化旅遊網路之服務功能。
2009	1. 推動「2009 旅行臺灣年」，落實執行國內、國外宣傳推廣工作，營造友善旅遊環境，開發多元化臺灣旅遊產品，提振臺灣觀光市場。 2. 配合「自行車遊憩網路示範計畫」，推動風景區自行車網及健全周邊服務設施，推廣深度多元化自行車之旅，發展綠色低碳觀光。 3. 掌握大陸人民來臺觀光之契機，除將以誠信優質永續經營大陸旅遊市場外，期藉兩岸大三通之交通便利性，拓展 MICE、郵輪等國際旅遊市場。 4. 實施「星級旅館評鑑」及「民宿認證」，促進住宿業服務品質提升。
2010	1. 推動健康旅遊，發展綠島、小琉球為低碳觀光島，開創觀光發展新亮點；另持續執行「東部自行車路網示範計畫」，辦理經典自行車道設施整建、推出樂活行程、大型國際自行車賽事，落實節能減碳之綠色觀光。 2. 推動臺灣 EASY GO，執行觀光景點無縫隙旅遊服務計畫，輔導地方政府提供完善之觀光景點交通串接、套票整合與便捷之旅遊資訊等貼心服務。

（續下頁）

（承上頁）

年度	施政重點
2011	1. 落實「觀光拔尖領航方案（民國 98～101 年）」，推動「拔尖」、「築底」及「提升」三大行動方案，提升臺灣觀光品質形象。 2. 推動健康旅遊，發展綠島、小琉球為生態觀光示範島，開創觀光發展新亮點；另持續執行「東部自行車路網示範計畫」，辦理經典自行車道設施整建、推出樂活行程、大型國際自行車賽事，落實節能減碳之綠色觀光。 3. 推動「旅行臺灣－感動一百」行動計畫，以「催生與推廣百大感動旅遊路線」、「體驗臺灣原味的感動」及「貼心加值服務」為主軸，形塑臺灣觀光感動元素，爭取國際旅客來臺觀光。
2012	1. 以永續、品質、友善、生活、多元為核心理念，推動「101～102 年度觀光宣傳主軸」。對內，增進臺灣區域經濟與觀光的均衡發展，優化國民生活與旅遊品質；對外，強化臺灣觀光品牌國際意象，深化國際旅客感動體驗，建構臺灣處處可觀光的旅遊環境。 2. 推動臺灣 EASY GO，執行臺灣好行（景點接駁）旅遊服務計畫，輔導地方政府提供完善之觀光景點交通串接、跨區域及全區型套票整合及運用 GIS/GPS 機制，提供旅遊資訊等貼心服務。
2013	1. 以永續、品質、友善、生活、多元為核心理念，推動「旅行臺灣就是現在」行銷計畫。對內，增進臺灣區域經濟與觀光的均衡發展，優化國民生活與旅遊品質；對外，強化臺灣觀光品牌國際意象，深化國際旅客感動體驗，建構臺灣處處可觀光的旅遊環境。 2. 整合跨部會、縣市政府各具特色之觀光活動，打造「臺灣觀光年曆」為代表臺灣具國際魅力及特色活動之品牌行銷國內外，並規劃「夏至相約 23 度半活動」吸引國內外旅客參與，期擴大觀光及關聯產業的經濟效益。 3. 建置無障礙旅遊環境，便利弱勢族群出遊，並加強臺灣好行、臺灣觀巴之接駁與營運服務、強化觀光資訊資料庫及科技運用，提供旅客旅行前、旅行中、旅行後無縫友善的旅遊服務環境。

資料來源：觀光局網站

第四節　其他觀光政策及數據

一、出國與來臺旅客人數

(一) 近 10 年國人每年出國主要旅遊目的地與總人次

　　下表（表1-7）是近10年來國人每年出國第一站目的地與總人次最多的國家。由於民國96年之前兩岸關係不佳且沒有直航，國人至大陸旅遊通常經由香港和澳門進入，所以民國97年之前第一站目的地至中國欄空白，至香港人次則高達近300萬。從表中數據顯示，最近幾年國人赴大陸旅遊最多（現在外國人來臺也是大陸客最多，日本次之），再者分別為日本、韓國、美國。由於香港是國人至其他國家重要的轉運站，所以確實數字無法確定。出國總人次10年來成長超過30%，2012年已超過1023萬人次。

表 1-7　近 10 年國人每年出國主要旅遊目的地與總人次

年分	日本	中國	香港	韓國	美國	總計
2002	797,460		2,418,872	120,208	532,180	7,319,466
2003	731,330		1,869,069	179,893	479,264	5,923,072
2004	1,051,954		2,559,705	298,325	536,217	7,780,652
2005	1,180,406		2,807,027	368,206	578,998	8,208,125
2006	1,214,058		2,993,317	396,705	593,794	8,671,375
2007	1,280,853		3,030,971	457,095	587,872	8,963,712
2008	1,309,847	188,744	2,851,170	363,122	515,590	8,465,172
2009	1,113,857	1,516,087	2,261,001	388,806	415,465	8,142,946
2010	1,377,957	2,424,242	2,308,633	406,290	436,233	9,415,074
2011	1,136,394	2,846,572	2,156,760	423,266	404,848	9,583,873
2012	1,560,300	3,139,055	2,021,212	532,729	469,568	10,239,760
2013	2,346,007	3,072,327	2,038,732	518,528	381,374	11,052,908

（二）近 10 年外國來臺旅客主要來源國與總人次

　　下表（表1-8）是近10年外國來臺旅客主要來源國與總人次，由於民國97年之前兩岸關係不佳，中國大陸政府未准許其人民至臺灣旅遊，所以無法呈現數據。以近3年數據來看，外國旅客以大陸旅客最多，民國101年已超過250萬；日本次之，民國101年有143萬人次；之後分別是香港、澳門、美國、馬來西亞、新加坡。來臺旅客總人次方面，10年之間成長超過1倍，民國101年已超過731萬，主因是大陸旅客的成長。

表 1-8　近 10 年外國來臺旅客主要來源國與總人次

年分	日本	中國	香港、澳門	馬來西亞	新加坡	美國	總計
2002	998,497		456,554	66,304	111,024	377,470	2,977,692
2003	657,053		323,178	67,014	78,739	272,858	2,248,117
2004	887,311		417,087	92,760	116,885	382,822	2,950,342
2005	1,124,334		432,718	107,549	166,179	390,929	3,378,118
2006	1,161,489		431,884	115,202	184,160	394,802	3,519,827
2007	1,166,380		491,437	141,308	204,494	397,965	3,716,063
2008	1,086,691	329,204	618,667	155,783	205,449	387,197	3,845,187
2009	1,000,661	972,123	718,806	166,987	194,523	369,258	4,395,004
2010	1,080,153	1,630,735	794,362	285,734	241,334	395,729	5,567,277
2011	1,294,758	1,784,185	817,944	307,898	299,599	412,617	6,087,484
2012	1,432,315	2,586,428	1,016,356	341,032	327,253	411,416	7,311,470
2013	1,421,550	2,874,702	1,183,341	394,326	364,733	414,060	8,016,280

二、來臺旅客消費及動向調查

　　交通部觀光局為瞭解來臺旅客旅遊動機、動向、消費情形、觀感及意見，以供有關單位研擬國際觀光宣傳與行銷策略、提升國內觀光服務品質與國際旅遊觀光競爭力的參考，並作為估算觀光外匯收入的依據，近來每年皆委託研究單位進行「來臺旅客消費及動向調查」。以下列出交通部觀光局民國100年「來臺旅客消費及動向調查」的主要結果：

1. 「風光景色」、「菜餚」與「臺灣民情風俗和文化」為吸引旅客來臺觀光的主要因素。

2. 六成二觀光旅客來臺旅行方式爲「參加旅行社規劃的行程，由旅行社包辦」。

3. 「夜市」、「臺北101」、「故宮博物院」、「中正紀念堂」及「日月潭」爲旅客主要遊覽景點。

4. 「九分」爲旅客最喜歡的熱門景點。

5. 「臺北」爲旅客主要遊覽景點所在縣市。

6. 「購物」、「逛夜市」及「參觀古蹟」爲旅客在臺的主要活動。

7. 民國100年受訪旅客在臺平均每人每日消費爲257.82美元（包含觀光與非觀光目的），較上年成長16.22%，其中以旅館內消費所占比例最高（占35.06%），其次爲購物費（占33.49%）、旅館外餐飲費（占12.44%）等。

8. 民國100年大陸與日本、全體觀光團體旅客相比較，日本觀光團體旅客（以觀光爲目的者）在臺平均每人每日消費爲430.53美元，高於全體觀光團體旅客之302.10美元及大陸觀光團體旅客之266.35美元。

9. 大陸觀光團體旅客在臺平均每人每日購物費爲163.91美元，高於全體觀光團體旅客之146.96美元及日本觀光團體旅客之123.28美元。

10. 「人民友善」爲旅客認爲臺灣最具競爭優勢的項目。

11. 「人情味濃厚」、「美味菜餚」及「逛夜市」爲旅客對臺灣最深刻的印象。

三、觀光衛星帳

編製觀光衛星帳（Tourism Satellite Accounts；簡稱TSA）的原則與精神，和國民所得帳系統一致，因此估計而得的觀光產值，可和國民經濟活動其他產業相互比較。由於觀光衛星帳是應用國民所得的編算概念所衍生的帳表，因此稱爲觀光「衛星」帳。

由於觀光活動對國家的經濟越來越重要，但國民所得統計系統並未將「觀光」視爲單一產業進行統計，以致於「觀光」無法像其他產業以一個「總合」的數字，來呈現其對整體經濟的貢獻。所以觀光衛星帳的編製就是將分散在住宿、餐飲、交通運輸、旅遊服務，以及其他和觀光活動直接或間接有關的產業活動產值計算在一起，得到「觀光產業」單一產業的產值，藉以衡量「觀光產業」的經濟貢獻度。觀光衛星帳的編製，除可讓業者掌握觀光活動的相關經濟統計外，也可幫助政府擬訂觀光及整體國家產業資源分配之政策。

四、MICE產業介紹

會展產業包括會議(Meeting)、獎勵旅遊(Incentive Travel)、大型國際會議(Congress或Convention)以及展覽(Exhibition)，又稱MICE產業。會展產業對當地經濟可產生直接效益，包括門票及營收所得、就業機會的增加等；此外，會展產業具有多元整合特性，舉辦會展活動可帶動周邊產業如住宿、餐飲、運輸、旅行、裝潢

等行業之發展，並促進有形商品和無形商品之銷售，形成龐大產業關聯效果。鑒於會展產業深具發展潛力，行政院於民國99年11月核定經濟部提報之「臺灣會展產業行動計畫」，預計未來3年將投入21.89億元，期能擴大會展產業規模、帶動經濟成長，長期則希望能將臺灣建設為亞洲會展重鎮。

目前經濟部國際貿易局負責MICE產業中會議、與展覽部分，主要執行單位為中華民國對外貿易發展協會；交通部觀光局則負責推廣獎勵旅遊部分。以下介紹會展產業專有名詞：

1. PCO：指專業會議籌辦人或專業會議公司，其英文全名為Professional Congress Organizer，其意義與DMC（Destination Management Company，目的地管理公司）相同。
2. PEO：指專業展覽籌辦人或專業展覽公司，其英文全名為Professional Exhibition Organizer。
3. ICCA：意指國際會議協會（總部位於荷蘭首都阿姆斯特丹），其英文全名為International Congress and Convention Association。
4. UFI：意指全球展覽協會（總部位於法國首都巴黎），其英文全名為The Global Association of the Exhibition Industry，UFI是以法文Union des Foires Internationales字首組成。

五、觀光局歷年計畫、宣傳主軸或口號

表 1-9　觀光局歷年計畫、宣傳主軸或口號

年度	宣傳主軸或口號
民國 68 年	政府宣布「開放國人自由出國旅行」。
民國 76 年	開放「國人至大陸探親」。
民國 90 年	民國 87 年實施隔週「週休二日」，民國 90 年 1 月 1 日起全面實施「週休二日」。
	觀光局發表「觀光政策白皮書」，勾勒臺灣觀光未來願景。
民國 91 年	配合聯合國活動將民國 91 年訂為「生態旅遊年」。
民國 92 年	國民旅遊卡首創於民國 92 年，為臺灣獨特且涉及層面廣泛複雜的信用卡種類、發行制度、政府公務員休假措施、公務員薪給發放及政府補助財政制度。
	訂定「旅館評鑑制度」暨「旅館評鑑標準表」，以 5「星」等級取代以前「梅花」。

（續下頁）

（承上頁）

年度	宣傳主軸或口號
民國 91 ～ 97 年	執行「觀光客倍增計畫」，希望民國 97 年觀光客倍增。
民國 93 年	宣傳主軸為「臺灣觀光年」。
民國 95 年	為推廣青年旅遊，政府訂民國 95 年為「國際青年旅遊年」。
民國 98 年以前	宣傳主軸以及設計觀光局網站 Slogan 為「Taiwan, touch your heart」。
民國 97 ～ 98 年	宣傳主軸為「旅行臺灣年」。
民國 97 ～ 100 年	推動計畫為「重要觀光景點建設中程計畫」，總共 15 個子計畫，包括 13 個「國家風景區建設計畫」、「大鵬灣環灣景觀道路建設計畫」、「建構美麗臺灣－風華再現計畫（整備觀光遊憩設施建設）」。
民國 99 ～ 100 年	為慶祝建國 100 年，故宣傳主軸為「旅行臺灣，感動 100」。
民國 98 ～ 101 年	推動計畫為「觀光拔尖領航方案」。
民國 100 年至今	民國 100 年春天開始以「Taiwan--The Heart of Asia」（亞洲精華，心動臺灣）和「Time for Taiwan」（旅行臺灣，就是現在！）作為國際宣傳主軸。
民國 101 ～ 104 年	推動計畫為「重要觀光景點建設中程計畫」。為延續「重要觀光景點建設中程計畫（民國 97 至 100 年）」建設成果，加強 13 個國家風景區之經營管理及地方政府所轄觀光資源之整合，觀光局持續以「集中投資」、「景點分級」觀念，研擬「重要觀光景點建設中程計畫（民國 101 ～ 104 年）」，內含 14 個子計畫，包括 13 個「國家風景區建設計畫」及「整備觀光遊憩設施建設計畫」。

六、全國性旗艦觀光景點與活動

民國94年觀光局評選結果，如表1-10所示：

表 1-10　民國 94 年觀光局評選全國性旗艦觀光景點與活動

景點、特色或活動	內容
8 大景點	101 大樓、故宮、日月潭、愛河風情、阿里山、玉山、墾丁、太魯閣。
4 大特色	美食小吃、夜市、熱忱好客的民情、24 小時的旅遊環境。
5 大活動	臺灣慶元宵系列活動： 臺灣燈會、臺北燈節、高雄燈會、平溪天燈、鹽水蜂炮、臺東炸寒單。
	宗教主題系列活動： 大甲媽祖文化節、內門宋江陣、高雄佛光山朝山。
	原住民主題系列活動： 阿里山鄒族生命豆祭、日月潭邵族祭典、花蓮原住民聯合豐年祭、臺東南島文化節。
	客家主題系列活動： 客家桐花季、客家美食。
	特色產業系列活動： 新竹竹塹玻璃藝術季、三義木雕藝術節。

歷年試題精選

一、導遊實務（二）

( ) 1.整備現有套裝旅遊線為優先執行的工作，恆春半島旅遊線由哪一單位主政推動？
  (A) 墾丁國家公園管理處   (B) 高雄市政府   (97 年華導)
  (C) 屏東縣政府   (D) 大鵬灣國家風景區管理處

( ) 2.觀光客倍增計畫之國際觀光宣傳推廣手法，是採何種管理？ (97 年華導)
  (A) 品質管理 (B) 作業管理 (C) 目標管理 (D) 自主管理

( ) 3.經中央觀光主管機關實施考核競賽，連續一定期間考核成績為特優等之觀光遊樂
  業，得於高速公路上設置指示標誌。其一定期間指： (97 年華導)
  (A)2 年   (B)3 年   (C)4 年   (D)5 年

( ) 4.自 1999 年起，世界許多新興觀光據點興起，歐美國際觀光客人次逐漸萎縮，那
  一區域是觀光市場移轉的大贏家？ (97 年外導)
  (A) 南美   (B) 非洲
  (C) 東亞及太平洋區域   (D) 南歐

( ) 5.為協調各相關機關，整合觀光資源，改善整體觀光發展環境，促進旅遊設施之充
  分利用，以提升國人在國內旅遊之意願，並吸引國外人士來華觀光，特設：
  (A) 交通部觀光發展推動委員會 (B) 行政院觀光發展推動委員會 (97 年外導)
  (C) 立法院觀光發展推動委員會 (D) 觀光局觀光發展推動委員會

( ) 6.觀光客倍增計畫之推動是以下列何者為其理念思維？ (97 年外導)
  (A) 市場導向 (B) 利潤導向 (C) 品牌導向 (D) 顧客導向

( ) 7.交通部觀光局那一單位掌理旅行業、觀光旅館業、導遊人員、領隊人員之管理輔
  導及觀光從業人員訓練事項？ (97 年外導)
  (A) 國際組 (B) 國民旅遊組 (C) 業務組 (D) 旅遊服務中心

( ) 8.旅館業於民國 74 年以前屬於「特定營業」範疇，歸警政單位管理，民國 79 年 7
  月行政院指示，旅館業由觀光單位管理，因此交通部觀光局於民國 80 年 6 月成立
  哪一個單位？ (98 年華導)
  (A) 旅館業科   (B) 業務組
  (C) 國民旅遊組   (D) 旅館業查報督導中心

( ) 9.觀光遊樂業經營管理及輔導事項，是交通部觀光局哪一組的業務執掌？ (98 年華導)
  (A) 企劃組 (B) 業務組 (C) 國民旅遊組 (D) 技術組

( ) 10.世界各國積極發展生態旅遊，我國曾在哪一年配合「國際生態旅遊年」，推動生
  態觀光？ (98 年華導)
  (A)2000 年 (B)2001 年 (C)2002 年 (D)2004 年

(　　) 11. 為推動「2008-2009 旅行臺灣年」，以臺灣主要觀光景點融入在當地電視臺播放之偶像劇中，是針對哪一個市場的宣傳推廣策略？　　　　　(98 年華導)

(A) 美加地區市場　(B) 星馬地區市場　(C) 港澳地區市場　(D) 日韓地區市場

(　　) 12. 旅遊市場之航空票價、食宿、交通費用，由哪一個單位按季發表，供消費者參考？　　　　　(98 年外導)

(A) 中華民國旅行業同業公會全國聯合會

(B) 行政院消費者保護委員會

(C) 中華民國旅行業品質保障協會

(D) 中華民國消費者文教基金會

(　　) 13. 下列那一個地方，交通部觀光局未設駐外辦事處？　　　　　(98 年外導)

(A) 首爾　　　　　(B) 新加坡　　　　　(C) 吉隆坡　　　　　(D) 雪梨

(　　) 14. 2008 年來臺旅客人數僅次於日本的國家／地區為：　　　　　(98 年外導)

(A) 韓國　　　　　(B) 美國　　　　　(C) 中國大陸　　　　(D) 港澳地區

(　　) 15. 下列何者之設立依據為「文化資產保存法」？　　　　　(98 年外導)

(A) 風景特定區　　(B) 觀光遊樂區　　(C) 自然保留區　　(D) 森林遊樂區

(　　) 16. 民國 98 年交通部提出「觀光拔尖領航方案」中，將南部地區之發展主軸定位為：

(A) 生活及文化的臺灣　　　　　　(B) 產業及時尚的臺灣　　(99 年華導)

(C) 歷史及海洋的臺灣　　　　　　(D) 慢活及自然的臺灣

(　　) 17. 我國對於外籍旅客購買特定貨物申請退還營業稅，係自何時起實施？　(99 年華導)

(A) 民國 92 年 1 月 1 日　　　　　(B) 民國 92 年 4 月 1 日

(C) 民國 92 年 7 月 1 日　　　　　(D) 民國 92 年 10 月 1 日

(　　) 18. 交通部觀光局與中華電信公司合作，設置中、英、日、韓語 24 小時免付費觀光諮詢熱線 (call center)，其電話號碼為：　　　　　(99 年華導)

(A)0800211734　　(B)0800211334　　(C)0800011765　　(D)0800011567

(　　) 19. 臺灣地區自哪一年起實施週休二日，促使民眾之休閒需求加大？　(99 年外導)

(A) 民國 87 年　　(B) 民國 88 年　　(C) 民國 89 年　　(D) 民國 90 年

(　　) 20. 為倡議發展生態觀光，我國行政院曾宣布西元哪一年為我國的「生態旅遊年」？

(A)2000　　　　　(B)2001　　　　　(C)2002　　　　　(D)2003　　(99 年外導)

(　　) 21. 交通部觀光局每年輔導民間團體籌辦臺北中華美食展，始於民國幾年？　(99 年外導)

(A)59　　　　　　(B)69　　　　　　(C)79　　　　　　(D)89

(　　) 22. 交通部民國 98 年配合六大新興產業發展規劃，推動下列何項計畫？　(100 年華導)

(A) 觀光拔尖領航方案　　　　　　(B) 觀光客倍增計畫

(C) 臺灣生態旅遊計畫　　　　　　(D) 文化創意產業計畫

( ) 23.政府哪一年解除戒嚴令，縮減山地及海岸管制，增加旅遊空間？ (100 年華導)

(A) 民國 75 年　　(B) 民國 76 年　　(C) 民國 77 年　　(D) 民國 78 年

( ) 24.中央觀光主管機關結合各項感動旅遊主題特性，辦理深具臺灣特色的「四大主題系列活動」，其秋季之活動為： (100 年華導)

(A) 臺灣自行車節　(B) 中秋賞月　　(C) 雙十國慶　　(D) 臺灣欒樹節

( ) 25.交通部觀光局為創造「臺灣好好玩、感動百分百」的體驗環境，以「四大主題系列活動」為經，「年度創意活動」為緯，下列何者為民國 100 年的年度創意活動？

(A) 幸福旅宿，感動一百　　　　(B) 夜市小吃 P.K 賽 (100 年華導)

(C) 灣挑 Tea　　　　　　　　(D) 情定臺灣甜蜜百分百

( ) 26.下列何者是「觀光拔尖領航方案－提升（附加價值）行動方案」的計畫主軸？

(A) 市場開拓　　　　　　　　(B) 菁英養成 (100 年華導)

(C) 產業再造　　　　　　　　(D) 國際光點

( ) 27.觀光遊樂業重大投資案件之受理機關為何？ (100 年外導)

(A) 重大投資案所在之縣（市）政府　(B) 經濟部投資審議委員會

(C) 交通部觀光局　　　　　　(D) 行政院公共工程委員會

( ) 28.下列何者不是「觀光拔尖領航方案行動計畫」的執行策略？ (100 年外導)

(A) 旅遊支撐系統改善　　　　(B) 立竿見影的旅遊產品包裝

(C) 深化老市場老產品　　　　(D) 開發新市場舊產品

( ) 29.我國實施中的「國民旅遊卡」制度，公務員請領旅遊補助費之要件中，下列何者不符規定？ (100 年外導)

(A) 異地隔夜之消費　　　　　(B) 報請休假日之消費

(C) 出國旅遊之消費　　　　　(D) 在國民旅遊卡特約店之消費

( ) 30.下列何者非屬行政院擬定「觀光客倍增計畫」中之「開發新興套裝旅遊路線及新景點」？ (100 年外導)

(A) 高屏山麓旅遊線　　　　　(B) 花東旅遊線

(C) 雲嘉南濱海風景區　　　　(D) 離島旅遊線

( ) 31.那一個國家風景區的建設願景為「以水上活動為主軸的國際級休閒度假區」？

(A) 東部海岸　　　　　　　　(B) 北海岸及觀音山 (101 年華導)

(C) 大鵬灣　　　　　　　　　(D) 澎湖

( ) 32.「觀光拔尖領航方案行動計畫」明確指出臺灣各區域之不同發展主軸，請問下列敘述何者最不正確？ (101 年華導)

(A) 北部地區：文化及時尚的臺灣　(B) 南部地區：歷史及海洋的臺灣

(C) 中部地區：產業及時尚的臺灣　(D) 離島地區：特色島嶼的臺灣

( ) 33.交通部觀光局內部負責國家級風景特定區規劃、建設、經營、管理相關業務之單位為何？ (101 年華導)

(A) 企劃組　　　　(B) 國民旅遊組　　(C) 業務組　　　　(D) 技術組

( ) 34.依據交通部觀光局 2010 年施政重點，下列那一座離島將發展成低碳觀光島？

(A) 金門　　　　　(B) 小琉球　　　　(C) 澎湖　　　　　(D) 龜山島 (101 年華導)

( ) 35.依據民國 100 年 5 月 27 日行政院核定之「觀光拔尖領航方案行動計畫（修訂本）」，預估到民國 103 年臺灣觀光外匯收入可占全國 GDP 之比重為何？

(A)1.0%　　　　　(B)1.5%　　　　　(C)2.0%　　　　　(D)2.5% (101 年華導)

( ) 36.臺灣高速鐵路是在何時通車，因而使臺灣進入一日生活圈，觀光產業也受到影響？ (101 年外導)

(A) 民國 94 年 1 月　　　　　　　　(B) 民國 95 年 1 月

(C) 民國 96 年 1 月　　　　　　　　(D) 民國 97 年 1 月

( ) 37.「觀光拔尖領航方案行動計畫」中針對歐美地區所擬訂的行銷方式為： (101 年外導)

(A) 運用名人代言臺灣觀光　　　　　(B) 聘請公關公司加強行銷通路

(C) 開發商務旅遊市場　　　　　　　(D) 型塑臺流風潮

( ) 38.「重要觀光景點建設中程計畫」將推動下述那一個地質公園成為 UNESCO GEOPARK？ (101 年外導)

(A) 野柳地質公園　　　　　　　　　(B) 墾丁地質公園

(C) 脊樑山脈地質公園　　　　　　　(D) 太魯閣地質公園

( ) 39.「旅行臺灣、感動 100」以時間為縱軸推出的四大主題系列活動中「臺灣自行車節」屬於那一季節之活動？ (101 年外導)

(A) 春季　　　　　(B) 夏季　　　　　(C) 秋季　　　　　(D) 冬季

( ) 40.政府推動「觀光拔尖領航方案行動計畫」，4 年將編列新臺幣多少億元來執行？

(A)700 億元　　　　　　　　　　　(B)500 億元 (101 年外導)

(C)400 億元　　　　　　　　　　　(D)300 億元

( ) 41.交通部觀光局與民間團體為促進兩岸觀光交流、協助處理兩岸觀光事務及聯繫溝通，共同捐助設立下列何項機構？ (102 年華導)

(A) 財團法人海峽兩岸旅遊交流協會

(B) 財團法人中華兩岸旅行協會

(C) 財團法人臺灣海峽兩岸觀光旅遊協會

(D) 財團法人臺灣觀光協會

( ) 42.觀光拔尖領航方案行動計畫中，下列何者屬於「提升」行動方案計畫？①國際光點計畫 ②星級旅館評鑑計畫 ③好客民宿遴選計畫 ④國際市場開拓計畫 (102 年華導)

(A) ①②③　　　　(B) ②③④　　　　(C) ①③④　　　　(D) ①②④

( ) 43.根據交通部觀光局推動之國際光點計畫，下列那一個不屬於北區國際光點之一？
(A) 大安人文漫步光點　　　　　(B) 北投光點　　　　　*(102 年華導)*
(C) 貓空光點　　　　　(D) 大稻埕光點

( ) 44.根據交通部觀光局重要觀光景點建設中程計畫（101 ～ 104 年），下列那座國家風景區 欲建構成溫泉休閒、原住民文化、冒險旅遊之旅遊勝地？　　*(102 年華導)*
(A) 茂林國家風景區　　　　　(B) 參山國家風景區
(C) 西拉雅國家風景區　　　　　(D) 雲嘉南濱海國家風景區

( ) 45.我國為開發穆斯林國際觀光市場，輔導欲接待穆斯林旅客之餐廳取得下列何種認證，以便旅行業包裝及推廣旅遊產品？　　*(102 年外導)*
(A)Halal　　　　(B)Ahlal　　　　(C)Malal　　　　(D)Mhlal

( ) 46.交通部觀光局於民國 101 年推動之臺灣自行車節系列活動，以下列何項為活動主軸？　　*(102 年外導)*
(A) 國際公路邀請賽　　　　　(B) 百年榮耀輪轉花東自行車挑戰賽
(C) 二鐵共乘遊東臺灣　　　　　(D) 自行車登山王挑戰

( ) 47.依據交通部觀光局發布資料，民國 101 年我國之出國人次為多少？　　*(102 年外導)*
(A)850 餘萬　　　(B)950 餘萬　　　(C)990 餘萬　　　(D)1020 餘萬

( ) 48.交通部觀光局目前在美國下列那幾個城市設有推廣辦事處？　　*(102 年外導)*
(A) 紐約、芝加哥、洛杉磯　　　　　(B) 華盛頓特區、紐約、洛杉磯
(C) 芝加哥、紐約、舊金山　　　　　(D) 紐約、舊金山、洛杉磯

( ) 49.交通部觀光局所提供之 24 小時免付費旅遊諮詢熱線 Call Center 電話號碼為何？
(A)0800-211734　　　　　(B)0800-011765　　　*(103 年華導)*
(C)0800-011011　　　　　(D)0800-001968

( ) 50.依交通部觀光局統計，民國 102 年來臺旅客人次為下列何者？　　*(103 年華導)*
(A)771 萬人次　　(B)791 萬人次　　(C)801 萬人次　　(D)851 萬人次

( ) 51.民國 100 年首次開放中國大陸旅客來臺自由行之中國大陸試點城市，不包括下列何者？　　*(103 年華導)*
(A) 北京　　　　(B) 上海　　　　(C) 廣州　　　　(D) 廈門

( ) 52.交通部為推動生態旅遊，那兩座離島將發展成為生態觀光島？　　*(103 年華導)*
(A) 綠島、小琉球　　(B) 綠島、馬祖　　(C) 澎湖、馬祖　　(D) 蘭嶼、小琉球

( ) 53.交通部觀光局目前推動辦理之旅館評鑑制度，下列有關之敘述何者正確？
(A) 以梅花為標幟　　　　*(103 年華導)*
(B) 建築設備及服務品質均應同時接受評鑑
(C) 汽車旅館不包括在內
(D) 不強制業者參加評鑑

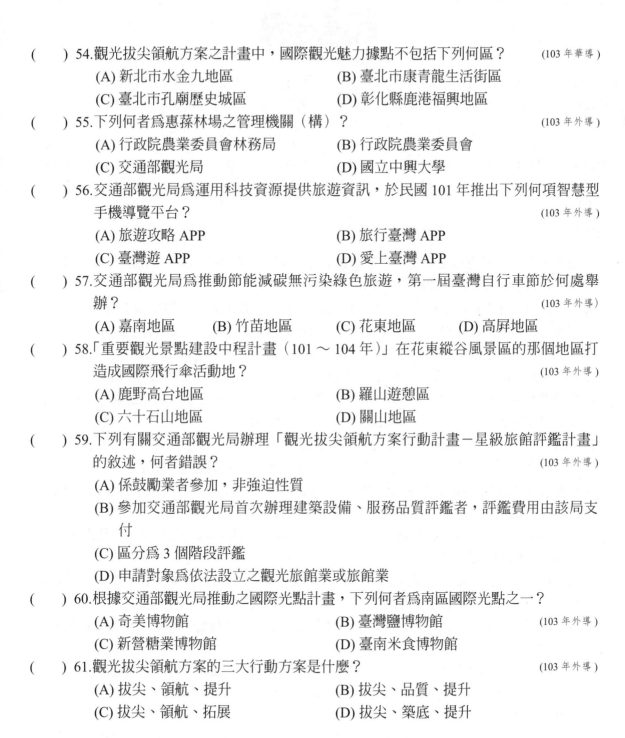

（　） 54. 觀光拔尖領航方案之計畫中，國際觀光魅力據點不包括下列何區？ （103 年華導）
(A) 新北市水金九地區 (B) 臺北市康青龍生活街區
(C) 臺北市孔廟歷史城區 (D) 彰化縣鹿港福興地區

（　） 55. 下列何者為惠蓀林場之管理機關（構）？ （103 年外導）
(A) 行政院農業委員會林務局 (B) 行政院農業委員會
(C) 交通部觀光局 (D) 國立中興大學

（　） 56. 交通部觀光局為運用科技資源提供旅遊資訊，於民國 101 年推出下列何項智慧型
手機導覽平台？ （103 年外導）
(A) 旅遊攻略 APP (B) 旅行臺灣 APP
(C) 臺灣遊 APP (D) 愛上臺灣 APP

（　） 57. 交通部觀光局為推動節能減碳無污染綠色旅遊，第一屆臺灣自行車節於何處舉
辦？ （103 年外導）
(A) 嘉南地區 (B) 竹苗地區 (C) 花東地區 (D) 高屏地區

（　） 58. 「重要觀光景點建設中程計畫（101 ～ 104 年）」在花東縱谷風景區的那個地區打
造成國際飛行傘活動地？ （103 年外導）
(A) 鹿野高台地區 (B) 羅山遊憩區
(C) 六十石山地區 (D) 關山地區

（　） 59. 下列有關交通部觀光局辦理「觀光拔尖領航方案行動計畫－星級旅館評鑑計畫」
的敘述，何者錯誤？ （103 年外導）
(A) 係鼓勵業者參加，非強迫性質
(B) 參加交通部觀光局首次辦理建築設備、服務品質評鑑者，評鑑費用由該局支
　　付
(C) 區分為 3 個階段評鑑
(D) 申請對象為依法設立之觀光旅館業或旅館業

（　） 60. 根據交通部觀光局推動之國際光點計畫，下列何者為南區國際光點之一？
(A) 奇美博物館 (B) 臺灣鹽博物館 （103 年外導）
(C) 新營糖業博物館 (D) 臺南米食博物館

（　） 61. 觀光拔尖領航方案的三大行動方案是什麼？ （103 年外導）
(A) 拔尖、領航、提升 (B) 拔尖、品質、提升
(C) 拔尖、領航、拓展 (D) 拔尖、築底、提升

解答

1.(D)	2.(C)	3.(B)	4.(C)	5.(B)	6.(D)	7.(C)	8.(B)	9.(C)	10.(C)
11.(D)	12.(C)	13.(D)	14.(D)	15.(C)	16.(C)	17.(D)	18.(C)	19.(D)	20.(C)
21.(C)	22.(A)	23.(B)	24.(A)	25.(D)	26.(A)	27.(C)	28.(D)	29.(C)	30.(B)
31.(C)	32.(A)	33.(D)	34.(B)	35.(C)	36.(C)	37.(B)	38.(A)	39.(C)	40.(D)
41.(C)	42.(B)	43.(C)	44.(A)	45.(A)	46.(D)	47.(D)	48.(C)	49.(B)	50.(C)
51.(C)	52.(A)	53.(D)	54.(B)	55.(C)	56.(B)	57.(C)	58.(A)	59.(C)	60.(D)
61.(D)									

試題解析

1. 整備現有套裝旅遊線之恆春半島旅遊線乃是由觀光局規劃執行的，故委託其轄下單位「大鵬灣國家風景區管理處」來推動。

2. 觀光客倍增計畫有以下敘述：以「目標管理」手法，進行國際觀光的宣傳與推廣，就個別客源市場訂定今後6年成長目標，結合各部會駐外單位之資源及人力，以「觀光」為主軸，共同宣傳臺灣之美。

3. 考核競賽連續3年考核成績為特優等之觀光遊樂業，得於高速公路上設置指示標誌。

4. 新興國家積極發展觀光，尤其是中國與東南亞國家，到歐美地區（原旅遊熱門地區）旅遊人次逐漸萎縮，觀光市場逐漸往東亞及太平洋地區轉移。

5. 民國91年7月行政院為有效整合觀光事業之發展與推動，提升「行政院觀光發展推動小組」成為「行政院觀光發展推動委員會」，以利觀光事業之推動與整合。

6. 觀光客倍增計畫，為今後觀光建設應本「顧客導向」之思維、「套裝旅遊」之架構、「目標管理」之手段，選擇重點、集中力量，有效地進行整合與推動。

7. 觀光局業務組負責觀光旅館業、旅行業、導遊與領隊人員之管理與輔導，以及觀光從業人員之培育、甄選、訓練等事項。

8. 觀光局業務組負責觀光旅館業、旅行業、導遊與領隊人員之管理與輔導，故於民國80年成立業務組以管理和輔導旅館業。

9. 觀光局國民旅遊組負責觀光遊樂設施審核與證照核發，以及觀光遊樂業、海水浴場之經營與管理輔導。

10. 聯合國發布2002年為「國際生態旅遊年」，要求各國政府觀光部門訂定必要策略，保護全球生態環境發展。我國政府為配合聯合國此一宣告，遂於民國91年1月宣布2002年為「臺灣生態旅遊年」。

11. 觀光局於民國97年對日韓宣傳策略為：以「Wish to see you in Taiwan」為宣傳主軸搭配F4代言，並將臺灣主要特色景點融入25集60分鐘之偶像劇在日、韓主要電視臺播出，配合記者會、歌友會及F4周邊產品進行促銷與宣傳

12. 旅行業管理規則第22條第4項：「旅遊市場之航空票價、食宿、交通費用，由中華民國旅行業品質保障協會按季發表，供消費者參考。」「中華民國旅行業品質保障協會」是旅行業管理規則條文中唯一明定委託之民間團體。

13. 觀光局為推廣國際觀光與加強國際交流，於紐約、舊金山、洛杉磯、法蘭克福、新加坡、吉隆坡、首爾、東京、大版、香港、北京、上海共12個城市設立駐外辦事處。

14. 自民國97年以來兩岸關係和緩，中國政府開放來臺觀光，從民國97年剛開始大陸只有約33萬人次，日本有109萬，港澳則有62萬人次居次，到民國101年大陸旅客來臺已超過250萬。

15. 題目提供的4個選項只有「自然保留區」是依據「文化資產保存法」設立，中央主管機關為農委會。

16. 觀光拔尖領航方案提出各區域發展主軸為：1.北部地區為「生活及文化的臺灣」；2.中部地區為「產業及時尚的臺灣」；3.南部地區為「歷史及海洋的臺灣」；4.東部地區為「慢活及自然的臺灣」；5.離島為「特色島嶼的臺灣」；6.臺灣全島（不分區）則在呈現「多元的臺灣」。

17. 「外籍旅客購買特定貨物申請退還營業稅實施辦法」於民國92年8月公布，同年10月開始實施，外籍旅客同一天內向同一特定營業人購買特定貨物，其含稅總金額達新臺幣三千元以上者，即可辦理退稅。

18. 觀光局與中華電信合作設置中、英、日、韓語24小時免付費觀光諮詢熱線(call center)0800-011-765，以及建置多語文版「臺灣觀光資訊網」(http://taiwan.net.tw)等旅遊資訊服務（6種語文）。

19. 為縮短勞工工時、增加休閒時間、與世界先進國家一致，臺灣全面實行周休2日始於民國90年1月1日，之前幾年先試行隔周休2日。

20. 聯合國發布2002年為「國際生態旅遊年」，要求各國政府觀光部門訂定必要策略，保護全球生態環境發展。我國政府為配合聯合國此一宣告，遂於民國91年1月宣布2002年為「臺灣生態旅遊年」。

21. 交通部觀光局毛局長治國於民國78年所創立臺北中華美食展，民國96年起名稱改為「臺灣美食展」，於每年8月舉行，20多年來臺灣美食展每5年都有1個突出的發展階段性目標。註：此題，考選部提供答案為民國79年是錯誤的，應該民國78年才是正確。

22. 交通部觀光局提出「觀光拔尖領航方案」，其執行期間是民國98～100年。其他選項執行期間不對。

23. 民國76年解除實行38年的戒嚴令，同時也解除黨禁（原規定不許組政黨）和報禁（原規定每天只能發行3大張報紙）。

24. 四大主題系列活動分別為臺灣燈會（春季）、國際自行車賽（秋季）、臺灣美食展（夏季）、臺灣溫泉美食嘉年華（冬季）。

25. 觀光局於民國99年舉辦「幸福旅宿,百種感動」,透過系列活動提升臺灣旅宿業能見度;並以「臺灣挑TEA」向國際旅客推廣以「茶」為主題的旅遊產品,將臺灣特別的茶路故事與世界分享。民國100年將以「情定臺灣,甜蜜百分百」打造臺灣成為亞洲婚紗蜜月旅遊目的地。

26. 「觀光拔尖領航方案」中的提升行動方案的計畫主軸為市場開拓與品質提升。

27. 觀光遊樂業重大投資案件之受理機關為交通部觀光局,因為觀光局是觀光遊樂業的中央主管機關。

28. 「觀光拔尖領航方案」的規劃策略有3個:1.深化老市場老產品,開發新市場新產品;2.包裝立竿見影的旅遊產品;3.改善支撐系統。註:題目的「執行策略」應是誤植,「規劃策略」才正確。

29. 「國民旅遊卡」制度是政府為刺激國內消費提振景氣而提出之措施,適用於公務人員,民國92年1月1日開始實施,故出國旅遊不符合旅遊補助規定。

30. 觀光客倍增計畫中的新興套裝旅遊路線及新景點為:蘭陽北橫旅遊線、桃竹苗旅遊線、雲嘉南濱海旅遊線、高屏山麓旅遊線、脊樑山脈旅遊線、離島旅遊線、環島鐵路觀光旅遊線、國家花卉園區、雲嘉南濱海風景區、安平港國家歷史風景區、國家軍事遊樂園、國立故宮博物院中南部分院。

31. 大鵬灣國家風景區的網站施政目標提到,大鵬灣國家風景區開發計畫,係結合當地產業、民俗文化特色,並以水上活動為主,建設「多功能國際級渡假區」,作為整體發展總目標。

32. 觀光拔尖領航方案提出各區域發展主軸為:1.北部地區為「生活及文化的臺灣」;2.中部地區為「產業及時尚的臺灣」;3.南部地區為「歷史及海洋的臺灣」;4.東部地區為「慢活及自然的臺灣」;5.離島為「特色島嶼的臺灣」;6.臺灣全島(不分區)則在呈現「多元的臺灣」。

33. 交通部觀光局技術組負責觀光資源、風景區、古蹟之調查、規劃與維護。

34. 交通部觀光局民國99年施政重點第3點提到:推動健康旅遊,發展綠島、小琉球為低碳觀光島,開創觀光發展新亮點;另持續執行「東部自行車路網示範計畫」,辦理經典自行車道設施整建、推出樂活行程、大型國際自行車賽事,落實節能減碳之綠色觀光。

35. 觀光拔尖領航方案行動計畫(修訂本)報告顯示,96年臺灣觀光外匯收入達51億美金,占GDP比例為1.34%;97年達55.8億,98年達70億,99年為90億。預估103年時觀光外匯可達140億元,佔GDP比例為2%。註:臺灣自民國97年以來觀光外匯的增加,主要來自大陸旅客人數的倍增,其趨勢是建立在兩岸維持良好關係的基礎上。

36. 建設過程中幾經波折,尤其是資金短缺而銀行團不願意融資的問題,臺灣高速鐵路於民國96年1月5日通車營運,使南北距離感覺縮短了,也造成國內飛機航線幾乎無法營運。

37. 「觀光拔尖領航方案行動計畫」針對歐美行銷方式為：1.聘請公關公司，加強通路布局；2.邀請國際知名媒體如Discovery Channel、CNBC等頻道合作，置入臺灣觀光節目；3.結合國內觀光旅館業者辦理「加美金/歐元1元住五星級飯店」專案，吸引過境旅客來臺；4.利用異業結盟與業者國際通路共同宣傳。

38. 野柳的海濱岩石造型奇特，尤其是女王頭更受到中外觀光客喜愛，因此觀光局推動野柳地質公園邁向國際UNESCO GEOPARK。

39. 四大主題系列活動分別為臺灣燈會（春季）、國際自行車賽（秋季）、臺灣美食展（夏季）、臺灣溫泉美食嘉年華（冬季）。

40. 「觀光拔尖領航方案行動計畫」中，民國98～103年共計6年期間總經費共需300億。
註：題目「4年」是錯誤的，應該6年才正確。

41. 「臺灣海峽兩岸觀光旅遊協會」於民國95年8月成立，主要作為兩岸協商有關旅遊事務窗口，落實政府推動大陸旅客來臺觀光。

42. 提升行動計畫方案包括下列4項：1.國際市場開拓計畫；2.成立「臺灣國際觀光發展中心」計畫；3.星級旅館評鑑計畫；4.民宿認證計畫。

43. 「北區國際光點計畫」以「生活及文化的臺灣」為主題，2010年起已經陸續推動「大安人文漫步」、「北投陽明山人文溫泉」、「大稻埕人文街區」等光點內容，各光點展露不同人文風情。

44. 題目的4個選項，僅茂林國家風景區能建構溫泉休閒（保萊溫泉、不老溫泉…）、原住民文化（排灣族、魯凱族、鄒族、布農族）、冒險旅遊（荖濃溪泛舟）3種不同特性的旅遊。

45. 全球目前約有18億回教人口，回教徒的飲食有其忌諱和獨特性，對食物的選用、處理與包裝都有嚴格規定。為爭取回教徒到臺灣旅遊，因此推動使用符合回教教義的「HALAL認證」產品，希望未來有更多回教徒到臺灣旅遊。

46. 由觀光局與花蓮縣政府主辦的「二○一二臺灣自行車節」於民國101年11月10號登場，其中主軸是「自行車登山王」挑戰賽，將從花蓮「七星潭」爬升到海拔三千兩百七十五公尺的「武嶺」。該系列活動尚包括身障團體、竹科女性、55歲以上樂齡代表等10個團體串連接力環島，以及單車橫貫臺灣和單車逍遙遊等系列活動。

47. 民國101年我國國民出國旅遊人次第1次超過1000萬，達到約1024萬人次，比民國100年（958萬）增加將近66萬。

48. 交通部觀光局在美國設有3處駐外辦事處，分別是紐約、洛杉磯、舊金山。

49. 24小時免付費旅遊諮詢熱線0800-011765，本題已考過多次，只須背後3碼765即可。

50. 民國102年來臺旅客人次首次突破800萬人次，達到801萬人次。

51. 民國100年6月28日開放大陸旅客自由行初期首批試點城市以北京、上海、廈門3個城市為先期試點，每日來臺申請配額上限500人。至民國103年5月已開放26城市自由行。

52. 自民國100年起，觀光局推動健康旅遊，發展綠島、小琉球為低碳觀光島，開創觀光發展新亮點。

53. 交通部觀光局目前推動辦理的旅館評鑑制度，自民國92年公布旅館評鑑辦法，民國98年開始實施。其以星級為標幟，不強制業者參加評鑑，只要是合法旅館均可參加評鑑（故汽車旅館可參加，但不包括民宿）。分兩階段評鑑，第一階段評鑑建築設備（佔600分），第二階段評鑑服務品質（佔400分），參加第一階段評鑑業者可決定是否參加第二階段評鑑。最高為5星級。

54. 交通部觀光局從民國98年推出國際觀光魅力據點：驚艷水金九（新北市）、孔廟歷史城區（台北市）、草悟道都會綠帶（台中市）、鹿港工藝薈萃（彰化縣）、屏東國境之南文創市集等新魅力據點。民國103年底，該局將推出另5個魅力據點。

55. 惠蓀林場為國立中興大學的實驗林場。

56. 交通部觀光局101年推出「旅行臺灣」APP，提供超過1萬6000筆的適地性定位服務，包括觀光景點、住宿、餐飲、旅服中心、警察局、醫院、停車場、加油站、火車站及其他運輸場站等旅遊隨身資訊，並可隨時查詢觀光活動。

57. 交通部觀光局結合宜蘭、花蓮及臺東縣政府共同辦理之「2011臺灣自行車節」系列活動，民國100年11月6日於花蓮舉行。這是觀光局推動「旅行臺灣‧感動100」系列活動，繼臺灣燈會、臺灣美食節之後，行銷臺灣的另一主軸活動。

58. 鹿野高台地區是花東縱谷風景區最適合飛行傘和熱氣球活動的地方。

59. 區分為2個階段評鑑，方為正確。第一階段評鑑建築設備（佔600分），第二階段評鑑服務品質（佔400分），參加第一階段評鑑業者可決定是否參加第二階段評鑑。

60. 「南區國際光點」計畫以臺灣米倉嘉南平原的米食文化為基調，逐步催生華人地區首座米食主題博物館的成立，因此「臺南米食博物館」為南區國際光點之一。

61. 觀光拔尖領航方案的三大行動方案分別為拔尖、築底、提升。

二、領隊實務（二）

( ) 1.自 93 年 9 月起，大陸人士來臺觀光申請案件收件窗口為： (97 年華領)
   (A) 交通部觀光局
   (B) 中華民國旅行商業同業公會全國聯合會
   (C) 行政院大陸委員會
   (D) 外交部

( ) 2.交通部觀光局對服務成績優良之觀光產業從業人員（含導遊及領隊）定有表揚措
   施，每年接受推薦評選表揚；依規定受推薦參加評選之從業人員如於最近 3 年內
   曾受觀光主管機關罰鍰或停止執業處分者，不予表揚；但其罰鍰在下列何項金額
   （新臺幣）以下且與表揚事蹟無關者，不在此限？ (97 年華領)
   (A) 三千元　　　　(B) 六千元　　　　(C) 九千元　　　　(D) 一萬五千元

( ) 3.有關中央觀光主管機關之任務不包括下列何者？ (97 年外領)
   (A) 與國外觀光機構簽訂觀光合作協定
   (B) 觀光產業之綜合開發計畫
   (C) 就觀光市場進行調查及資訊蒐集
   (D) 經營旅館業者之申請登記

( ) 4.交通部觀光局對服務成績優良之觀光產業從業人員（含導遊及領隊）定有表揚措
   施，只要服務觀光產業滿幾年以上且具有規定事蹟者，可經推薦參加評選？
   (A)2 年　　　　(B)3 年　　　　(C)4 年　　　　(D)5 年　 (97 年外領)

( ) 5.交通部觀光局推動建置之旅遊資訊服務中心識別標誌符號為何？
   (A) ?　　　　　(B)I　　　　　(C)Q　　　　　(D)i　 (97 年外領)

( ) 6.觀光產業之綜合開發計畫，由中央主管機關擬訂，報請那一機關核定後實施？
   (A) 總統府　　　　　　　　　(B) 行政院　 (97 年外領)
   (C) 交通部　　　　　　　　　(D) 交通部觀光局

( ) 7.2004 年至 2006 年來臺旅客目的中，比例最高的是下列哪一項？ (97 年外領)
   (A) 會議　　　　(B) 探親　　　　(C) 觀光　　　　(D) 業務

( ) 8.觀光客倍增計畫中，下列哪一條套裝旅遊路線是屬於新興開發的路線？ (98 年外領)
   (A) 脊樑山脈旅遊線　　　　　(B) 花東旅遊線
   (C) 北部海岸旅遊線　　　　　(D) 恆春半島旅遊線

( ) 9.2008 ～ 2009 旅行臺灣年工作計畫中屬於「創新產品」為： (98 年外領)
   (A) 鐵道旅遊　　　　　　　　(B) 沙龍攝影與蜜月旅行
   (C) 溫泉美食養生旅遊　　　　(D) 生態旅遊

（　）10.觀光客倍增計畫原本預估 2007 年的外國訪客可達 400 萬人次，最後只達多少人次？　　　　　　　　　　　　　　　　　　　　　　　　　　　（98 年外領）

　　　　(A)351 萬餘人次　　(B)361 萬餘人次　　(C)371 萬餘人次　　(D)381 萬餘人次

（　）11.交通部觀光局爲強化旅遊資訊服務，下列所爲之措施中，何者正確？　（99 年華領）

　　　　(A) 開辦僅供外籍旅客搭乘的觀光巴士

　　　　(B) 於車站內建置觀光地圖導覽牌

　　　　(C) 建置觀光入口網站「臺灣觀光資訊網」

　　　　(D) 建置旅遊服務中心「？」識別系統

（　）12.交通部觀光局推動「2008 ～ 2009 旅行臺灣年」計畫，其 5 大施政主軸爲：

　　　　(A) 美麗臺灣、特色臺灣、友善臺灣、品質臺灣、行銷臺灣　　（99 年華領）

　　　　(B) 臺灣慶元宵、宗教、原住民、客家、特殊產業活動

　　　　(C) 美食小吃、夜市、24 小時旅遊環境、熱情好客的民情、觀光旗艦計畫

　　　　(D) 8 大景點、5 大活動、4 大特色、人人心中有觀光、世人眼中有臺灣

（　）13.新興套裝旅遊路線是觀光客倍增計畫中，將開發建設爲國際級觀光旅遊線之地區，下列何者屬之？　　　　　　　　　　　　　　　　　　　　　　　　（99 年華領）

　　　　(A) 日月潭旅遊線　　　　　　　　　　(B) 恆春半島旅遊線

　　　　(C) 脊梁山脈旅遊線　　　　　　　　　(D) 北部海岸旅遊線

（　）14.中華民國旅行業品質保障協會提供消費者作參考各旅遊市場之航空票價、食宿、交通費用，是多久發表一次？　　　　　　　　　　　　　　　　　　　　　（99 年外領）

　　　　(A)1 個月　　　　　　　　　　　　　(B)2 個月

　　　　(C) 每一季　　　　　　　　　　　　　(D) 依市場變化發表

（　）15.臺灣的民營遊樂區多集中於民國 70 ～ 80 年代興建，其主要原因爲何？　（99 年外領）

　　　　(A) 當時經濟大幅成長，國民所得及休閒時間增多

　　　　(B) 國外主題樂園來臺推動投資

　　　　(C) 業者盲目投資

　　　　(D) 政府訂定政策積極推動

（　）16.觀光遊樂業參加交通部觀光局之考核競賽，要得到什麼成績，才可以在高（快）速公路交流道處設置該觀光遊樂業交通指引標誌？　　　　　　　　　　　（99 年外領）

　　　　(A) 連續 2 年成績優等　　　　　　　　(B) 連續 2 年成績特優等

　　　　(C) 連續 3 年成績優等　　　　　　　　(D) 連續 3 年成績特優等

（　）17.2010 年政府推動什麼政策來發展觀光產業？　　　　　　　　　　　　　（99 年外領）

　　　　(A) 觀光客倍增計畫　　　　　　　　　(B) 觀光拔尖領航方案行動計畫

　　　　(C) 臺灣觀光年計畫　　　　　　　　　(D)3 年 300 億計畫

( ) 18.在「觀光拔尖領航方案行動計畫」所揭示的開發臺灣國際觀光新市場對象為下列何者？ (100 年華領)

(A) 穆斯林市場　　(B) 歐美市場　　(C) 日本市場　　(D) 韓國市場

( ) 19.為加強機場服務及設施，發展觀光產業，觀光主管機關依法得收取下列哪項費用？ (100 年華領)

(A) 航空站設施權利金　　　　　(B) 向出境旅客收取機場服務費

(C) 向入境旅客收取機場服務費　　(D) 飛機落地費

( ) 20.近 10 年來，政府在臺灣觀光發展方面，推動下列多項計畫方案，其推動年別之先後順序為何？①臺灣觀光年工作計畫 ②旅行臺灣年工作計畫 ③觀光客倍增計畫 ④觀光拔尖領航方案行動計畫 (100 年華領)

(A) ③②①④　　(B) ③④②①　　(C) ③①④②　　(D) ③①②④

( ) 21.下列那一項不是交通部觀光局建置的友善旅遊環境措施？ (100 年外領)

(A) 旅遊服務中心「i」識別系統

(B)24 小時免付費旅遊諮詢服務熱線 0800011765

(C) 於桃園國際機場提供外籍旅客租借「寶貝機」服務

(D)「臺灣觀光巴士」系統

( ) 22.目前交通部觀光局不是下列哪一國際組織的會員？ (100 年外領)

(A) 亞太旅行協會 (PATA)　　　(B) 美洲旅遊協會 (ASTA)

(C) 國際會議協會 (ICCA)　　　(D) 聯合國世界觀光組織 (UNWTO)

( ) 23.籌辦國際會議展覽中的靈魂人物是「專業會議籌辦人」，其英文縮寫為：(100 年外領)

(A)PCO　　　(B)PMP　　　(C)PIO　　　(D)PEO

( ) 24.交通部觀光局建置的臺灣觀光資訊網外語版本中，包括那些？ (101 年華領)

(A) 簡體中文、德文、法文　　　(B) 日文、法文、德文

(C) 德文、馬來文、日文　　　　(D) 德文、法文、泰文

( ) 25.「市場開拓」計畫屬於「觀光拔尖領航方案行動計畫」中哪一項行動方案？

(A) 拔尖　　　(B) 提升　　　(C) 築底　　　(D) 創新　(101 年華領)

( ) 26.交通部觀光局負責觀光市場之調查分析及研究事項之業務屬於何單位職掌？

(A) 企劃組　　(B) 國際組　　(C) 業務組　　(D) 技術組　(101 年華領)

( ) 27.為考量行政機關組織編制較缺乏彈性，不利於國際觀光行銷之推動，在「觀光拔尖領航方案行動計畫」中提出何項計畫因應？ (101 年華領)

(A) 區域觀光旗艦計畫　　　　　(B) 國際市場開拓計畫

(C) 國際光點計畫　　　　　　　(D) 臺灣國際觀光發展中心

( ) 28.在「觀光拔尖領航方案行動計畫」所列的「國際光點計畫」，預計從臺灣北部、中部、南部、東部、不分區（含離島）當中各評選出幾個具國際級、獨特性、長期定點定時、每日展演的產品，型塑為國際聚焦亮點？ (101 年外領)

    (A)1 個   (B)2 個   (C)3 個   (D)4 個

( ) 29.「旅行臺灣、感動 100」的計畫主軸不包括： (101 年外領)

    (A) 催生與推動百大感動旅遊路線   (B) 體驗臺灣原味的感動

    (C) 貼心加值服務   (D) 落實在地文化感動

( ) 30.依「觀光拔尖領航方案行動計畫」之子計畫「星級旅館評鑑計畫」中，將我國的旅館評鑑等級分為幾種？ (101 年外領)

    (A)2 種   (B)3 種   (C)4 種   (D)5 種

( ) 31.我國為發展觀光事業，目前設立之跨部會組織為何？ (102 年華領)

    (A) 交通部觀光發展推動委員會

    (B) 交通部觀光局觀光發展推動小組

    (C) 行政院觀光發展推動委員會

    (D) 行政院經濟建設委員會觀光發展推動小組

( ) 32.我國觀光史上首次在臺灣舉辦的國際觀光組織會議是？ (102 年華領)

    (A)APEC 年會   (B)ASTA 年會   (C)EATA 年會   (D)PATA 年會

( ) 33.我國推動開放大陸地區人民來臺觀光與大陸方面進行溝通、磋商、聯繫及協商等工作的組織為下列何者？ (102 年外領)

    (A) 海峽兩岸關係協會   (B) 海峽兩岸旅遊交流協會

    (C) 海峽旅行交流基金會   (D) 臺灣海峽兩岸觀光旅遊協會

( ) 34.下列哪一機構每季發表旅遊市場產品參考價格，供旅遊消費者參考？ (102 年外領)

    (A) 中華民國旅行業品質保障協會   (B) 臺灣觀光協會

    (C) 中華民國旅行業同業公會   (D) 行政院觀光發展推動委員會

( ) 35.依觀光拔尖領航方案，交通部觀光局輔導地方政府打造或更新具獨特性、唯一性之觀光據點，由地方政府提出可於 2 年內完成之整備計畫，稱為： (103 年華領)

    (A) 風華再現示範計畫   (B) 國際光點計畫

    (C) 競爭型國際觀光魅力據點示範計畫 (D) 重要觀光景點建設示範計畫

( ) 36.交通部觀光局為因應全球化趨勢，與國際接軌，針對旅館實施下列何種計畫，俾提升我國旅館產業整體服務品質，方便國內外消費者依照旅遊預算及需求選擇所需住宿旅館？ (103 年華領)

    (A) 好客旅宿計畫   (B) 旅館分級計畫

    (C) 優質旅館選拔計畫   (D) 星級旅館評鑑計畫

（　）37.臺灣第一個由政府主導在中國大陸設立之旅遊辦事機構，其名稱為： 　（103 年華領）

(A) 中華兩岸旅行協會北京辦事處

(B) 臺灣觀光協會北京辦事處

(C) 臺灣海峽兩岸觀光旅遊協會北京辦事處

(D) 海峽交流基金會北京辦事處

（　）38.政府對旅館業管理之權責劃分，係採下列何項原則？ 　（103 年華領）

(A) 由地方督導並執行　　　　　　　(B) 由中央督導並執行

(C) 由中央、地方共同督導並執行　　(D) 由中央督導，地方執行

（　）39.交通部觀光局目前未在下列那個城市設置駐外辦事處？ 　（103 年華領）

(A) 北京　　　　　　(B) 雪梨　　　　　　(C) 吉隆坡　　　　　　(D) 法蘭克福

（　）40.我國國民出國旅遊蔚成風氣，那一年首次突破 1000 萬人次？ 　（103 年外領）

(A) 民國 98 年　　　(B) 民國 99 年　　　(C) 民國 100 年　　　(D) 民國 101 年

（　）41.交通部觀光局目前建置的臺灣觀光資訊網，其語言版本不包括下列何者？

(A) 荷蘭語　　　　(B) 義大利語　　　　(C) 西班牙語　　　　(D) 法語　　（103 年外領）

（　）42.交通部觀光局為推薦「星級旅館」與「好客民宿」2 大住宿品牌，以便旅客查詢
臺灣各級合法住宿資訊，特別推出下列何項入口網站？ 　（103 年外領）

(A) 星好旅宿網　　(B) 幸福旅宿網　　(C) 好客旅宿網　　(D) 臺灣旅宿網

（　）43.為加強對東南亞國家之觀光推廣，交通部觀光局將雪梨辦事處撤除後，另於那一
國家、城市新設辦事處？ 　（103 年外領）

(A) 泰國曼谷　　　　(B) 新加坡　　　　(C) 印尼雅加達　　　　(D) 馬來西亞吉隆坡

解答

1.(B)	2.(A)	3.(D)	4.(B)	5.(D)	6.(B)	7.(C)	8.(A)	9.(B)	10.(C)
11.(C)	12.(A)	13.(C)	14.(C)	15.(A)	16.(D)	17.(B)	18.(A)	19.(B)	20.(D)
21.(C)	22.(D)	23.(A)	24.(B)	25.(B)	26.(A)	27.(D)	28.(A)	29.(D)	30.(D)
31.(C)	32.(D)	33.(D)	34.(A)	35.(C)	36.(D)	37.(C)	38.(D)	39.(B)	40.(D)
41.(B)	42.(D)	43.(D)							

試題解析

1. 自民國93年起，政府欲推動大陸居民來臺灣觀光，遂指定「中華民國旅行商業同業公會全國聯合會」爲申請案件窗口，希望由民間單位（非政府組織）來執行該項工作，維持兩岸政府不直接接觸的原則。但由於當時兩岸關係不佳，所以到民國96年大陸來臺旅遊人數仍掛零。後來改爲由臺灣接待旅行社直接向入出境與移民署直接申請，以減少層級，加快作業速度。

2. 依據「優良觀光產業及其從業人員表揚辦法」第9條第2款：「觀光旅館業、旅館業、旅行業、觀光遊樂業之從業人員及導遊、領隊人員於最近三年內曾受觀光主管機關罰鍰或停止執業處分者，不予表揚。但其罰鍰在新臺幣三千元以下，且與表揚事蹟無關者，不在此限。」

3. 根據旅館業管理規則第4條：「經營旅館業者，除依法辦妥公司或商業登記外，並應向地方主管機關申請登記，領取登記證後，始得營業。」旅館業之地方主管機關爲縣（市）政府，非中央觀光主管機關之業務。

4. 依據「優良觀光產業及其從業人員表揚辦法」第8條規定，服務觀光產業滿三年以上即具有表揚候選對象資格。

5. 旅遊資訊服務中心的識別標誌符號爲「i」，全世界都一樣。

6. 「發展觀光條例」第7條第1項：「觀光產業之綜合開發計畫，由中央主管機關擬訂，報請行政院核定後實施。」中央主管機關是指交通部，報請上一級機關核定是行政院。

7. 根據觀光局統計資料，民國93年至95年來臺旅客旅遊目的變化不大，以民國94年爲例，來臺的338萬外國旅客中，比例最高者是觀光（41%），次之爲業務（28%）。

8. 觀光客倍增計畫預計開發9條新興套裝旅遊路線，脊樑山脈旅遊線爲其中之一（中央山脈又稱脊樑山脈，北起蘇澳、南迄恆春半島，全長約340公里）。

9. 該計畫創新產品有6項，分別是登山健行之旅、沙龍攝影與蜜月旅行、銀髮族懷舊旅遊、醫療保健旅遊、追星哈臺旅遊、運動旅遊。

10. 根據觀光局統計資料顯示，民國96年來臺旅客爲371萬6千人次（此數字包括外勞，且同一個外國人進入國境5次計算爲5個人次）

11. 選項(C)敘述是正確的，進入觀光局網站，點選「中文版」，畫面就進入「臺灣觀光資訊網」，裡面有很多臺灣旅遊的觀光資訊；選項(A)敘述是錯誤的，爲服務中外旅客，觀光局目前在全國各地區與許多旅行社簽約，開設一或二日遊觀光巴士，巴士直接到

旅館接送旅客至鄰近各景點，但須付費。選項B)是錯誤的，觀光局輔導各地方政府及觀光組織在主要旅遊門戶、車站、廣場等節點，結合民間觀光業者建置旅遊服務中心（站），提供旅遊資料及諮詢服務。不管是觀光局或地方政府設立的旅遊服務中心，其號誌為「i」而不是「？」

12. 「2008～2009旅行臺灣年」計畫是交通部觀光局民國96年提出兩大施政重點之一，其圍繞之中心目標為「觀光客倍增計畫」與配合行政院「2015經濟發展願景」，以「美麗臺灣」、「特色臺灣」、「友善臺灣」、「品質臺灣」及「行銷臺灣」為主軸，全方位打造優質的旅遊環境。

13. 觀光客倍增計畫預計開發9條新興套裝旅遊路線，脊樑山脈旅遊線為其中之一（中央山脈又稱脊樑山脈，北起蘇澳、南迄恆春半島，全長約340公里），其他為現有旅遊路線。

14. 根據「旅行業管理規則」第22條第4項：「旅遊市場之航空票價、食宿、交通費用，由中華民國旅行業品質保障協會按季發表，供消費者參考。」，中華民國旅行業品質保障協會是旅行業管理規則條文中唯一明定委託之民間團體。

15. 民國70～80年代，臺灣的股市、房地產、經濟都很好，國民所得已經與現在（民國102年）相差不多，可支配所得與休閒時間增多，為因應人民休閒需求，那時臺灣的民營遊樂園紛紛興建。

16. 為提升遊樂園之經營管理與安全維護品質，依「觀光及遊樂地區經營管理與安全維護督導考核要點」規定，邀請建管、消防、警政、衛生、環保等單位及專家學者組成督導考核小組，辦理督導考核競賽，其成績連續三年列特優等（考核競賽成績90分以上）之民營遊樂園得於高速公路上設置指示標誌。

17. 「觀光拔尖領航方案」是民國98～101年的政府計畫，故為正確答案。

18. 交通部於民國98年8月對行政院提出「觀光拔尖領航方案行動計畫」，關於臺灣觀光市場策略有兩個：第一個是持續深耕主要客源市場，如：日韓、港星馬及歐美；第二個是開拓新興市場，如大陸、穆斯林及東南亞印度、印尼、泰國、越南、菲律賓等5國新富階級市場。

19. 依據「發展觀光條例」第38條：「為加強機場服務及設施，發展觀光產業，得收取出境航空旅客之機場服務費；其收費及相關作業方式之辦法，由中央主管機關擬訂，報請行政院核定之。」

20. 各計畫之推動年別為：臺灣觀光年工作計畫為民國93年、旅行臺灣年工作計畫為民國97～98年、觀光客倍增計畫為民國91～97年、觀光拔尖領航方案行動計畫為民國98～100年。

21. 友善旅遊環境措施僅「強化現有桃園、松山機場及高雄國際機場旅客服務中心功能，加強服務國際旅客。」並無提供外籍旅客租借「保貝機」服務。

22. 因為中華民國不是聯合國成員，而聯合國世界觀光組織是聯合國轄下的單位，故無法加入成為其會員。

23. 專業會議籌辦人又稱專業會議公司，英文為Professional Congress Organizer，英文簡稱PCO。PCO是歐洲習慣稱呼，美國則較常稱為DMC (Destination Management Company)。

24. 觀光資訊版外語版本有英語、日語、韓語、德語、法語、西班牙語、荷蘭語。

25. 「提升」行動方案包括「市場開拓」與「品質提昇」。

26. 交通部觀光局企劃組負責觀光資料蒐集、統計、分析，以及觀光書籍、資訊之出版。

27. 「提升」行動方案的「市場開拓」方面，提到成立「臺灣國際觀光發展中心」以「突破行政機關缺乏彈性之組織編制，借重法人團體延攬國際專家及行銷研發之專業人才。」

28. 該方案的國際光點計畫提到：「從北部、中部、南部、東部、不分區（含離島）各評選出1個最具國際級、獨特性、長期定點定時、每日展演可吸引國際旅客之產品，型塑為國際聚焦亮點」。

29. 「旅行臺灣，感動100」計畫主軸有3項，分別是1.催生與推廣百大感動旅遊路線；2.體驗臺灣原味的感動；3.貼心加值服務。

30. 「星級旅館評鑑計畫」中，將旅館以星級標誌分為5個等級。旅館評鑑辦法於民國92年提出，民國98年開始執行。

31. 民國91年7月，行政院為有效整合觀光事業之發展與推動，將「行政院觀光發展推動小組」提升為「行政院觀光發展推動委員會」，以利觀光事業之推動與整合。

32. 亞太旅行協會(Pacific Asia Travel Association)，簡稱PATA，臺灣曾於民國57年及民國90年分別主辦過年會及理事會，原訂民國96年於臺灣舉行年會因故取消。

33. 「臺灣海峽兩岸觀光旅遊協會」於民國95年8月成立，為兩岸協商有關旅遊事務窗口，落實政府推動大陸旅客來臺觀光。

34. 根據「旅行業管理規則」第22條第4項：「旅遊市場之航空票價、食宿、交通費用，由中華民國旅行業品質保障協會按季發表，供消費者參考。」「中華民國旅行業品質保障協會」是旅行業管理規則條文中唯一明定委託之民間團體。

35. 「競爭型國際觀光魅力據點示範計畫」以「由下而上」的方式，透過競爭型計畫協助縣市政府發揮創意、善用在地優勢特色資源，整備相關軟硬體設施，發展能吸引國際觀光客的據點共計10處。

36. 星級旅館評鑑計畫，自民國92年公布旅館評鑑辦法，民國98年開始實施。其目的是提升我國旅館產業整體服務品質，方便國內外消費者依照旅遊預算及需求選擇所需住宿旅館

37. 「臺灣海峽兩岸觀光旅遊協會」是臺灣與大陸洽談觀光旅遊事宜的對口單位。

38. 4個選項只有「由中央督導，地方執行」最符合現今臺灣中央與地方分權的概念。

39. 交通部觀光局目前於12城市設立駐外辦事處：舊金山、東京、法蘭克福、紐約、新加坡、吉隆坡、首爾、香港、大阪、洛杉磯、北京、上海。

40. 我國出國旅遊人次每年皆增長，民國100年958萬人次，民國101年首次衝破1000萬人次大關，達到約1024萬人次。

41. 進入交通部觀光局的臺灣觀光資訊網，將分別發現8種語言版本：中文、英文、日文、韓文、德文、法文、西班牙文、荷蘭文。

42. 民國101年交通部觀光局為便利旅客查詢各級合法住宿資訊，同時推薦「星級旅館」與「好客民宿」2大住宿品牌特別整合推出「臺灣旅宿網」。

43. 因為經濟發展、地緣與文化關係（東南亞華人眾多），近年來自東南亞旅客大幅增加，因此觀光局將雪梨辦事處撤除後，在馬來西亞吉隆坡設辦事處。觀光局未在印尼與泰國設辦事處。

第二章　觀光法規

在每年的領隊、導遊考試中，最令考生聞之色變就是「觀光法規」，除了包括發展觀光條例、旅行業管理規則、領隊人員管理規則、導遊人員管理規則、觀光旅館業管理規則、民宿管理辦法…等之外；尚要因應與消費者相關的國內外旅遊契約書及民法債篇旅遊專節，應考人員務必有系統、有效率的整理準備。本章節將相關法規歸納整理讓應考者能有系統的研習。

第一節　發展觀光條例

發展觀光條例本法最初公布為民國58年7月30日，並於民國100年4月13日最新修訂，是為觀光相關法規的母法。下表（表2-1）為節錄重要條文的內容：

表 2-1　發展觀光條例

條款	發展觀光條例
第 1 條	為發展觀光產業，宏揚中華文化，永續經營臺灣特有之自然生態與人文景觀資源，敦睦國際友誼，增進國民身心健康，加速國內經濟繁榮，制定本條例；本條例未規定者，適用其他法律之規定。
第 2 條	本條例所用名詞，定義如下： 一、觀光產業：指有關觀光資源之開發、建設與維護，觀光設施之興建、改善，為觀光旅客旅遊、食宿提供服務與便利及提供舉辦各類型國際會議、展覽相關之旅遊服務產業。 二、觀光旅客：指觀光旅遊活動之人。 三、觀光地區：指風景特定區以外，經中央主管機關會商各目的事業主管機關同意後指定供觀光旅客遊覽之風景、名勝、古蹟、博物館、展覽場所及其他可供觀光之地區。 四、風景特定區：指依規定程序劃定之風景或名勝地區。 五、自然人文生態景觀區：指無法以人力再造之特殊天然景緻、應嚴格保護之自然動、植物生態環境及重要史前遺跡所呈現之特殊自然人文景觀，其範圍包括：原住民保留地、山地管制區、野生動物保護區、水產資源保育區、自然保留區、及國家公園內之史蹟保存區、特別景觀區、生態保護區等地區。

（續下頁）

（承上頁）

條款	發展觀光條例
第 2 條	六、觀光遊樂設施：指在風景特定區或觀光地區提供觀光旅客休閒、遊樂之設施。 七、觀光旅館業：指經營國際觀光旅館或一般觀光旅館，對旅客提供住宿及相關服務之營利事業。 八、旅館業：指觀光旅館業以外，對旅客提供住宿、休息及其他經中央主管機關核定相關業務之營利事業。 九、民宿：指利用自用住宅空閒房間，結合當地人文、自然景觀、生態、環境資源及農林漁牧生產活動，以家庭副業方式經營，提供旅客鄉野生活之住宿處所。 十、旅行業：指經中央主管機關核准，為旅客設計安排旅程、食宿、領隊人員、導遊人員、代購代售交通客票、代辦出國簽證手續等有關服務而收取報酬之營利事業。 十一、觀光遊樂業：指經主管機關核准經營觀光遊樂設施之營利事業。 十二、導遊人員：指執行接待或引導來本國觀光旅客旅遊業務而收取報酬之服務人員。 十三、領隊人員：指執行引導出國觀光旅客團體旅遊業務而收取報酬之服務人員。 十四、專業導覽人員：指為保存、維護及解說國內特有自然生態及人文景觀資源，由各目的事業主管機關在自然人文生態景觀區所設置之專業人員。
第 3 條	本條例所稱主管機關：在中央為交通部；在直轄市為直轄市政府；在縣（市）為縣（市）政府。
第 4 條	中央主管機關為主管全國觀光事務，設觀光局；其組織，另以法律定之。 直轄市、縣（市）主管機關為主管地方觀光事務，得視實際需要，設立觀光機構。

（續下頁）

（承上頁）

條款	發展觀光條例
第 5 條	觀光產業之國際宣傳及推廣，由中央主管機關綜理，並得視國外市場需要，於適當地區設辦事機構或與民間組織合作辦理之。 中央主管機關得將辦理國際觀光行銷、市場推廣、市場資訊蒐集等業務，委託法人團體辦理。其受委託法人團體應具備之資格、條件、監督管理及其他相關事項之辦法，由中央主管機關定之。 民間團體或營利事業，辦理涉及國際觀光宣傳及推廣事務，除依有關法律規定外，應受中央主管機關之輔導；其辦法，由中央主管機關定之。 為加強國際宣傳，便利國際觀光旅客，中央主管機關得與外國觀光機構或授權觀光機構與外國觀光機構簽訂觀光合作協定，以加強區域性國際觀光合作，並與各該區域內之國家或地區，交換業務經營技術。
第 6 條	為有效積極發展觀光產業，中央主管機關應每年就觀光市場進行調查及資訊蒐集，以供擬定國家觀光產業政策之參考。
第 7 條	觀光產業之綜合開發計畫，由中央主管機關擬訂，報請行政院核定後實施。 各級主管機關，為執行前項計畫所採行之必要措施，有關機關應協助與配合。
第 8 條	中央主管機關為配合觀光產業發展，應協調有關機關，規劃國內觀光據點交通運輸網，開闢國際交通路線，建立海、陸、空聯運制；並得視需要於國際機場及商港設旅客服務機構；或輔導直轄市、縣（市）主管機關於重要交通轉運地點，設置旅客服務機構或設施。 國內重要觀光據點，應視需要建立交通運輸設施，其運輸工具、路面工程及場站設備，均應符合觀光旅行之需要。
第 10 條	主管機關得視實際情形，會商有關機關，將重要風景或名勝地區，勘定範圍，劃為風景特定區；並得視其性質，專設機構經營管理之。 依其他法律或由其他目的事業主管機關劃定之風景區或遊樂區，其所設有關觀光之經營機構，均應接受主管機關之輔導。

（續下頁）

（承上頁）

條款	發展觀光條例
第 11 條	風景特定區計畫，應依據中央主管機關會同有關機關，就地區特性及功能所作之評鑑結果，予以綜合規劃。 前項計畫之擬訂及核定，除應先會商主管機關外，悉依都市計畫法之規定辦理。 風景特定區應按其地區特性及功能，劃分為國家級、直轄市級及縣（市）級。
第 17 條	為維護風景特定區內自然及文化資源之完整，在該區域內之任何設施計畫，均應徵得該管主管機關之同意。
第 18 條	具有大自然之優美景觀、生態、文化與人文觀光價值之地區，應規劃建設為觀光地區。該區域內之名勝、古蹟及特殊動植物生態等觀光資源，各目的事業主管機關應嚴加維護，禁止破壞。
第 19 條	為保存、維護及解說國內特有自然生態資源，各目的事業主管機關應於自然人文生態景觀區，設置專業導覽人員，旅客進入該地區，應申請專業導覽人員陪同進入，以提供旅客詳盡之說明，減少破壞行為發生，並維護自然資源之永續發展。 自然人文生態景觀區之劃定，由該管主管機關會同目的事業主管機關劃定之。 專業導覽人員之資格及管理辦法，由中央主管機關會商各目的事業主管機關定之
第 21 條	經營觀光旅館業者，應先向中央主管機關申請核准，並依法辦妥公司登記後，領取觀光旅館業執照，始得營業。
第 22 條	觀光旅館業業務範圍如下： 一、客房出租。 二、附設餐飲、會議場所、休閒場所及商店之經營。 三、其他經中央主管機關核准與觀光旅館有關之業務。 主管機關為維護觀光旅館旅宿之安寧，得會商相關機關訂定有關之規定。

（續下頁）

（承上頁）

條款	發展觀光條例
第 23 條	觀光旅館等級，按其建築與設備標準、經營、管理及服務方式區分之。 觀光旅館之建築及設備標準，由中央主管機關會同內政部定之。
第 25 條	主管機關應依據各地區人文、自然景觀、生態、環境資源及農林漁牧生產活動，輔導管理民宿之設置。 民宿經營者，應向地方主管機關申請登記，領取登記證及專用標識後，始得經營。 民宿之設置地區、經營規模、建築、消防、經營設備基準、申請登記要件、經營者資格、管理監督及其他應遵行事項之管理辦法，由中央主管機關會商有關機關定之。
第 26 條	經營旅行業者，應先向中央主管機關申請核准，並依法辦妥公司登記後，領取旅行業執照，始得營業。
第 27 條	旅行業業務範圍如下： 一、接受委託代售海、陸、空運輸事業之客票或代旅客購買客票。 二、接受旅客委託代辦出、入國境及簽證手續。 三、招攬或接待觀光旅客，並安排旅遊、食宿及交通。 四、設計旅程、安排導遊人員或領隊人員。 五、提供旅遊諮詢服務。 六、其他經中央主管機關核定與國內外觀光旅客旅遊有關之事項。 前項業務範圍，中央主管機關得按其性質，區分為綜合、甲種、乙種旅行業核定之。 非旅行業者不得經營旅行業業務。但代售日常生活所需國內海、陸、空運輸事業之客票，不在此限。
第 28 條	外國旅行業在中華民國設立分公司，應先向中央主管機關申請核准，並依公司法規定辦理認許後，領取旅行業執照，始得營業。 外國旅行業在中華民國境內所置代表人，應向中央主管機關申請核准，並依公司法規定向經濟部備案。但不得對外營業。

（續下頁）

（承上頁）

條款	發展觀光條例
第 29 條	旅行業辦理團體旅遊或個別旅客旅遊時，應與旅客訂定書面契約。 前項契約之格式、應記載及不得記載事項，由中央主管機關定之。 旅行業將中央主管機關訂定之契約書格式公開並印製於收據憑證交付旅客者，除另有約定外，視為已依第一項規定與旅客訂約。
第 30 條	經營旅行業者，應依規定繳納保證金；其金額，由中央主管機關定之。金額調整時，原已核准設立之旅行業亦適用之。 旅客對旅行業者，因旅遊糾紛所生之債權，對前項保證金有優先受償之權。 旅行業未依規定繳足保證金，經主管機關通知限期繳納，屆期仍未繳納者，廢止其旅行業執照。
第 31 條	觀光旅館業、旅館業、旅行業、觀光遊樂業及民宿經營者，於經營各該業務時，應依規定投保責任保險。 旅行業辦理旅客出國及國內旅遊業務時，應依規定投保履約保證保險。 前二項各行業應投保之保險範圍及金額，由中央主管機關會商有關機關定之。
第 32 條	導遊人員及領隊人員，應經考試主管機關或其委託之有關機關考試及訓練合格。 前項人員，應經中央主管機關發給執業證，並受旅行業僱用或受政府機關、團體之臨時招請，始得執行業務。 導遊人員及領隊人員取得結業證書或執業證後連續三年未執行各該業務者，應重行參加訓練結業，領取或換領執業證後，始得執行業務。 第一項修正施行前已經中央主管機關或其委託之有關機關測驗及訓練合格，取得執業證者，得受旅行業僱用或受政府機關、團體之臨時招請，繼續執行業務。 第一項施行日期，由行政院會同考試院以命令定之。

（續下頁）

（承上頁）

條款	發展觀光條例
第 33 條	有下列各款情事之一者，不得爲觀光旅館業、旅行業、觀光遊樂業之發起人、董事、監察人、經理人、執行業務或代表公司之股東： 一、有公司法第三十條各款情事之一者。 二、曾經營該觀光旅館業、旅行業、觀光遊樂業受撤銷或廢止營業執照處分尚未逾五年者。 已充任爲公司之董事、監察人、經理人、執行業務或代表公司之股東，如有第一項各款情事之一者，當然解任之，中央主管機關應撤銷或廢止其登記，並通知公司登記之主管機關。 旅行業經理人應經中央主管機關或其委託之有關機關團體訓練合格，領取結業證書後，始得充任；其參加訓練資格，由中央主管機關定之。 旅行業經理人連續三年未在旅行業任職者，應重新參加訓練合格後，始得受僱爲經理人。 旅行業經理人不得兼任其他旅行業之經理人，並不得自營或爲他人兼營旅行業。
第 36 條	爲維護遊客安全，水域管理機關得對水域遊憩活動之種類、範圍、時間及行爲限制之，並得視水域環境及資源條件之狀況，公告禁止水域遊憩活動區域；其管理辦法，由主管機關會商有關機關定之。
第 38 條	爲加強機場服務及設施，發展觀光產業，得收取出境航空旅客之機場服務費；其收費及相關作業方式之辦法，由中央主管機關擬訂，報請行政院核定之。
第 39 條	中央主管機關，爲適應觀光產業需要，提高觀光從業人員素質，應辦理專業人員訓練，培育觀光從業人員；其所需之訓練費用，得向其所屬事業機構、團體或受訓人員收取。
第 42 條	觀光旅館業、旅館業、旅行業、觀光遊樂業或民宿經營者，暫停營業或暫停經營一個月以上者，其屬公司組織者，應於十五日內備具股東會議事錄或股東同意書，非屬公司組織者備具申請書，並詳述理由，報請該管主管機關備查。

（續下頁）

（承上頁）

條款	發展觀光條例
第 42 條	前項申請暫停營業或暫停經營期間，最長不得超過一年，其有正當理由者，得申請展延一次，期間以一年為限，並應於期間屆滿前十五日內提出。 停業期限屆滿後，應於十五日內向該管主管機關申報復業。 未依第一項規定報請備查或前項規定申報復業，達六個月以上者，主管機關得廢止其營業執照或登記證。
第 43 條	為保障旅遊消費者權益，旅行業有下列情事之一者，中央主管機關得公告之： 一、保證金被法院扣押或執行者。 二、受停業處分或廢止旅行業執照者。 三、自行停業者。 四、解散者。 五、經票據交換所公告為拒絕往來戶者。 六、未依第三十一條規定辦理履約保證保險或責任保險者。
第 46 條	民間機構開發經營觀光遊樂設施、觀光旅館經中央主管機關報請行政院核定者，其所需之聯外道路得由中央主管機關協調該管道路主管機關、地方政府及其他相關目的事業主管機關興建之。
第 50 條	為加強國際觀光宣傳推廣，公司組織之觀光產業，得在下列用途項下支出金額百分之十至百分之二十限度內，抵減當年度應納營利事業所得稅額；當年度不足抵減時，得在以後四年度內抵減之： 一、配合政府參與國際宣傳推廣之費用。 二、配合政府參加國際觀光組織及旅遊展覽之費用。 三、配合政府推廣會議旅遊之費用。 前項投資抵減，其每一年度得抵減總額，以不超過該公司當年度應納營利事業所得稅額百分之五十為限。但最後年度抵減金額，不在此限。 第一項投資抵減之適用範圍、核定機關、申請期限、申請程序、施行期限、抵減率及其他相關事項之辦法，由行政院定之。

（續下頁）

（承上頁）

條款	發展觀光條例
第 53 條	觀光旅館業、旅館業、旅行業、觀光遊樂業或民宿經營者，有玷辱國家榮譽、損害國家利益、妨害善良風俗或詐騙旅客行為者，處新臺幣三萬元以上十五萬元以下罰鍰；情節重大者，定期停止其營業之一部或全部，或廢止其營業執照或登記證。 經受停止營業一部或全部之處分，仍繼續營業者，廢止其營業執照或登記證。 觀光旅館業、旅館業、旅行業、觀光遊樂業之受僱人員有第一項行為者，處新臺幣一萬元以上五萬元以下罰鍰。
第 54 條	觀光旅館業、旅館業、旅行業、觀光遊樂業或民宿經營者，經主管機關依第三十七條第一項檢查結果有不合規定者，除依相關法令辦理外，並令限期改善，屆期仍未改善者，處新臺幣三萬元以上十五萬元以下罰鍰；情節重大者，並得定期停止其營業之一部或全部；經受停止營業處分仍繼續營業者，廢止其營業執照或登記證。 經依第三十七條第一項規定檢查結果，有不合規定且危害旅客安全之虞者，在未完全改善前，得暫停其設施或設備一部或全部之使用。 觀光旅館業、旅館業、旅行業、觀光遊樂業或民宿經營者，規避、妨礙或拒絕主管機關依第三十七條第一項規定檢查者，處新臺幣三萬元以上十五萬元以下罰鍰，並得按次連續處罰。
第 55 條	有下列情形之一者，處新臺幣三萬元以上十五萬元以下罰鍰；情節重大者，得廢止其營業執照： 一、觀光旅館業違反第二十二條規定，經營核准登記範圍外業務。 二、旅行業違反第二十七條規定，經營核准登記範圍外業務。 有下列情形之一者，處新臺幣一萬元以上五萬元以下罰鍰： 一、旅行業違反第二十九條第一項規定，未與旅客訂定書面契約。 二、觀光旅館業、旅館業、旅行業、觀光遊樂業或民宿經營者，違反第四十二條規定，暫停營業或暫停經營未報請備查或停業期間屆滿未申報復業。 三、觀光旅館業、旅館業、旅行業、觀光遊樂業或民宿經營者，違反依本條例所發布之命令。

（續下頁）

（承上頁）

條款	發展觀光條例
第 55 條	未依本條例領取營業執照而經營觀光旅館業務、旅館業務、旅行業務或觀光遊樂業務者，處新臺幣九萬元以上四十五萬元以下罰鍰，並禁止其營業。 未依本條例領取登記證而經營民宿者，處新臺幣三萬元以上十五萬元以下罰鍰，並禁止其經營。
第 56 條	外國旅行業未經申請核准而在中華民國境內設置代表人者，處代表人新臺幣一萬元以上五萬元以下罰鍰，並勒令其停止執行職務。
第 57 條	旅行業未依第三十一條規定辦理履約保證保險或責任保險，中央主管機關得立即停止其辦理旅客之出國及國內旅遊業務，並限於三個月內辦妥投保，逾期未辦妥者，得廢止其旅行業執照。 違反前項停止辦理旅客之出國及國內旅遊業務之處分者，中央主管機關得廢止其旅行業執照。 觀光旅館業、旅館業、觀光遊樂業及民宿經營者，未依第三十一條規定辦理責任保險者，限於一個月內辦妥投保，屆期未辦妥者，處新臺幣三萬元以上十五萬元以下罰鍰，並得廢止其營業執照或登記證。
第 58 條	有下列情形之一者，處新臺幣三千元以上一萬五千元以下罰鍰；情節重大者，並得逕行定期停止其執行業務或廢止其執業證： 一、旅行業經理人違反第三十三條第五項規定，兼任其他旅行業經理人或自營或為他人兼營旅行業。 二、導遊人員、領隊人員或觀光產業經營者僱用之人員，違反依本條例所發布之命令者。 經受停止執行業務處分，仍繼續執業者，廢止其執業證。
第 59 條	未依第三十二條規定取得執業證而執行導遊人員或領隊人員業務者，處新臺幣一萬元以上五萬元以下罰鍰，並禁止其執業。
第 60 條	於公告禁止區域從事水域遊憩活動或不遵守水域管理機關對有關水域遊憩活動所為種類、範圍、時間及行為之限制命令者，由其水域管理機關處新臺幣五千元以上二萬五千元以下罰鍰，並禁止其活動。 前項行為具營利性質者，處新臺幣一萬五千元以上七萬五千元以下罰鍰，並禁止其活動。

（續下頁）

（承上頁）

條款	發展觀光條例
第 62 條	損壞觀光地區或風景特定區之名勝、自然資源或觀光設施者，有關目的事業主管機關得處行為人新臺幣五十萬元以下罰鍰，並責令回復原狀或償還修復費用。其無法回復原狀者，有關目的事業主管機關得再處行為人新臺幣五百萬元以下罰鍰。 旅客進入自然人文生態景觀區未依規定申請專業導覽人員陪同進入者，有關目的事業主管機關得處行為人新臺幣三萬元以下罰鍰。
第 63 條	於風景特定區或觀光地區內有下列行為之一者，由其目的事業主管機關處新臺幣一萬元以上五萬元以下罰鍰： 一、擅自經營固定或流動攤販。 二、擅自設置指示標誌、廣告物。 三、強行向旅客拍照並收取費用。 四、強行向旅客推銷物品。 五、其他騷擾旅客或影響旅客安全之行為。 違反前項第一款或第二款規定者，其攤架、指示標誌或廣告物予以拆除並沒入之，拆除費用由行為人負擔。
第 64 條	於風景特定區或觀光地區內有下列行為之一者，由其目的事業主管機關處新臺幣三千元以上一萬五千元以下罰鍰： 一、任意拋棄、焚燒垃圾或廢棄物。 二、將車輛開入禁止車輛進入或停放於禁止停車之地區。 三、其他經管理機關公告禁止破壞生態、污染環境及危害安全之行為。

第二節　旅行業管理規則

　　旅行業管理規則於民國103年5月21日最新修訂，下表（表2-2）為節錄重要條例的內容：

表 2-2　旅行業管理規則

條款	旅行業管理規則
第 2 條	旅行業之設立、變更或解散登記、發照、經營管理、獎勵、處罰、經理人及從業人員之管理、訓練等事項，由交通部委任交通部觀光局執行之；其委任事項及法規依據應公告並刊登政府公報或新聞紙。 前項有關旅行業從業人員之異動登記事項，在直轄市之旅行業，得由交通部委託直轄市政府辦理。
第 3 條	旅行業區分為綜合旅行業、甲種旅行業及乙種旅行業三種。 綜合旅行業經營下列業務： 一、接受委託代售國內外海、陸、空運輸事業之客票或代旅客購買國內外客票、託運行李。 二、接受旅客委託代辦出、入國境及簽證手續。 三、招攬或接待國內外觀光旅客並安排旅遊、食宿及交通。 四、以包辦旅遊方式或自行組團，安排旅客國內外觀光旅遊、食宿、交通及提供有關服務。 五、委託甲種旅行業代為招攬前款業務。 六、委託乙種旅行業代為招攬第四款國內團體旅遊業務。 七、代理外國旅行業辦理聯絡、推廣、報價等業務。 八、設計國內外旅程、安排導遊人員或領隊人員。 九、提供國內外旅遊諮詢服務。 十、其他經中央主管機關核定與國內外旅遊有關之事項。 甲種旅行業經營下列業務： 一、接受委託代售國內外海、陸、空運輸事業之客票或代旅客購買國內外客票、託運行李。 二、接受旅客委託代辦出、入國境及簽證手續。 三、招攬或接待國內外觀光旅客並安排旅遊、食宿及交通。 四、自行組團安排旅客出國觀光旅遊、食宿、交通及提供有關服務。 五、代理綜合旅行業招攬前項第五款之業務。 六、代理外國旅行業辦理聯絡、推廣、報價等業務。 七、設計國內外旅程、安排導遊人員或領隊人員。 八、提供國內外旅遊諮詢服務。 九、其他經中央主管機關核定與國內外旅遊有關之事項。

（續下頁）

（承上頁）

條款	旅行業管理規則
第3條	乙種旅行業經營下列業務： 一、接受委託代售國內海、陸、空運輸事業之客票或代旅客購買國內客票、託運行李。 二、招攬或接待本國觀光旅客國內旅遊、食宿、交通及提供有關服務。 三、代理綜合旅行業招攬第二項第六款國內團體旅遊業務。 四、設計國內旅程。 五、提供國內旅遊諮詢服務。 六、其他經中央主管機關核定與國內旅遊有關之事項。 前三項業務，非經依法領取旅行業執照者，不得經營。但代售日常生活所需國內海、陸、空運輸事業之客票，不在此限。
第6條	旅行業經核准籌設後，應於二個月內依法辦妥公司設立登記，備具下列文件，並繳納旅行業保證金、註冊費向交通部觀光局申請註冊，屆期即廢止籌設之許可。但有正當理由者，得申請延長二個月，並以一次爲限： 一、註冊申請書。 二、公司登記證明文件。 三、公司章程。 四、旅行業設立登記事項卡。 前項申請，經核准並發給旅行業執照賦予註冊編號，始得營業。
第8條	旅行業申請設立分公司經許可後，應於二個月內依法辦妥分公司設立登記，並備具下列文件及繳納旅行業保證金、註冊費，向交通部觀光局申請旅行業分公司註冊，屆期即廢止設立之許可。但有正當理由者，得申請延長二個月，並以一次爲限： 一、分公司註冊申請書。 二、分公司登記證明文件。 第六條第二項於分公司設立之申請準用之。
第9條	旅行業組織、名稱、種類、資本額、地址、代表人、董事、監察人、經理人變更或同業合併，應於變更或合併後十五日內備具下列文件向交通部觀光局申請核准後，依公司法規定期限辦妥公司變更登記，並憑辦妥之有關文件於二個月內換領旅行業執照：

（續下頁）

（承上頁）

條款	旅行業管理規則
第 9 條	一、變更登記申請書。 二、其他相關文件。 前項規定，於旅行業分公司之地址、經理人變更者準用之。 旅行業股權或出資額轉讓，應依法辦妥過戶或變更登記後，報請交通部觀光局備查。
第 11 條	旅行業實收之資本總額，規定如下： 一、綜合旅行業不得少於新臺幣三千萬元。 二、甲種旅行業不得少於新臺幣六百萬元。 三、乙種旅行業不得少於新臺幣三百萬元。 綜合旅行業在國內每增設分公司一家，須增資新臺幣一百五十萬元，甲種旅行業在國內每增設分公司一家，須增資新臺幣一百萬元，乙種旅行業在國內每增設分公司一家，須增資新臺幣七十五萬元。但其原資本總額，已達增設分公司所須資本總額者，不在此限。 本規則中華民國一百零三年五月二十一日修正施行前之綜合旅行業，其資本總額與第一項第一款規定不符者，應自修正施行之日起一年內辦理增資。
第 12 條	旅行業應依照下列規定，繳納註冊費、保證金： 一、註冊費： 　㈠ 按資本總額千分之一繳納。 　㈡ 分公司按增資額千分之一繳納。 二、保證金： 　㈠ 綜合旅行業新臺幣一千萬元。 　㈡ 甲種旅行業新臺幣一百五十萬元。 　㈢ 乙種旅行業新臺幣六十萬元。 　㈣ 綜合旅行業、甲種旅行業每一分公司新臺幣三十萬元。 　㈤ 乙種旅行業每一分公司新臺幣十五萬元。 　㈥ 經營同種類旅行業，最近兩年未受停業處分，且保證金未被強制執行，並取得經中央主管機關認可足以保障旅客權益之觀光公益法人會員資格者，得按㈠至㈤目金額十分之一繳納。 旅行業有下列情形之一者，其有關前項第二款第六目規定之二年期間，應自變更時重新起算：

（續下頁）

（承上頁）

條款	旅行業管理規則
第 12 條	一、名稱變更者。 二、代表人變更，其變更後之代表人，非由原股東出任者。 旅行業保證金應以銀行定存單繳納之。 申請、換發或補發旅行業執照，應繳納執照費新臺幣一千元。 因行政區域調整或門牌改編之地址變更而換發旅行業執照者，免繳納執照費。
第 13 條	旅行業及其分公司應各置經理人一人以上負責監督管理業務。 前項旅行業經理人應為專任，不得兼任其他旅行業之經理人，並不得自營或為他人兼營旅行業。
第 15 條	旅行業經理人應備具下列資格之一，經交通部觀光局或其委託之有關機關、團體訓練合格，發給結業證書後，始得充任： 一、大專以上學校畢業或高等考試及格，曾任旅行業代表人二年以上者。 二、大專以上學校畢業或高等考試及格，曾任海陸空客運業務單位主管三年以上者。 三、大專以上學校畢業或高等考試及格，曾任旅行業專任職員四年或領隊、導遊六年以上者。 四、高級中等學校畢業或普通考試及格或二年制專科學校、三年制專科學校、大學肄業或五年制專科學校規定學分三分之二以上及格，曾任旅行業代表人四年或專任職員六年或領隊、導遊八年以上者。 五、曾任旅行業專任職員十年以上者。 六、大專以上學校畢業或高等考試及格，曾在國內外大專院校主講觀光專業課程二年以上者。 七、大專以上學校畢業或高等考試及格，曾任觀光行政機關業務部門專任職員三年以上或高級中等學校畢業曾任觀光行政機關或旅行商業同業公會業務部門專任職員五年以上者。 大專以上學校或高級中等學校觀光科系畢業者，前項第二款至第四款之年資，得按其應具備之年資減少一年。 第一項訓練合格人員，連續三年未在旅行業任職者，應重新參加訓練合格後，始得受僱為經理人。

（續下頁）

（承上頁）

條款	旅行業管理規則
第 17 條	外國旅行業在中華民國設立分公司時，應先向交通部觀光局申請核准，並依法辦理認許及分公司登記，領取旅行業執照後始得營業。其業務範圍、在中華民國境內營業所用之資金、保證金、註冊費、換照費等，準用中華民國旅行業本公司之規定。
第 19 條	旅行業經核准註冊，應於領取旅行業執照後一個月內開始營業。 旅行業應於領取旅行業執照後始得懸掛市招。旅行業營業地址變更時，應於換領旅行業執照前，拆除原址之全部市招。 前二項規定於分公司準用之。
第 20 條	旅行業應於開業前將開業日期、全體職員名冊分別報請交通部觀光局及直轄市觀光主管機關或其委託之有關團體備查。 前項職員名冊應與公司薪資發放名冊相符。其職員有異動時，應於十日內將異動表分別報請交通部觀光局及直轄市觀光主管機關或其委託之有關團體備查。 旅行業開業後，應於每年六月三十日前，將其財務及業務狀況，依交通部觀光局規定之格式填報。
第 21 條	旅行業暫停營業一個月以上者，應於停止營業之日起十五日內備具股東會議事錄或股東同意書，並詳述理由，報請交通部觀光局備查，並繳回各項證照。 前項申請停業期間，最長不得超過一年，其有正當理由者，得申請展延一次，期間以一年為限，並應於期間屆滿前十五日內提出。 停業期間屆滿後，應於十五日內，向交通部觀光局申報復業，並發還各項證照。依第一項規定申請停業者，於停業期間，非經向交通部觀光局申報復業，不得有營業行為。
第 23 條	綜合旅行業、甲種旅行業接待或引導國外、香港、澳門或大陸地區觀光旅客旅遊，應依來臺觀光旅客使用語言，指派或僱用領有外語或華語導遊人員執業證之人員執行導遊業務。 綜合旅行業、甲種旅行業辦理前項接待或引導非使用華語之國外觀光旅客旅遊，不得指派或僱用華語導遊人員執行導遊業務。 綜合旅行業、甲種旅行業對指派或僱用之導遊人員應嚴加督導與管理，不得允許其為非旅行業執行導遊業務。

（續下頁）

（承上頁）

條款	旅行業管理規則
第 23-1 條	旅行業與導遊人員、領隊人員，約定執行接待或引導觀光旅客旅遊業務，應簽訂契約並給付報酬。 前項報酬，不得以小費、購物佣金或其他名目抵替之。
第 24 條	旅行業辦理團體旅遊或個別旅客旅遊時，應與旅客簽定書面之旅遊契約；其印製之招攬文件並應加註公司名稱及註冊編號。 團體旅遊文件之契約書應載明下列事項，並報請交通部觀光局核准後，始得實施： 一、公司名稱、地址、代表人姓名、旅行業執照字號及註冊編號。 二、簽約地點及日期。 三、旅遊地區、行程、起程及回程終止之地點及日期。 四、有關交通、旅館、膳食、遊覽及計畫行程中所附隨之其他服務詳細說明。 五、組成旅遊團體最低限度之旅客人數。 六、旅遊全程所需繳納之全部費用及付款條件。 七、旅客得解除契約之事由及條件。 八、發生旅行事故或旅行業因違約對旅客所生之損害賠償責任。 九、責任保險及履約保證保險有關旅客之權益。 一〇、其他協議條款。 前項規定，除第四款關於膳食之規定及第五款外，均於個別旅遊文件之契約書準用之。 旅行業將交通部觀光局訂定之定型化契約書範本公開並印製於旅行業代收轉付收據憑證交付旅客者，除另有約定外，視為已依第一項規定與旅客訂約。
第 25 條	旅遊文件之契約書範本內容，由交通部觀光局另定之。 旅行業依前項規定製作旅遊契約書者，視同已依前條第二項及第三項規定報經交通部觀光局核准。 旅行業辦理旅遊業務，應製作旅客交付文件與繳費收據，分由雙方收執，並連同與旅客簽定之旅遊契約書，設置專櫃保管一年，備供查核。

（續下頁）

（承上頁）

條款	旅行業管理規則
第 28 條	旅行業經營自行組團業務，非經旅客書面同意，不得將該旅行業務轉讓其他旅行業辦理。 旅行業受理前項旅行業務之轉讓時，應與旅客重新簽訂旅遊契約。 甲種旅行業、乙種旅行業經營自行組團業務，不得將其招攬文件置於其他旅行業，委託該其他旅行業代為銷售、招攬。
第 29 條	旅行業辦理國內旅遊，應派遣專人隨團服務。
第 30 條	旅行業刊登於新聞紙、雜誌、電腦網路及其他大眾傳播工具之廣告，應載明公司名稱、種類及註冊編號。但綜合旅行業得以註冊之服務標章替代公司名稱。 前項廣告內容應與旅遊文件相符合，不得為虛偽之宣傳。
第 32 條	旅行業以電腦網路經營旅行業務者，其網站首頁應載明下列事項，並報請交通部觀光局備查： 一、網站名稱及網址。 二、公司名稱、種類、地址、註冊編號及代表人姓名。 三、電話、傳真、電子信箱號碼及聯絡人。 四、經營之業務項目。 五、會員資格之確認方式。 旅行業透過其他網路平臺販售旅遊商品或服務者，應於該旅遊商品或服務網頁載明前項所定事項。
第 33 條	旅行業以電腦網路接受旅客線上訂購交易者，應將旅遊契約登載於網站；於收受全部或一部價金前，應將其銷售商品或服務之限制及確認程序、契約終止或解除及退款事項，向旅客據實告知。 旅行業受領價金後，應將旅行業代收轉付收據憑證交付旅客。
第 34 條	旅行業及其僱用之人員於經營或執行旅行業務，對於旅客個人資料之蒐集、處理或利用，應尊重當事人之權益，依誠實及信用方法為之，不得逾越原約定之目的，並應與蒐集之目的具有正當合理之關聯。
第 36 條	綜合旅行業、甲種旅行業經營旅客出國觀光團體旅遊業務，於團體成行前，應以書面向旅客作旅遊安全及其他必要之狀況說明或舉辦說明會。成行時每團均應派遣領隊全程隨團服務。

（續下頁）

（承上頁）

條款	旅行業管理規則
第36條	綜合旅行業、甲種旅行業辦理前項出國觀光旅客團體旅遊，應派遣外語領隊人員執行領隊業務，不得指派或僱用華語領隊人員執行領隊業務。 綜合旅行業、甲種旅行業對指派或僱用之領隊人員應嚴加督導與管理，不得允許其為非旅行業執行領隊業務。
第39條	旅行業辦理國內、外觀光團體旅遊業務，發生緊急事故時，應為迅速、妥適之處理，維護旅客權益，對受害旅客家屬應提供必要之協助。事故發生後二十四小時內應向交通部觀光局報備，並依緊急事故之發展及處理情形為通報。 前項所稱緊急事故，係指造成旅客傷亡或滯留之天災或其他各種事變。 第一項報備，應填具緊急事故報告書，並檢附該旅遊團團員名冊、行程表、責任保險單及其他相關資料。
第44條	綜合旅行業、甲種旅行業代客辦理出入國或簽證手續，應妥慎保管其各項證照，並於辦妥手續後即將證件交還旅客。 前項證照如有遺失，應於二十四小時內檢具報告書及其他相關文件向外交部領事事務局、警察機關或交通部觀光局報備。
第47條	旅行業受撤銷、廢止執照處分、解散或經宣告破產登記後，其公司名稱，依公司法第二十六條之二規定限制申請使用。 申請籌設之旅行業名稱，不得與他旅行業名稱或服務標章之發音相同，或其名稱或服務標章亦不得以消費者所普遍認知之名稱為相同或類似之使用，致與他旅行業名稱混淆，並應先取得交通部觀光局之同意後，再依法向經濟部申請公司名稱預查。旅行業申請變更名稱者，亦同。 大陸地區旅行業未經許可來臺投資前，旅行業名稱與大陸地區人民投資之旅行業名稱有前項情形者，不予同意。

（續下頁）

（承上頁）

條款	旅行業管理規則
第 53 條	旅行業舉辦團體旅遊、個別旅客旅遊及辦理接待國外、香港、澳門或大陸地區觀光團體、個別旅客旅遊業務，應投保責任保險，其投保最低金額及範圍至少如下： 一、每一旅客意外死亡新臺幣二百萬元。 二、每一旅客因意外事故所致體傷之醫療費用新臺幣十萬元。 三、旅客家屬前往海外或來中華民國處理善後所必需支出之費用新臺幣十萬元；國內旅遊善後處理費用新臺幣五萬元。 四、每一旅客證件遺失之損害賠償費用新臺幣二千元。 旅行業辦理旅客出國及國內旅遊業務時，應投保履約保證保險，其投保最低金額如下： 一、綜合旅行業新臺幣六千萬元。 二、甲種旅行業新臺幣二千萬元。 三、乙種旅行業新臺幣八百萬元。 四、綜合旅行業、甲種旅行業每增設分公司一家，應增加新臺幣四百萬元，乙種旅行業每增設分公司一家，應增加新臺幣二百萬元。 旅行業已取得經中央主管機關認可足以保障旅客權益之觀光公益法人會員資格者，其履約保證保險應投保最低金額如下，不適用前項之規定： 一、綜合旅行業新臺幣四千萬元。 二、甲種旅行業新臺幣五百萬元。 三、乙種旅行業新臺幣二百萬元。 四、綜合旅行業、甲種旅行業每增設分公司一家，應增加新臺幣一百萬元，乙種旅行業每增設分公司一家，應增加新臺幣五十萬元。 履約保證保險之投保範圍，為旅行業因財務困難，未能繼續經營，而無力支付辦理旅遊所需一部或全部費用，致其安排之旅遊活動一部或全部無法完成時，在保險金額範圍內，所應給付旅客之費用。

第三節　民法債篇與定型化契約

一、民法　第二章第八節-1　旅遊

民事是法律所未規定者，依習慣；無習慣者，依法理；民事所適用之習慣，以不背於公共秩序或善良風俗者為限。本節於中華民國88年4月21日總統（88）華總一義字第8800085140號令修正公布，並自民國89年5月5日施行，下表（表2-3）為旅遊專節的內容：

表 2-3　民法第八節旅遊

條款	民法　第八節　旅遊
第 514-1 條	稱旅遊營業人者，謂以提供旅客旅遊服務為營業而收取旅遊費用之人。 前項旅遊服務，係指安排旅程及提供交通、膳宿、導遊或其他有關之服務。
第 514-2 條	旅遊營業人因旅客之請求，應以書面記載左列事項，交付旅客： 一、旅遊營業人之名稱及地址。 二、旅客名單。 三、旅遊地區及旅程。 四、旅遊營業人提供之交通、膳宿、導遊或其他有關服務及其品質。 五、旅遊保險之種類及其金額。 六、其他有關事項。 七、填發之年月日。
第 514-3 條	旅遊需旅客之行為始能完成，而旅客不為其行為者，旅遊營業人得定相當期限，催告旅客為之。 旅客不於前項期限內為其行為者，旅遊營業人得終止契約，並得請求賠償因契約終止而生之損害。 旅遊開始後，旅遊營業人依前項規定終止契約時，旅客得請求旅遊營業人墊付費用將其送回原出發地。於到達後，由旅客附加利息償還之。

（續下頁）

（承上頁）

條款	民法　第八節　旅遊
第 514-4 條	旅遊開始前，旅客得變更由第三人參加旅遊。旅遊營業人非有正當理由，不得拒絕。 第三人依前項規定爲旅客時，如因而增加費用，旅遊營業人得請求其給付。如減少費用，旅客不得請求退還。
第 514-5 條	旅遊營業人非有不得已之事由，不得變更旅遊內容。 旅遊營業人依前項規定變更旅遊內容時，其因此所減少之費用，應退還於旅客；所增加之費用，不得向旅客收取。 旅遊營業人依第一項規定變更旅程時，旅客不同意者，得終止契約。 旅客依前項規定終止契約時，得請求旅遊營業人墊付費用將其送回原出發地。於到達後，由旅客附加利息償還之。
第 514-6 條	旅遊營業人提供旅遊服務，應使其具備通常之價值及約定之品質。
第 514-7 條	旅遊服務不具備前條之價值或品質者，旅客得請求旅遊營業人改善之。旅遊營業人不爲改善或不能改善時，旅客得請求減少費用。其有難於達預期目的之情形者，並得終止契約。 因可歸責於旅遊營業人之事由致旅遊服務不具備前條之價值或品質者，旅客除請求減少費用或並終止契約外，並得請求損害賠償。 旅客依前二項規定終止契約時，旅遊營業人應將旅客送回原出發地。其所生之費用，由旅遊營業人負擔。
第 514-8 條	因可歸責於旅遊營業人之事由，致旅遊未依約定之旅程進行者，旅客就其時間之浪費，得按日請求賠償相當之金額。但其每日賠償金額，不得超過旅遊營業人所收旅遊費用總額每日平均之數額。
第 514-9 條	旅遊未完成前，旅客得隨時終止契約。但應賠償旅遊營業人因契約終止而生之損害。 第五百十四條之五第四項之規定，於前項情形準用之。
第 514-10 條	旅客在旅遊中發生身體或財產上之事故時，旅遊營業人應爲必要之協助及處理。 前項之事故，係因非可歸責於旅遊營業人之事由所致者，其所生之費用，由旅客負擔。

（續下頁）

（承上頁）

條款	民法　第八節　旅遊
第 514-11 條	旅遊營業人安排旅客在特定場所購物，其所購物品有瑕疵者，旅客得於受領所購物品後一個月內，請求旅遊營業人協助其處理。
第 514-12 條	本節規定之增加、減少或退還費用請求權，損害賠償請求權及墊付費用償還請求權，均自旅遊終了或應終了時起，一年間不行使而消滅。

二、國外旅遊定型化契約書範本（團體）

　　國外旅遊定型化契約書範本（團體）依據「民法」債篇第八節之一旅遊專節訂定，最近一次修訂是民國93年11月5日，以下為契約之內容：

　　立契約書人

　　（本契約審閱期間1日，　　　年　　　月　　　日由甲方攜回審閱）

　　（旅客姓名）　　　　　　　　　　　（以下稱甲方）

　　（旅行社名稱）　　　　　　　　　　（以下稱乙方）

第一條（國外旅遊之意義）

本契約所謂國外旅遊，係指到中華民國疆域以外其他國家或地區旅遊。

赴中國大陸旅行者，準用本旅遊契約之規定。

第二條（適用之範圍及順序）

　　甲乙雙方關於本旅遊之權利義務，依本契約條款之約定定之；本契約中未約定者，適用中華民國有關法令之規定。附件、廣告亦為本契約之一部。

第三條（旅遊團名稱及預定旅遊地）

　　本旅遊團名稱為＿＿＿＿＿＿＿＿＿＿

　　一、旅遊地區（國家、城市或觀光點）：

　　二、行程（起程回程之終止地點、日期、交通工具、住宿旅館、餐飲、遊覽及其所附隨之服務說明）：

　　前項記載得以所刊登之廣告、宣傳文件、行程表或說明會之說明內容代之，視為本契約之一部分，如載明僅供參考或以外國旅遊業所提供之內容為準者，其記載無效。

第四條（集合及出發時地）

　　甲方應於民國＿＿年＿＿月＿＿日＿＿時＿＿分於＿＿準時集合出發。

　　甲方未準時到約定地點集合致未能出發，亦未能中途加入旅遊者，視為甲方解除契約，乙方得依第二十七條之規定，行使損害賠償請求權。

第五條（旅遊費用）

　　旅遊費用：

　　甲方應依下列約定繳付：

　　一、簽訂本契約時，甲方應繳付新臺幣＿＿＿＿＿＿元。

　　二、其餘款項於出發前三日或說明會時繳清。除經雙方同意並增訂其他協議事項於本契約第三十六條，乙方不得以任何名義要求增加旅遊費用。

第六條（怠於給付旅遊費用之效力）

　　甲方因可歸責自己之事由，怠於給付旅遊費用者，乙方得逕行解除契約，並沒收其已繳之訂金。如有其他損害，並得請求賠償。

第七條（旅客協力義務）

　　旅遊需甲方之行為始能完成，而甲方不為其行為者，乙方得定相當期限，催告甲方為之。甲方逾期不為其行為者，乙方得終止契約，並得請求賠償因契約終止而生之損害。

　　旅遊開始後，乙方依前項規定終止契約時，甲方得請求乙方墊付費用將其送回原出發地。於到達後，由甲方附加年利率＿＿％利息償還乙方。

第八條（交通費之調高或調低）

　　旅遊契約訂立後，其所使用之交通工具之票價或運費較訂約前運送人公布之票價或運費調高或調低逾百分之十者，應由甲方補足或由乙方退還。

第九條（旅遊費用所涵蓋之項目）

　　甲方依第五條約定繳納之旅遊費用，除雙方另有約定以外，應包括下列項目：

　　一、代辦出國手續費：乙方代理甲方辦理出國所需之手續費及簽證費及其他規費。

　　二、交通運輸費：旅程所需各種交通運輸之費用。

　　三、餐飲費：旅程中所列應由乙方安排之餐飲費用。

　　四、住宿費：旅程中所列住宿及旅館之費用，如甲方需要單人房，經乙方同意安排者，甲方應補繳所需差額。

五、遊覽費用：旅程中所列之一切遊覽費用，包括遊覽交通費、導遊費、入場門票費。

六、接送費：旅遊期間機場、港口、車站等與旅館間之一切接送費用。

七、行李費：團體行李往返機場、港口、車站等與旅館間之一切接送費用及團體行李接送人員之小費，行李數量之重量依航空公司規定辦理。

八、稅捐：各地機場服務稅捐及團體餐宿稅捐。

九、服務費：領隊及其他乙方為甲方安排服務人員之報酬。

第十條（旅遊費用所未涵蓋項目）

第五條之旅遊費用，不包括下列項目：

一、非本旅遊契約所列行程之一切費用。

二、甲方個人費用：如行李超重費、飲料及酒類、洗衣、電話、電報、私人交通費、行程外陪同購物之報酬、自由活動費、個人傷病醫療費、宜自行給與提供個人服務者（如旅館客房服務人員）之小費或尋回遺失物費用及報酬。

三、未列入旅程之簽證、機票及其他有關費用。

四、宜給與導遊、司機、領隊之小費。

五、保險費：甲方自行投保旅行平安保險之費用。

六、其他不屬於第九條所列之開支。

前項第二款、第四款宜給與之小費，乙方應於出發前，說明各觀光地區小費收取狀況及約略金額。

第十一條（強制投保保險）

乙方應依主管機關之規定辦理責任保險及履約保險。

乙方如未依前項規定投保者，於發生旅遊意外事故或不能履約之情形時，乙方應以主管機關規定最低投保金額計算其應理賠金額之三倍賠償甲方。

第十二條（組團旅遊最低人數）

本旅遊團須有＿＿＿＿人以上簽約參加始組成。如未達前定人數，乙方應於預定出發之七日前通知甲方解除契約，怠於通知致甲方受損害者，乙方應賠償甲方損害。

乙方依前項規定解除契約後，得依下列方式之一，返還或移作依第二款成立之新旅遊契約之旅遊費用。

一、退還甲方已交付之全部費用，但乙方已代繳之簽證或其他規費得予
　　扣除。

二、徵得甲方同意，訂定另一旅遊契約，將依第一項解除契約應返還甲
　　方之全部費用，移作該另訂之旅遊契約之費用全部或一部。

第十三條（代辦簽證、洽購機票）

　　如確定所組團體能成行，乙方即應負責為甲方申辦護照及依旅程所需之
簽證，並代訂妥機位及旅館。乙方應於預定出發七日前，或於舉行出國
說明會時，將甲方之護照、簽證、機票、機位、旅館及其他必要事項向
甲方報告，並以書面行程表確認之。乙方怠於履行上述義務時，甲方得
拒絕參加旅遊並解除契約，乙方即應退還甲方所繳之所有費用。

　　乙方應於預定出發日前，將本契約所列旅遊地之地區城市、國家或觀光
點之風俗人情、地理位置或其他有關旅遊應注意事項儘量提供甲方旅遊
參考。

第十四條（因旅行社過失無法成行）

　　因可歸責於乙方之事由，致甲方之旅遊活動無法成行時，乙方於知悉旅
遊活動無法成行者，應即通知甲方並說明其事由。怠於通知者，應賠償
甲方依旅遊費用之全部計算之違約金；其已為通知者，則按通知到達甲
方時，距出發日期時間之長短，依下列規定計算應賠償甲方之違約金。

一、通知於出發日前第三十一日以前到達者，賠償旅遊費用百分之十。

二、通知於出發日前第二十一日至第三十日以內到達者，賠償旅遊費用
　　百分之二十。

三、通知於出發日前第二日至第二十日以內到達者，賠償旅遊費用百分
　　之三十。

四、通知於出發日前一日到達者，賠償旅遊費用百分之五十。

五、通知於出發當日以後到達者，賠償旅遊費用百分之一百。

　　甲方如能證明其所受損害超過前項各款標準者，得就其實際損害請求賠
償。

第十五條（非因旅行社之過失無法成行）

　　因不可抗力或不可歸責於乙方之事由，致旅遊團無法成行者，乙方於知
悉旅遊活動無法成行時應即通知甲方並說明其事由；其怠於通知甲方，
致甲方受有損害時，應負賠償責任。

第十六條（因手續瑕疵無法完成旅遊）

　　旅行團出發後，因可歸責於乙方之事由，致甲方因簽證、機票或其他問題無法完成其中之部分旅遊者，乙方應以自己之費用安排甲方至次一旅遊地，與其他團員會合；無法完成旅遊之情形，對全部團員均屬存在時，並應依相當之條件安排其他旅遊活動代之；如無次一旅遊地時，應安排甲方返國。

　　前項情形乙方未安排代替旅遊時，乙方應退還甲方未旅遊地部分之費用，並賠償同額之違約金。

　　因可歸責於乙方之事由，致甲方遭當地政府逮捕、羈押或留置時，乙方應賠償甲方以每日新臺幣二萬元整計算之違約金，並應負責迅速接洽營救事宜，將甲方安排返國，其所需一切費用，由乙方負擔。

第十七條（領隊）

　　乙方應指派領有領隊執業證之領隊。

　　甲方因乙方違反前項規定，而遭受損害者，得請求乙方賠償。

　　領隊應帶領甲方出國旅遊，並為甲方辦理出入國境手續、交通、食宿、遊覽及其他完成旅遊所須之往返全程隨團服務。

第十八條（證照之保管及退還）

　　乙方代理甲方辦理出國簽證或旅遊手續時，應妥慎保管甲方之各項證照，及申請該證照而持有甲方之印章、身分證等，乙方如有遺失或毀損者，應行補辦，其致甲方受損害者，並應賠償甲方之損失。

　　甲方於旅遊期間，應自行保管其自有之旅遊證件，但基於辦理通關過境等手續之必要，或經乙方同意者，得交由乙方保管。

　　前項旅遊證件，乙方及其受僱人應以善良管理人注意保管之，但甲方得隨時取回，乙方及其受僱人不得拒絕。

第十九條（旅客之變更）

　　甲方得於預定出發日＿＿＿日前，將其在本契約上之權利義務讓與第三人，但乙方有正當理由者，得予拒絕。

　　前項情形，所減少之費用，甲方不得向乙方請求返還，所增加之費用，應由承受本契約之第三人負擔，甲方並應於接到乙方通知後＿＿＿日內協同該第三人到乙方營業處所辦理契約承擔手續。

　　承受本契約之第三人，與甲方雙方辦理承擔手續完畢起，承繼甲方基於本契約之一切權利義務。

第二十條（旅行社之變更）

　　乙方於出發前非經甲方書面同意，不得將本契約轉讓其他旅行業，否則甲方得解除契約，其受有損害者，並得請求賠償。

　　甲方於出發後始發覺或被告知本契約已轉讓其他旅行業，乙方應賠償甲方全部團費百分之五之違約金，其受有損害者，並得請求賠償。

第二十一條（國外旅行業責任歸屬）

　　乙方委託國外旅行業安排旅遊活動，因國外旅行業有違反本契約 或其他不法情事，致甲方受損害時，乙方應與自己之違約或不法行為負同一責任。但由甲方自行指定或旅行地特殊情形而無法選擇受託者，不在此限。

第二十二條（賠償之代位）

　　乙方於賠償甲方所受損害後，甲方應將其對第三人之損害賠償請求權讓與乙方，並交付行使損害賠償請求權所需之相關文件及證據。

第二十三條（旅程內容之實現及例外）

　　旅程中之餐宿、交通、旅程、觀光點及遊覽項目等，應依本契約所訂等級與內容辦理，甲方不得要求變更，但乙方同意甲方之要求而變更者，不在此限，惟其所增加之費用應由甲方負擔。除非有本契約第二十八條或第三十一條之情事，乙方不得以任何名義或理由變更旅遊內容，乙方未依本契約所訂等級辦理餐宿、交通旅程或遊覽項目等事宜時，甲方得請求乙方賠償差額二倍之違約金。

第二十四條（因旅行社之過失致旅客留滯國外）

　　因可歸責於乙方之事由，致甲方留滯國外時，甲方於留滯期間所支出之食宿或其他必要費用，應由乙方全額負擔，乙方並應儘速依預定旅程安排旅遊活動或安排甲方返國，並賠償甲方依旅遊費用總額除以全部旅遊日數乘以滯留日數計算之違約金。

第二十五條（延誤行程之損害賠償）

　　因可歸責於乙方之事由，致延誤行程期間，甲方所支出之食宿或其他必要費用，應由乙方負擔。甲方並得請求依全部旅費除以全部旅遊日數乘以延誤行程日數計算之違約金。但延誤行程之總日數，以不超過全部旅遊日數為限，延誤行程時數在五小時以上未滿一日者，以一日計算。

第二十六條（惡意棄置旅客於國外）

　　乙方於旅遊活動開始後，因故意或重大過失，將甲方棄置或留滯國外不顧時，應負擔甲方於被棄置或留滯期間所支出與本旅遊契約所訂同等級之食宿、返國交通費用或其他必要費用，並賠償甲方全部旅遊費用之五倍違約金。

第二十七條（出發前旅客任意解除契約）

甲方於旅遊活動開始前得通知乙方解除本契約，但應繳交證照費用，並依左列標準賠償乙方：

一、通知於旅遊活動開始前第三十一日以前到達者，賠償旅遊費用百分之十。

二、通知於旅遊活動開始前第二十一日至第三十日以內到達者，賠償旅遊費用百分之二十。

三、通知於旅遊活動開始前第二日至第二十日以內到達者，賠償旅遊費用百分之三十。

四、通知於旅遊活動開始前一日到達者，賠償旅遊費用百分之五十。

五、通知於旅遊活動開始日或開始後到達或未通知不參加者，賠償旅遊費用百分之一百。

前項規定作為損害賠償計算基準之旅遊費用，應先扣除簽證費後計算之。

乙方如能證明其所受損害超過第一項之標準者，得就其實際損害請求賠償。

第二十八條（出發前有法定原因解除契約）

因不可抗力或不可歸責於雙方當事人之事由，致本契約之全部或一部無法履行時，得解除契約之全部或一部，不負損害賠償責任。乙方應將已代繳之規費或履行本契約已支付之全部必要費用扣除後之餘款退還甲方。但雙方於知悉旅遊活動無法成行時應即通知他方並說明事由；其怠於通知致使他方受有損害時，應負賠償責任。

為維護本契約旅遊團體之安全與利益，乙方依前項為解除契約之一部後，應為有利於旅遊團體之必要措置（但甲方不同意者，得拒絕之），如因此支出必要費用，應由甲方負擔。

第二十八條之一（出發前有客觀風險事由解除契約）

出發前，本旅遊團所前往旅遊地區之一，有事實足認危害旅客生命、身體、健康、財產安全之虞者，準用前條之規定，得解除契約。但解除之一方，應按旅遊費用百分之＿＿補償他方（不得超過百分之五）。

第二十九條（出發後旅客任意終止契約）

甲方於旅遊活動開始後中途離隊退出旅遊活動時，不得要求乙方退還旅遊費用。但乙方因甲方退出旅遊活動後，應可節省或無須支付之費用，應退還甲方。

甲方於旅遊活動開始後，未能及時參加排定之旅遊項目或未能及時搭乘飛機、車、船等交通工具時，視為自願放棄其權利，不得向乙方要求退費或任何補償。

第三十條（終止契約後之回程安排）

甲方於旅遊活動開始後，中途離隊退出旅遊活動，或怠於配合乙方完成旅遊所需之行為而終止契約者，甲方得請求乙方墊付費用將其送回原出發地。於到達後，立即附加年利率__%利息償還乙方。

乙方因前項事由所受之損害，得向甲方請求賠償。

第三十一條（旅遊途中行程、食宿、遊覽項目之變更）

旅遊途中因不可抗力或不可歸責於乙方之事由，致無法依預定之旅程、食宿或遊覽項目等履行時，為維護本契約旅遊團體之安全及利益，乙方得變更旅程、遊覽項目或更換食宿、旅程，如因此超過 原定費用時，不得向甲方收取。但因變更致節省支出經費，應將節省部分退還甲方。

（多不補，少要退原則）

甲方不同意前項變更旅程時得終止本契約，並請求乙方墊付費用將其送回原出發地。於到達後，立即附加年利率__%利息償還乙方。

第三十二條（國外購物）

為顧及旅客之購物方便，乙方如安排甲方購買禮品時，應於本契約第三條所列行程中預先載明，所購物品有貨價與品質不相當或瑕疵時，甲方得於受領所購物品後一個月內請求乙方協助處理。

乙方不得以任何理由或名義要求甲方代為攜帶物品返國。

第三十三條（責任歸屬及協辦）

旅遊期間，因不可歸責於乙方之事由，致甲方搭乘飛機、輪船、火車、捷運、纜車等大眾運輸工具所受損害者，應由各該提供服務之業者直接對甲方負責。但乙方應盡善良管理人之注意，協助甲方處理。

第三十四條（協助處理義務）

甲方在旅遊中發生身體或財產上之事故時，乙方應為必要之協助及處理。

前項之事故，係因非可歸責於乙方之事由所致者，其所生之費用，由甲方負擔。但乙方應盡善良管理人之注意，協助甲方處理。

第三十五條（誠信原則）

甲乙雙方應以誠信原則履行本契約。乙方依旅行業管理規則之規定，委託他旅行業代為招攬時，不得以未直接收甲方繳納費用，或以非直接招攬甲方參加本旅遊，或以本契約實際上非由乙方參與簽訂為抗辯。

第三十六條（其他協議事項）

　　甲乙雙方同意遵守下列各項：

一、甲方□同意□不同意乙方將其姓名提供給其他同團旅客。

二、

三、

　　前項協議事項，如有變更本契約其他條款之規定，除經交通部觀光局核准，其約定無效，但有利於甲方者，不在此限。

訂約人　甲方：

　　　　　　　住　　　　址：

　　　　　　　身分證字號：

　　　　　　　電話或電傳：

　　　　乙方（公司名稱）：

　　　　　　　註　冊　編　號：

　　　　　　　負　　責　　人：

　　　　　　　住　　　　址：

　　　　　　　電話或電傳：

乙方委託之旅行業副署：（本契約如係綜合或甲種旅行業自行組團而與旅客簽約者，下列各項免填）

　　　　　　　公　司　名　稱：

　　　　　　　註　冊　編　號：

　　　　　　　負　　責　　人：

　　　　　　　住　　　　址：

　　　　　　　電話或電傳：

簽約日期：中華民國　　　　年　　　　月　　　　日

（如未記載以交付訂金日為簽約日期）

簽約地點：

（如未記載以甲方住所地為簽約地點）

三、國內旅遊定型化契約書範本（團體）

國內旅遊定型化契約書範本（團體），於民國89年5月4日由交通部觀光局修正發布。

立契約書人（本契約審閱期間一日，　　年　　月　　日由甲方攜回審閱）

（旅　客姓名）＿＿＿＿＿＿＿（以下稱甲方）

（旅行社名稱）＿＿＿＿＿＿＿（以下稱乙方）

甲乙雙方同意就本旅遊事項，依下列規定辦理：

第一條：（國內旅遊之意義）

本契約所謂國內旅遊，指在臺灣、澎湖、金門、馬祖及其他自由地區之我國疆域範圍內之旅遊。

第二條：（適用之範圍及順序）

甲乙雙方關於本旅遊之權利義務，依本契約條款之約定定之；本契約中未約定者，適用中華民國有關法令之規定。

附件、廣告亦為本契約之一部。

第三條：（旅遊團名稱及預定旅遊地區）

本旅遊團名稱為：＿＿＿＿＿＿＿　＿＿＿＿＿＿＿　＿＿＿＿＿＿＿

一、旅遊地區（城市或觀光點）：＿＿＿＿＿＿＿　＿＿＿＿＿＿＿

二、行程（包括起程回程之終止地點、日期、交通工具、住宿旅館、餐飲、遊覽及其所附隨之服務說明）：

＿＿＿＿＿＿＿　＿＿＿＿＿＿＿　＿＿＿＿＿＿＿　＿＿＿＿＿＿＿

前項記載得以所刊登之廣告、宣傳文件、行程表或說明會之說明內容代之，視為本契約之一部分，如載明僅供參考者，其記載無效。

第四條：（集合及出發時地）

甲方應於民國　年　月　日　時　分於＿＿＿＿＿＿＿準時集合出發。甲方未準時到約定地點集合致未能出發，亦未能中途加入旅遊者，視為甲方解除契約，乙方得依第十八條之規定，行使損害賠償請求權。

第五條：（旅遊費用）

　　甲方應依下列約定繳付：

　　1. 簽訂本契約時，甲方應繳付新臺幣＿＿＿＿＿＿＿元。

　　2. 其餘款項於出發前三日或說明會時繳清。

　　除經雙方同意並記載於本契約第二十八條，雙方不得以任何名義要求增減旅遊費用。

第六條：（怠於給付旅遊費用之效力）

　　因可歸責於甲方之事由，怠於給付旅費用者，乙方得逕行解除契約，並沒收其已繳之定金。如有其他損害，並得請求賠償。

第七條：（旅客協力義務）

　　旅遊需甲方之行為始能完成，而甲方不為其行為者，乙方得定相當期限，催告甲方為之。甲方逾期不為其行為者，乙方得終止契約，並得請求賠償因契約終止而生之損害。

　　旅遊開始後，乙方依前項規定終止契約時，甲方得請求乙方墊付費用將其送回原出發地。於到達後，由甲方附加年利率＿＿＿＿＿%利息償還乙方。

第八條：（旅遊費用所涵蓋之項目）

　　甲方依第五條約定繳納之旅遊費用，除雙方另有約定外，應包括下列項目：

　　1. 代辦證件之規費：乙方代理甲方辦理所須證件之規費。

　　2. 交通運輸費：旅程所需各種交通運輸之費用。

　　3. 餐飲費：旅程中所列應由乙方安排之餐飲費用。

　　4. 住宿費：旅程中所需之住宿旅館之費用，如甲方需要單人房，經乙方同意安排者，甲方應補繳所需差額。

　　5. 遊覽費用：旅程中所列之一切遊覽費用，包括遊覽交通費、入場門票費。

　　6. 接送費：旅遊期間機場、港口、車站等與旅館間之一切接送費用。

　　7. 服務費：隨團服務人員之報酬。

　　前項第二款交通運輸費，其費用調高或調低時，應由甲方補足，或由乙方退還。

第九條：（旅遊費用所未涵蓋項目）

　　第五條之旅遊費用，不包括下列項目：

　　1. 非本旅遊契約所列行程之一切費用。

2. 甲方個人費用：如行李超重費、飲料及酒類、洗衣、電話、電報、私人交通費、行程外陪同購物之報酬、自由活動費、個人傷病醫療費、宜自行給與提供個人服務者（如旅館客房服務人員）之小費或尋回遺失物費用及報酬。

3. 未列入旅程之機票及其他有關費用。

4. 宜給與司機或隨團服務人員之小費。

5. 保險費：甲方自行投保旅行平安險之費用。

6. 其他不屬於第八條所列之開支。

第十條：（強制投保保險）

乙方應依主管機關之規定辦理責任保險及履約保險。

乙方如未依前項規定投保者，於發生旅遊意外事故或不能履約之情形時，乙方應以主管機關規定最低投保金額 計算其應理賠金額之三倍賠償甲方。

第十一條：（組團旅遊最低人數）

本旅遊團須有_____人以上簽約參加始組成。如未達前定人數，乙方應於預定出發之四日前通知甲方解除契約，怠於通知致甲方受損害者，乙方應賠償甲方損害。

乙方依前項規定解除契約後，得依下列方式之一，返還或移作依第二款成立之新旅遊契約之旅遊費用：

1. 退還甲方已交付之全部費用，但乙方已代繳之規費得予扣除。

2. 徵得甲方同意，訂定另一旅遊契約，將依第一項解除契約應返還甲方之全部費用，移作該另訂之旅遊契約之費用全部或一部。

第十二條：（證照之保管）

乙方代理甲方處理旅遊所需之手續，應妥善保管甲方之各項證件，如有遺失或毀損，應即主動補辦。如因致甲方受損害時，應賠償甲方損失。

第十三條：（旅客社之變更）

甲方得於預定出發日_____日前，將其在本契約上之權利義務讓與第三人，但乙方有正當理由者，得予拒絕。

前項情形，所減少之費用，甲方不得向乙方請求返還，所增加之費用，應由承受本契約之第三人負擔，甲方並應於接到乙方通知後_____日內協同該第三人到乙方營業處所辦理契約承擔手續。

承受本契約之第三人，與甲乙雙方辦理承擔手續完畢起，承繼甲方基於本契約一切權利義務。

第十四條：（旅行社之變更）

　　乙方於出發前非經甲方書面同意，不得將本契約轉讓其他旅行業，否則甲方得解除契約，其受有損害者，並得請求賠償。

　　甲方於出發後始發覺或被告知本契約已轉讓其他旅行業，乙方應賠償甲方所繳全部團費百分之五之違約金，其受有損害者，並得請求賠償。

第十五條：（旅程內容之實現及例外）

　　旅程中之餐宿、交通、旅程、觀光點及遊覽項目等，應依本契約所訂等級與內容辦理，甲方不得要求變更，但乙方同意甲方之要求而變更者，不在此限，惟其所增加之費用應由甲方負擔。除非有本契約第二十或第二十三條之情事，乙方不得以任何名義或理由變更旅遊內容，乙方未依本契約所訂與等級辦理餐宿、交通旅程或遊覽項目等事宜時，甲方得請求乙方賠償差額二倍之違約金。

第十六條：（因旅行社之過失致延誤行程）

　　因可歸責於乙方之事由，致延誤行程時，乙方應即徵得甲方之同意，繼續安排未完成之旅遊活動或安排甲方返回。乙方怠於安排時，甲方並得以乙方之費用，搭乘相當等級之交通工具，自行返回出發地，乙方並應按實際計算返還甲方未完成旅程之費用。

　　前項延誤行程期間，甲方所支出之食宿或其他必要費用，應由乙方負擔。甲方並得請求依全部旅費除以全部旅遊日數乘以延誤行程日數計算之違約金。但延誤行程之總日數，以不超過全部旅遊日數為限，延誤行程時數在五小時以上未滿一日者，以一日計算。

第十七條：（因旅行社之故意重大過失棄置旅客）

　　乙方於旅遊途中，因故意或重大過失棄置甲方不顧時，除應負擔棄置期間甲方支出之食宿及其他必要費用，及由出發地至第一旅遊地與最後旅遊地返回之交通費用外，並應賠償依全部旅遊費用除以全部旅遊日數乘以棄置日數後相同金額二倍之違約金。但棄置日數之計算，以不超過全部旅遊日數為限。

第十八條：（出發前，旅客任意解除契約）

　　甲方於旅遊活動開始前得通知乙方解除本契約，但應繳交行政規費，並應依下列標準賠償：

1. 通知於旅遊開始前第三十一日以前到達者，賠償旅遊費用百分之十。

2. 通知於旅遊開始前第二十一日至第三十日以內到達者，賠償旅遊費用百分之二十。

3. 通知於旅遊開始前第二日至第二十日以內到達者，賠償旅遊費用百分之三十。

4. 通知於旅遊開始前一日到達者，賠償旅遊費用百分之五十。

5. 通知於旅遊開始日或開始後到達者或未通知不參加者，賠償旅遊費用百分之一百。

前項規定作為損害賠償計算基準之旅遊費用應先扣除行政規費後計算之。

第十九條：（因旅行社過失無法成行）

乙方因可歸責於自己之事由，致甲方之旅遊活動無法成行者，乙方於知悉旅遊活動無法成行時，應即通知甲方並說明事由。怠於通知者，應賠償甲方依旅遊費用之全部計算之違約金；其已為通知者，則按通知到達甲方時，距出發日期時間之長短，依下列規定計算應賠償甲方之違約金。

1. 通知於出發日前第三十一日以前到達者，賠償旅遊費用百分之十。

2. 通知於出發日前第二十一日至第三十日以內到達者，賠償旅遊費用百分之二十。

3. 通知於出發日前第二日至第二十日以內到達者，賠償旅遊費用百分之三十。

4. 通知於出發日前一日到達者，賠償旅遊費用百分之五十。

5. 通知於出發當日以後到達者，賠償旅遊費用百分之一百。

第二十條：（出發前，旅行社有法定原因解除契約）

因不可抗力或不可歸責於當事人之事由，致本契約之全部或一部無法履行時，得解除契約之全部或一部，不負損害賠償責任。乙方已代繳之規費或履行本契約已支付之全部必要費用，得以扣除餘款退還甲方。但雙方應於知悉旅遊活動無法成行時，應即通知他方並說明其事由；其怠於通知致他方受有損害時，應負賠償責任。

為維護本契約旅遊團體之安全與利益，乙方依前項為解除契約之一部後，應為有利於旅遊團體之必要措置（但甲方不同意者，得拒絕之）如因此支出之必要費用，應由甲方負擔。

第二十條之一：（出發前有客觀風險事由解除契約）

出發前，本旅遊團所前往旅遊地區之一，有事實足認危害旅客生命、身體、健康、財產安全之虞者，準用前條之規定，得解除契約。但解除之一方，應按旅遊費用百分之____補償他方（不得超過百分之五）

第二十一條：（出發後，旅客任意終止契約）

　　甲方於旅遊活動開始後，中途離隊退出旅遊活動時，不得要求乙方退還旅遊費用。

　　甲方於旅遊活動開始後，未能及時參加排定之旅遊項目或未能及時搭乘飛機、車、船等交通工具時，視為自願放棄其權利，不得向乙方要求退費或任何補償。

第二十二條：（終止契約後回程之安排）

　　甲方於旅遊活動開始後，中途離隊退出旅遊活動，或怠於配合乙方完成旅遊所需之行為而終止契約者，甲方得請求乙方墊付費用將其送回原出發地。於到達後，立即附加年利率_____%利息償還乙方。

　　乙方因前項事由所受之損害，得向甲方請求賠償。

第二十三條：（旅遊途中行程、食宿、遊覽項目之變更）

　　旅遊途中因不可抗力或不可歸責於乙方之事由，致無法依預定之旅程、食宿或遊覽項目等履行時，為維護本契約旅遊團體之安全及利益，乙方得變更旅程、遊覽項目或更換食宿、旅程，如因此超過原定費用時，不得向甲方收取。但因變更致節省支出經費，應將節省部分退還甲方。（多不補，少要退原則）

　　甲方不同意前項變更旅程時得終止本契約，並請求乙方墊付費用將其送回原出發地。於到達後，立即附加年利率_____%利息償還乙方。

第二十四條：（責任歸屬與協辦）

　　旅遊期間，因不可歸責於乙方之事由，致甲方搭乘飛機、輪船、火車、捷運、纜車等大眾運輸工具所受之損害者，應由各該提供服務之業者直接對甲方負責。但乙方應盡善良管理人之注意，協助甲方處理。

第二十五條：（協助處理義務）

　　甲方在旅遊中發生身體或財產上之事故時，乙方應為必要之協助及處理。

　　前項之事故，係因非可歸責於乙方之事由所致者，其所生之費用，由甲方負擔。但乙方應盡善良管理人之注意，協助甲方處理。

第二十六條：（國內購物）

　　乙方不得於旅遊途中，臨時安排甲方購物行程。但經甲方要求或同意者，不在此限。所購物品有貨價與品質不相當或瑕疵者，甲方得於受領所購物品後一個月內，請求乙方協助其處理。

第二十七條：（誠信原則）

　　甲乙雙方應以誠信原則履行本契約。乙方依旅行業管理規則之規定，委託他旅行業代為招攬時，不得以未直接收甲方繳納費用，或以非直接招攬甲方參加本旅遊，或以本契約實際上非由乙方參與簽訂為抗辯。

第二十八條：（其他協議事項）

　　甲乙雙方同意遵守下列各項：

一、甲方□同意　□不同意　乙方將其姓名提供給其他同團旅客。

二、

三、

　　前項協議事項，如有變更本契約其他條款之規定，除經交通部觀光局核准，其約定無效，但有利於甲方者，不在此限。

訂約人：

甲方：

住　　　址：

身分證字號：

電話或電傳：

乙方：（公司名稱）：

註冊編號：

負　責　人：

住　　　址：

電話或電傳：

乙方委託之旅行業副署：（本契約如係綜合或甲種旅行業自行組團而與旅客簽約者，下列各項免填）

公司名稱：

註冊編號：

負　責　人：

住　　　址：

電話或電傳：

簽約日期：中華民國　　　　年　　　　月　　　　日

（如未記載以交付訂金日為簽約日期）

簽約地點：

（如未記載以甲方住所地為簽約地）

第四節　領隊人員管理規則 / 導遊人員管理規則

一、領隊人員管理規則

領隊人員規則是有關於領隊人員之訓練、執業證核發、管理、獎勵及處罰等事項，於民國102年9月24日最新修訂，下表（表2-4）為節錄重要規則的內容：

表 2-4　領隊人員管理規則

條款	領隊人員管理規則
第 1 條	本規則依發展觀光條例（以下簡稱本條例）第六十六條第五項規定訂定之。
第 2 條	領隊人員之訓練、執業證核發、管理、獎勵及處罰等事項，由交通部委任交通部觀光局執行之；其委任事項及法規依據應公告並刊登於政府公報或新聞紙。
第 4 條	領隊人員有違反本規則，經廢止領隊人員執業證未逾五年者，不得充任領隊人員。
第 8 條	領隊人員職前訓練節次為五十六節課，每節課為五十分鐘。 受訓人員於職前訓練期間，其缺課節數不得逾訓練節次十分之一。 每節課遲到或早退逾十分鐘以上者，以缺課一節論計。
第 9 條	領隊人員職前訓練測驗成績以一百分為滿分，七十分為及格。 測驗成績不及格者，應於七日內補行測驗一次；經補行測驗仍不及格者，不得結業。 因產假、重病或其他正當事由，經核准延期測驗者，應於一年內申請測驗；經測驗不及格者，依前項規定辦理。
第 10 條	受訓人員在職前訓練期間，有下列情形之一者，應予退訓，其已繳納之訓練費用，不得申請退還： 一、缺課節數逾十分之一者。 二、受訓期間對講座、輔導員或其他辦理訓練人員施以強暴脅迫者。 三、由他人冒名頂替參加訓練者。 四、報名檢附之資格證明文件係偽造或變造者。 五、其他具體事實足以認為品德操守違反倫理規範，情節重大者。 前項第二款至第四款情形，經退訓後二年內不得參加訓練。

（續下頁）

（承上頁）

條款	領隊人員管理規則
第 14 條	領隊人員取得結業證書或執業證後，連續三年未執行領隊業務者，應依規定重行參加訓練結業，領取或換領執業證後，始得執行領隊業務。 領隊人員重行參加訓練節次為二十八節課，每節課為五十分鐘。
第 15 條	領隊人員執業證分外語領隊人員執業證及華語領隊人員執業證。 領取外語領隊人員執業證者，得執行引導國人出國及赴香港、澳門、大陸旅行團體旅遊業務。 領取華語領隊人員執業證者，得執行引導國人赴香港、澳門、大陸旅行團體旅遊業務，不得執行引導國人出國旅行團體旅遊業務。
第 18 條	領隊人員執業證有效期間為三年，期滿前應向交通部觀光局或其委託之有關團體申請換發。
第 20 條	領隊人員應依僱用之旅行業所安排之旅遊行程及內容執業，非因不可抗力或不可歸責於領隊人員之事由，不得擅自變更。
第 22 條	領隊人員執行業務時，如發生特殊或意外事件，應即時作妥當處置，並將事件發生經過及處理情形，依旅行業國內外觀光團體緊急事故處理作業要點規定儘速向受僱之旅行業及交通部觀光局報備。
第 23 條	領隊人員執行業務時，應遵守旅遊地相關法令規定，維護國家榮譽，並不得有下列行為： 一、遇有旅客患病，未予妥為照料，或於旅遊途中未注意旅客安全之維護。 二、誘導旅客採購物品或為其他服務收受回扣、向旅客額外需索、向旅客兜售或收購物品、收取旅客財物或委由旅客攜帶物品圖利。 三、將執業證借供他人使用、無正當理由延誤執業時間、擅自委託他人代為執業、停止執行領隊業務期間擅自執業、擅自經營旅行業務或為非旅行業執行領隊業務。 四、擅離團體或擅自將旅客解散、擅自變更使用非法交通工具、遊樂及住宿設施。 五、非經旅客請求無正當理由保管旅客證照，或經旅客請求保管而遺失旅客委託保管之證照、機票等重要文件。 六、執行領隊業務時，言行不當。

二、導遊人員管理規則

導遊人員管理規則於民國57年6月28日交通部（57）交路字第5706-1288號令訂定發布，是有關導遊人員之訓練、執業證核發、管理、獎勵及處罰等事項；並於民國102年9月24日最新修訂，下表（表2-5）為節錄重要規則的內容：

表 2-5　導遊人員管理規則

條款	導遊人員管理規則
第 1 條	本規則依發展觀光條例（以下簡稱本條例）第六十六條第五項規定訂定之。
第 2 條	導遊人員之訓練、執業證核發、管理、獎勵及處罰等事項，由交通部委任交通部觀光局執行之；其委任事項及法規依據應公告並刊登政府公報或新聞紙。
第 6 條	導遊人員執業證分外語導遊人員執業證及華語導遊人員執業證。 領取導遊人員執業證者，應依其執業證登載語言別，執行接待或引導使用相同語言之來本國觀光旅客旅遊業務。領取外語導遊人員執業證者，並得執行接待或引導大陸、香港、澳門地區觀光旅客旅遊業務。 領取華語導遊人員執業證者，得執行接待或引導大陸、香港、澳門地區觀光旅客或使用華語之國外觀光旅客旅遊業務。
第 11 條	導遊人員職前訓練測驗成績以一百分為滿分，七十分為及格。 測驗成績不及格者，應於七日內補行測驗一次；經補行測驗仍不及格者，不得結業。 因產假、重病或其他正當事由，經核准延期測驗者，應於一年內申請測驗；經測驗不及格者，依前項規定辦理。
第 12 條	受訓人員在職前訓練期間，有下列情形之一者，應予退訓；其已繳納之訓練費用，不得申請退還： 一、缺課節數逾十分之一者。 二、受訓期間對講座、輔導員或其他辦理訓練人員施以強暴脅迫者。 三、由他人冒名頂替參加訓練者。 四、報名檢附之資格證明文件係偽造或變造者。 五、其他具體事實足以認為品德操守違反倫理規範，情節重大者。 前項第二款至第四款情形，經退訓後二年內不得參加訓練。

（續下頁）

（承上頁）

條款	導遊人員管理規則
第 16 條	導遊人員取得結業證書或執業證後，連續三年未執行導遊業務者，應依規定重行參加訓練結業，領取或換領執業證後，始得執行導遊業務。 導遊人員重行參加訓練節次為四十九節課，每節課為五十分鐘。
第 17 條	導遊人員申請執業證，應填具申請書，檢附有關證件向交通部觀光局或其委託之團體請領使用。 導遊人員停止執業時，應於十日內將所領用之執業證繳回交通部觀光局或其委託之有關團體；屆期未繳回者，由交通部觀光局公告註銷。
第 19 條	導遊人員執業證有效期間為三年，期滿前應向交通部觀光局或其委託之團體申請換發。
第 24 條	導遊人員執行業務時，如發生特殊或意外事件，除應即時作妥當處置外，並應將經過情形於二十四小時內向交通部觀光局及受僱旅行業或機關團體報備。
第 27 條	導遊人員不得有下列行為： 一、執行導遊業務時，言行不當。 二、遇有旅客患病，未予妥為照料。 三、誘導旅客採購物品或為其他服務收受回扣。 四、向旅客額外需索。 五、向旅客兜售或收購物品。 六、以不正當手段收取旅客財物。 七、私自兌換外幣。 八、不遵守專業訓練之規定。 九、將執業證借供他人使用。 十、無正當理由延誤執行業務時間或擅自委託他人代為執行業務。 十一、拒絕主管機關或警察機關之檢查。 十二、停止執行導遊業務期間擅自執行業務。 十三、擅自經營旅行業務或為非旅行業執行導遊業務。 十四、受國外旅行業僱用執行導遊業務。

（續下頁）

（承上頁）

條款	導遊人員管理規則
第 27 條	十五、運送旅客前，未查核確認所使用之交通工具，係由合法業者所提供，或租用遊覽車未依交通部觀光局頒訂之檢查紀錄表填列查核其行車執照、強制汽車責任保險、安全設備、逃生演練、駕駛人之持照條件及駕駛精神狀態等事項。 十六、執行導遊業務時，發現所接待或引導之旅客有損壞自然資源或觀光設施行為之虞，而未予勸止。

第五節　其他相關法規

一、民宿管理辦法

　　民宿管理辦法依「發展觀光條例」第25條第3項規定訂定，並於民國90年12月12日最新修訂，下表（表2-6）為節錄重要條文的內容：

表 2-6　民宿管理辦法

條款	民宿管理辦法
第 3 條	本辦法所稱民宿，指利用自用住宅空閒房間，結合當地人文、自然景觀、生態、環境資源及農林漁牧生產活動，以家庭副業方式經營，提供旅客鄉野生活之住宿處所。
第 4 條	民宿之主管機關，在中央為交通部，在直轄市為直轄市政府，在縣（市）為縣（市）政府。
第 5 條	民宿之設置，以下列地區為限，並須符合相關土地使用管制法令之規定： 一、風景特定區。 二、觀光地區。 三、國家公園區。 四、原住民地區。 五、偏遠地區。

（續下頁）

（承上頁）

條款	民宿管理辦法
第 5 條	六、離島地區。 七、經農業主管機關核發經營許可登記證之休閒農場或經農業主管機關劃定之休閒農業區。 八、金門特定區計畫自然村。 九、非都市土地。
第 6 條	宿之經營規模，以客房數五間以下，且客房總樓地板面積一百五十平方公尺以下為原則。但位於原住民保留地、經農業主管機關核發經營許可登記證之休閒農場、經農業主管機關劃定之休閒農業區、觀光地區、偏遠地區及離島地區之特色民宿，得以客房數十五間以下，且客房總樓地板面積二百平方公尺以下之規模經營之。 前項偏遠地區及特色項目，由當地主管機關認定，報請中央主管機關備查後實施。並得視實際需要予以調整。
第 8 條	民宿之消防安全設備應符合下列規定： 一、每間客房及樓梯間、走廊應裝置緊急照明設備。 二、設置火警自動警報設備，或於每間客房內設置住宅用火災警報器。 三、配置滅火器兩具以上，分別固定放置於取用方便之明顯處所；有樓層建築物者，每層應至少配置一具以上。
第 10 條	民宿之申請登記應符合下列規定： 一、建築物使用用途以住宅為限。但第六條第一項但書規定地區，並得以農舍供作民宿使用。 二、由建築物實際使用人自行經營。但離島地區經當地政府委託經營之民宿不在此限。 三、不得設於集合住宅。 四、不得設於地下樓層。
第 11 條	有下列情形之一者不得經營民宿： 一、無行為能力人或限制行為能力人。 二、曾犯組織犯罪防制條例、毒品危害防制條例或槍砲彈藥刀械管制條例規定之罪，經有罪判決確定者。

（續下頁）

（承上頁）

條款	民宿管理辦法
第 11 條	三、經依檢肅流氓條例裁處感訓處分確定者。 四、曾犯兒童及少年性交易防制條例第二十二條至第三十一條、刑法第十六章妨害性自主罪、第二百三十一條至第二百三十五條、第二百四十條至第二百四十三條或第二百九十八條之罪，經有罪判決確定者。 五、曾經判處有期徒刑五年以上之刑確定，經執行完畢或赦免後未滿五年者。
第 12 條	民宿之名稱，不得使用與同一直轄市、縣（市）內其他民宿相同之名稱。
第 13 條	經營民宿者，應先檢附下列文件，向當地主管機關申請登記，並繳交證照費，領取民宿登記證及專用標識後，始得開始經營。 一、申請書。 二、土地使用分區證明文件影本（申請之土地為都市土地時檢附）。 三、最近三個月內核發之地籍圖謄本及土地登記（簿）謄本。 四、土地同意使用之證明文件（申請人為土地所有權人時免附）。 五、建物登記（簿）謄本或其他房屋權利證明文件。 六、建築物使用執照影本或實施建築管理前合法房屋證明文件。 七、責任保險契約影本。 八、民宿外觀、內部、客房、浴室及其他相關經營設施照片。 九、其他經當地主管機關指定之文件。
第 14 條	民宿登記證應記載下列事項： 一、民宿名稱。 二、民宿地址。 三、經營者姓名。 四、核准登記日期、文號及登記證編號。 五、其他經主管機關指定事項。 民宿登記證之格式，由中央主管機關規定，當地主管機關自行印製。

（續下頁）

（承上頁）

條款	民宿管理辦法
第 17 條	申請民宿登記案件，有下列情形之一者，由當地主管機關敘明理由，以書面駁回其申請： 一、經通知限期補正，逾期仍未辦理。 二、不符發展觀光條例或本辦法相關規定。 三、經其他權責單位審查不符相關法令規定。
第 18 條	民宿登記證登記事項變更者，經營者應於事實發生後十五日內，備具申請書及相關文件，向當地主管機關辦理變更登記。 當地主管機關應將民宿設立及變更登記資料，於次月十日前，向交通部觀光局陳報。
第 19 條	民宿經營者，暫停經營一個月以上者，應於十五日內備具申請書，並詳述理由，報請該管主管機關備查。 前項申請暫停經營期間，最長不得超過一年，其有正當理由者，得申請展延一次，期間以一年為限，並應於期間屆滿前十五日內提出。 暫停經營期限屆滿後，應於十五日內向該管主管機關申報復業。 未依第一項規定報請備查或前項規定申報復業，達六個月以上者，主管機關得廢止其登記證。
第 20 條	民宿登記證遺失或毀損，經營者應於事實發生後十五日內，備具申請書及相關文件，向當地主管機關申請補發或換發。
第 21 條	民宿經營者應投保責任保險之範圍及最低金額如下： 一、每一個人身體傷亡：新臺幣二百萬元。 二、每一事故身體傷亡：新臺幣一千萬元。 三、每一事故財產損失：新臺幣二百萬元。 四、保險期間總保險金額：新臺幣二千四百萬元。
第 25 條	民宿經營者應備置旅客資料登記簿，將每日住宿旅客資料依式登記備查，並傳送該管派出所。 前項旅客登記簿保存期限為一年。 第一項旅客登記簿格式，由主管機關規定，民宿經營者自行印製。

（續下頁）

（承上頁）

條款	民宿管理辦法
第 27 條	民宿經營者不得有下列之行為： 一、以叫嚷、糾纏旅客或以其他不當方式招攬住宿。 二、強行向旅客推銷物品。 三、任意哄抬收費或以其他方式巧取利益。 四、設置妨害旅客隱私之設備或從事影響旅客安寧之任何行為。 五、擅自擴大經營規模。
第 28 條	民宿經營者應遵守下列事項： 一、確保飲食衛生安全。 二、維護民宿場所與四週環境整潔及安寧。 三、供旅客使用之寢具，應於每位客人使用後換洗，並保持清潔。 四、辦理鄉土文化認識活動時，應注重自然生態保護、環境清潔、安寧及公共安全。
第 30 條	民宿經營者，應於每年一月及七月底前，將前半年每月客房住用率、住宿人數、經營收入統計等資料，依式陳報當地主管機關。 前項資料，當地主管機關應於次月底前，陳報交通部觀光局。
第 36 條	民宿經營者申請設立登記之證照費，每件新臺幣一千元；其申請換發或補發登記證之證照費，每件新臺幣五百元。因行政區域調整或門牌改編之地址變更而申請換發登記證者，免繳證照費。

二、觀光旅館業管理規則

觀光旅館業管理規則依「發展觀光條例」第66條第2項規定訂定，並於民國100年1月21日最新修訂，下表（表2-7）為節錄重要條文的內容：

表 2-7　觀光旅館業管理規則

條款	觀光旅館管理規則
第 2 條	觀光旅館業經營之觀光旅館分為國際觀光旅館及一般觀光旅館，其建築及設備應符合觀光旅館建築及設備標準之規定。

（續下頁）

（承上頁）

條款	觀光旅館管理規則
第 2-1 條	觀光旅館業之籌設、變更、轉讓、檢查、輔導、獎勵、處罰與監督管理事項，除在直轄市之一般觀光旅館業，得由交通部委辦直轄市政府執行外，其餘由交通部委任交通部觀光局執行之。 觀光旅館業發照事項，由交通部委任交通部觀光局執行之。 前二項委辦或委任事項及法規依據，應公告並刊登政府公報。
第 6 條	觀光旅館之中、外文名稱，不得使用其他觀光旅館已登記之相同或類似名稱。但依第三十一條規定報備加入國內、外旅館聯營組織者，不在此限。
第 7 條	經核准籌設之觀光旅館，其申請人應於二年內依建築法之規定，向當地主管建築機關申請核發用途為觀光旅館之建造執照依法興建，並於取得建造執照之日起十五日內報原受理機關備查；供作觀光旅館使用之建築物已領有使用執照者，其申請人應於核准籌設後二年內，向當地主管建築機關申請核發用途為觀光旅館之使用執照，並於取得使用執照之日起十五日內報原受理機關備查；逾期未申請並取得建造執照或使用執照者，即廢止其籌設之核准，並副知相關機關。但有正當事由者，得於期限屆滿前報請原受理機關予以展期。 申請公司於籌設中經解散後或廢止公司登記，其籌設核准失其效力。 觀光旅館業其建築物於興建前或興建中變更原設計時，應備具變更設計圖說及有關文件，報請原受理機關核准，並依建築法令相關規定辦理。 觀光旅館業於籌設中轉讓他人者，應備具下列文件，申請原受理機關核准： 一、觀光旅館籌設核准轉讓申請書。 二、有關契約書副本。 三、轉讓人之股東會議事錄或股東同意書。 四、受讓人之營業計畫書及財務計畫書。 觀光旅館業於籌設中因公司合併，應由存續公司或新設公司備具下列文件，報原受理機關備查： 一、股東會及董事會決議合併之議事錄。

（續下頁）

（承上頁）

條款	觀光旅館管理規則
第 7 條	二、公司合併登記之證明文件及合併契約書副本。 三、土地及建築物所有權變更登記之證明文件。 四、存續公司或新設公司之營業計畫及財務計畫書。
第 9 條	興建觀光旅館客房間數在三百間以上，具備下列條件，得依前條規定申請查驗，符合規定者，發給觀光旅館業營業執照及觀光旅館專用標識，先行營業： 一、領有觀光旅館之全部建築物使用執照及竣工圖。 二、客房裝設完成已達百分之六十，且不少於二百四十間；營業之樓層並已全部裝設完成。 三、餐廳營業之合計面積，不少於營業客房數乘一點五平方公尺，營業之樓層並已全部裝設完成。 四、門廳樓層、會客室、電梯、餐廳附設之廚房、衣帽間及盥洗室均已裝設完成。 五、未裝設完成之樓層，應設有敬告旅客注意安全之明顯標識。 前項先行營業之觀光旅館業，應於一年內全部裝設完成，並依前條規定報請查驗合格。但有正當理由者，得報請原受理機關予以展期，其期限不得超過一年。
第 16 條	觀光旅館業應備置旅客資料活頁登記表，將每日住宿旅客依式登記，並送該管警察所或分駐（派出）所，送達時間，依當地警察局、分局之規定。 前項旅客登記資料，其保存期間為半年。
第 17 條	觀光旅館業應將旅客寄存之金錢、有價證券、珠寶或其他貴重物品妥為保管，並應旅客之要求掣給收據，如有毀損、喪失，依法負賠償責任。
第 19 條	觀光旅館業應對其經營之觀光旅館業務，投保責任保險。 責任保險之保險範圍及最低投保金額如下： 一、每一個人身體傷亡：新臺幣二百萬元。 二、每一事故身體傷亡：新臺幣一千萬元。 三、每一事故財產損失：新臺幣二百萬元。 四、保險期間總保險金額：新臺幣二千四百萬元。

（續下頁）

（承上頁）

條款	觀光旅館管理規則
第26條	觀光旅館業開業後，應將下列資料依限填表分報交通部觀光局及該管直轄市政府： 一、每月營業收入、客房住用率、住客人數統計及外匯收入實績，於次月十五日前。 二、資產負債表、損益表，於次年六月三十日前。
第44條	主管機關依本規則所收取之規費，其收費基準如下： 一、核發觀光旅館業營業執照費新臺幣三千元。 二、換發或補發觀光旅館業營業執照費新臺幣一千五百元。 三、核發或補發國際觀光旅館專用標識費新臺幣二萬元；核發或補發一般觀光旅館專用標識費新臺幣一萬五千元。 四、觀光旅館審查費： 　㈠ 籌設客房一百間以下者，每件收取審查費新臺幣一萬二千元。超過一百間時，每增加一百間需增收新臺幣六千元，餘數未滿一百間者，以一百間計，變更時減半收取審查費。 　㈡ 營業中之觀光旅館變更案件，每件收取審查費均為新臺幣六千元。 因行政區域調整或門牌改編之地址變更而換發觀光旅館業執照者，免繳納執照費。
觀光旅館業專業標幟	
 尺寸：53.5*53.5（公分） 背面貼附編號小銅片	 尺寸：36.5*36.5（公分） 背面貼附編號小銅片

三、水域遊憩活動管理辦法

　　水域遊憩活動管理辦法依「發展觀光條例」第36條規定訂定，於民國93年2月11日發布全文31條，下表（表2-8）為節錄重要條文的內容：

表 2-8　水域遊憩活動管理辦法

條款	水域遊憩活動管理辦法
第 3 條	本辦法所稱水域遊憩活動，指在水域從事下列活動： 一、游泳、衝浪、潛水。 二、操作乘騎風浪板、滑水板、拖曳傘、水上摩托車、獨木舟、泛舟艇、香蕉船等各類器具之活動。 三、其他經主管機關公告之水域遊憩活動。
第 4 條	本辦法所稱水域管理機關，係指下列水域遊憩活動管理機關： 一、水域遊憩活動位於風景特定區、國家公園所轄範圍者，爲該特定管理機關。 二、水域遊憩活動位於前款特定管理機關轄區範圍以外，爲直轄市、縣（市）政府。 前項水域管理機關爲依本辦法管理水域遊憩活動，應經公告適用，方得依本條例處罰。
第 10 條	所稱水上摩托車活動，指以能利用適當調整車體之平衡及操作方向器而進行駕駛，並可反復橫倒後再扶正駕駛，主推進裝置爲噴射幫浦，使用內燃機驅動，上甲板下側車首前側至車尾外板後側之長度在四公尺以內之器具之活動。
第 12 條	水上摩托車活動區域由水域管理機關視水域狀況定之；水上摩托車活動與其他水域活動共用同一水域時，其活動範圍應位於距領海基線或陸岸起算離岸二百公尺至一公里之水域內，水域管理機關得在上述範圍內縮小活動範圍。 前項水域主管機關應設置活動區域之明顯標示；從陸域進出該活動區域之水道寬度應至少三十公尺，並應明顯標示之。 水上摩托車活動不得與潛水、游泳等非動力型水域遊憩活動共同使用相同活動時間及區位。
第 14 條	水上摩托車活動區域範圍內，應區分單向航道，航行方向應爲順時鐘；駕駛水上摩托車發生下列狀況時，應遵守下列規則： 一、正面會車：二車皆應朝右轉向，互從對方左側通過。 二、交叉相遇：位在駕駛者右側之水上摩托車爲直行車，另一水上摩托車應朝右轉，由直行車的後方通過。 三、後方超車：超越車應從直行車的左側通過，但應保持相當距離及明確表明其方向。

（續下頁）

（承上頁）

條款	水域遊憩活動管理辦法
第15條	所稱潛水活動，包括在水中進行浮潛及水肺潛水之活動。 前項所稱浮潛，指佩帶潛水鏡、蛙鞋或呼吸管之潛水活動；所稱水肺潛水，指佩帶潛水鏡、蛙鞋、呼吸管及呼吸器之潛水活動。
第16條	從事水肺潛水活動者，應具有國內或國外潛水機構發給之潛水能力證明。
第18條	從事潛水活動之經營業者，應遵守下列規定： 一、僱用帶客從事水肺潛水活動者，應持有國內或國外潛水機構之合格潛水教練能力證明，每人每次以指導八人為限。 二、僱用帶客從事浮潛活動者，應具備各相關機關或經其認可之組織所舉辦之講習、訓練合格證明，每人每次以指導十人為限。
第21條	所稱獨木舟活動，指利用具狹長船體構造，不具動力推進，而用槳划動操作器具進行之水上活動。
第22條	從事獨木舟活動，不得單人單艘進行，並應穿著救生衣，救生衣上應附有口哨。
第23條	從事獨木舟活動之經營業者，應遵守下列規定： 一、應備置具救援及通報機制之無線通訊器材，並指定帶客者攜帶之。 二、帶客從事獨木舟活動，應編組進行，並有一人為領隊，每組以二十人或十艘獨木舟為上限。 三、帶客從事獨木舟活動者，應充分熟悉活動區域之情況，並確實告知活動者，告知事項至少應包括活動時間之限制、水流流速、危險區域及生態保育觀念與規定。 四、每次活動應攜帶救生浮標。
第24條	所稱泛舟活動，係於河川水域操作充氣式橡皮艇進行之水上活動。
第26條	從事泛舟活動，應穿著救生衣及戴安全頭盔，救生衣上應附有口哨。

四、風景特定區管理規則

風景特定區管理規則依「發展觀光條例」第66條第1項規定訂定，於民國100年8月4日最新修訂，下表（表2-9）爲節錄重要條文的內容：

表 2-9　風景特定區管理規則

條款	風景特定區管理規則
第 2 條	本規則所稱之觀光遊樂設施如下： 一、機械遊樂設施。 二、水域遊樂設施。 三、陸域遊樂設施。 四、空域遊樂設施。 五、其他經主管機關核定之觀光遊樂設施。
第 3 條	風景特定區依其地區特性及功能劃分爲國家級、直轄市級及縣（市）級二種等級。其等級與範圍之劃設、變更及風景特定區劃定之廢止，由交通部委任交通部觀光局會同有關機關並邀請專家學者組成評鑑小組評鑑之；其委任事項及法規依據公告應刊登於政府公報或新聞紙。 原住民族基本法施行後，於原住民族地區依前項規定劃設國家級風景特定區，應依該法規定徵得當地原住民族同意，並與原住民族建立共同管理機制。
第 4 條	風景特定區依其地區特性及功能劃分爲國家級、直轄市級及縣（市）級二種等級；其等級與範圍之劃設、變更及風景特定區劃定之廢止，由交通部委任交通部觀光局會同有關機關並邀請專家學者組成評鑑小組評鑑之；其委任事項及法規依據公告應刊登於政府公報或新聞紙。
第 5 條	依前條規定評鑑之風景特定區，由交通部觀光局報經交通部核轉行政院核定後，由下列主管機關將其等級及範圍公告之。 一、國家級風景特定區，由交通部公告。 二、直轄市級風景特定區，由直轄市政府公告。縣（市）級風景特定區，由縣（市）政府公告。 依前項公告之縣（市）級風景特定區，所在縣（市）改制爲直轄市者，由改制後之直轄市政府公告變更其等級名稱。
第 11 條	主管機關爲辦理風景特定區內景觀資源、旅遊秩序、遊客安全等事項，得於風景特定區內置駐衛警察或商請警察機關置專業警察。

（續下頁）

（承上頁）

條款	風景特定區管理規則
第 15 條	風景特定區之公共設施除私人投資興建者外，由主管機關或該公共設施之管理機構按核定之計畫投資興建，分年編列預算執行之。
第 16 條	風景特定區內之清潔維護費、公共設施之收費基準，由專設機構或經營者 訂定，報請該管主管機關備查。調整時亦同。 前項公共設施，如係私人投資興建且依本條例予以獎勵者，其收費基準由 中央主管機關核定。 第一項收費基準應於實施前三日公告並懸示於明顯處所。
第 20 條	為獎勵私人或團體於風景特定區內投資興建公共設施、觀光旅館、旅館或觀光遊樂設施，該管主管機關得協助辦理下列事項： 1. 協助依法取得公有土地之使用權。 2. 協調優先興建連絡道路及設置供水、供電與郵電系統。 3. 提供各項技術協助與指導。 4. 配合辦理環境衛生、美化工程及其他相關公共設施。 5. 其他協助辦理事項。

歷年試題精選

一、導遊實務（二）

( ) 1.依據發展觀光條例，有關「自然人文生態景觀區」之劃定，下列敘述何者正確？
(A) 由中央主管機關劃定 　　　　　　　　　　　　　　（97年華導）
(B) 由目的事業主管機關劃定
(C) 由中央主管機關會同目的事業主管機關劃定
(D) 由該管主管機關會同目的事業主管機關劃定

( ) 2.「發展觀光條例」第36條規定，為維護遊客安全，水域管理機關得視水域環境及
資源條件之狀況，對水域遊憩活動區域採取下列哪一項作為？　　（97年華導）
(A) 建議　　　　　　(B) 輔導　　　　　　(C) 撤銷　　　　　　(D) 公告禁止

( ) 3.旅客參團在旅遊過程中發生意外事故導致受傷時，最多可獲得醫療費用新臺幣3
萬元，此乃屬於下列何種保險？　　　　　　　　　　　　（97年華導）
(A) 履約保險　　(B) 旅行平安保險　　(C) 責任保險　　(D) 公共意外保險

( ) 4.依旅行業管理規則之規定，旅行業之職員名冊，應與下列何種資料相符？
(A) 全民健康保險投保名冊　　　　(B) 勞工保險投保名冊　　（97年華導）
(C) 公司薪資發放名冊　　　　　　(D) 員工加班費發放名冊

( ) 5.旅行業經核准註冊，應於領取旅行業執照多久時間內開始營業？　（97年華導）
(A)1個月　　　　(B)2個月　　　　(C)3個月　　　　(D)4個月

( ) 6.「觀光遊樂業」是指經觀光主管機關核准經營觀光遊樂設施之營利事業，依規定業
者應將下列何項政府核發之文件懸掛於入口明顯處所？　　　　（97年華導）
(A) 營利事業登記證　　　　　　(B) 觀光遊樂業專用標識
(C) 服務標章　　　　　　　　　(D) 公司登記證明文件

( ) 7.依據發展觀光條例第49條規定，民間機構經營觀光遊樂業或觀光旅館業有租稅
之優惠，係依下列哪個法令之規定辦理？　　　　　　　　（97年外導）
(A) 發展觀光條例　　　　　　　(B) 促進產業升級條例
(C) 促進民間參與公共建設法　　(D) 獎勵投資條例

( ) 8.水上摩托車活動區域範圍內，航行方向應為：　　　　　　　（97年外導）
(A) 直向　　　　　　(B) 橫向　　　　　　(C) 順時鐘　　　　　　(D) 逆時鐘

( ) 9.旅行業接待國外觀光團體旅客旅遊業務，其投保責任保險金額，每一旅客意外死
亡至少新臺幣多少元？　　　　　　　　　　　　　　　（97年外導）
(A) 二百萬元　　(B) 三百萬元　　(C) 四百萬元　　(D) 五百萬元

( ) 10.旅行業於開業前，尚需申報以下何種資料予主管機關或其委託之有關團體備查？
(A) 全部動產名冊　　　　　　　(B) 全體董監事名冊　　（97年外導）
(C) 全體股東名冊　　　　　　　(D) 全體職員名冊

(　) 11.有關外國旅行業在本國設立分公司之規定，下列何者錯誤？　　　(97年外導)

(A) 應向交通部觀光局申請核准

(B) 需依法辦理認許及分公司登記

(C) 業務範圍、實收資本額準用本國旅行業分公司之規定

(D) 保證金準用本國旅行業本公司之規定

(　) 12.旅行業原繳之保證金經強制執行後，應於接獲交通部觀光局通知幾日內完成補
繳？　　　(97年外導)

(A)7日內　　　(B)15日內　　　(C)30日內　　　(D)60日內

(　) 13.民間配合政府推廣會議旅遊之費用，其每一年度得抵減總額，以不超過該公司當
年度應納營利事業所得稅額百分之幾為限，但最後年度抵減金額不在此限？

(A) 二十　　　(B) 二十五　　　(C) 三十　　　(D) 五十　　　(98年華導)

(　) 14.縣（市）級之風景特定區，經交通部觀光局評鑑，最後經行政院之核備後，再由
哪一機關公告？　　　(98年華導)

(A) 行政院　　　(B) 交通部　　　(C) 交通部觀光局　　　(D) 該縣（市）政府

(　) 15.旅行業同業合併，應於合併後多少時間內具備文件向交通部觀光局申請核准？

(A) 十五日　　　(B) 二十日　　　(C) 二十五日　　　(D) 三十日　　　(98年華導)

(　) 16.甲種旅行業代理綜合旅行業招攬安排旅客國內外觀光旅遊、食宿、交通及提供有
關服務，應經綜合旅行業之委託，並以什麼名義與旅客簽定旅遊契約？　(98年華導)

(A) 國外接待旅行業　　　　　　　(B) 甲種旅行業

(C) 綜合旅行業　　　　　　　　　(D) 乙種旅行業

(　) 17.為維護風景特定區內自然及文化資源之完整，區內任何設施計畫均應徵得那一主
管機關之同意？　　　(98年外導)

(A) 行政院農業委員會林務局　　　(B) 交通部觀光局

(C) 內政部營建署　　　　　　　　(D) 行政院經濟建設委員會

(　) 18.經營觀光遊樂業之申請程序，下列何者敘述正確？　　　(98年外導)

(A) 依法辦妥商業登記後，再向主管機關申請營業執照

(B) 先向主管機關申請核准，並依法辦妥商業登記後，再領取營業執照

(C) 依法辦妥公司登記後，再向主管機關申請營業執照

(D) 先向主管機關申請核准，並依法辦妥公司登記後，再領取營業執照

(　) 19.旅行業應與旅客簽訂旅遊契約，下列何者不是旅遊契約書必要載明之事項？

(A) 公司名稱、地址、代表人姓名　　　(98年外導)

(B) 組成旅遊團體最低限度之旅客人數

(C) 旅遊全程所需繳納之全部費用及付款條件

(D) 有關交通、旅館、膳食的替代措施

( ) 20. 旅行業舉辦團體旅遊，應投保責任保險，下列敘述何者正確？ (98年外導)

(A) 因意外事故所致體傷之醫療費用新臺幣五萬元

(B) 旅客意外死亡新臺幣一百五十萬元

(C) 旅客證件遺失之損害賠償費用新臺幣三千元

(D) 旅客家屬前往海外處理善後所必需支出之費用新臺幣十萬元

( ) 21. 交通部觀光局訂定之國外旅遊定型化契約書範本所規定的契約審閱期間為： (98年外導)

(A) 一日 　　(B) 三日 　　(C) 五日 　　(D) 七日

( ) 22. 公司組織之觀光產業在加強國際觀光宣傳推廣用途上支出之金額，得抵減當年度應納之何種稅捐？ (99年華導)

(A) 營利事業所得稅 　　　　(B) 營業稅

(C) 負責人個人所得稅 　　　(D) 印花稅

( ) 23. 由行政院核定民間開發經營之觀光遊樂設施，其所需之項目可由政府興建者為何？ (99年華導)

(A) 自來水、電力及電信設備 　　(B) 垃圾處理場

(C) 聯外道路 　　　　　　　　(D) 污水處理場

( ) 24. 旅行業辦理旅遊業務，應製作旅客交付文件與繳費收據，分由雙方收執，並連同與旅客簽定之旅遊契約書，設置專櫃保管多久？ (99年華導)

(A)3個月 　　(B)6個月 　　(C)9個月 　　(D)1年

( ) 25. 紐西蘭觀光團來臺遺失護照，其損害賠償費用旅行業投保之責任保險金額最低多少？ (99年華導)

(A) 新臺幣1千元 　(B) 新臺幣2千元 　(C) 新臺幣3千元 　(D) 新臺幣5千元

( ) 26. 下列何者不屬於風景特定區評鑑類型？ (99年華導)

(A) 火山型 　　(B) 海岸型 　　(C) 山岳型 　　(D) 湖泊型

( ) 27. 導遊人員連續執行導遊業務幾年以上，成績優良者，由交通部觀光局予以獎勵或表揚之？ (99年華導)

(A)10年 　　(B)15年 　　(C)20年 　　(D)30年

( ) 28. 自然人文生態景觀區之範圍，不包括下列哪一地區？ (99年外導)

(A) 山地管制區 　　　　(B) 野生動物保護區

(C) 原住民保留地 　　　(D) 國家公園之遊憩區

( ) 29. 旅行業解散時，應由何人向交通部觀光局申請發還保證金？ (99年外導)

(A) 公司代表人 　(B) 公司總經理 　(D) 公司清算人 　(D) 公司股東

( ) 30. 你所經營之旅行社在最近兩年未受停業處分，且保證金也未被強制執行過，並且加入中華民國旅行品質保障協會為會員，則保證金之金額得按原規定金額多少比例繳納？ (99年外導)

(A) 十分之一 　　(B) 十分之二 　　(C) 十分之三 　　(D) 十分之五

(　) 31.導遊人員管理規則於 90 年 3 月 22 日修正發布前已測驗訓練合格之導遊人員，如
何做才可接待或引導大陸旅客？　　　　　　　　　　　　　　　　　(99 年外導)
(A) 必須參加交通部觀光局所辦接待或引導大陸旅客之考試及訓練合格
(B) 直接就可接待或引導大陸旅客
(C) 應參加交通部觀光局所辦或其委辦之接待或引導大陸旅客訓練結業
(D) 必須向交通部觀光局登記後領取證照才可

(　) 32.經華語導遊人員考試及訓練合格，參加外語導遊人員考試及格者，其參加訓練之
規定如何？　　　　　　　　　　　　　　　　　　　　　　　　　(99 年外導)
(A) 免再參加職前訓練　　　　　　　(B) 仍須參加職前訓練
(C) 只要參加在職訓練　　　　　　　(D) 要參加職前訓練惟時數減半

(　) 33.依發展觀光條例，為加強國際觀光宣傳推廣，公司組織之觀光產業的下列何種用
途費用不得抵減當年度應納營利事業所得稅？　　　　　　　　　　(100 年華導)
(A) 配合政府參與國際宣傳之費用
(B) 配合政府參加國際觀光組織及旅遊展覽之費用
(C) 配合政府推廣會議旅遊之費用
(D) 配合政府邀請外籍旅客來臺熟悉旅遊之費用

(　) 34.綜合旅行業、甲種旅行業辦理臺灣地區人民赴大陸地區旅行業務，應依在大陸地
區從事商業行為許可辦法規定，申請哪一機關許可？　　　　　　　(100 年華導)
(A) 交通部觀光局　　　　　　　　　(B) 經濟部
(C) 行政院大陸委員會　　　　　　　(D) 交通部及行政院大陸委員會

(　) 35.曾經營旅行業受撤銷或廢止營業執照處分，尚未逾幾年者，不得為旅行業之發起
人、董事、監察人、經理人？　　　　　　　　　　　　　　　　　(100 年華導)
(A) 十年者　　　　(B) 五年者　　　　(C) 四年者　　　　(D) 三年者

(　) 36.下列有關觀光旅館業暫停營業的敘述，何者正確？　　　　　　　　(100 年華導)
(A) 暫停營業一個月以上者，應於 5 日內備具相關文件報原受理機關備查
(B) 申請暫停營業期間最長不超過 6 個月
(C) 有正當事由者得在暫停營業期滿前申請展延一次，期間以一年為限
(D) 停業期限屆滿後，應於 10 日內備具相關文件報原受理機關申報復業

(　) 37.甲旅行社與乙旅行社欲辦理「合併」，依規定應於合併後多久時間內申請核准？
(A) 十五日　　　(B) 三十日　　　(C) 六十日　　　(D) 九十日　(100 年華導)

(　) 38.導遊人員職前訓練節次為九十八節課，如連續三年未執行導遊業務者，應依規定
重行參加訓練多少節課？　　　　　　　　　　　　　　　　　　　(100 年華導)
(A) 三十三　　　(B) 四十九　　　(C) 六十五　　　(D) 九十八

( ) 39. 下列活動中,哪一種未在水域遊憩活動管理辦法中規定活動安全規範? (100年外導)
  (A) 水上摩托車活動　　　　　　(B) 潛水活動
  (C) 獨木舟活動　　　　　　　　(D) 衝浪活動

( ) 40. 旅行業配合政府參加國際觀光組織及旅遊展覽之費用,最高得在支出金額多少之限度內,抵減應納稅額? (100年外導)
  (A)5%　　　　(B)10%　　　　(C)20%　　　　(D)30%

( ) 41. 旅客於旅遊出發後始發覺或被告知原旅遊契約已轉讓其他旅行業,依據交通部觀光局訂定之國內旅遊定型化契約書範本,原旅行業應賠償旅客之違約金額為所繳全部團費的多少百分比? (100年外導)
  (A)30%　　　　(B)20%　　　　(C)10%　　　　(D)5%

( ) 42. 旅行業辦理下列何項業務,免投保旅行業履約保證保險? (100年外導)
  (A) 旅客出國旅遊業務
  (B) 旅客國內旅遊業務
  (C) 旅客赴大陸旅遊業務
  (D) 接待國外、港、澳及大陸旅客來臺觀光業務

( ) 43. 旅行業之設立需包括:①辦妥公司登記 ②申請核准籌設 ③申請註冊 ④繳納旅行業保證金,其正確程序應為何? (100年外導)
  (A) ①②③④　　(B) ②①③④　　(C) ②①④③　　(D) ②④①③

( ) 44. 經營觀光遊樂業者,應依規定將必要事項公告於售票處、進口處及其他適當明顯處所。下列何項非屬前述應公告事項? (100年外導)
  (A) 營業時間、收費及服務項目　　(B) 遊園及觀光遊樂設施使用須知
  (C) 公司負責人及旅客服務專線電話　(D) 保養或維修項目

( ) 45. 水上摩托車活動區域範圍,應由陸岸起算離岸多少公尺至多少公尺之水域內?
  (A)50公尺至500公尺　　　　　　(B)150公尺至1500公尺 (101年華導)
  (C)200公尺至1000公尺　　　　　(D)250公尺至1000公尺

( ) 46. 交通部觀光局為防制旅行業惡性倒閉,保障旅客權益,下列哪一項情事,不是主管機關應前往旅行業稽查進行業務檢查之範圍? (101年華導)
  (A) 刷卡量爆增
  (B) 大量低價促銷廣告
  (C) 國外旅行業違約,但國內招攬旅行業不負賠償責任
  (D) 代表人或員工變更異常

( ) 47.旅行業管理規則第 53 條第 4 項明定履約保證保險之投保範圍,下列何項非屬該
保險金可用以支付旅客所付費用之情形? (101 年華導)
(A) 旅行業因財務困難,未能繼續經營時
(B) 旅行業無力支付辦理旅遊所需一部或全部費用時
(C) 旅行業遭觀光主管機關勒令停業或廢止旅行業執照時
(D) 旅行業所安排之旅遊活動因故致一部或全部無法完成時

( ) 48.有關旅行業經理人訓練之相關規定,下列敘述那些正確?①參加訓練者必須繳納
訓練費用②訓練節次為 50 節課③訓練期間之缺課節數不得逾 6 節數④訓練測驗成
績以 60 分為及格 (101 年華導)
(A) ①② (B) ①③ (C) ②④ (D) ③④

( ) 49.由他人冒名頂替參加導遊人員職前訓練或在職訓練者,如何處理? (101 年華導)
(A) 應予退訓並沒收訓練費用 (B) 退訓並於三年內不得參加訓練
(C) 退訓並取消考試錄取資格 (D) 退訓並處罰款

( ) 50.依規定經營觀光旅館業者申請籌設營業之程序為何?①依法辦妥公司登記②向中
央主管機關申請核准③申請觀光旅館竣工查驗④核發觀光旅館業執照 (101 年外導)
(A) ①②③④ (B) ①③②④ (C) ②①③④ (D) ②①④③

( ) 51.區內建築物之造形、構造、色彩等及廣告物、攤位之設置,依規定得實施規劃限
制的地區為何? (101 年外導)
(A) 觀光地區及風景特定區 (B) 自然人文生態景觀區
(C) 原住民保留地 (D) 自然保留區

( ) 52.依旅行業管理規則規定,旅行業業務經營,下列敘述何者正確? (101 年外導)
(A) 甲旅行業經旅客書面同意後轉讓給乙旅行業,其旅遊契約效用仍然存在
(B) 甲種旅行業經營自行組團業務得由乙種旅行業代為招攬國內旅遊業務
(C) 旅行業辦理國內旅遊應派遣專人隨團服務
(D) 旅遊契約書內容由旅行業與旅客協調後訂定

( ) 53.旅行業以服務標章招攬旅客之相關規定,下列何者正確? (101 年外導)
(A) 服務標章註冊應報請交通部觀光局核准
(B) 可以服務標章簽定旅遊契約
(C) 服務標章可視需要申請多個
(D) 綜合旅行業刊登廣告時,得以註冊之服務標章替代公司名稱

( ) 54.旅行業保證金被強制執行,依規定應於接獲交通部觀光局通知之日起多久內繳
足? (101 年外導)
(A)15 日 (B)20 日 (C)30 日 (D)60 日

（　）55.參加導遊人員職前訓練，因產假、重病或其他正當事由，經核准延期測驗者，依規定應於多久內申請測驗？　　　　　　　　　　　　　　　（101 年外導）

(A)3 個月　　　　　(B)6 個月　　　　　(C)1 年　　　　　(D)2 年

（　）56.依發展觀光條例規定，下列有關外國旅行業在中華民國設置代表人之敘述何者錯誤？　　　　　　　　　　　　　　　　　　　　　　　（102 年華導）

(A) 應向中央主管機關申請核准　　　(B) 應依公司法規定向經濟部備案
(C) 應依公司法規定辦理認許　　　　(D) 不得對外營業

（　）57.住在香港的李先生搭機到臺灣旅遊後，再到基隆搭郵輪離境，請問他應在臺灣繳納新臺幣多少元之機場服務費？　　　　　　　　　　（102 年華導）

(A)600 元　　　　　(B)300 元　　　　　(C)250 元　　　　　(D)0 元

（　）58.某綜合旅行社設立於臺中市，同時在臺北市、高雄市及新北市設有分公司，依據旅行業管理規則之規定，至少應置幾個經理人，負責監督管理業務？　（102 年華導）

(A)7 人　　　　　(B)6 人　　　　　(C)5 人　　　　　(D)4 人

（　）59.依旅行業管理規則規定，經營旅行業者，應繳納保證金。旅行業保證金應以下列何種方式繳納？　　　　　　　　　　　　　　　　　（102 年華導）

(A) 現金　　　　(B) 公司支票　　　　(C) 銀行本票　　　　(D) 銀行定存單

（　）60.某人經華語導遊人員考試及訓練合格，領取華語導遊人員執業證後，想再領取外語導遊人員執業證，依旅行業管理規則規定，他於外語導遊人員考試及格後，需要參加何種訓練？　　　　　　　　　　　　　　　　　　（102 年華導）

(A) 導遊人員考試職前及在職訓練　　　(B) 導遊人員職前訓練
(C) 導遊人員在職訓練　　　　　　　　(D) 免再參加職前訓練

（　）61.經營旅館業者，除依法辦妥公司或商業登記外，並應向地方主管機關申請登記，領取登記證後，始得營業，下列有關旅館業經營的敘述，何者錯誤？　（102 年華導）

(A) 應將旅館業專用標識懸掛於營業場所明顯易見之處
(B) 應將其旅館業登記證，掛置於門廳明顯易見之處
(C) 應將客房價格，隨市場機制逕行調整，並置明顯易見之處
(D) 應將旅客住宿須知及避難逃生路線圖，掛置於客房明顯光亮處所

（　）62.依發展觀光條例之規定，得向何人收取機場服務費？　　　　　（102 年外導）

(A) 出境航空旅客　　　　　　　　　(B) 入境航空旅客
(C) 出入境航空旅客　　　　　　　　(D) 出入境之外籍旅客

（　）63.依旅行業管理規則之規定，下列敘述何者正確？　　　　　　　（102 年外導）

(A) 綜合旅行業經理人不得少於 4 人負責監督管理業務
(B) 甲種旅行業經理人不得少於 2 人負責監督管理業務
(C) 乙種旅行業無需設置經理人
(D) 旅行業應設置 1 人以上經理人負責監督管理業務

( ) 64.依發展觀光條例之規定，公司組織之觀光產業積極參與國際觀光宣傳推廣，下列
何種支出不得抵減應納之營利事業所得稅？ (102 年外導)
(A) 配合政府參與國際宣傳推廣之費用
(B) 配合政府參與兩岸觀光旅遊業務觀摩考察之費用
(C) 配合政府參加國際觀光組織及旅遊展覽之費用
(D) 配合政府推廣會議旅遊之費用

( ) 65.具有大自然之優美景觀、生態、文化與人文觀光價值之地區，依據發展觀光條例
之規定，應規劃建設為下列何項，由各該管目的事業主管機關嚴加維護，禁止破
壞？ (102 年外導)
(A) 休閒農業區 (B) 觀光地區 (C) 森林遊樂區 (D) 國家公園

( ) 66.外語導遊人員接待馬來西亞來臺觀光團，執行導遊業務時，下列那些行為不得為
之？1 誘導旅客採購阿里山高山茶收受回扣、2 向旅客兜售鳳梨酥 、3 介紹自費
行程 、4 以新臺幣與旅客兌換馬幣 (102 年外導)
(A)134 (B)123 (C)124 (D)234

( ) 67.旅館業應依旅館業管理規則之規定投保責任保險，下列有關保險範圍及最低投保
金額之敘述，何者錯誤？ (102 年外導)
(A) 每一個人身體傷亡：新臺幣 2 百萬元
(B) 每一事故身體傷亡：新臺幣 1 千萬元
(C) 每一事故財產損失：新臺幣 2 百萬元
(D) 保險期間總保險金額：新臺幣 3 千萬元

( ) 68.依發展觀光條例規定，風景特定區應按該地區下列何者，劃分為國家級、直轄市
級及縣（市）級？ (103 年華導)
(A) 地區特性及功能 (B) 經濟發展及區位
(C) 遊憩承載及特色 (D) 自然資源及保育

( ) 69.依發展觀光條例規定，損壞觀光地區或風景特定區之名勝、自然資源或觀光設施
者，有關目的事業主管機關得處罰行為人並責令回復原狀或償還修復費用，其無
法回復原狀者，得再處行為人新臺幣多少元以下罰鍰？ (103 年華導)
(A)50 萬元 (B) 150 萬元 (C) 300 萬元 (D) 500 萬元

( ) 70.觀光旅館業、旅館業、觀光遊樂業或民宿經營者，下列何種情況可以不必繳回觀
光專用標識？ (103 年華導)
(A) 經受停止營業之處分者 (B) 經受廢止營業執照之處分者
(C) 經受廢止登記證之處分者 (D) 未依規定投保履約保證保險者

( ) 71.依發展觀光條例規定，風景特定區計畫之擬訂及核定，除應先會商主管機關外，悉依那一個法令規定辦理？ (103 年華導)

(A) 區域計畫法 　　　　　　　　(B) 都市計畫法
(C) 風景特定區管理規則 　　　　(D) 國家公園法

( ) 72.旅行業管理規則中，有關旅行業營業處所之規定，下列敘述何者錯誤？ (103 年華導)

(A) 應設有固定之營業處所
(B) 有最小面積之限制
(C) 同一處所內不得為二家營利事業共同使用
(D) 符合公司法所稱關係企業，得共同使用同一處所

( ) 73.外國旅行業未在我國設立分公司，符合相關規定者得在臺灣設置代表人；依旅行業管理規則規定，下列有關外國旅行業代表人之敘述何者錯誤？ (103 年華導)

(A) 不須申請交通部觀光局核准，但應依規定申請中央主管機關備案
(B) 代表人應設置辦公處所
(C) 代表人得在我國辦理連絡、推廣、報價等事務
(D) 代表人不得對外營業

( ) 74.依旅行業管理規則有關責任保險範圍及最低金額之規定，下列何者錯誤？

(A) 每一旅客意外死亡至少新臺幣 200 萬元 (103 年華導)
(B) 每一旅客因意外事故所致體傷之醫療費用至少新臺幣 5 萬元
(C) 國內旅遊旅客家屬善後處理費用至少新臺幣 5 萬元
(D) 每一旅客證件遺失之損害賠償費用至少新臺幣 2 千元

( ) 75.依旅行業管理規則規定，旅行業經核准籌設後，應於多久時間內辦妥公司設立登記？ (103 年華導)

(A)2 個月 　　　　(B)3 個月 　　　　(C)6 個月 　　　　(D)9 個月

( ) 76.導遊人員經受停止執行業務處分期間仍繼續執行業務，依發展觀光條例裁罰標準規定，應受何種處分？ (103 年華導)

(A) 罰鍰新臺幣 5 千元
(B) 罰鍰新臺幣 1 萬 5 千元
(C) 罰鍰新臺幣 1 萬 5 千元，並停止執行業務 1 年
(D) 廢止執業證

( ) 77.依觀光旅館業管理規則規定，觀光旅館業應對其經營之觀光旅館業務投保責任保險，其每一個人身體傷亡最低投保金額為多少？ (103 年華導)

(A) 新臺幣 400 萬元 　　　　　　(B) 新臺幣 300 萬元
(C) 新臺幣 200 萬元 　　　　　　(D) 新臺幣 100 萬元

( ) 78.依旅館業管理規則規定，旅館業應將每日住宿旅客資料依式登記，並以傳真、電子郵件或其他適當方式，送該管警察所或分駐（派出）所備查。且旅客登記資料，其保存期限為多久？　(103 年華導)

　　(A)60 天　　　　(B)120 天　　　　(C)180 天　　　　(D)200 天

( ) 79.依發展觀光條例規定，下列有關經營觀光遊樂業之敘述，何者正確？　(103 年外導)

　　(A) 應先依法辦妥公司登記後，向主管機關申請核准，並領取執照及觀光遊樂業專用標識，始得營業

　　(B) 應先依法申請觀光遊樂業專用標識，並領取執照，始得營業

　　(C) 應先向主管機關申請核准，並依法辦妥公司登記後，領取觀光遊樂業執照，並懸掛專用標識，始得營業

　　(D) 應先向主管機關申請重大投資案件，並辦妥觀光遊樂業專用標識，始得營業

( ) 80.依發展觀光條例規定，觀光旅館業以外，對旅客提供住宿、休息及其他經中央主管機關核定相關業務之營利事業，稱為：　(103 年外導)

　　(A) 旅宿業　　　(B) 旅館業　　　(C) 民宿　　　(D) 客棧

( ) 81.依旅行業管理規則規定，有關旅行業辦理團體旅遊之相關規定，下列敘述何者正確？　(103 年外導)

　　(A) 旅行業辦理國內旅遊，應派遣領隊隨團服務

　　(B) 旅行業辦理國外旅遊，應派遣導遊隨團服務

　　(C) 旅行業接待國外旅客來臺旅遊，應派遣領隊隨團服務

　　(D) 旅行業辦理國內旅遊，應派遣專人隨團服務

( ) 82.依旅行業管理規則規定，下列何者非屬甲種旅行業之經營業務項目？　(103 年外導)

　　(A) 接受旅客委託代辦出、入國境及簽證手續

　　(B) 自行組團安排旅客出國觀光旅遊服務

　　(C) 接待國內外觀光旅客並安排旅遊、食宿及導遊

　　(D) 委託乙種旅行業代為招攬國內團體旅遊業務

( ) 83.導遊人員擅自將執業證借供他人使用者，依發展觀光條例規定，除處以新臺幣 3 千元以上 1 萬 5 千元以下罰鍰外，在下列何種情況下可廢止其執業證？

　　(A) 受停止執行業務處分，仍繼續執業者　(103 年外導)

　　(B) 未繳交罰鍰者

　　(C) 令其改善未有成效者

　　(D) 經查獲將執業證借供他人使用 3 次以上者

( ) 84.依觀光旅館建築及設備標準規定，國際觀光旅館應有單人房、雙人房及套房，其房間數合計應達到多少間以上？　(103 年外導)

　　(A)100 間　　　(B)150 間　　　(C)200 間　　　(D)300 間

1.(D)	2.(D)	3.(C)	4.(C)	5.(A)	6.(B)	7.(C)	8.(C)	9.(A)	10.(D)
11.(C)	12.(B)	13.(D)	14.(D)	15.(A)	16.(C)	17.(B)	18.(D)	19.(D)	20.(D)
21.(A)	22.(A)	23.(C)	24.(D)	25.(B)	26.(A)	27.(B)	28.(D)	29.(C)	30.(A)
31.(C)	32.(A)	33.(D)	34.(A)	35.(B)	36.(C)	37.(A)	38.(B)	39.(D)	40.(C)
41.(D)	42.(A)	43.(C)	44.(C)	45.(C)	46.(C)	47.(C)	48.(B)	49.(A)	50.(C)
51.(A)	52.(C)	53.(D)	54.(A)	55.(B)	56.(C)	57.(D)	58.(D)	59.(D)	60.(D)
61.(C)	62.(A)	63.(D)	64.(B)	65.(B)	66.(C)	67.(D)	68.(A)	69.(D)	70.(D)
71.(B)	72.(B)	73.(A)	74.(B)	75.(A)	76.(D)	77.(C)	78.(C)	79.(C)	80.(B)
81.(D)	82.(D)	83.(A)	84.(D)						

試題解析

1. 「根據發展觀光條例」第19條第2款：「自然人文生態景觀區之劃定，由該管主管機關會同目的事業主管機關劃定之。」

2. 根據「發展觀光條例」第36條：「為維護遊客安全，水域管理機關得對水域遊憩活動之種類、範圍、時間及行為限制之，並得視水域環境及資源條件之狀況，公告禁止水域遊憩活動區域。」

3. 「旅行業管理規則」第53條規定旅行業辦理國外旅遊須為旅客投保責任險（意外險），例如其投保最低金額及範圍至少如下：1.每一旅客意外死亡新臺幣二百萬元。2.每一旅客因意外事故所致體傷之醫療費用新臺幣三萬元。

4. 「旅行業管理規則」第20條第2項：「職員名冊應與公司薪資發放名冊相符。其職員有異動時，應於十日內將異動表分別報請交通部觀光局及直轄市觀光主管機關或其委託之有關團體備查。」

5. 「旅行業管理規則」第19條第1項：「旅行業經核准註冊，應於領取旅行業執照後一個月內開始營業。」

6. 「觀光遊樂業管理辦法」第18條第1項：「觀光遊樂業應將觀光遊樂業專用標識懸掛於入口明顯處所。」

7. 依據「發展觀光條例」第49條：「民間機構經營觀光遊樂業、觀光旅館業之租稅優惠，依促進民間參與公共建設法第三十六條至第四十一條規定辦理。」

8. 「水域遊憩活動管理辦法」第14條：「水上摩托車活動區域範圍內，應區分單向航道，航行方向應為順時鐘。」

9. 根據「旅行業管理規則」第53條第1項：「旅行業舉辦團體旅遊、個別旅客旅遊及辦理接待國外、香港、澳門或大陸地區觀光團體、個別旅客旅遊業務，應投保責任保險，其投保最低金額及範圍至少如下：1.每一旅客意外死亡新臺幣二百萬元。2.每一旅客因意外事故所致體傷之醫療費用新臺幣三萬元。3.旅客家屬前往海外或來中華民國處理善後

所必需支出之費用新臺幣十萬元；國內旅遊善後處理費用新臺幣五萬元。4.每一旅客證件遺失之損害賠償費用新臺幣二千元。」

10. 「旅行業管理規則」第20條第1項：「旅行業應於開業前將開業日期、全體職員名冊分別報請交通部觀光局及直轄市觀光主管機關或其委託之有關團體備查。」

11. 「旅行業管理規則」第17條：「外國旅行業在中華民國設立分公司時，應先向交通部觀光局申請核准，並依法辦理認許及分公司登記，領取旅行業執照後始得營業。其業務範圍、在中華民國境內營業所用之資金、保證金、註冊費、換照費等，準用中華民國旅行業本公司之規定。」

12. 「旅行業管理規則」第45條：「旅行業繳納之保證金為法院或行政執行機關強制執行後，應於接獲交通部觀光局通知之日起十五日內依規定之金額繳足保證金，並改善業務。」

13. 「發展觀光條例」第50條：「為加強國際觀光宣傳推廣，公司組織之觀光產業，得在下列用途項下支出金額百分之十至百分之二十限度內，抵減當年度應納營利事業所得稅額；當年度不足抵減時，得在以後四年度內抵減之：1.配合政府參與國際宣傳推廣之費用。2.配合政府參加國際觀光組織及旅遊展覽之費用。3.配合政府推廣會議旅遊之費用。前項投資抵減，其每一年度得抵減總額，以不超過該公司當年度應納營利事業所得稅額百分之五十為限。但最後年度抵減金額，不在此限。」

14. 「風景特定區管理規則」第5條：「依規定評鑑之風景特定區，由交通部觀光局報經交通部核轉行政院核定後，由下列主管機關將其等級及範圍公告之。1.國家級風景特定區，由交通部公告。2.直轄市級風景特定區，由直轄市政府公告。縣（市）級風景特定區，由縣（市）政府公告。」

15. 「旅行業管理規則」第9條：「旅行業組織、名稱、種類、資本額、地址、代表人、董事、監察人、經理人變更或同業合併，應於變更或合併後十五日內備具規定文件向交通部觀光局申請核准後，依公司法規定期限辦妥公司變更登記，並憑辦妥之有關文件於二個月內換領旅行業執照。」

16. 「旅行業管理規則」第27條：「甲種旅行業代理綜合旅行業招攬業務，或乙種旅行業代理綜合旅行業招攬業務，應經綜合旅行業之委託，並以綜合旅行業名義與旅客簽定旅遊契約。前項旅遊契約應由該銷售旅行業副署。」

17. 「風景特定區管理規則」第17條：「為維護風景特定區內自然及文化資源之完整，在該區域內之任何設施計畫，均應徵得該管主管機關之同意。」而國家風景特定區主管機關為）交通部觀光局。

18. 觀光遊樂業之設立、發照、營業程序依序為：1.向觀光局申請籌設。2.經核准設立之觀光遊樂業，3個月內向經濟部辦妥公司登記。3.觀光遊樂業於興建完工後，申請主管機關邀請相關主管機關檢查合格，並發給觀光遊樂業執照後，始得營業。

19. 有關交通、旅館、膳食的替代措施並非必要載明之事項，只有在不可抗力情況下，才可更改旅遊內容。

20. 根據「旅行業管理規則」第53條第1項：「旅行業舉辦團體旅遊、個別旅客旅遊及辦理接待國外、香港、澳門或大陸地區觀光團體、個別旅客旅遊業務，應投保責任保險，其投保最低金額及範圍至少如下：1.每一旅客意外死亡新臺幣二百萬元。2.每一旅客因意外事故所致體傷之醫療費用新臺幣三萬元。3.旅客家屬前往海外或來中華民國處理善後所必需支出之費用新臺幣十萬元；國內旅遊善後處理費用新臺幣五萬元。4.每一旅客證件遺失之損害賠償費用新臺幣二千元。」

21. 觀光局民國93年公布之國外旅遊定型化契約書範例，在立契約書人下方註明：「本契約審閱期間1日。」

22. 「發展觀光條例」第50條：「為加強國際觀光宣傳推廣，公司組織之觀光產業，得在下列用途項下支出金額百分之十至百分之二十限度內，抵減當年度應納營利事業所得稅額；當年度不足抵減時，得在以後四年度內抵減之。」

23. 「發展觀光條例」第46條：「民間機構開發經營觀光遊樂設施、觀光旅館經中央主管機關報請行政院核定者，其所需之聯外道路得由中央主管機關協調該管道路主管機關、地方政府及其他相關目的事業主管機關興建之。」

24. 根據「旅行業管理規則」第25條第3項：「旅行業辦理旅遊業務，應製作旅客交付文件與繳費收據，分由雙方收執，並連同與旅客簽定之旅遊契約書，設置專櫃保管一年，備供查核。」

25. 根據「旅行業管理規則」第53條：「遺失護照，其損害賠償費用旅行業投保之責任保險金額最低金額為2000元。」

26. 風景特定區評鑑類型有山岳、湖泊、海岸3種，因類型不同，其評鑑分數比重略有差異。

27. 「導遊人員管理規則」第26條：「連續執行導遊業務十五年以上，成績優良者，由交通部觀光局予以獎勵或表揚之。」

28. 「發展觀光條例」第2條（名詞定義）：「自然人文生態景觀區：指無法以人力再造之特殊天然景緻、應嚴格保護之自然動、植物生態環境及重要史前遺跡所呈現之特殊自然人文景觀，其範圍包括：原住民保留地、山地管制區、野生動物保護區、水產資源保育區、自然保留區、及國家公園內之史蹟保存區、特別景觀區、生態保護區等地區。」，國家公園的遊憩區並未包含其中。

29. 根據「旅行業管理規則」第46條第1項：「旅行業解散者，應依法辦妥公司解散登記後十五日內，拆除市招，繳回旅行業執照及所領取之識別證，並由公司清算人向交通部觀光局申請發還保證金。」

30. 根據「旅行業管理規則」第12條：「經營旅行業，最近兩年未受停業處分，且保證金未被強制執行，並取得經中央主管機關認可足以保障旅客權益之觀光公益法人會員資格者，得按規定金額十分之一繳納。」

31. 「大陸地區人民來臺從事觀光活動許可辦法」第21條第3項：「中華民國九十二年七月一日前已經交通部觀光局或其委託之有關機關測驗及訓練合格，領取導遊執業證者，得執行接待大陸地區旅客業務。但於九十年三月二十二日導遊人員管理規則修正發布前，已測驗訓練合格之導遊人員，未參加交通部觀光局或其委託團體舉辦之接待或引導大陸地區旅客訓練結業者，不得執行接待大陸地區旅客業務。」

32. 「導遊人員管理規則」第8條第1項：「經華語導遊人員考試及訓練合格，參加外語導遊人員考試及格者，免再參加職前訓練。」

33. 「發展觀光條例」第50條：「為加強國際觀光宣傳推廣，公司組織之觀光產業，得在下列用途項下支出金額百分之十至百分之二十限度內，抵減當年度應納營利事業所得稅額；當年度不足抵減時，得在以後四年度內抵減之：1.配合政府參與國際宣傳推廣之費用。2.配合政府參加國際觀光組織及旅遊展覽之費用。3.配合政府推廣會議旅遊之費用。」

34. 根據「旅行業管理規則」第54條第1項：「綜合旅行業、甲種旅行業辦理臺灣地區人民赴大陸地區旅行業務，應依在大陸地區從事商業行為許可辦法規定，申請交通部觀光局許可。」

35. 「旅行業管理規則」第14條第7款：「曾經營旅行業受撤銷或廢止營業執照處分，尚未逾五年者，不得為旅行業之發起人、董事、監察人、經理人、執行業務或代表公司之股東，已充任者，當然解任之。」

36. 「觀光旅館業管理規則」第29條：「觀光旅館業暫停營業一個月以上者，應於十五日內備具股東會議事錄或股東同意書報原受理機關備查。前項申請暫停營業期間，最長不得超過一年。其有正當事由者，得申請展延一次，期間以一年為限，並應於期間屆滿前十五日內提出申請。停業期限屆滿後，應於十五日內向原受理機關申請復業。」

37. 「旅行業管理規則」第9條：「旅行業組織、名稱、種類、資本額、地址、代表人、董事、監察人、經理人變更或同業合併，應於變更或合併後十五日內備具下列文件向交通部觀光局申請核准後，依公司法規定期限辦妥公司變更登記，並憑辦妥之有關文件於二個月內換領旅行業執照。」

38. 「導遊人員管理規則」第16條：「導遊人員取得結業證書或執業證後，連續三年未執行導遊業務者，應依規定重行參加訓練結業，領取或換領執業證後，始得執行導遊業務。導遊人員重行參加訓練節次為四十九節課，每節課為五十分鐘。」

39. 「水域遊憩活動管理辦法」中第3條提到水域遊憩活動包括：游泳、衝浪、潛水、操作乘騎風浪板、滑水板、拖曳傘、水上摩托車、獨木舟、泛舟艇、香蕉船等各類器具之活動。其中水上摩托車、潛水、泛舟、獨木舟等活動有詳述其規範，衝浪則未再詳述。

40. 「發展觀光條例」第50條：「為加強國際觀光宣傳推廣，公司組織之觀光產業，得在下列用途項下支出金額百分之十至百分之二十限度內，抵減當年度應納營利事業所得稅；當年度不足抵減時，得在以後四年度內抵減之：1.配合政府參與國際宣傳推廣之費用。2.配合政府參加國際觀光組織及旅遊展覽之費用。3.配合政府推廣會議旅遊之費用。」

41. 「國內旅遊定型化契約書範本」第14條：「甲方（旅客）於出發後始發覺或被告知本契約已轉讓其他旅行業，乙方（旅行業）應賠償甲方所繳全部團費百分之五之違約金，其受有損害者，並得請求賠償。」

42. 「旅行業管理規則」第53條第2項：「旅行業辦理旅客出國及國內旅遊業務時，應投保履約保證保險。」未包括辦理接待國外、香港、澳門或大陸地區觀光團體業務之旅行業。

43. 旅行業之設立程序依序為：1.向觀光局申請核准籌設；2.兩個月內向經濟部辦妥公司登記；3.向觀光局申請註冊；4.繳納旅行業保證金、註冊費；5.領取旅行業執照後一個月內開始營業。

44. 「觀光遊樂業管理規則」第19條：「觀光遊樂業之營業時間、收費、服務項目、遊園及觀光遊樂設施使用須知、保養或維修項目，應依其性質分別公告於售票處、進口處、設有網站者之網頁及其他適當明顯處所。」

45. 「水域遊憩活動管理辦法」第12條第1項：「水上摩托車活動區域由水域管理機關視水域狀況定之；水上摩托車活動與其他水域活動共用同一水域時，其活動範圍應位於距領海基線或陸岸起算離岸200公尺至1公里之水域內，水域管理機關得在上述範圍內縮小活動範圍。」

46. 依據「旅行業交易安全查核作業要點」第4條：「旅行業有下列情事，經旅行業交易安全查核小組蒐集情報、綜合研判後認為有實地查證之必要者，即應以保密方式連繫相關機關單位前往稽查：1.大量低價促銷廣告。2.刷卡量爆增。3.代表人或員工變更異常。4.經品保協會或各旅行業公會蒐集反映之異常情資。5.經檢舉有異常營運情形且有實證。6.其他異常營運情形。」

47. 「旅行業管理規則」第53條第4項：「履約保證保險之投保範圍，為旅行業因財務困難，未能繼續經營，而無力支付辦理旅遊所需一部或全部費用，致其安排之旅遊活動一部或全部無法完成時，在保險金額範圍內，所應給付旅客之費用。」

48. 「旅行業管理規則」第15-3、15-4和15-5條：「參加旅行業經理人訓練者，應檢附資格證明文件、繳納訓練費用，向交通部觀光局或其委託之有關機關、團體申請。旅行業經理人訓練節次為六十節課，每節課為五十分鐘。受訓人員於訓練期間，其缺課節數不得逾訓練節次十分之一。旅行業經理人訓練測驗成績以一百分為滿分，七十分為及格。測驗成績不及格者，應於七日內申請補行測驗一次；經補行測驗仍不及格者，不得結業。」

49. 「導遊人員管理規則」第12條：「受訓人員在職前訓練期間，有下列情形之一者，應予退訓；其已繳納之訓練費用，不得申請退還：1.缺課節數逾十分之一者。2.受訓期間對講座、輔導員或其他辦理訓練人員施以強暴脅迫者。3.由他人冒名頂替參加訓練者。4.報名檢附之資格證明文件係偽造或變造者。5.其他具體事實足以認為品德操守違反倫理規範，情節重大者。」

50. 觀光旅館業籌設營業之程序為：1.向觀光局申請籌設；2.向經濟部辦理公司登記；3.向當地主管建築機關申請核發用途為觀光旅館之建造執照依法興建；4.觀光旅館業籌設完成後，應備規定文件報請觀光局會同警察、建築管理、消防及衛生等有關機關查驗；5.交通部觀光局發給觀光旅館業營業執照及觀光旅館業專用標識，得開始營業。

51. 「發展觀光條例」第12條：「為維持觀光地區及風景特定區之美觀，區內建築物之造形、構造、色彩等及廣告物、攤位之設置，得實施規劃限制。」

52. 甲旅行業經旅客書面同意後轉讓給乙旅行業，應重新簽訂契約；甲種旅行業經營自行組團業務不得由甲種或乙種旅行業代為招攬國內旅遊業務；旅遊契約書內容不得由旅行業與旅客協調後訂定，應使用觀光局民國93年公布之定型化旅遊契約。

53. 服務標章註冊應報請交通部觀光局備查，不是核准；應以本公司名義簽訂旅遊契約，不能使用服務標章簽定旅遊契約；服務標章只能以一個為限。

54. 「旅行業管理規則」第45條：「旅行業繳納之保證金為法院或行政執行機關強制執行後，應於接獲交通部觀光局通知之日起十五日內依規定之金額繳足保證金，並改善業務。」

55. 「導遊人員管理規則」第11條第3項：「參加導遊人員職前訓練測驗，因產假、重病或其他正當事由，經核准延期測驗者，應於一年內申請測驗。」

56. 依據「旅行業管理規則」第18條規定：外國旅行業在中華民國設置代表人，應備具規定文件申請交通部觀光局核准後，於二個月內依公司法規定申請中央主管機關備案，而不是辦理認許（追認其外國公司法人資格及許可）。

57. 機場服務費是搭機離境時繳納，而李先生是搭郵輪離境，不是搭飛機離境，故不需要繳納機場服務費，因為現行機場服務費已包含於機票價格內，毋須另外繳納。

58. 依據民國101年9月修訂「旅行業管理規則」第13條：「旅行業及其分公司應各置經理人一人以上負責監督管理業務。」，故1家總公司與3家分公司至少共須要4個經理人。

59. 依據「旅行業管理規則」第12條規定：旅行業保證金應以銀行定存單繳納。

60. 「導遊人員管理規則」第8條第1項：「經華語導遊人員考試及訓練合格，參加外語導遊人員考試及格者，免再參加職前訓練。」

61. 「旅館業管理規則」第21條：「旅館業應將其客房價格，報請地方主管機關備查；變更時，亦同。旅館業向旅客收取之客房費用，不得高於前項客房價格。旅館業應將其客房價格、旅客住宿須知及避難逃生路線圖，掛置於客房明顯光亮處所。」

62. 根據「發展觀光條例」第38條：「爲加強機場服務及設施，發展觀光產業，得收取出境航空旅客之機場服務費。」

63. 依據民國101年9月修訂「旅行業管理規則」第13條：「旅行業及其分公司應各置經理人一人以上負責監督管理業務。」

64. 「發展觀光條例」第50條：「爲加強國際觀光宣傳推廣，公司組織之觀光產業，得在下列用途項下支出金額百分之十至百分之二十限度內，抵減當年度應納營利事業所得稅額；當年度不足抵減時，得在以後四年度內抵減之：1.配合政府參與國際宣傳推廣之費用。2.配合政府參加國際觀光組織及旅遊展覽之費用。3.配合政府推廣會議旅遊之費用。」

65. 「發展觀光條例」第18條：「具有大自然之優美景觀、生態、文化與人文觀光價值之地區，應規劃建設爲觀光地區。該區域內之名勝、古蹟及特殊動植物生態等觀光資源，各目的事業主管機關應嚴加維護，禁止破壞。」

66. 導遊人員不得有下列行爲：1.誘導旅客採購物品或爲其他服務收受回扣；2.私自兌換外幣；3.向旅客兜售或收購物品。

67. 「旅館業管理規則」第9條：「旅館業應投保之責任保險範圍及最低保險金額如下：1.每一個人身體傷亡：新臺幣二百萬元。2.每一事故身體傷亡：新臺幣一千萬元。3.每一事故財產損失：新臺幣二百萬元。4.保險期間總保險金額每年新臺幣二千四百萬元。」

68. 根據「發展觀光條例」第11條：「風景特定區計畫，應依據中央主管機關會同有關機關，就地區特性及功能所作之評鑑結果，予以綜合規劃。前項計畫之擬訂及核定，除應先會商主管機關外，悉依都市計畫法之規定辦理。風景特定區應按其地區特性及功能，劃分爲國家級、直轄市級及縣（市）級。」

69. 根據「發展觀光條例」第62條：「損壞觀光地區或風景特定區之名勝、自然資源或觀光設施者，有關目的事業主管機關得處行爲人新臺幣五十萬元以下罰鍰，並責令回復原狀或償還修復費用。其無法回復原狀者，有關目的事業主管機關得再處行爲人新臺幣五百萬元以下罰鍰。」

70. 根據「發展觀光條例」第41條：「觀光旅館業、旅館業、觀光遊樂業或民宿經營者，經受停止營業或廢止營業執照或登記證之處分者，應繳回觀光專用標識。」

71. 根據「發展觀光條例」第11條：「風景特定區計畫，應依據中央主管機關會同有關機關，就地區特性及功能所作之評鑑結果，予以綜合規劃。前項計畫之擬訂及核定，除應先會商主管機關外，悉依都市計畫法之規定辦理。」

72. 依據「旅行業管理規則」第16條規定：「旅行業應設有固定之營業處所，同一處所內不得爲二家營利事業共同使用。但符合公司法所稱關係企業者，得共同使用同一處所。」

73. 依據「旅行業管理規則」第18條規定：「外國旅行業未在中華民國設立分公司，符合下列規定者，得設置代表人或委託國內綜合旅行業、甲種旅行業辦理連絡、推廣、報價等事務。但不得對外營業。」

74. 依據「旅行業管理規則」第53條規定：「旅行業舉辦團體旅遊、個別旅客旅遊及辦理接待國外、香港、澳門或大陸地區觀光團體、個別旅客旅遊業務，應投保責任保險，其投保最低金額及範圍至少如下：1.每一旅客意外死亡新臺幣二百萬元。2.每一旅客因意外事故所致體傷之醫療費用新臺幣三萬元。3.旅客家屬前往海外或來中華民國處理善後所必需支出之費用新臺幣十萬元；國內旅遊善後處理費用新臺幣五萬元。4.每一旅客證件遺失之損害賠償費用新臺幣二千元。」

75. 依據「旅行業管理規則」第6條規定：「旅行業經核准籌設後，應於二個月內依法辦妥公司設立登記，備具下列文件，並繳納旅行業保證金、註冊費向交通部觀光局申請註冊，屆期即廢止籌設之許可。但有正當理由者，得申請延長二個月，並以一次為限。」

76. 根據「發展觀光條例」第58條第2項：「導遊人員、領隊人員或觀光產業經營者僱用之人員，違反依本條例所發布之命令者。經受停止執行業務處分，仍繼續執業者，廢止其執業證。」

77. 依「觀光旅館業管理規則」第19條：「觀光旅館業應對其經營之觀光旅館業務，投保責任保險。責任保險之保險範圍及最低投保金額如下：1.每一個人身體傷亡：新臺幣二百萬元。2.每一事故身體傷亡：新臺幣一千萬元。3.每一事故財產損失：新臺幣二百萬元。4.保險期間總保險金額：新臺幣二千四百萬元。」

78. 依「旅館業管理規則」第23條：「旅館業應將每日住宿旅客資料依式登記，並以傳真、電子郵件或其他適當方式，送該管警察所或分駐（派出）所備查。前項旅客住宿資料登記格式及送達時間，依當地警察局或分局之規定。第一項旅客住宿登記資料保存期限為一百八十日。」

79. 根據「發展觀光條例」第35條：「經營觀光遊樂業者，應先向主管機關申請核准，並依法辦妥公司登記後，領取觀光遊樂業執照，始得營業。」

80. 依「旅館業管理規則」第2條：「本規則所稱旅館業，指觀光旅館業以外，對旅客提供住宿、休息及其他經中央主管機關核定相關業務之營利事業。」

81. 依據「旅行業管理規則」第36條規定：「旅行業經營旅客出國觀光團體旅遊業務，於團體成行前，應以書面向旅客作旅遊安全及其他必要之狀況說明或舉辦說明會。成行時每團均應派遣領隊全程隨團服務。」

82. 依據「旅行業管理規則」第3條規定：「甲種旅行業經營下列業務：1.接受委託代售國內外海、陸、空運輸事業之客票或代旅客購買國內外客票、託運行李。2.接受旅客委託代辦出、入國境及簽證手續。3.招攬或接待國內外觀光旅客並安排旅遊、食宿及交通。4.自行組團安排旅客出國觀光旅遊、食宿、交通及提供有關服務。5.代理綜合旅行業招攬前項第五款之業務。6.代理外國旅行業辦理聯絡、推廣、報價等業務。7.設計國內外旅程、安排導遊人員或領隊人員。8.提供國內外旅遊諮詢服務。9.其他經中央主管機關核定與國內外旅遊有關之事項。」

83. 依「導遊人員管理規則」裁罰標準：「導遊人員將執業證或服務證借供他人使用者。處新臺幣三千元以上一萬五千元以下罰鍰；情節重大者，並得逕行定期停止其執行業務或廢止其執業證。」

84. 依「觀光旅館業管理規則」第9條：「興建觀光旅館客房間數在三百間以上，具備下列條件，得依前條規定申請查驗，符合規定者，發給觀光旅館業營業執照及觀光旅館專用標識，先行營業。」

二、領隊實務（二）

(　　) 1.依據「發展觀光條例」，為加強國際觀光宣傳推廣，以下何者為公司組織之觀光產業得用以抵減營利事業所得稅之項目？ (97 年華領)
(A) 配合政府推動生態旅遊之費用
(B) 配合政府發展文化創意產業之費用
(C) 配合政府發展外籍青年旅臺之費用
(D) 配合政府推廣會議旅遊之費用

(　　) 2.綜合、甲種旅行業代客辦理護照，如遇遺失之情形，無須向下列哪一個機關報備（案）？ (97 年華領)
(A) 當地警察機關　　　　　　　　(B) 外交部領事事務局
(C) 交通部觀光局　　　　　　　　(D) 內政部入出國及移民署

(　　) 3.旅行社所提供之旅遊服務，應須具備下列何條件？ (97 年華領)
(A) 只要具備通常之價值就好　　　(B) 只要具備約定之品質就好
(C) 要具備通常之價值及約定之品質　(D) 依國外接待旅行社而定

(　　) 4.旅行業未依規定投保責任保險者，在發生旅遊意外事故時，旅行業應以主管機關規定最低投保金額計算其應理賠金額之幾倍賠償旅客？ (97 年華領)
(A)5　　　　　　(B)3　　　　　　(C)2　　　　　　(D)1

(　　) 5.春嬌參加旅行團，在旅行社安排之購物地點買了一對耳環，回國後發現耳環有瑕疵，此時春嬌應如何處理？ (97 年華領)
(A) 找時間再出國一趟，找店家辦理退貨
(B) 這是導遊帶去的店，要求導遊退還貨款全額
(C) 通知旅行社所購物品有瑕疵，請求協助處理
(D) 直接去熟識的珠寶行修理，並要求旅行社支付相關費用

(　　) 6.旅行團無法達到旅遊契約所約定的最低人數，在旅行業依契約規定期限通知旅客解除契約後，有關旅遊費用退還與否，下列何者正確？ (97 年華領)
(A) 直接移做另一次旅遊契約之旅遊費用之全部或一部
(B) 退還旅客已交付之全部費用
(C) 退還旅客已交付之全部費用，但旅行業已代繳之簽證或其他規費得予以扣除
(D) 扣除旅行業已代繳之簽證或其他規費、服務費或其他報酬之後，退還旅客剩餘之費用

(　　) 7.旅客在旅遊活動開始日或開始後解除旅遊契約者，應賠償旅遊費用多少比例予旅行業？ (97 年華領)
(A) 百分之五十　(B) 百分之七十　(C) 百分之一百　(D) 百分之一百五十

( ) 8.外國旅行業在中華民國境內所置代表人，可否對外營業？

(A) 可以自由對外營業 　　　　(B) 需與本國業者合作方可對外營業

(C) 向政府報備即可對外營業 　　(D) 不得對外營業

( ) 9.外國旅行業如委託國內綜合旅行業辦理業務，應以何種業務爲限？

(A) 連絡、推廣、報價，但不對外營業　(B) 連絡、買賣、對外營業

(C) 連絡、代理、對外營業 　　　(D) 連絡、推銷、執行旅行業業務

( ) 10.旅行業辦理各種團體旅遊時，應投保責任保險之意外事故體傷醫療費用，應不得
低於新臺幣多少元？

(A) 三萬元 　　(B) 五萬元 　　(C) 十萬元 　　(D) 十五萬元

( ) 11.張太太參加美西 10 日團，團費 32,000 元。行程中遊覽車故障，全團在路邊枯等
6 小時。旅行社依約應賠償：

(A)800 元 　　(B)1,600 元 　　(C)3,200 元 　　(D)6,400 元

( ) 12.旅行團在旅遊途中因機場罷工而變更旅程，旅遊團員不同意時得如何主張？

(A) 屬旅客違約，不得要求任何賠償

(B) 屬旅行社違約，應賠償差額二倍違約金

(C) 請求旅行社墊付費用將其送回原出發地，到達後附加利息償還

(D) 請求旅行社墊付費用將其送回原出發地，到達後無須償還

( ) 13.8 月 15 日出發的國外旅遊團未達組團旅遊最低人數時，旅行社至遲應於何時通知
旅客解除契約，方得以免負賠償之責？

(A)8 月 6 日 　　(B)8 月 7 日 　　(C)8 月 8 日 　　(D)8 月 9 日

( ) 14.旅客在旅遊活動開始前一日解除旅遊契約者，應賠償旅遊費用多少比例予旅行
業？

(A) 百分之三十 　(B) 百分之五十 　(C) 百分之七十 　(D) 百分之百

( ) 15.旅行業依規定繳納之保證金，下列何者有優先受償之權？

(A) 旅客對旅行業者，因旅遊糾紛所生之債權

(B) 旅行業之一般債權人

(C) 一般旅客

(D) 投保保險之保險公司

( ) 16.外國旅行業在中華民國設立分公司時，其業務範圍、實收資本額、保證金、註冊
費、換照費等，準用下列何規定？

(A) 中華民國旅行業本公司之規定 　(B) 中華民國旅行業分公司之規定

(C) 中華民國甲種旅行業之規定 　　(D) 中華民國乙種旅行業之規定

( ) 17.綜合旅行業辦理旅客出國及國內旅遊業務時，應投保履約保證保險之最低金額
　　　為： (98 年華領)
　　　(A) 新臺幣八千萬元　　　　　　　　(B) 新臺幣六千萬元
　　　(C) 新臺幣五千萬元　　　　　　　　(D) 新臺幣三千萬元

( ) 18.甲旅行社辦理印尼巴里島 5 日遊，不幸發生旅客溺斃事件，則該旅客家屬前往善
　　　後所必須支出之費用，旅行業責任保險之最低投保金額為新臺幣多少元？
　　　(A)20 萬元　　　　(B)15 萬元　　　　(C)12 萬元　　　　(D)10 萬元 (98 年華領)

( ) 19.依國外旅遊定型化契約之規定，旅遊團未達最低組團人數時，旅行社應於預定出
　　　發之幾日前通知旅客解除契約？ (98 年華領)
　　　(A)3　　　　　　(B)4　　　　　　(C)6　　　　　　(D)7

( ) 20.張三參加甲旅行社舉辦之國外旅遊團，因旅行社辦理簽證作業疏失，致張三在通
　　　關時遭外國海關留置 2 天，經補辦手續完成始予放行，則甲旅行社應賠償張三違
　　　約金多少錢？ (98 年華領)
　　　(A) 新臺幣二萬元　(B) 新臺幣三萬元　(C) 新臺幣四萬元　(D) 新臺幣五萬元

( ) 21.依據「發展觀光條例」，中央主管機關為推動發展觀光事務，得從事下列何項行
　　　為？ (98 年外領)
　　　(A) 收取出境航空旅客之行李超重服務費
　　　(B) 辦理專業從業人員訓練，並向所屬事業機構收取相關費用
　　　(C) 對觀光產業應定期檢查，不宜從事非定期檢查
　　　(D) 應設置多重窗口，以便利重大投資案之申請

( ) 22.為維持觀光地區及風景特定區之美觀，中央主管機關可就區內建築物哪一部分，
　　　會同有關機關規定之？ (98 年外領)
　　　(A) 建築物容積率　(B) 建築物高度　　(C) 建築物造形　　(D) 建築物建蔽率

( ) 23.甲種旅行業之實收資本總額及需繳納之保證金各為多少？ (98 年外領)
　　　(A) 實收資本總額不得少於新臺幣六百萬元及保證金一百五十萬元
　　　(B) 實收資本總額不得少於新臺幣六百萬元及保證金一百八十萬元
　　　(C) 實收資本總額不得少於新臺幣八百萬元及保證金一百五十萬元
　　　(D) 實收資本總額不得少於新臺幣八百萬元及保證金二百萬元

( ) 24.國外旅遊團團費 30000 元，出發前 2 週旅遊目的地發生輕微地震，旅客心生恐慌
　　　而解約，此時旅行社已支付之必要費用共計 5000 元。則旅行社最多能收取之費用
　　　為： (98 年外領)
　　　(A)9000 元　　　　(B)6500 元　　　　(C)5000 元　　　　(D)1500 元

( ) 25.旅客參加旅行團之旅遊團費須於說明會時或出發前幾日繳清？ (98 年外領)
　　　(A) 二日　　　　(B) 三日　　　　(C) 一日　　　　(D) 出發當日

( ) 26.旅行社未投保責任險,如發生旅遊意外事故導致旅客死亡時,依旅遊定型化契約
規定,旅行社應賠償旅客新臺幣多少元? (98 年外領)
(A)200 萬 (B)300 萬 (C)500 萬 (D)600 萬

( ) 27.旅客於出國旅遊途中,機場因暴風雪關閉而滯留當地,所增加之額外食宿費用,
應由何人負擔? (98 年外領)
(A) 臺灣出團旅行社 (B) 國外接待旅行社
(C) 旅客 (D) 臺灣出團旅行社與旅客共同負擔

( ) 28.依據水域遊憩活動管理辦法第 15 條規定,佩帶潛水鏡、蛙鞋、呼吸管及呼吸器
之潛水活動,稱之為: (99 年華領)
(A) 浮潛 (B) 淺海潛水 (C) 深水潛水 (D) 水肺潛水

( ) 29.某觀光旅館配合政府至國外參加國際旅遊展,該部分支出可抵減營利事業所得稅
之額度及時限為何? (99 年華領)
(A)10% 至 20% 限度內,時限共為 3 年 (B)15% 至 25% 限度內,時限共為 3 年
(C)10% 至 20% 限度內,時限共為 5 年 (D)15% 至 25% 限度內,時限共為 5 年

( ) 30.旅行業因財務問題,致其安排之旅遊活動無法完成時,可在何種保險金額範圍內
給付旅客費用? (99 年華領)
(A) 意外責任保險 (B) 履約保證保險 (C) 旅遊平安險 (D) 旅遊不便險

( ) 31.旅行業辦理國外旅遊,如未依規定投保責任保險及履約保險,於發生旅遊意外事
故或不能履約之情形時,旅行業應以主管機關規定最低投保金額計算其應理賠金
額幾倍賠償旅客? (99 年華領)
(A)2 倍 (B)3 倍 (C)5 倍 (D)10 倍

( ) 32.因可歸責於旅行業之事由,致旅客遭當地政府逮捕羈押或留置時,旅行業應負責
迅速接洽營救事宜,將旅客安排返國,其所需一切費用,由旅行業負擔,並應賠
償旅客以每日新臺幣多少元計算之違約金? (99 年華領)
(A)5 千元 (B)1 萬元 (C)1 萬 5 千元 (D)2 萬元

( ) 33.旅行社辦理韓國 5 天團費用 2 萬 5 千元,因未訂妥回程機位,致旅客晚一天回國
且自付食宿費用 5 千元,旅行社應賠償旅客多少元? (99 年華領)
(A)5 千元 (B)1 萬元 (C)2 萬元 (D)2 萬 5 千元

( ) 34.依國外旅遊定型化契約應記載及不得記載事項規定,如未記載簽約日期,則以下
列何日為簽約日期? (99 年華領)
(A) 交付證件日 (B) 付清旅遊費用日
(C) 交付定金日 (D) 舉辦行前說明會日

( ) 35.旅館業對於每日登記之住宿旅客資料,依法應保存多久以供備查? (99 年外領)
(A)90 日 (B)120 日 (C)180 日 (D)365 日

(　) 36.依旅行業管理規則，下列何者不是團體旅遊文件之契約書之應載明事項？
　　 (A) 簽約地點及日期　　　　　　　　　　　　　　　　　　(99 年外領)
　　 (B) 組成旅遊團體最低限度之旅客人數
　　 (C) 帶團之領隊或導遊
　　 (D) 責任保險及履約保證保險有關旅客之權益

(　) 37.旅行業舉辦團體旅遊業務應投保責任保險，每一旅客因意外事故所致體傷之醫療
　　 費用，其最低投保金額為新臺幣多少元？　　　　　　　　(99 年外領)
　　 (A)2 萬元　　　　　 (B)3 萬元　　　　　 (C)4 萬元　　　　　 (D)5 萬元

(　) 38.下列有關外國旅行業在臺灣設置代表人之敘述，何者正確？　(99 年外領)
　　 (A) 該代表人應具我國國籍
　　 (B) 該代表人應符合我國旅行業經理人之資格條件
　　 (C) 該代表人不得同時受僱於國內旅行業
　　 (D) 該代表人可在我國對外公開經營旅行業務

(　) 39.旅行社依規定投保之責任保險，對每一旅客意外死亡的最低投保金額為新臺幣多
　　 少元？　　　　　　　　　　　　　　　　　　　　　　　(99 年外領)
　　 (A)300 萬元　　　　 (B)200 萬元　　　　 (C)150 萬元　　　　 (D)100 萬元

(　) 40.旅客參加國外旅行團，於出發前通知旅行社解除旅遊契約時，除應負擔證照費用
　　 外，關於賠償旅行社之數額，下列何項不正確？　　　　　(99 年外領)
　　 (A) 出發當天通知者，旅遊費用 100%　(B) 出發前 1 日通知者，旅遊費用 80%
　　 (C) 出發前 2 日通知者，旅遊費用 30%　(D) 出發前 30 日通知者，旅遊費用 20%

(　) 41.出國旅遊途中因不可抗力因素，致無法依預定之遊覽項目履行時，為維護團體之
　　 安全及利益，旅行業得變更遊覽項目，如因此超過原定費用時，其費用應由何人
　　 負擔？　　　　　　　　　　　　　　　　　　　　　　　(99 年外領)
　　 (A) 旅客　　　　　　　　　　　　(B) 領隊
　　 (C) 國外接待之旅行社　　　　　　(D) 我國出團之旅行業

(　) 42.依發展觀光條例之規定，下列何者不可劃定為自然人文生態景觀區？　(99 年外領)
　　 (A) 觀光地區　　 (B) 原住民保留地　　 (C) 自然保留區　　 (D) 水產資源保育區

(　) 43.旅行業辦理旅遊時，包租遊覽車者，應簽訂租車契約並依交通部觀光局頒訂之檢
　　 查紀錄表填列查核之項目，下列何者正確？　　　　　　　(99 年外領)
　　 (A) 行車執照　　　　　　　　　　(B) 駕駛人退役證明書
　　 (C) 旅行業履約保證保險　　　　　(D) 旅行業責任保險

(　) 44.旅行業應以合理收費經營，所謂「不公平競爭行為」不包含那一項？　(99 年外領)
　　 (A) 以購物佣金彌補團費　　　　　(B) 促銷自費活動
　　 (C) 收取服務小費　　　　　　　　(D) 車上販售不知名藥品

( ) 45.風景特定區之公共設施應如何投資辦理？ (99 年外領)

    (A) 由主管機關協商所轄範圍內之相關機關籌措投資興建

    (B) 由主管機關或該公共設施之管理機構按核定之計畫投資興建，分年編列預算執行之

    (C) 由主管機關協商相關機關分攤投資興建

    (D) 由主管機關協商地方相關機關分攤投資興建

( ) 46.阿保參加奧地利 9 日團，團費 54000 元，因旅行社未訂妥回程機位，致行程結束後在國外多停留 3 天才得以返臺，旅行社除須負擔餐宿及其他必要費用外，並應賠償阿保多少元？ (99 年外領)

    (A)18000 元   (B)60000 元   (C)108000 元   (D)270000 元

( ) 47.旅客因家中有事，無法如期成行，於出發前 10 天通知旅行社取消時，應賠償旅行社旅遊費用之多少百分比？ (99 年外領)

    (A)10%   (B)20%   (C)30%   (D)50%

( ) 48.除另有約定外，契約列有遊覽費用者，依國外旅遊定型化契約書範本，下列何者不包括在內？ (99 年外領)

    (A) 博物館門票

    (B) 導覽人員費用

    (C) 空中鳥瞰非洲大草原動物遷徙之包機費

    (D) 旅館出發至搭乘麗星郵輪前之接送費用

( ) 49.經營旅館業者應完成下列何種手續後，始得營業？①向中央主管機關申請登記②向地方主管機關申請登記③辦妥公司或商業登記④領取登記證 (100 年外領)

    (A) ①②③   (B) ①②④   (C) ①③④   (D) ②③④

( ) 50.觀光遊樂業重大投資案件，如位於非都市土地，應符合什麼條件？ (100 年外領)

    (A) 土地面積達五公頃以上，不含土地費用投資金額應在新臺幣十億元以上

    (B) 土地面積達五公頃以上，不含土地費用投資金額應在新臺幣二十億元以上

    (C) 土地面積達十公頃以上，不含土地費用投資金額應在新臺幣十億元以上

    (D) 土地面積達十公頃以上，不含土地費用投資金額應在新臺幣二十億元以上

( ) 51.甲種旅行業已取得經中央主管機關認可足以保障旅客權益之觀光公益法人會員資格者，其履約保證保險應投保最低金額為新臺幣： (100 年外領)

    (A) 八百萬元   (B) 六百萬元   (C) 五百萬元   (D) 三百萬元

( ) 52.外國旅行業在中華民國設立分公司之營業規定，下列何者正確？ (100 年外領)

    (A) 報請交通部觀光局備查，即可營業

    (B) 向交通部觀光局申請核准籌設，即可營業

    (C) 無須辦理認許，但須辦理分公司登記

    (D) 其業務範圍，準用中華民國旅行業本公司之規定

（　）53.屬於國外旅遊定型化契約應記載事項而未經記載於旅遊契約者，下列敘述何者正確？ (100 年外領)

(A) 構成契約內容　　　　　　　　(B) 非屬契約內容

(C) 由法院判斷其效力　　　　　　(D) 由主管機關決定其效力

（　）54.依國外旅遊定型化契約書範本規定，契約雙方應以何原則履行契約？ (100 年外領)

(A) 誠信原則　　　　　　　　　　(B) 比例原則

(C) 最有利於旅客原則　　　　　　(D) 信賴保護原則

（　）55.有關國外旅遊之權利義務，於契約中未約定者，依國外旅遊定型化契約書範本規定，下列敘述何者正確？ (100 年外領)

(A) 適用最有利於消費者之法令規定　(B) 適用旅遊地國家或地區法令之規定

(C) 適用中華民國法令之規定　　　　(D) 適用國際條約之規定

（　）56.依發展觀光條例之規定，觀光產業之綜合開發計畫，如何辦理？ (101 年華領)

(A) 由中央主管機關擬訂，報請行政院核定後實施

(B) 由直轄市、縣（市）主管機關視實際需要辦理

(C) 由中央主管機關視實際需要辦理

(D) 由直轄市、縣（市）主管機關擬訂，報中央主管機關核定後實施

（　）57.依規定旅行業舉辦團體旅遊，應投保責任保險，關於其投保最低金額及範圍，下列敘述何者最正確？①意外死亡之投保最低金額為新臺幣 300 萬元 ②每一旅客因意外事故所致體傷之醫療費用新臺幣 3 萬元 ③旅客家屬前往海外所必需支出之費用新臺幣 10 萬元 ④國內旅遊善後處理費用新臺幣 4 萬元 (101 年華領)

(A) ①② 　　　(B) ②③ 　　　(C) ②④ 　　　(D) ③④

（　）58.下列有關旅行業營業處所及其營業規定之敘述，何者錯誤？ (101 年華領)

(A) 應設有固定之營業處所，但面積多寡無限制

(B) 同一處所內不得為二家營利事業共同使用，但符合公司法所稱關係企業者，得共同使用

(C) 旅行業於取得籌設核准後，即得懸掛市招營業

(D) 旅行業營業地址變更時，應於換照前拆除原址之全部市招

（　）59.下列何者非屬發展觀光條例訂定之目的？ (101 年華領)

(A) 增進國民身心健康　　　　　　(B) 宏揚中華文化

(C) 促進觀光教育發展　　　　　　(D) 敦睦國際友誼

（　）60.依據國外旅遊定型化契約書範本之規定，如未達出團人數，旅行業應於預定出發之幾日前通知旅客解除契約？ (101 年華領)

(A)1 日 　　　(B)3 日 　　　(C)5 日 　　　(D)7 日

( ) 61. 依國外旅遊定型化契約書範本之規定，旅客因自己之過失，未能依約定之時間集合，致未能出發，則下列何者最正確？ (101 年華領)

(A) 旅客不得中途加入旅遊

(B) 旅客得請求旅行社退還部分旅遊費用

(C) 旅客得請求旅行社退還簽證費用

(D) 旅客不得請求旅行社退還簽證費用，並不得請求退還已繳交之旅遊費用

( ) 62. 旅行社同意接受國外旅行團全體團員的要求，放棄行程表原訂之體驗傳統溫泉浴場（入場費 60 元／人），改去美術館（門票 200 元／人），則依國外旅遊定型化契約書範本之規定，費用如何計算？ (101 年華領)

(A) 應再向每位團員收取 200 元 　　(B) 無須退還及收取任何費用

(C) 應再向每位團員收取 140 元 　　(D) 應退還每位團員 60 元

( ) 63. 依規定觀光旅館業申請籌設興建過程中，下列敘述何者錯誤？ (101 年外領)

(A) 須由主管機關核准籌設 　　(B) 取得建築物使用執照後申請竣工查驗

(C) 經核准籌設後 2 年內依法申請興建 (D) 由主管機關核發觀光旅館業登記證

( ) 64. 依規定有關外國旅行業在國內之經營方式，下列敘述那些正確？①在中華民國設立分公司，其業務範圍即可比照他國規定 ②得委託綜合旅行業辦理推廣等事務 ③得委託甲種旅行業辦理報價等事務 ④在中華民國設立分公司者，不得辦理報價事務 (101 年外領)

(A) ①② 　　　(B) ②③ 　　　(C) ②④ 　　　(D) ③④

( ) 65. 依規定旅行業申請註冊，應繳交那些費用？ (101 年外領)

(A) 註冊費用 　　　　　　　　(B) 註冊費用及公司設立登記費

(C) 註冊費用及責任保險費 　　(D) 註冊費用及旅行業保證金

( ) 66. 依規定下列那些文件是向交通部觀光局申請籌設旅行業必備者？①經理人名冊 ②公司登記證明文件 ③公司章程 ④營業處所之使用權證明文件 (101 年外領)

(A) ①② 　　　(B) ①④ 　　　(C) ②③ 　　　(D) ③④

( ) 67. 無護照之旅客報名參加日本旅遊團，遲遲未交付照片，依規定旅行社得如何處理？ (101 年外領)

(A) 逕行終止契約 　　　　　　(B) 逕行請求損害賠償

(C) 逕行終止契約並請求損害賠償 (D) 定相當期限，催告旅客提供照片

( ) 68. 依國外旅遊定型化契約書範本規定，下列何者正確？ (101 年外領)

(A) 非範本明文規定事項，不得另為協議約定

(B) 非經主管機關同意，不得協議變更契約範本其他條款規定

(C) 有利於旅客者，得協議變更不受限制

(D) 未經交通部觀光局核准者協議一律無效

( ) 69.在國外旅遊定型化契約書範本中，如果未記載簽約日期者，應以何日為簽約日期？ (101 年外領)

(A) 旅遊開始日 (B) 交付訂金日
(C) 旅遊費用全部交付日 (D) 旅遊完成日

( ) 70.王小姐參加日本 6 日團，團費新臺幣 30000 元，行程中因旅行社疏失，遊覽車遲遲未到，導致全團滯留於飯店達 5 小時 30 分，請問旅行社依國外旅遊定型化契約書範本之規定，應賠償每位旅客新臺幣多少元？ (101 年外領)

(A)3000 元 (B)4000 元 (C)5000 元 (D)6000 元

( ) 71.依發展觀光條例規定，公司組織之觀光產業積極參與國際觀光宣傳推廣，得申請投資抵減之每一年度抵減總額，至多得抵減該公司當年度應納之營利事業所得稅額為若干？ (102 年華領)

(A)30% (B)40% (C)50% (D)60%

( ) 72.依領隊人員管理規則相關規定，下列有關現行領隊人員之敘述何者錯誤？
(A) 領隊人員類別分專任領隊及特約領隊 (102 年華領)
(B) 領隊人員訓練分職前訓練及在職訓練
(C) 領隊人員執業證分外語領隊人員執業證及華語領隊人員執業證
(D) 領隊人員應受旅行業之僱用或指派，始得執行領隊業務

( ) 73.綜合旅行業取得經中央主管機關認可足以保障旅客權益之觀光公益法人會員資格者，辦理旅客出國及國內旅遊業務時，應投保履約保證保險，其投保最低金額為新臺幣多少元？ (102 年華領)

(A)1 千萬元 (B)2 千萬元 (C)3 千萬元 (D)4 千萬元

( ) 74.依旅行業管理規則之規定，旅行業以電腦網路接受旅客線上訂購交易者，下列何者錯誤？ (102 年華領)
(A) 將旅遊契約登載於網站者，得免與旅客簽訂書面旅遊契約
(B) 於收受全部或一部價金前，應將其銷售商品或服務之限制及確認程序，向旅客據實告知
(C) 可接受旅客以信用卡傳真刷卡方式繳交旅遊費用
(D) 旅行業受領價金後，應將旅行業代收轉付收據憑證交付旅客

( ) 75.甲為某旅行業商業同業公會員工，曾於民國 101 年上半年參加國外旅遊定型化契約應記載及不得記載事項之修正會議，印象中記得會議時主要發言之行政機關依序有下列四者，分別從消費者保護法、民法、發展觀光條例及旅行業管理規則相關規定提出法律意見，依當時法制，何者為前揭擬修正事項之訂定機關？
(A) 行政院消費者保護委員會 (B) 法務部
(C) 交通部 (D) 交通部觀光局 (102 年華領)

( ) 76. 成年旅客依民法規定變更爲未成年旅客時，遊程中所需入場券已由全票變更爲半票，下列敘述何者正確？ (102 年華領)

(A) 旅客得請求退還其差價三分之一　　(B) 旅客得請求退還其差價二分之一

(C) 旅客得請求退還其差價全部　　(D) 旅客不得請求退還其差價

( ) 77. 關於旅遊之權利與義務，原則上依旅行社與旅客所訂契約條款，契約未約定者，依國內、外旅遊定型化契約書範本之規定適用下列何者？ (102 年華領)

(A) 習慣　　　　(B) 學說　　　　(C) 法理　　　　(D) 有關法令

( ) 78. 有關國外旅遊契約書審閱期間，其具體日數，何者規定最爲明確？ (102 年華領)

(A) 旅行業管理規則

(B) 消費者保護法

(C) 國外旅遊定型化契約應記載及不得記載事項

(D) 國外旅遊定型化契約書範本

( ) 79. 依發展觀光條例之規定，觀光產業依法組織之同業公會或其他法人團體，其業務應受各該目的事業主管機關之監督。請問臺中市觀光協會應受下列那一個主管機關之監督？ (102 年外領)

(A) 交通部　　　　　　　　(B) 交通部觀光局

(C) 臺中市政府　　　　　　(D) 臺中市政府觀光旅遊局

( ) 80. 公司組織之觀光產業積極參與國際觀光宣傳推廣，得抵減當年度營利事業所得稅，其法源依據爲何？ (102 年外領)

(A) 所得稅法　　　　　　　(B) 營業稅法

(C) 發展觀光條例　　　　　(D) 獎勵民間參與公共建設條例

( ) 81. 依旅行業管理規則之規定，下列何者不是團體旅遊契約應載明事項？ (102 年外領)

(A) 簽約地點及日期

(B) 旅行業得解除契約之事由及條件

(C) 旅遊全程所需繳納之全部費用及付款條件

(D) 旅客得解除契約之事由及條件

( ) 82. 依發展觀光條例規定，我國全國觀光產業的綜合開發計畫，由下列那一個機關核定實施？ (102 年外領)

(A) 交通部觀光局　　　　　(B) 交通部

(C) 行政院　　　　　　　　(D) 行政院經濟建設委員會

( ) 83. 旅行社舉辦國外旅遊，因承辦人員疏忽未辦理旅行團旅行業責任保險，未料旅遊途中發生車禍，有一名團員不幸過世，依國外旅遊定型化契約書範本之規定旅行社對該團員家屬應如何賠償？ (102 年外領)

(A) 應理賠新臺幣 200 萬元　　(B) 應理賠新臺幣 400 萬元

(C) 應理賠新臺幣 600 萬元　　(D) 依旅客家屬與旅行社協商結果賠償

( ) 84.下列何者於民法條文中雖未明文例示規定，但仍屬旅遊服務有關之服務？
(A) 提供導遊服務　　　　　　　　(B) 提供領隊服務　　　　(102 年外領)
(C) 提供交通服務　　　　　　　　(D) 提供膳宿服務

( ) 85.旅客參加旅行社 5 月 5 日出發之出國旅行團，已繳團費新臺幣 18000 元，5 月 3 日晚間 8 時接獲旅行社通知，因機位未訂妥取消出團，願賠償其損失，如包含退還之團費，依國外旅遊定型化契約書範本之規定，旅行社應支付旅客新臺幣多少元？　(102 年外領)
(A)21600 元　　　(B)23400 元　　　(C)27000 元　　　(D)36000 元

( ) 86.國外旅遊定型化契約之立契約書人是指下列哪一項？　(102 年外領)
(A) 旅行社業務員與旅客本人
(B) 國外旅行社與旅客本人
(C) 領隊與旅客本人
(D) 旅行社與旅客本人

( ) 87.旅行業辦理團體旅遊或個別旅客旅遊時，未與旅客訂定書面契約，依發展觀光條例規定如何處罰？　(103 年華領)
(A) 處經理人新臺幣 3 千元以上 1 萬 5 千元以下罰鍰
(B) 處新臺幣 1 萬元以上 5 萬元以下罰鍰
(C) 處新臺幣 3 萬元以上 15 萬元以下罰鍰
(D) 得定期停止其營業

( ) 88.風景特定區等級如何評鑑之？　(103 年華領)
(A) 由內政部營建署會同有關機關組成評鑑小組評鑑之
(B) 由交通部委任交通部觀光局會同有關機關並邀請專家學者組成評鑑小組評鑑之
(C) 由縣（市）政府會同有關機關組成評鑑小組評鑑之
(D) 由縣（市）政府會同有關機關並邀請專家學者組成評鑑小組評鑑之

( ) 89.依旅行業管理規則規定，綜合旅行業分公司經理人不得少於幾人？　(103 年華領)
(A)1 人　　　(B)2 人　　　(C)3 人　　　(D)4 人

( ) 90.依旅行業管理規則規定，經營旅行業最近兩年內若符合那些條件僅須繳納十分之一的保證金？①經營同種類行業 3 家以上②未受停業處分③取得中華民國旅行業品質保障協會正式會員資格④保證金未被強制執行⑤曾獲交通部觀光局評為特優旅行社　(103 年華領)
(A) ①②③　　　(B) ①②④　　　(C) ②③④　　　(D) ②③⑤

(   ) 91.依發展觀光條例規定，領隊人員執行業務時，擅離團體或擅自將旅客解散、擅自變更使用非法交通工具、遊樂及住宿設施，下列有關處罰之規定何者正確？

    (A) 處新臺幣 1 千元以上 5 千元以下罰鍰；情節重大者，並得逕行定期停止其執行業務或廢止其執業證

    (B) 處新臺幣 3 千元以上 1 萬 5 千元以下罰鍰；情節重大者，並得逕行定期停止其執行業務或廢止其執業證

    (C) 處新臺幣 5 千元以上 2 萬 5 千元以下罰鍰；情節重大者，並得逕行定期停止其執行業務或廢止其執業證

    (D) 處新臺幣 1 萬元以上 5 萬元以下罰鍰；情節重大者，並得逕行定期停止其執行業務或廢止其執業證   (103 年華領)

(   ) 92.依民法之規定，旅遊需旅客之行為始能完成，而旅客不為其行為者，下列敘述何者錯誤？   (103 年華領)

    (A) 旅遊營業人得隨時逕行終止契約

    (B) 旅遊開始後，旅遊營業人依規定終止契約時，旅客得請求旅遊營業人墊付費用將其送回原出發地

    (C) 旅遊開始後，旅遊營業人依規定終止契約，並墊付費用將旅客送回原出發地後，得請求返還墊付費用及利息

    (D) 旅客不於催告期限內為其行為者，旅遊營業人得終止契約，並得請求賠償因契約終止而生之損害

(   ) 93.下列何者符合民法所稱之旅遊營業人？   (103 年華領)

    (A) 提供租車服務並收取車租之營業人

    (B) 提供餐飲及住宿服務並收取費用之營業人

    (C) 代訂機票及飯店並收取費用之營業人

    (D) 提供旅遊服務並收取旅遊費用之營業人

(   ) 94.因可歸責於旅遊營業人之事由，致旅遊未依約定之旅程進行者，旅客所支出之食宿或其他必要費用，依國外旅遊定型化契約規定，應如何處理？   (103 年華領)

    (A) 由旅客負擔

    (B) 由旅遊營業人負擔

    (C) 由旅客與旅遊營業人各負擔一半

    (D) 由旅客負擔三分之二與旅遊營業人負擔三分之一

(   ) 95.旅行社於旅遊活動開始後，因故意或重大過失將旅客棄置國外不顧，依國外旅遊定型化契約規定，應負擔旅客於被棄置期間所支出與旅遊契約所訂同等級之食宿、返國交通費用或其他必要費用，並賠償旅客全部旅遊費用幾倍違約金？

    (A)1 倍   (B)2 倍   (C)3 倍   (D)5 倍   (103 年華領)

( ) 96.旅行社未訂妥回程機位，致旅客晚一天返國，依國外旅遊定型化契約規定，旅客得如何請求賠償？ (103 年華領)

    (A) 只能請求旅行社負擔留滯期間必要費用

    (B) 只能請求旅行社負擔留滯期間食宿費用

    (C) 只能請求旅行社負擔留滯期間食宿費用外，並賠償電話費等必要費用

    (D) 請求旅行社負擔留滯期間食宿或其他必要費用，並按滯留日數計算賠償違約金

( ) 97.依國外旅遊定型化契約規定，旅客報名參加旅行團後，要求改由第三人參加，此時旅行社可如何處理？ (103 年華領)

    (A) 無論如何都不同意　　　　　(B) 只在有正當理由時得予拒絕

    (C) 限定只能改由配偶參加　　　(D) 限定只能改由父母參加

( ) 98.旅客報名參加赴國外旅行團，嗣因油價調漲國際航線客運燃油附加費亦隨之調漲，旅行社以機票票價調漲為名要求加收費用，依國外旅遊定型化契約規定，下列何者正確？ (103 年華領)

    (A) 簽約後機票票價調漲，不論漲幅多少均應由旅行社吸收

    (B) 簽約後機票票價調漲，旅行社仍可與旅客協商，要求旅客補足

    (C) 機票票價調高超過 10%，旅行社始得要求旅客補足，否則不得以任何名義要求增加旅遊費用

    (D) 機票票價調高超過 5%，旅行社即可要求旅客補足差額

( ) 99.旅行業辦理旅遊時，應依主管機關之規定辦理責任保險及履約保險，如未依規定投保者，於發生旅遊意外事故或不能履約之情形時，依國外旅遊定型化契約規定，旅行社應以主管機關規定最低投保金額之幾倍作為賠償金額？ (103 年華領)

    (A)2 倍　　　　(B)3 倍　　　　(C)4 倍　　　　(D)5 倍

( )100.依發展觀光條例規定，為加強國際觀光宣傳推廣，公司組織之觀光產業，得在支出金額百分之十至百分之二十限度內，抵減當年度應納營利事業所得稅額；當年度不足抵減時，得在以後 4 年度內抵減之，下列何者不合於抵減用途項目規定

    (A) 配合政府推廣會議旅遊之費用 (103 年外領)

    (B) 配合政府參與國際宣傳推廣之費用

    (C) 配合政府參加國際觀光組織及旅遊展覽之費用

    (D) 配合政府參與國際觀光學術研討之費用

( )101.中央主管機關為配合觀光產業發展，應協調有關機關，規劃國內觀光據點交通運輸網，開闢國際交通路線，建立下列何制？ (103 年外領)

    (A) 航空、住宿、旅遊聯運制　　(B) 區域交通聯運制

    (C) 國內外跨域聯運制　　　　　(D) 海、陸、空聯運制

( )102. 依發展觀光條例規定，下列有關民宿之敘述，何者錯誤？ (103 年外領)

    (A) 提供旅客從事農村旅遊的小型旅館業

    (B) 提供旅客鄉野生活之住宿處所

    (C) 以家庭副業方式經營

    (D) 利用自用住宅空閒房間經營之住宿處所

( )103. 依旅行業管理規則規定，有關旅行業以服務標章招攬旅客之方式，下列敘述那些正確？①應依法申請服務標章註冊，報請交通部觀光局備查②旅行業申請服務標章以 1 個為限③甲種旅行業刊登媒體廣告所載明之公司名稱，得以註冊之服務標章替代④旅行業得以服務標章名義與旅客簽訂旅遊契約 (103 年外領)

    (A) ①②   (B) ①④   (C) ②③   (D) ③④

( )104. 依旅行業管理規則規定，得以「包辦旅遊」方式，安排旅客國內外觀光旅遊、食宿、交通及提供有關服務的是下列何者？ (103 年外領)

    (A) 丙種旅行業   (B) 乙種旅行業   (C) 甲種旅行業   (D) 綜合旅行業

( )105. 宋英傑申請於臺北市開設甲種旅行業，並同時在高雄市、臺中市及新北市設立分公司，依據旅行業管理規則之規定，應繳納保證金新臺幣多少元？ (103 年外領)

    (A)200 萬元   (B)250 萬元   (C)240 萬元   (D)300 萬元

( )106. 旅遊途中因目的國發生政變禁止前往，旅遊營業人決定變更旅遊地，依民法規定，下列敘述何者正確？ (103 年外領)

    (A) 旅客得終止契約

    (B) 所增加之費用，得向旅客收取

    (C) 所減少之費用，毋庸退還於旅客

    (D) 旅客得請求旅遊營業人將其送回原出發地，並負擔所生費用

( )107. 甲與乙參加中東旅遊團，其中最後一站係於返程前最後一日至耶路撒冷朝聖，詎料以色列與巴勒斯坦爆發戰爭，為顧及遊客安全，旅行社丙乃變更該日旅遊內容為至麥加朝聖，依民法第 514 條之 5 規定，下列何者正確？ (103 年外領)

    (A) 甲基於宗教信仰理由，得不同意丙變更旅遊內容，要求繼續行程，否則丙應賠償其損害

    (B) 甲不同意丙變更旅遊內容，得終止契約，並要求丙將其送至原定旅遊地耶路撒冷

    (C) 乙因旅途疲累，擬提前返國，藉機主張不同意變更，終止契約並要求丙將其免費送回原出發地臺灣

    (D) 甲乙因不同理由皆不同意變更旅遊內容至麥加朝聖，丙雖應甲乙要求，於契約終止後先行支付費用將其送回原出發地臺灣，但於回臺 6 個月後第 1 週，先後分別向甲乙主張其所支付費用係屬墊付性質，請求附加利息償還，甲乙皆不得拒絕

(　)108.旅行團出發前，如因天災、地變、戰爭等事由致契約無法履行時，依國外旅遊定
型化契約規定得解除契約不負損害賠償責任，關於旅行社之退費何者正確？
(A) 旅行社應將旅客所繳全部團費立即退還　　　　　　　　　　(103 年外領)
(B) 旅行社得從團費中扣除所有代旅客繳交之費用後退還
(C) 旅行社得從團費中扣除簽證費或已支付履行契約之必要費用，餘款退還
(D) 旅行社僅能扣除簽證費後餘款退還

(　)109.依國外旅遊定型化契約規定，旅行社辦理日本 5 天團，費用新臺幣 25,000 元（含
機票款新臺幣 12,000 元），因未訂妥返程機位，致旅客滯留國外 1 天，無法如期
返國，下列何者正確？　　　　　　　　　　　　　　　　　　　　(103 年外領)
(A) 旅行社僅需負擔留滯期間之食宿費用
(B) 旅行社得向旅客收取留滯期間之食宿費用
(C) 旅行社除需負擔留滯期間之食宿費用外，並賠償旅客新臺幣 5,000 元違約金
(D) 旅行社除需負擔留滯期間之食宿費用外，並賠償旅客新臺幣 2,600 元違約金

(　)110.由於旅行業之疏失導致延誤行程期間，除旅客所支出之食宿、或其他必要費用應
由旅行業負擔外，旅客另可請求違約金，依國外旅遊定型化契約規定，下列敘述
何者正確？　　　　　　　　　　　　　　　　　　　　　　　　(103 年外領)
(A) 依全部旅費除以全部旅遊日數乘以延誤行程日數計算之違約金
(B) 依全部旅費除以全部旅遊日數乘以延誤行程日數計算之違約金，但延誤行程
的總日數，以不超過全部旅遊日數的 1/3 為限
(C) 依全部旅費除以全部旅遊日數乘以延誤行程日數計算之違約金，但延誤行程
的總日數，以不超過全部旅遊日數的 1/2 為限
(D) 依全部旅費除以全部旅遊日數乘以延誤行程日數計算之違約金，但延誤行程
的總日數，以不超過全部旅遊日數為限

(　)111.旅客參加歐洲奧捷 9 日遊，旅遊費用為新臺幣 81000 元（含機票款新臺幣 36000
元），途中因遊覽車司機迷路，致行程延誤 5 小時 30 分，依國外旅遊定型化契約
規定，旅客得請求旅行社賠償新臺幣多少元？　　　　　　　　　(103 年外領)
(A)4050 元　　　　　(B)5000 元　　　　　(C)8100 元　　　　　(D)9000 元

(　)112.旅行社辦理澳洲 8 天團，廣告中強調全程住宿五星級旅館，行程某日因原訂之五
星級旅館（每間房訂價新臺幣 5000 元）超賣，故改以四星級旅館（每間房訂價新
臺幣 3000 元）替之，依國外旅遊定型化契約規定，下列何者正確？　(103 年外領)
(A) 旅行社應賠償旅客每人新臺幣 1000 元之違約金
(B) 旅行社應賠償旅客每人新臺幣 2000 元之違約金
(C) 旅行社應賠償旅客每人新臺幣 3000 元之違約金
(D) 旅行社應賠償旅客每人新臺幣 4000 元之違約金

(　　)113.依國外旅遊定型化契約規定，有關契約之轉讓，下列敘述何者正確？　(103 年外領)

(A) 旅客如未表示反對意思時，旅行社得將契約轉讓其他旅行社承辦

(B) 旅行社將契約轉讓其他旅行社時，旅客不得解除契約，但得請求損害賠償

(C) 旅客於出發後始發覺契約已轉讓其他旅行社時，旅客得請求原承辦旅行社賠償全部團費百分之五之違約金

(D) 旅客於出發後被告知契約已轉讓其他旅行社時，旅客得請求原承辦旅行社賠償至少全部團費百分之五之違約金

(　　)114.依國外旅遊定型化契約規定，旅客於簽訂旅遊契約時，繳付一部分旅遊費用，其餘款項應於何時繳清？　(103 年外領)

(A) 出發前 2 日　　　　　　　(B) 行前說明會時或出發前 3 日

(C) 出發當日　　　　　　　　(D) 返國日

(　　)115.依國外旅遊定型化契約規定，旅行團出發後，因可歸責於旅行社之事由，致旅客因簽證、機票或其他問題無法完成其中之部分旅遊者，下列敘述何者錯誤？

(A) 旅行社應以自己之費用安排旅客至次一旅遊地，與其他團員會合　(103 年外領)

(B) 此情況對全部團員均屬存在時，旅行社應依相當之條件安排其他旅遊活動代之

(C) 旅行社未安排代替旅遊時，應退還旅客未旅遊地部分之費用，並賠償同額之違約金

(D) 旅客遭當地政府逮捕、羈押或留置時，旅行社應賠償旅客以每日新臺幣 1 萬元整計算之違約金

解答

1.(D)	2.(D)	3.(C)	4.(B)	5.(C)	6.(C)	7.(C)	8.(D)	9.(A)	10.(A)
11.(C)	12.(C)	13.(B)	14.(B)	15.(A)	16.(A)	17.(B)	18.(D)	19.(D)	20.(C)
21.(B)	22.(C)	23.(A)	24.(B)	25.(B)	26.(D)	27.(A)	28.(D)	29.(C)	30.(B)
31.(B)	32.(D)	33.(B)	34.(C)	35.(C)	36.(D)	37.(D)	38.(C)	39.(B)	40.(D)
41.(D)	42.(A)	43.(A)	44.(C)	45.(B)	46.(A)	47.(C)	48.(D)	49.(D)	50.(D)
51.(C)	52.(D)	53.(C)	54.(A)	55.(D)	56.(A)	57.(D)	58.(C)	59.(D)	60.(D)
61.(D)	62.(C)	63.(D)	64.(B)	65.(D)	66.(B)	67.(D)	68.(C)	69.(B)	70.(C)
71.(C)	72.(A)	73.(D)	74.(D)	75.(D)	76.(B)	77.(D)	78.(D)	79.(C)	80.(C)
81.(B)	82.(C)	83.(C)	84.(B)	85.(B)	86.(D)	87.(D)	88.(C)	89.(A)	90.(C)
91.(B)	92.(D)	93.(D)	94.(B)	95.(D)	96.(C)	97.(D)	98.(C)	99.(B)	100.(C)
101.(D)	102.(A)	103.(A)	104.(D)	105.(C)	106.(A)	107.(D)	108.(C)	109.(C)	110.(D)
111.(D)	112.(D)	113.(C)	114.(B)	115.(D)					

試題解析

1. 「發展觀光條例」第50條（營利事業所得稅抵減）：「為加強國際觀光宣傳推廣，公司組織之觀光產業，得在下列用途項下支出金額百分之十至百分之二十限度內，抵減當年度應納營利事業所得稅額；當年度不足抵減時，得在以後四年度內抵減之：1.配合政府參與國際宣傳推廣之費用。2.配合政府參加國際觀光組織及旅遊展覽之費用。3.配合政府推廣會議旅遊之費用。」

2. 「旅行業管理規則」第44條：「綜合旅行業、甲種旅行業代客辦理出入國或簽證手續，應妥慎保管其各項證照，並於辦妥手續後即將證件交還旅客。前項證照如有遺失，應於二十四小時內檢具報告書及其他相關文件向外交部領事事務局、警察機關或交通部觀光局報備。」原則上應向內政部入出國及移民署報備，以免犯罪者變造冒用出國，造成國門洞開；現行實務上選項所列四機關會儘速做橫向聯繫，以免形成國門漏洞，但這樣的憾事仍可能發生，而且確實曾經發生過。

3. 「民法債篇旅遊專節」第514-6條：「旅遊營業人提供旅遊服務，應使其具備通常之價值及約定之品質。」

4. 「國外旅遊定型化契約」第11條：「旅行業如未依規定投保責任險者，於發生旅遊意外事故或不能履約之情形時，旅行業應以主管機關規定最低投保金額計算其應理賠金額之三倍賠償旅客。」

5. 「國外旅遊定型化契約」第32條：「為顧及旅客之購物方便，旅行社如安排旅客購買禮品時，所購物品有貨價與品質不相當或瑕疵時，旅客得於受領所購物品後一個月內請求旅行社協助處理。」

6. 「國外旅遊定型化契約」第12條：「本旅遊團須有＿＿＿人以上簽約參加始組成。乙方（旅行業）依前項規定解除契約後，得依下列方式之一，返還或移作新旅遊契約之旅遊費用。1.退還甲方（旅客）已交付之全部費用，但乙方已代繳之簽證或其他規費得予扣除。2.徵得甲方同意，訂定另一旅遊契約，將依第一項解除契約應返還甲方之全部費用，移作該另訂之旅遊契約之費用全部或一部。」

7. 旅客在旅遊活動開始日或開始後解除旅遊契約者，應賠償旅遊費用100%。

8. 根據「旅行業管理規則」第18條：「外國旅行業未在中華民國設立分公司，得設置代表人或委託國內綜合旅行業、甲種旅行業辦理連絡、推廣、報價等事務，但不得對外營業。」

9. 根據「旅行業管理規則」第18條：「外國旅行業未在中華民國設立分公司，得設置代表人或委託國內綜合旅行業、甲種旅行業辦理連絡、推廣、報價等事務，但不得對外營業」。僅有選項(A)敘述內容完全正確。

10. 「旅行業管理規則」第53條第1項第2款：「旅行業舉辦團體旅遊、個別旅客旅遊及辦理接待國外、香港、澳門或大陸地區觀光團體、個別旅客旅遊業務，應投保責任保險，其投保每一旅客因意外事故所致體傷之醫療費用最低金額新臺幣三萬元。」

11. 依據「國外旅遊定型化契約」第25條，路邊枯等6小時（已超過5小時），旅行社應賠償平均1日團費32000÷10＝3200元。

12. 旅遊行程中機場罷工屬於不可抗力因素，爲保護團員安全，領隊可斟酌情況而變更旅程，不是違約。但如有旅遊團員不同意時，根據「國外旅遊定型化契約」第30條，可請求旅行社墊付費用將其送回原出發地，到達後附加利息償還。

13. 根據「國外旅遊定型化契約」第12條規定，如未達預定人數，旅行社應於出發之七日前通知旅客解除契約，故最晚8月7日前應通知旅客解除契約。但實際上常到出發前3天尚未到達預定最低出團人數，旅行社才會通知大家是否願意等待到足夠人數。

14. 根據「國外旅遊定型化契約」第27條，旅客在旅遊活動開始前一日解除旅遊契約者，應賠償旅遊費用50%。

15. 「發展觀光條例」第30第2項：「旅客對旅行業者，因旅遊糾紛所生之債權，對保證金有優先受償之權。」

16. 「旅行業管理規則」第17條：「外國旅行業在中華民國設立分公司時，應先向交通部觀光局申請核准，並依法辦理認許及分公司登記，領取旅行業執照後始得營業。其業務範圍、在中華民國境內營業所用之資金、保證金、註冊費、換照費等，準用中華民國旅行業本公司之規定。」

17. 「旅行業管理規則」第53條第2項第1款：「旅行業辦理旅客出國及國內旅遊業務時，應投保履約保證保險，綜合旅行業其投保最低金額爲新臺幣六千萬元。」

18. 「旅行業管理規則」第53條第1項第3款：「旅行業舉辦團體旅遊、個別旅客旅遊及辦理接待國外、香港、澳門或大陸地區觀光團體、個別旅客旅遊業務，應投保責任保險，其家屬處理善後投保最低金額為：1.旅客家屬前往海外或來中華民國處理善後所必需支出之費用新臺幣十萬元；2.國內旅遊善後處理費用新臺幣五萬元。」

19. 根據「國外旅遊定型化契約」第12條規定，如未達預定人數，旅行社應於出發之七日前通知旅客解除契約，故最晚8月7日前應通知旅客解除契約。

20. 「國外旅遊定型化契約」第6條第3項：「因可歸責於旅行業之事由，致旅客遭當地政府逮捕、羈押或留置時，旅行業應賠償旅客以每日新臺幣二萬元整計算之違約金，並應負責迅速接洽營救事宜，將旅客安排返國，其所需一切費用，由旅行業負擔。」

21. 「發展觀光條例」第39條：「中央主管機關，為適應觀光產業需要，提高觀光從業人員素質，應辦理專業人員訓練，培育觀光從業人員；其所需之訓練費用，得向其所屬事業機構、團體或受訓人員收取。」

22. 「發展觀光條例」第12條（風景特定區內造形景觀之維持）：「為維持觀光地區及風景特定區之美觀，區內建築物之造形、構造、色彩等及廣告物、攤位之設置，得實施規劃限制；其辦法，由中央主管機關會同有關機關定之。」

23. 旅行業實收之資本總額、保證金分別規定於「旅行業管理規則」第11、12條。甲種旅行業之資本總額與保證金分別為不得少於新臺幣600萬元及150萬元。

24. 「國外旅遊定型化契約」第28-1條：「出發前，本旅遊團所前往旅遊地區之一，有事實足認危害旅客生命、身體、健康、財產安全之虞者，準用前條之規定，得解除契約。但解除之一方，應按旅遊費用百分之____補償他方（不得超過百分之五）。」故旅行社最多能收取之費用為5000＋(30000)×(5%)＝6500元。

25. 「國外旅遊定型化契約」第5條規定，旅遊費用應於出發前三日或說明會時繳清。

26. 旅行業應為每一旅客投保意外死亡保險最少新臺幣200萬元，11條第2項：「旅行業如未依規定投保責任險，於發生旅遊意外事故或不能履約之情形時，旅行業應以主管機關規定最低投保金額計算其應理賠金額之三倍賠償旅客。」故旅行社應賠償旅客（200萬）×3＝600萬元。

27. 此一情況為一直以來被旅行業所詬病的規定，即「旅行社即使無過失，仍應擔負責任。」也就是說，即使機場因暴風雪關閉使旅行團滯留當地而延遲返國，此乃為不可抗力因素，不能歸咎於旅行社，但其所增加之額外食宿費用，仍應由出團旅行社負責。

28. 「水域遊憩活動管理辦法」第15條（潛水分類）：「所稱潛水活動，包括在水中進行浮潛及水肺潛水之活動。前項所稱浮潛，指佩帶潛水鏡、蛙鞋或呼吸管之潛水活動；所稱水肺潛水，指佩帶潛水鏡、蛙鞋、呼吸管及呼吸器之潛水活動。」

29. 「發展觀光條例」第50條：「爲加強國際觀光宣傳推廣，公司組織之觀光產業，得在下列用途項下支出金額百分之十至百分之二十限度內，抵減當年度應納營利事業所得稅額；當年度不足抵減時，得在以後四年度內抵減之：1.配合政府參與國際宣傳推廣之費用。2.配合政府參加國際觀光組織及旅遊展覽之費用。3.配合政府推廣會議旅遊之費用。」因爲是當年度和之後4年，故總共5年。

30. 履約保證保險，是若發生旅行業落跑、倒閉時，可利用履約保證保險可先應急和後續問題處理，免得旅客求償無門，目前此類問題政府是委託中華民國旅行業品質保障協會(TQAA)協助處理旅客問題。

31. 「國外團體旅遊契約書」第11條：「旅行業如未依規定投保責任保險及履約保險者，於發生旅遊意外事故或不能履約之情形時，旅行業應以主管機關規定最低投保金額計算其應理賠金額之三倍賠償旅客。」

32. 「國外旅遊定型化契約」第6條第3項：「因可歸責於旅行業之事由，致旅客遭當地政府逮捕、羈押或留置時，旅行業應賠償甲方以每日新臺幣二萬元整計算之違約金，並應負責迅速接洽營救事宜，將旅客安排返國，其所需一切費用，由旅行業負擔。」

33. 「國外旅遊定型化契約」第25條：「因可歸責於乙方之事由，致延誤行程期間，甲方所支出之食宿或其他必要費用，應由乙方負擔。甲方並得請求依全部旅費除以全部旅遊日數乘以延誤行程日數計算之違約金。」旅行社應賠償旅客5000＋(25000/5)＝10000元。

34. 根據「國外旅遊定型化契約書」最後註明，如未記載以交付訂金日爲簽約日期。

35. 「旅館業管理規則」第23條第3項規定：「旅客住宿登記資料保存期限爲一百八十日。」註：觀光旅館業須保存住宿旅客資料180日，民宿則須保存1年。

36. 「旅行業管理規則」第24條（團體旅遊契約書應載明事項），規定團體旅遊文件之契約書應載明內容共10項，其中(A)「簽約地點及日期」列第1項，(B)「組成旅遊團體最低限度之旅客人數」列第5項，(D)「責任保險及履約保證保險有關旅客之權益」列第9項，(C)「帶團之領隊或導遊」則未列其應載明之內容。註：旅行社與旅客訂立旅遊契約時，若離出團日期經常超過1個月以上，通常旅行社尚未確定由誰充任領隊，故難以將帶團之領隊或導遊姓名告知旅遊。

37. 「旅行業管理規則」第53條第1項第2款：「旅行業舉辦團體旅遊、個別旅客旅遊及辦理接待國外、香港、澳門或大陸地區觀光團體、個別旅客旅遊業務，應投保責任保險，其投保最低金額每一旅客因意外事故所致體傷之醫療費用新臺幣三萬元。」

38. 「旅行業管理規則」第18條：「外國旅行業未在中華民國設立分公司，得設置代表人或委託國內綜合旅行業、甲種旅行業辦理連絡、推廣、報價等事務。但不得對外營業。外國旅行業之代表人不得同時受僱於國內旅行業。」

39. 「旅行業管理規則」第53條第1項第1款規定，旅行業應爲每一旅客投保意外死亡保險最少新臺幣200萬元。

40. 出發前1日通知者，旅客賠償旅行社旅遊費用應為50%。

41. 「國外旅遊定型化契約」第31條：「旅遊途中因不可抗力或不可歸責於旅行業之事由，致無法依預定之旅程、食宿或遊覽項目等履行時，為維護本契約旅遊團體之安全及利益，旅行業得變更旅程、遊覽項目或更換食宿、旅程，如因此超過原定費用時，不得向旅客收取。但因變更致節省支出經費，應將節省部分退還旅客。」故超過原定之費用應由旅行社負擔。

42. 「發展觀光條例」第2條（名詞定義）第5項：「自然人文生態景觀區：指無法以人力再造之特殊天然景緻、應嚴格保護之自然動、植物生態環境及重要史前遺跡所呈現之特殊自然人文景觀，其範圍包括：原住民保留地、山地管制區、野生動物保護區、水產資源保育區、自然保留區、及國家公園內之史蹟保存區、特別景觀區、生態保護區等地區。」

43. 「旅行業管理規則」第37條第8款：「旅行業應使用合法業者提供之合法交通工具及合格之駕駛人。包租遊覽車者，應簽訂租車契約，並依交通部觀光局頒訂之檢查紀錄表填列查核其行車執照、強制汽車責任保險、安全設備、逃生演練、駕駛人之持照條件及駕駛精神狀態等事項；且以搭載所屬觀光團體旅客為限，沿途不得搭載其他旅客。」

44. 「旅行業管理規則」第22條第1項：「旅行業經營各項業務，應合理收費，不得以購物佣金或促銷行程以外之活動所得彌補團費或以其他不正當方法為不公平競爭之行為。」收取服務小費是正常且合理行為，只要行前讓旅客知道團費是否包含服務小費即可。

45. 「風景特定區管理規則」第15條：「風景特定區之公共設施除私人投資興建者外，由主管機關或該公共設施之管理機構按核定之計畫投資興建，分年編列預算執行之。」

46. 根據「國外旅遊定型化契約」第25條：「因可歸責於旅行業之事由，致延誤行程期間，旅客所支出之食宿或其他必要費用，應由旅行業負擔。旅客並得請求依全部旅費除以全部旅遊日數乘以延誤行程日數計算之違約金。」，故旅行業應賠償旅客違約金(54000/9) × 3＝18000元。

47. 根據「國外旅遊定型化契約」第27條第3款：「旅客通知旅行業於旅遊活動開始前第二日至第二十日以內到達者，賠償旅遊費用百分之三十。」

48. 選項(A)(B)(D)費用已明列於國外旅遊定型化契約書範本。

49. 旅館業主管機關為縣（市）政府，不須要向中央主管機關申請登記。經營旅館業者辦理各種手續之順序為：「辦妥公司或商業登記」→「向地方主管機關申請登記」→「領取登記證」。

50. 民國100年之前最近一次修訂之「觀光遊樂業管理規則」第8條：「所稱重大投資案件，係指申請籌設面積，符合下列條件之一者：一、位於都市土地，達五公頃以上。二、位於非都市土地，達十公頃以上。」，其條文未提及觀光遊樂業重大投資案件之金額，故選項(C)(D)皆對。

51. 「旅行業管理規則」第53條3項第2款：「取得公益法人會員資格者，甲種旅行業保證金新臺幣五百萬元。」

52. 「旅行業管理規則」第17條：「外國旅行業在中華民國設立分公司時，應先向交通部觀光局申請核准，並依法辦理認許及分公司登記，領取旅行業執照後始得營業。其業務範圍、在中華民國境內營業所用之資金、保證金、註冊費、換照費等，準用中華民國旅行業本公司之規定。」

53. 屬於國外旅遊定型化契約應記載事項而未經記載於旅遊契約者，仍然構成契約內容，旅行業者不可逃避

54. 「國外旅遊定型化契約」第35條：「旅客與旅行業雙方應以誠信原則履行本契約」

55. 「國外旅遊定型化契約」第2條：「甲乙雙方關於本旅遊之權利義務，依本契約條款之約定定之；本契約中未約定者，適用中華民國有關法令之規定。附件、廣告亦為本契約之一部。」

56. 「發展觀光條例」第7條：「觀光產業之綜合開發計畫，由中央主管機關（交通部）擬訂，報請行政院核定後實施。各級主管機關，為執行前項計畫所採行之必要措施，有關機關應協助與配合。」

57. 旅行業為每位旅客投保責任保險最低金額及範圍如下：1.每一旅客意外死亡新臺幣二百萬元。2.每一旅客因意外事故所致體傷之醫療費用新臺幣三萬元。3.旅客家屬前往海外或來中華民國處理善後所必需支出之費用新臺幣十萬元；國內旅遊善後處理費用新臺幣五萬元。4.每一旅客證件遺失之損害賠償費用新臺幣二千元。

58. 「旅行業管理規則」第16條：「旅行業應設有固定之營業處所，同一處所內不得為二家營利事業共同使用。但符合公司法所稱關係企業者，得共同使用同一處所。」旅行業籌設至營業程序為：1.向交通部觀光局申請籌設→2.經籌設核准之後二個月內依法向經濟部辦妥公司設立登記→3.向觀光局繳納註冊費、保證金→4.經核准註冊，應於領取旅行業執照後一個月內開始營業。第18條第1項規定，旅行業應於領取旅行業執照後始得懸掛市招。旅行業營業地址變更時，應於換領旅行業執照前，拆除原址之全部市招。

59. 「發展觀光條例」第1條：「為發展觀光產業，宏揚中華文化，永續經營臺灣特有之自然生態與人文景觀資源，敦睦國際友誼，增進國民身心健康，加速國內經濟繁榮，制定本條例。」

60. 根據「國外旅遊定型化契約」第12條規定，如未達預定人數，旅行社應於出發之七日前通知旅客解除契約。

61. 「國外旅遊定型化契約」第27條規定，旅客通知旅行業於旅遊活動開始日或開始後到達或未通知不參加者，賠償旅遊費用100%。損害賠償計算基準之旅遊費用，應先扣除簽證費後計算之。

62. 因為是旅行團全體團員的要求，不是領隊自行變更行程，故每位團員應補交(200-60)＝140元。

63. 「觀光旅館業管理規則」第4條：「經營觀光旅館業者，應先備具規定文件，向主管機關（觀光局）申請核准籌設。」故選項(A)正確。第8條：「觀光旅館業籌設完成後（取得建築物使用執照），應備具規定文件報請原受理機關（觀光局）會同警察、建築管理、消防及衛生等有關機關查驗合格後，由交通部觀光局發給觀光旅館業營業執照及觀光旅館業專用標識，始得營業。」故選項(B)正確。第7條：「經核准籌設之觀光旅館，其申請人應於二年內依建築法之規定，向當地主管建築機關申請核發用途為觀光旅館之建造執照依法興建。」故選項(C)正確。因為觀光旅館業為公司組織，其公司登記證是由經濟部核發，非由主管機關（觀光局）核發，故選項(D)錯誤。

64. 外國旅行業在國內設立分公司和營業，規範於「旅行業管理規則」第17、18條。第17條：「外國旅行業在中華民國設立分公司時，應先向交通部觀光局申請核准，並依法辦理認許及分公司登記，領取旅行業執照後始得營業。其業務範圍、在中華民國境內營業所用之資金、保證金、註冊費、換照費等，準用中華民國旅行業本公司之規定。」18條：「外國旅行業未在中華民國設立分公司，符合下列規定者，得設置代表人或委託國內綜合旅行業、甲種旅行業辦理連絡、推廣、報價等事務。但不得對外營業。」

65. 「旅行業管理規則」第12條：「旅行業應依照規定，繳納註冊費、保證金。」

66. 「旅行管理規則」第5條：「經營旅行業，應備具下列文件，向交通部觀光局申請籌設：1.籌設申請書。2.全體籌設人名冊。3.經理人名冊及經理人結業證書影本。4.經營計畫書。5.營業處所之使用權證明文件。」

67. 「國外旅遊定型化契約」第7條：「旅遊需旅客之行為始能完成，而旅客不為其行為者，旅行業得定相當期限，催告旅客為之。旅客逾期不為其行為者，旅行業得終止契約，並得請求賠償因契約終止而生之損害。」

68. 觀光局民國88年公布的「國外旅遊定型化契約應記載及不得記載事項載明」：當事人簽訂之旅遊契約條款如較本應記載事項規定標準而對消費者更為有利者，從其約定。

69. 「國外旅遊定型化契約」最後註明：「簽約日期未未記載，以交付訂金日為簽約日期。」

70. 根據「國外旅遊定型化契約」第25條：「因可歸責於旅行業之事由，致延誤行程期間，旅客所支出之食宿或其他必要費用，應由旅行業負擔。旅客並得請求依全部旅費除以全部旅遊日數乘以延誤行程日數計算之違約金。延誤行程時數在五小時以上未滿一日者，以一日計算。」，故旅行業應賠償旅客1日違約金30000/6＝5000元。

71. 「發展觀光條例」第50條：「為加強國際觀光宣傳推廣，公司組織之觀光產業，得在該用途項下支出金額百分之十至百分之二十限度內，抵減當年度應納營利事業所得稅額；當年度不足抵減時，得在以後四年度內抵減之。前項投資抵減，其每一年度得抵減總

額，以不超過該公司當年度應納營利事業所得稅額百分之五十爲限。但最後年度抵減金額，不在此限。」

72. 「領隊人員管理規則」於民國101年3月修訂，已無區別專任領隊與特約領隊之規定，即統稱領隊。

73. 「旅行業管理規則」第53條第3項第1款：「旅行業已取得經中央主管機關認可足以保障旅客權益之觀光公益法人會員資格者，其履約保證保險應投保最低金額綜合旅行業爲新臺幣四千萬元。」

74. 「旅行業管理規則」第33條：「旅行業以電腦網路接受旅客線上訂購交易者，應將旅遊契約登載於網站；於收受全部或一部價金前，應將其銷售商品或服務之限制及確認程序、契約終止或解除及退款事項，向旅客據實告知。旅行業受領價金後，應將旅行業代收轉付收據憑證交付旅客。」

75. 法規的中央主管機關爲部會，故「國外旅遊定型化契約應記載及不得記載事項」的修正事項之訂定機關是交通部。

76. 「國外旅遊定型化契約」第19條規定：「旅客變更其費用減少時，旅客不得請求退還其差價。」這是定型化契約中唯一旅遊費用減少時不退費給旅客的規定，想必是彌補旅行業因變更旅客增加的費用，例如電話費、Fax費用…等。

77. 「國外旅遊定型化契約」第2條：「甲乙雙方關於本旅遊之權利義務，依本契約條款之約定定之；本契約中未約定者，適用中華民國有關法令之規定。」

78. 「消費者保護法」規定所有契約書審閱期30日以內合理時間，國外旅遊定型化契約書則規定1日，因此國外旅遊定型化契約書規定最爲明確。

79. 臺中市觀光協會爲地方非政府組織，應受地方政府（臺中市政府）之監督，因所有法規皆申明地方主管機關爲直轄市或縣（市）政府，而不是各局、處、室。

80. 「發展觀光條例」第50條規定：「公司組織之觀光產業積極參與國際觀光宣傳推廣，得抵減當年度營利事業所得稅。」

81. 「旅行管理規則」第24條規範團體旅遊文件之契約書應載明之事項共10項，其中並未包含旅行業得解除契約之事由及條件。

82. 「發展觀光條例」第7條：「觀光產業之綜合開發計畫，由中央主管機關（交通部）擬訂，報請行政院核定後實施。」

83. 旅行業應爲每一旅客投保意外死亡保險最少新臺幣200萬元，11條第2項：「旅行業如未依規定投保責任險，於發生旅遊意外事故或不能履約之情形時，旅行業應以主管機關規定最低投保金額計算其應理賠金額之三倍賠償旅客。」故旅行社應賠償旅客（200萬）× 3＝600萬元。

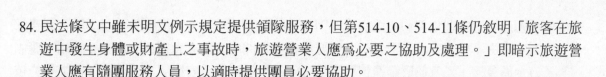

84. 民法條文中雖未明文例示規定提供領隊服務，但第514-10、514-11條仍敘明「旅客在旅遊中發生身體或財產上之事故時，旅遊營業人應為必要之協助及處理。」即暗示旅遊營業人應有隨團服務人員，以適時提供團員必要協助。

85. 旅行社於出發前2日通知，應賠償旅客團費30%，故旅行社應支付旅客新臺幣18000＋(18000)×(30%)＝23400元

86. 國外旅遊定型化契約之立契約書人甲方與乙方是指旅客本人與旅行社。

87. 依「發展觀光條例」第55條第1項：「旅行業違反第二十九條第一項規定，未與旅客訂定書面契約。處新臺幣一萬元以上五萬元以下罰鍰。」

88. 依「風景特定區管理規則」第4條：「風景特定區依其地區特性及功能劃分為國家級、直轄市級及縣（市）級二種等級；其等級與範圍之劃設、變更及風景特定區劃定之廢止，由交通部委任交通部觀光局會同有關機關並邀請專家學者組成評鑑小組評鑑之；其委任事項及法規依據公告應刊登於政府公報或新聞紙。」

89. 依「旅行業管理規則」第13條：「旅行業及其分公司應各置經理人一人以上負責監督管理業務。」

90. 依「旅行業管理規則」第12條第6項：「經營同種類旅行業，最近兩年未受停業處分，且保證金未被強制執行，並取得經中央主管機關認可足以保障旅客權益之觀光公益法人會員資格者，得按各種類旅行社保證金額十分之一繳納。」

91. 依「領隊人員管理規則」裁罰標準：「領隊人員擅離團體、擅自將旅客解散或擅自變更使用非法交通工具、遊樂及住宿設施者。處新臺幣三千元以上一萬五千元以下罰鍰；情節重大者，並得逕行定期停止其執行業務或廢止其執業證。」

92. 依「民法」第514-3條：「旅遊需旅客之行為始能完成，而旅客不為其行為者，旅遊營業人得定相當期限，催告旅客為之。旅客不於前項期限內為其行為者，旅遊營業人得終止契約，並得請求賠償因契約終止而生之損害。旅遊開始後，旅遊營業人依前項規定終止契約時，旅客得請求旅遊營業人墊付費用將其送回原出發地。於到達後，由旅客附加利息償還之。」

93. 依「民法」第514-1條：「稱旅遊營業人者，謂以提供旅客旅遊服務為營業而收取旅遊費用之人。前項旅遊服務，係指安排旅程及提供交通、膳宿、導遊或其他有關之服務。」

94. 依「國外旅遊定型化契約」第14、16、24、25、26條：「需由旅遊營業人負責。」

95. 依「國外旅遊定型化契約」第26條(惡意棄置旅客於國外)：「乙方於旅遊活動開始後，因故意或重大過失，將甲方棄置或留滯國外不顧時，應負擔甲方於被棄置或留滯期間所支出與本旅遊契約所訂同等級之食宿、返國交通費用或其他必要費用，並賠償甲方全部旅遊費用之五倍違約金。」

96. 依「國外旅遊定型化契約」第24條（因旅行社之過失致旅客留滯國外）：「因可歸責於乙方之事由，致甲方留滯國外時，甲方於留滯期間所支出之食宿或其他必要費用，應由乙方全額負擔，乙方並應儘速依預定旅程安排旅遊活動或安排甲方返國，並賠償甲方依旅遊費用總額除以全部旅遊日數乘以滯留日數計算之違約金。」

97. 依「國外旅遊定型化契約」第19條（旅客之變更）：「甲方得於預定出發日＿＿＿日前，將其在本契約上之權利義務讓與第三人，但乙方有正當理由者，得予拒絕。」

98. 依「國外旅遊定型化契約」第8條（交通費之調高或調低）：旅遊契約訂立後，其所使用之交通工具之票價或運費較訂約前運送人公布之票價或運費調高或調低逾百分之十者，應由甲方補足或由乙方退還。」

99. 依「國外旅遊定型化契約」第11條（強制投保保險）：「乙方如未依前項規定投保者，於發生旅遊意外事故或不能履約之情形時，乙方應以主管機關規定最低投保金額計算其應理賠金額之三倍賠償甲方。」

100. 依「發展觀光條例」第50條：「為加強國際觀光宣傳推廣，公司組織之觀光產業，得在下列用途項下支出金額百分之十至百分之二十限度內，抵減當年度應納營利事業所得稅額；當年度不足抵減時，得在以後四年度內抵減之：1.配合政府參與國際宣傳推廣之費用。2.配合政府參加國際觀光組織及旅遊展覽之費用。3.配合政府推廣會議旅遊之費用。前項投資抵減，其每一年度得抵減總額，以不超過該公司當年度應納營利事業所得稅額百分之五十為限。但最後年度抵減金額，不在此限。」

101. 依「發展觀光條例」第8條：「中央主管機關為配合觀光產業發展，應協調有關機關，規劃國內觀光據點交通運輸網，開闢國際交通路線，建立海、陸、空聯運制；並得視需要於國際機場及商港設旅客服務機構；或輔導直轄市、縣（市）主管機關於重要交通轉運地點，設置旅客服務機構或設施。」

102. 依「發展觀光條例」第2條第9項：「民宿：指利用自用住宅空閒房間，結合當地人文、自然景觀、生態、環境資源及農林漁牧生產活動，以家庭副業方式經營，提供旅客鄉野生活之住宿處所。」

103. 依「旅行業管理規則」第31條：「旅行業以服務標章招攬旅客，應依法申請服務標章註冊，報請交通部觀光局備查。但仍應以本公司名義簽訂旅遊契約。前項服務標章以一個為限。」

104. 依「旅行業管理規則」第3條：「綜合旅行業經營下列業務：…四、以包辦旅遊方式或自行組團，安排旅客國內外觀光旅遊、食宿、交通及提供有關服務。」

105. 依「旅行業管理規則」第12條：「旅行業應依照下列規定，繳納註冊費、保證金：甲種旅行業新臺幣一百五十萬元。綜合旅行業、甲種旅行業每一分公司新臺幣三十萬元。」故150+30+30=240（萬）。

106. 依「民法」第514-5條：「旅遊營業人非有不得已之事由，不得變更旅遊內容。旅遊營業人依前項規定變更旅遊內容時，其因此所減少之費用，應退還於旅客；所增加之費用，不得向旅客收取。旅遊營業人依第一項規定變更旅程時，旅客不同意者，得終止契約。」

107. 依「民法」第514-5條：「旅遊營業人依第一項規定變更旅程時，旅客不同意者，得終止契約。旅客依前項規定終止契約時，得請求旅遊營業人墊付費用將其送回原出發地。於到達後，由旅客附加利息償還之。」

108. 依「國外旅遊定型化契約」第28條（出發前有法定原因解除契約）：「因不可抗力或不可歸責於雙方當事人之事由，致本契約之全部或一部無法履行時，得解除契約之全部或一部，不負損害賠償責任。乙方應將已代繳之規費或履行本契約已支付之全部必要費用扣除後之餘款退還甲方。但雙方於知悉旅遊活動無法成行時應即通知他方並說明事由；其怠於通知致使他方受有損害時，應負賠償責任。」

109. 依「國外旅遊定型化契約」第24條（因旅行社之過失致旅客留滯國外）：「因可歸責於乙方之事由，致甲方留滯國外時，甲方於留滯期間所支出之食宿或其他必要費用，應由乙方全額負擔，乙方並應儘速依預定旅程安排旅遊活動或安排甲方返國，並賠償甲方依旅遊費用總額除以全部旅遊日數乘以滯留日數計算之違約金。所支費用+(25000÷5=5000)=違約金」

110. 依「國外旅遊定型化契約」第25條（延誤行程之損害賠償）：「因可歸責於乙方之事由，致延誤行程期間，甲方所支出之食宿或 其他必要費用，應由乙方負擔。甲方並得請求依全部旅費除以全部 旅遊日數乘以延誤行程日數計算之違約金。但延誤行程之總日數，以不超過全部旅遊日數為限，延誤行程時數在五小時以上未滿一日者，以一日計算。」

111. 依「國外旅遊定型化契約」第25條（延誤行程之損害賠償）：「……延誤行程時數在五小時以上未滿一日者，以一日計算。」81000÷9天=9000

112. 依「國外旅遊定型化契約」第23條（旅程內容之實現及例外）：「旅程中之餐宿、交通、旅程、觀光點及遊覽項目等，應依本契約所訂等級與內容辦理，甲方不得要求變更，但乙方同意甲方之要求而變更者，不在此限，惟其所增加之費用應由甲方負擔。除非有本契約第二十八條或第三十一條之情事，乙方不得以任何名義或理由變更旅遊內容，乙方未依本契約所訂等級辦理餐宿、交通旅程或遊覽項目等事宜時，甲方得請求乙方賠償差額二倍之違約金。」

113. 依「國外旅遊定型化契約」第20條（旅行社之變更）：「乙方於出發前非經甲方書面同意，不得將本契約轉讓其他旅行業，否則甲方得解除契約，其受有損害者，並得請求賠償。甲方於出發後始發覺或被告知本契約已轉讓其他旅行業，乙方應賠償甲方全部團費百分之五之違約金，其受有損害者，並得請求賠償。」

114.依「國外旅遊定型化契約」第5條（旅遊費用）：「甲方應約定繳付：一、簽訂本契約時，甲方應繳付新台幣_____元。二、其餘款項於出發前三日或說明會時繳清。除經雙方同意並增訂其他協議事項於本契約第三十六條，乙方不得以任何名義要求增加旅遊費用。」

115.依「國外旅遊定型化契約」第16條（因手續瑕疵無法完成旅遊）：「旅行團出發後，因可歸責於乙方之事由，致甲方因簽證、機票或其他問題無法完成其中之部分旅遊者，乙方應以自己之費用安排甲方至次一旅遊地，與其他團員會合；無法完成旅遊之情形，對全部團員均屬存在時，並應依相當之條件安排其他旅遊活動代之；如無次一旅遊地時，應安排甲方返國。前項情形乙方未安排代替旅遊時，乙方應退還甲方未旅遊地部分之費用，並賠償同額之違約金。因可歸責於乙方之事由，致甲方遭當地政府逮捕、羈押或留置時，乙方應賠償甲方以每日新台幣二萬元整計算之違約金，並應負責迅速接洽營救事宜，將甲方安排返國，其所需一切費用，由乙方負擔。」

第三章 入出境、護照、簽證相關法規

根據歷年試題分析，本章內容出現於實務（二）約10多題。對考生而言，相較於其他科目，本章命題方向大多為考數字，例如時間（如普通護照有效期幾年？在臺灣可以停留多久？）、金錢數額（如出境可攜帶金額？國外換新護照多少錢？罰金多少？）、年齡（幾歲方可攜帶煙酒入境？年滿幾歲役男須申請核准方能出境？）、國家（那些國家進入我國可免簽證？那些國家准許臺灣打工簽證？）。這些題目屬於記憶題，只要把條文內容多看幾遍，即使數字無法全部牢記，憑著多次閱讀而累積的知識，就能考取高分。

第一節　入出國及移民法

「入出國及移民法」主要是規範本國人與外國人出入國境的各項規定，因為入出境牽涉到國家安全，主管機關為內政部。

領隊人員帶領旅行團入出國，須熟諳入出境相關法規，同時主動告知團員，避免觸犯法規，方能使行程自始至終順利。歷年考試題目不少出自於「入出國及移民法」，本法最新修訂於民國100年11月23日，下表（表3-1）摘述其重要條文：

表3-1　入出國及移民法

條款	入出國及移民法摘要
第2條	本法之主管機關為內政部。
第3條	本法用詞定義如下： 一、國民：指具有中華民國（以下簡稱我國）國籍之居住臺灣地區設有戶籍國民或臺灣地區無戶籍國民。 二、機場、港口：指經行政院核定之入出國機場、港口。 三、臺灣地區：指臺灣、澎湖、金門、馬祖及政府統治權所及之其他地區。 四、居住臺灣地區設有戶籍國民：指在臺灣地區設有戶籍，現在或原在臺灣地區居住之國民，且未依臺灣地區與大陸地區人民關係條例喪失臺灣地區人民身分。 五、臺灣地區無戶籍國民：指未曾在臺灣地區設有戶籍之僑居國外國民及取得、回復我國國籍尚未在臺灣地區設有戶籍國民。 六、過境：指經由我國機場、港口進入其他國家、地區，所作之短暫停留。

（續下頁）

（承上頁）

條款	入出國及移民法摘要
第 3 條	七、停留：指在臺灣地區居住期間未逾六個月。 八、居留：指在臺灣地區居住期間超過六個月。 九、永久居留：指外國人在臺灣地區無限期居住。 十、定居：指在臺灣地區居住並設立戶籍。 十一、跨國（境）人口販運：指以買賣或質押人口、性剝削、勞力剝削或摘取器官等為目的，而以強暴、脅迫、恐嚇、監控、藥劑、催眠術、詐術、不當債務約束或其他強制方法，組織、招募、運送、轉運、藏匿、媒介、收容外國人、臺灣地區無戶籍國民、大陸地區人民、香港或澳門居民進入臺灣地區或使之隱蔽之行為。 十二、移民業務機構：指依本法許可代辦移民業務之公司。 十三、跨國（境）婚姻媒合：指就居住臺灣地區設有戶籍國民與外國人、臺灣地區無戶籍國民、大陸地區人民、香港或澳門居民間之居間報告結婚機會或介紹婚姻對象之行為。
第 4 條	入出國者，應經內政部入出國及移民署查驗；未經查驗者，不得入出國。
第 5 條	一、居住臺灣地區設有戶籍國民入出國，不須申請許可。但涉及國家安全之人員，應先經其服務機關核准，始得出國。 二、臺灣地區無戶籍國民入國，應向入出國及移民署申請許可。
第 6 條	國民有下列情形之一者，入出國及移民署應禁止其出國： 一、經判處有期徒刑以上之刑確定，尚未執行或執行未畢。但經宣告六月以下有期徒刑或緩刑者，不在此限。 二、通緝中。 三、因案經司法或軍法機關限制出國。 四、有事實足認有妨害國家安全或社會安定之重大嫌疑。 五、涉及內亂罪、外患罪重大嫌疑。 六、涉及重大經濟犯罪或重大刑事案件嫌疑。 七、役男或尚未完成兵役義務者。但依法令得准其出國者，不在此限。

（續下頁）

（承上頁）

條款	入出國及移民法摘要
第 6 條	八、護照、航員證、船員服務手冊或入國許可證件係不法取得、偽造、變造或冒用。 九、護照、航員證、船員服務手冊或入國許可證件未依第四條規定查驗。 十、依其他法律限制或禁止出國。 十一、受保護管束人經指揮執行之少年法院法官或檢察署檢察官核准出國者，入出國及移民署得同意其出國。
第 7 條	臺灣地區無戶籍國民有下列情形之一者，入出國及移民署應不予許可或禁止入國： 一、參加暴力或恐怖組織或其活動。 二、涉及內亂罪、外患罪重大嫌疑。 三、涉嫌重大犯罪或有犯罪習慣。 四、護照或入國許可證件係不法取得、偽造、變造或冒用。
第 8 條	臺灣地區無戶籍國民向入出國及移民署申請在臺灣地區停留者，其停留期間為三個月；必要時得延期一次，並自入國之翌日起，併計六個月為限。
第 13 條	臺灣地區無戶籍國民停留期間，有下列情形之一者，入出國及移民署得廢止其停留許可： 一、有事實足認有妨害國家安全或社會安定之虞。 二、受有期徒刑以上刑之宣告，於刑之執行完畢、假釋、赦免或緩刑。
第 14 條	一、臺灣地區無戶籍國民停留、居留、定居之許可經撤銷或廢止者，入出國及移民署應限令其出國。 二、臺灣地區無戶籍國民應於接到前項限令出國通知後十日內出國。
第 15 條	臺灣地區無戶籍國民未經許可入國，或經許可入國已逾停留、居留或限令出國之期限者，入出國及移民署得逕行強制其出國，並得限制再入國。
第 17 條	十四歲以上之臺灣地區無戶籍國民，進入臺灣地區停留或居留，應隨身攜帶護照、臺灣地區居留證、入國許可證件或其他身分證明文件。

（續下頁）

（承上頁）

條款	入出國及移民法摘要
第 18 條	外國人有下列情形之一者，入出國及移民署得禁止其入國： 一、未帶護照或拒不繳驗。 二、持用不法取得、偽造、變造之護照或簽證。 三、冒用護照或持用冒領之護照。 四、護照失效、應經簽證而未簽證或簽證失效。 五、申請來我國之目的作虛偽之陳述或隱瞞重要事實。 六、攜帶違禁物。 七、在我國或外國有犯罪紀錄。 八、患有足以妨害公共衛生或社會安寧之傳染病、精神疾病或其他疾病。 九、有事實足認其在我國境內無力維持生活。但依親及已有擔保之情形，不在此限。 十、持停留簽證而無回程或次一目的地之機票、船票，或未辦妥次一目的地之入國簽證。 十一、曾經被拒絕入國、限令出國或驅逐出國。 十二、曾經逾期停留、居留或非法工作。 十三、有危害我國利益、公共安全或公共秩序之虞。 十四、有妨害善良風俗之行為。 十五、有從事恐怖活動之虞。
第 19 條	搭乘航空器、船舶或其他運輸工具之外國人，有下列情形之一者，入出國及移民署依機、船長、運輸業者、執行救護任務機關或施救之機、船長之申請，得許可其臨時入國： 一、轉乘航空器、船舶或其他運輸工具。 二、疾病、避難或其他特殊事故。 三、意外迫降、緊急入港、遇難或災變。 四、其他正當理由。
第 21 條	外國人有下列情形之一者，入出國及移民署應禁止其出國： 一、經司法機關通知限制出國。 二、經財稅機關通知限制出國。 三、外國人因其他案件在依法查證中，經有關機關請求限制出國者，入出國及移民署得禁止其出國。 四、禁止出國者，入出國及移民署應以書面敘明理由，通知當事人。

（續下頁）

（承上頁）

條款	入出國及移民法摘要
第 22 條	一、外國人持有效簽證或適用以免簽證方式入國之有效護照或旅行證件，經入出國及移民署查驗許可入國後，取得停留、居留許可。 二、依前項規定取得居留許可者，應於入國後十五日內，向入出國及移民署申請外僑居留證。
第 24 條	外國人依規定申請居留或變更居留原因，有下列情形之一者，入出國及移民署得不予許可： 一、有危害我國利益、公共安全、公共秩序之虞。 二、有從事恐怖活動之虞。 三、曾有犯罪紀錄或曾遭拒絕入國、限令出國或驅逐出國。 四、曾非法入國。 五、冒用身分或以不法取得、偽造、變造之證件申請。 六、曾經協助他人非法入出國或提供身分證件予他人持以非法入出國。 七、有事實足認其係通謀而為虛偽之結婚或收養。 八、中央衛生主管機關指定健康檢查項目不合格。 九、所持護照失效或其外國人身分不為我國承認或接受。 十、曾經逾期停留、逾期居留。 十一、曾經在我國從事與許可原因不符之活動或工作。 十二、妨害善良風俗之行為。 十三、經合法通知，無正當理由拒絕到場面談。 十四、無正當理由規避、妨礙或拒絕接受查察。 十五、曾為居住臺灣地區設有戶籍國民其戶籍未辦妥遷出登記，或年滿十五歲之翌年一月一日起至屆滿三十六歲之年十二月三十一日止，尚未履行兵役義務之接近役齡男子或役齡男子。
第 25 條	外國人在我國合法連續居留五年，每年居住超過一百八十三日，或居住臺灣地區設有戶籍國民，其外國籍之配偶、子女在我國合法居留十年以上，其中有五年每年居留超過一百八十三日，並符合下列要件者，得向入出國及移民署申請永久居留。 一、二十歲以上。

（續下頁）

（承上頁）

條款	入出國及移民法摘要
第 25 條	二、品行端正。 三、有相當之財產或技能，足以自立。 四、符合我國國家利益。
第 28 條	十四歲以上之外國人，入國停留、居留或永久居留，應隨身攜帶護照、外僑居留證或外僑永久居留證。
第 38 條	外國人有下列情形之一，非予收容，顯難強制驅逐出國者，入出國及移民署得暫予收容： 一、受驅逐出國處分或限令七日內出國仍未離境。 二、未經許可入國。 三、逾期停留、居留。 四、受外國政府通緝。
第 58 條	一、跨國（境）婚姻媒合不得為營業項目。 二、跨國（境）婚姻媒合不得要求或期約報酬。 三、任何人不得於廣告物、出版品、廣播、電視、電子訊號、電腦網路或以其他使公眾得知之方法，散布、播送或刊登跨國（境）婚姻媒合廣告。
第 64 條	入出國及移民署執行職務人員於入出國查驗時，有事實足認當事人有下列情形之一者，得暫時將其留置於勤務處所，進行調查： 一、所持護照或其他入出國證件顯係無效、偽造或變造。 二、拒絕接受查驗或嚴重妨礙查驗秩序。 三、符合本法所定得禁止入出國之情形。 四、因案經司法或軍法機關通知留置。 依前項規定對當事人實施之暫時留置，應於目的達成或已無必要時，立即停止。實施暫時留置時間，對國民不得逾二小時，對外國人、大陸地區人民、香港或澳門居民不得逾六小時。
第 76 條	有下列情形之一者，處新臺幣二十萬元以上一百萬元以下罰鍰，並得按次連續處罰： 一、公司或商號從事跨國（境）婚姻媒合。 二、從事跨國（境）婚姻媒合而要求或期約報酬。

（續下頁）

（承上頁）

條款	入出國及移民法摘要
第 84 條	入出國未經查驗者，處新臺幣一萬元以上五萬元以下罰鍰。
第 85 條	有下列情形之一者，處新臺幣二千元以上一萬元以下罰鍰： 一、經合法檢查，拒絕出示護照、臺灣地區居留證、外僑居留證、外僑永久居留證、入國許可證件或其他身分證明文件。 二、未依規定之期限，申請外僑居留證。 三、未依規定辦理變更登記。 四、臺灣地區無戶籍國民或外國人，逾期停留或居留。 五、拒絕到場接受詢問。 六、規避、妨礙或拒絕查證。 七、規避、妨礙或拒絕查察登記。

第二節　護照條例、護照條例施行細則與相關法規

一、護照條例

「護照條例」主要是規範申請、核准、持有、使用護照的各項規定，護照與旅遊、出入國境、外交相關，中央主管機關為外交部，最新修訂於民國89年5月17日，為命題重點，題目大多出自於條文內容。下表（表3-2）簡述其重要條文：

表 3-2　護照條例

條款	護照條例摘要
第 1 條	中華民國護照之申請、核發及管理，依本條例辦理。本條例未規定者，適用其他法律之規定。
第 2 條	本條例之主管機關為外交部。
第 5 條	護照分外交護照、公務護照及普通護照。
第 6 條	外交護照及公務護照，由主管機關核發；普通護照，由主管機關或駐外使領館、代表處、辦事處、其他外交部授權機構（以下簡稱駐外館處）核發。

（續下頁）

（承上頁）

條款	護照條例摘要
第 7 條	外交護照之適用對象如下： 一、外交、領事人員與眷屬及駐外使領館、代表處、辦事處主管之隨從。 二、中央政府派往國外負有外交性質任務之人員與其眷屬及經核准之隨從。 三、外交公文專差。
第 8 條	公務護照之適用對象如下： 一、各級政府機關因公派駐國外之人員及其眷屬。 二、各級政府機關因公出國之人員及其同行之配偶。 三、政府間國際組織之中華民國籍職員及其眷屬。 前項第一款、第三款及前條第一款、第二款所稱眷屬，以配偶、父母及未婚子女為限。
第 9 條	普通護照之適用對象為具有中華民國國籍者。但具有大陸地區人民、香港居民、澳門居民身分或持有大陸地區所發護照者，非經主管機關許可，不適用之。
第 10 條	一、護照申請人不得與他人申請合領一本護照；非因特殊理由，並經主管機關核准者，持照人不得同時持用超過一本之護照。 二、未成年人申請護照須父或母或監護人同意。但已結婚者，不在此限。
第 11 條	一、外交護照及公務護照之效期以五年為限，普通護照以十年為限。但未滿十四歲者之普通護照以五年為限。 二、護照效期屆滿，不得延期。
第 15 條	有下列情形之一者，應申請換發護照： 一、護照汙損不堪使用。 二、持照人之相貌變更，與護照照片不符。 三、持照人已依法更改中文姓名。 四、持照人取得或變更國民身分證統一編號。 五、護照製作有瑕疵。

（續下頁）

（承上頁）

條款	護照條例摘要
第 15 條	有下列情形之一者，得申請換發護照： 一、護照所餘效期不足一年。 二、所持護照非屬現行最新式樣。 三、持照人認有必要並經主管機關同意者。 第一項第一款之護照，其所餘效期在三年以上者，依原效期換發護照；其所餘效期未滿三年者，換發三年效期護照。
第 18 條	申請人有下列情形之一者，主管機關或駐外館處應不予核發護照： 一、冒用身分，申請資料虛偽不實，或以不法取得、偽造、變造之證件申請者。 二、經司法或軍法機關通知主管機關者。 三、其他行政機關依法律限制申請人出國或申請護照並通知主管機關者。
第 19 條	持照人有下列情形之一者，主管機關或駐外館處，應扣留其護照： 一、所持護照係不法取得、冒用、偽造或變造者。 二、經司法或軍法機關通知主管機關者。 三、申請換發護照或加簽時，有前條第三款情形者。 持照人所持護照係不法取得、冒用或變造者，主管機關或駐外館處，應作成撤銷原核發護照之處分，並註銷其護照。 持照人所持護照係偽造者，主管機關或駐外館處，應將其護照註銷。 持照人或其所持護照有下列情形之一時，原核發護照之處分應予廢止，並由主管機關或駐外館處註銷其護照： 一、持照人有第一項第二款或第三款規定情形者。 二、持照人身分已轉換為大陸地區人民，經權責機關通知主管機關者。 三、持照人已喪失中華民國國籍，經權責機關通知主管機關者。 四、申請之護照自核發之日起三個月未經領取者。 五、護照已申請換發或申報遺失者。 六、所持護照被他人非法扣留，且有事實足認為已無法追索取回者。
第 22 條	外交護照及公務護照免費。普通護照除因公務需要經主管機關核准外，應徵收規費。

（續下頁）

（承上頁）

條款	護照條例摘要
第 23 條	一、偽造、變造國民身分證以供申請護照，足以生損害於公眾或他人者，處五年以下有期徒刑、拘役或科或併科新臺幣五十萬元以下之罰金。 二、將國民身分證交付他人或謊報遺失，以供冒名申請護照者，處五年以下有期徒刑、拘役或科或併科新臺幣十萬元以下之罰金。 三、受託申請護照，明知其係偽造、變造或冒用之照片，仍代申請者，處五年以下有期徒刑、拘役或科或併科新臺幣十萬元以下之罰金。
第 24 條	一、偽造、變造護照足以生損害於公眾或他人者，處五年以下有期徒刑，併科新臺幣五十萬元以下罰金。 二、將護照交付他人或謊報遺失以供他人冒名使用者，處五年以下有期徒刑、拘役或科或併科新臺幣十萬元以下罰金。
第 25 條	扣留他人護照，足以生損害於公眾或他人者，處五年以下有期徒刑或拘役或科或併科新臺幣十萬元以下罰金。

二、護照條例施行細則

　　「護照條例施行細則」主要是對「護照條例」內容作補充說明，以及實行細節作更詳細說明，以彌補母法不足之處，最新修訂於民國101年11月2日。申請護照之程序與護照登載規定，尤其是役男的規定應特別注意，為命題重點。下表（表3-3）摘述其重要條文：

表 3-3　護照條例施行細則

條款	護照條例施行細則摘要
第 2 條	一、本條例所稱之護照，指中華民國國民在國外旅行所使用之國籍身分證明文件。 二、護照除持照人得自行填寫之封底內頁外，非權責機關不得擅自增刪塗改或加蓋圖戳。
第 3 條	護照之頁數由主管機關定之，空白內頁不足時，得加頁使用。但以二次為限。

（續下頁）

（承上頁）

條款	護照條例施行細則摘要
第7條	普通護照應向下列機關、機構或團體申請： 一、外交部領事事務局或外交部各辦事處。 二、鄰近之駐外館處。 三、行政院在香港或澳門設立或指定機構或委託之民間團體。
第9條	一、國民設有戶籍者向領事事務局或外交部各辦事處首次申請普通護照者，應備護照用照片二張及下列文件： ㈠ 普通護照申請書。 ㈡ 國民身分證正本及影本各一份。但未滿十四歲且未請領國民身分證者，應附戶口名簿正本及影本各一份或最近三個月內申請之戶籍謄本正本一份。 ㈢ 其他相關證明文件。 二、經許可喪失我國國籍，尚未取得他國國籍者，由主管機關發給效期一年護照，並加註本護照之換、補發應知會原發照機關。
第10條	國軍人員、替代役役男及役齡男子，首次申請普通護照者，應檢附下列證明文件，先送相關主管機關審查後辦理： 一、國軍人員應檢附國軍人員身分證明。 二、替代役役男應檢附服替代役身分證明。 三、役齡男子應檢附下列文件之一。但尚未履行兵役義務之役齡男子（以下簡稱役男），免予檢附： ㈠ 退伍令、轉役證明書或因病停役令。 ㈡ 免役證明書或丁等體位證明書。 ㈢ 禁役證明書。 ㈣ 國民兵身分證明書、待訓國民兵證明書或丙等體位證明書。 ㈤ 經直轄市、縣（市）政府核定或鄉（鎮、市、區）公所證明為免服役之公文。 ㈥ 補充兵證明書。 ㈦ 替代役退役證明書。

（續下頁）

（承上頁）

條款	護照條例施行細則摘要
第 10 條	兵役法第三條第二項規定之接近役齡男子，首次申請普通護照者，其護照申請書，應先送相關主管機關審查後辦理。 國軍人員、替代役役男、役男之護照末頁，應加蓋「持照人出國應經核准」戳記；未具僑民身分之有戶籍役男護照末頁，應併加蓋「尚未履行兵役義務」戳記。接近役齡男子之護照末頁，應加蓋「尚未履行兵役義務」戳記。
第 11 條	向鄰近之駐外館處首次申請普通護照者，應備護照用照片二張及下列文件： 一、普通護照申請書。 二、身分證件。 三、具有我國國籍之證明文件。 四、駐外館處規定之證明文件。 兼具僑居國國籍之申請人，其僑居國嚴格實施單一國籍制，禁止其國民申領外國護照者，駐外館處受理前項申請案件時，應詳告申請人其持有我國護照對於申請人在當地權益之影響後，依規定核發護照。
第 15 條	一、護照之申請，應由本人親自或委任代理人辦理。代理人並應提示身分證明文件及委任證明。 二、在國內首次申請普通護照者，除有特殊情形經主管機關同意者外，應親自持憑申請護照應備文件至領事事務局或外交部各辦事處辦理，或親自至主管機關委辦之戶籍所在直轄市、縣（市）政府轄內戶政事務所辦理人別確認後，再依前項規定委任代理人辦理。 委任代理人向領事事務局或外交部各辦事處申請護照者，其代理人以下列為限： 一、申請人之親屬。 二、與申請人現屬同一機關、學校、公司或團體之人員。 三、交通部觀光局核准之綜合或甲種旅行業。 四、其他經領事事務局或外交部各辦事處同意者。
第 16 條	護照應由本人親自簽名；無法簽名者，得按指印。

（續下頁）

（承上頁）

條款	護照條例施行細則摘要
第 17 條	具有大陸地區人民、香港居民、澳門居民身分，經許可在臺灣地區居留且符合下列情形之一者，得檢具中央相關主管機關核准函或申請書及相關證明文件，經主管機關依本條例第九條但書規定許可後，持用普通護照： 一、經中央相關主管機關核准，代表我國參加國際比賽或活動。 二、有特殊理由，須持用我國護照。 前項普通護照之效期為三年以下，並加註本護照之換、補發應經原發照機關核准。申請人具有大陸地區人民身分者，護照末頁併加蓋「新」字戳記；具香港居民或澳門居民身分者，護照末頁併加蓋「特」字戳記。
第 22 條	一、護照效期，自核發之日起算。 二、因公免費核發之普通護照，其效期以五年為限。 三、男子於年滿十四歲之日起，至年滿十五歲當年之十二月三十一日前，申請普通護照者，由主管機關核給效期五年以下之護照。
第 23 條	本細則所定護照用照片，其規格及標準如下： 一、應使用最近六個月內拍攝之二吋光面白色背景脫帽五官清晰正面半身彩色照片。 二、因宗教理由使用戴頭巾之照片，其頭巾不得遮蓋面容。 三、不得使用戴墨鏡照片。但視障者，不在此限。 四、不得使用合成照片。
第 24 條	一、在國內之接近役齡男子及役男護照效期，以三年為限。 二、男子於役齡前出境，在其年滿十八歲當年之十二月三十一日以前，申請換發護照者，效期以三年為限。 三、出境就學役男，年滿十九歲當年之一月一日以後，符合兵役法施行法及役男出境處理辦法之就學規定者，經驗明其在學證明或三個月內就讀之入學許可後，得逐次換發三年效期之護照。 四、接近役齡男子及役男出境後，護照效期屆滿不符前項得予換發護照之規定者，駐外館處得發給一年效期之護照，以供持憑返國。
第 25 條	持外國護照入國或在國外、大陸地區、香港、澳門之役男，不得在國內申請換發護照。但護照已加簽僑居身分者，不在此限。

（續下頁）

（承上頁）

條款	護照條例施行細則摘要
第 28 條	護照資料頁記載事項如下： 一、護照號碼。 二、持照人中文姓名、外文姓名。 三、外文別名。 四、國籍。 五、有戶籍者之國民身分證統一編號。 六、性別。 七、出生日期。 八、出生地。 九、發照日期及效期截止日期。 一〇、發照機關。 一一、駐外館處核發之普通護照，增列發照地。 一二、外交及公務護照，增列註記事項。 一三、其他經主管機關指定之事項。 前項第七款及第九款之日期，以公元年代及國曆月、日記載。
第 29 條	護照上記載之出生地，申請人應繳驗證件如下： 一、設有戶籍者，應繳驗載有出生地之國民身分證或戶籍資料；證件未載有出生地者，申請人應在護照申請書上簽名；在國外出生者，應附相關證明文件。 二、無戶籍者，應繳驗載有出生地之出生證明、護照、居留證件或當地公證人出具之證明書。 護照之出生地記載方式如下： 一、在國內出生者：依出生之省、直轄市或特別行政區層級記載。 二、在國外出生者：記載其出生國國名。
第 30 條	護照中文姓名及外文姓名均以一個為限；中文姓名不得加列別名，外文別名以一個為限。
第 31 條	護照之中文姓名，以申請人之國民身分證或戶籍資料為準。

（續下頁）

（承上頁）

條款	護照條例施行細則摘要
第32條	護照外文姓名之記載方式如下： 一、護照外文姓名應以英文字母記載，非屬英文字母者，應翻譯為英文字母；該非英文字母之姓名，得加簽為外文別名。 二、申請人首次申請護照時，已有英文字母拼寫之外文姓名，載於下列文件者，得優先採用： 　㈠ 我國政府核發之外文身分證明或正式文件。 　㈡ 外國政府核發之外文身分證明或正式文件。 　㈢ 國內外醫院所核發之出生證明。 　㈣ 公、私立學校製發之證書。 　㈤ 經政府機關登記有案之僑團、僑社所核發之證明書。 三、申請人首次申請護照時，無外文姓名者，以中文姓名之國語讀音逐字音譯為英文字母。但已回復傳統姓名之原住民，其外文姓名得不區分姓、名，直接依中文音譯。 四、申請換、補發護照時，應沿用原有外文姓名。但原外文姓名有下列情形之一者，得申請變更外文姓名： 　㈠ 音譯之外文姓名與中文姓名之國語讀音不符者。 　㈡ 音譯之外文姓名與直系血親或兄弟姊妹姓氏之拼法不同者。 　㈢ 已有第二款各目之習用外文姓名，並繳驗相關文件相符者。 五、外文姓名之排列方式，姓在前、名在後，且含字間在內，不得超過三十九個字母。 六、已婚婦女，其外文姓名之加冠夫姓，依其戶籍登記資料為準。但其戶籍資料未冠夫姓者，亦得申請加冠。
第38條	遺失未逾效期護照，向領事事務局或外交部各辦事處申請補發者，應檢具下列文件： 一、警察機關遺失報案證明文件。 二、其他申請護照應備文件。 遺失護照，向鄰近之駐外館處或行政院在香港或澳門設立或指定機構或委託之民間團體申請補發者，應檢具下列文件： 一、當地警察機關遺失報案證明文件。但當地警察機關尚未發給或不發給，或遺失之護照已逾效期者，得以遺失護照說明書代替。 二、其他申請護照應備文件。

（續下頁）

（承上頁）

條款	護照條例施行細則摘要
第 39 條	一、護照經申報遺失後尋獲者，該護照仍視爲遺失。補發之護照效期爲三年。 二、補發之護照應加蓋「遺失補發」戳記，將原護照內有關註記及戳記移入，並註明原護照之號碼及發照機關。 三、護照遺失二次以上申請補發者，領事事務局、外交部各辦事處或駐外館處得約談當事人及延長其審核期間至六個月，並縮短其護照效期爲一年六個月以上三年以下。
第 40 條	一、遺失護照，不及等候駐外館處補發護照者，駐外館處得發給當事人入國證明書，以供持憑返國。當事人返國後向領事事務局或外交部各辦事處申請補發護照，除申請護照應備文件外，應另繳驗入國許可證副本或已辦戶籍遷入登記之戶籍謄本正本。 二、在大陸地區遺失護照，入境後申請補發者，應先向警察機關取得遺失報案證明文件，並加附入國證明文件。
第 41 條	補發之護照，所餘效期在一年以上，換發之護照效期以三年爲限，並於護照末頁加蓋「換」字戳記。
第 44 條	有下列情形之一者，主管機關或駐外館處得於受理申請後一個月內，通知申請人於二個月內補件或約請申請人面談： 一、申請資料或照片與所繳身分文件或與檔存前領護照資料有相當差異者。 二、所繳證件之眞偽有向發證機關查證之必要者。 三、申請人對申請事項之說明有虛僞陳述或隱瞞重要事項之嫌，需時查證者。 依前項之審查結果有必要者，主管機關得將申請案件移送相關機關偵查；處理期間得延長至六個月。 所繳證件有僞造、變造嫌疑者，得暫不予退還。 申請人未依第一項規定補件或面談者，除依規定不予核發護照外，所繳護照規費不予退還。

三、中華民國普通護照收費規定

「中華民國普通護照收費規定」主要是規範政府製發護照在各種情況下的收費規定，使政府收費與民眾繳費皆有所遵循，最近修訂日期為民國101年12月28日，護照費用與加速處理收費是命題重點。下表（表3-4）摘述其重要條文：

表3-4　中華民國普通護照收費規定

條款	中華民國普通護照收費規定摘要
第2條	在國內申請內植晶片普通護照之費額，每本收費新臺幣一千三百元。但未滿十四歲者、男子年滿十四歲之日至年滿十五歲當年十二月三十一日、男子年滿十五歲之翌年一月一日起，未免除兵役義務，尚未服役致護照效期縮減者，每本收費新臺幣九百元。 在國外申請普通護照之費額如下： 一、內植晶片護照：每本收費美金四十五元。但有前項但書情形之一，每本收費美金三十一元。 二、無內植晶片護照： 　（一）因遺失護照急需使用，不及等候內植晶片護照之補發或依護照條例第二十條獲發專供返國使用之護照，每本收費美金三十一元。 　（二）因急需使用護照，不及等候內植晶片護照之核、換發，而獲發一年效期護照，每本收費美金十元。 以當地幣別支付者，由駐外館處依該美金費額折合當地幣別之收費費額，並報外交部領事事務局（以下簡稱領務局）核定後收取之。 在國外，以郵寄方式申請護照者，除親自或委託代理人領取外，應附回郵或相當之郵遞費用。
第3條	申請人在國內申請護照並要求速件處理者，除因天災、急難事件或公務需要經領務局核准外，應加收速件處理費，其費額如下： 一、提前一個工作日製發者，加收新臺幣三百元；提前未滿一個工作日者，以一個工作日計。 二、提前二個工作日製發者，加收新臺幣六百元。 三、提前三個工作日製發者，加收新臺幣九百元。 已申請護照，事後要求速件處理並經領務局核准者，一律依前項第三款所定費額收費；事前已申請速件處理，復再要求提前製發者，亦應補足前項第三款所定費額之差額。

（續下頁）

（承上頁）

條款	中華民國普通護照收費規定摘要
第 5 條	申請護照不予核發者，其所繳費額應予退還。但有護照條例施行細則第四十四條所定，未依主管機關或駐外館處通知之期限補件或應約面談之情形者，不適用之。

四、役男出境處理辦法

役男入出境規範有別於一般人，因此另訂定「役男出境處理辦法」（表3-5），以規範處理役男入出境，歷年來修訂有越來越寬鬆的趨勢。本辦法最近一次修訂是民國100年07月30日，其內容也是命題重點。下表摘述其重要條文：

表 3-5　役男出境處理辦法

條款	役男出境處理辦法摘要
第 2 條	年滿十八歲之翌年一月一日起至屆滿三十六歲之年十二月三十一日止，尚未履行兵役義務之役齡男子（以下簡稱役男）申請出境，依本辦法及入出境相關法令辦理。
第 3 條	本辦法所稱出境，指離開臺灣地區。
第 5 條	役齡前出境，於十九歲徵兵及齡之年十二月三十一日前在國外就學之役男，得檢附經驗證之在學證明，向內政部入出國及移民署（以下簡稱移民署）申請再出境；其在國內停留期間，每次不得逾二個月。
第 6 條	役男已出境尚未返國前，不得委託他人申請再出境；出境及入境期限之時間計算，以出境及入境之翌日起算。
第 7 條	役男出境期限屆滿，因重病、意外災難或其他不可抗力之特殊事故，未能如期返國須延期者，應檢附經驗證之當地就醫醫院診斷書及相關證明，向戶籍地鄉（鎮、市、區）公所申請延期返國，由鄉（鎮、市、區）公所轉報直轄市、縣（市）政府核准。申請延期返國期限，每次不得逾二個月，延期期限屆滿，延期原因繼續存在者，應出具經驗證之最近診療及相關證明，重新申請延期返國。

（續下頁）

（承上頁）

條款	役男出境處理辦法摘要
第 8 條	役男有下列情形之一者，限制其出境： 一、已列入梯次徵集對象。 二、經通知徵兵體檢處理。 三、歸國僑民，依歸化我國國籍者及歸國僑民服役辦法規定，應履行兵役義務。 四、依兵役及其他法規應管制出境。
第 10 條	役男出境逾規定期限返國者，不予受理其當年及次年出境之申請。
第 12 條	護照加蓋尚未履行兵役義務戳記者，未經內政部核准，其護照不得為僑居身分加簽。
第 13 條	各相關機關對申請出境之役男，依下列規定配合處理： 一、外交部領事事務局（以下簡稱領務局）：於核發護照時，末頁加蓋「尚未履行兵役義務」戳記。 二、移民署： 　㈠對役男申請出境，符合規定者，核准出境；其護照末頁未加蓋尚未履行兵役義務戳記者，應予以補蓋，並以公文通知領務局。 　㈡每日將核准出境之役男入出境動態資料通報名冊，通報戶役政資訊系統。 　㈢經核准出境之役男，出境逾規定期限者，通知相關直轄市、縣（市）政府。 三、直轄市、縣（市）政府： 　㈠依據學校造送之名冊或移民署之通知，對逾期未返國役男，通知鄉（鎮、市、區）公所對本人、戶長或其家屬催告。 　㈡經催告仍未返國接受徵兵處理者，徵兵機關得查明事實並檢具相關證明，依妨害兵役治罪條例規定，移送法辦。 　㈢對役男申請出境，符合規定者，核准出境；其護照末頁未加蓋尚未履行兵役義務戳記者，應予以補蓋，並以公文通知領務局。 四、鄉（鎮、市、區）公所： 　㈠對出境逾期未返國役男，以公文對本人、戶長或其家屬進行催告程序，其催告期間為六個月。

（續下頁）

（承上頁）

條款	役男出境處理辦法摘要
第 13 條	㈡ 役男出境及其出境後之入境，戶籍未依規定辦理，致未能接受徵兵處理者，查明原因，轉報直轄市、縣（市）政府辦理，經各該政府認有違妨害兵役治罪條例者，移送法辦。 ㈢ 對役男申請出境，符合規定者，核准出境；其護照末頁未加蓋尚未履行兵役義務戳記者，應予以補蓋，並以公文通知領務局。 在學緩徵役男因休學、退學或經開除學籍，其肄業學校應依免役禁役緩徵緩召實施辦法規定，於學生離校之日起三十日內，通知其戶籍地直轄市、縣（市）政府，廢止其緩徵核准。
第 14 條	在臺原有戶籍兼有雙重國籍之役男，應持中華民國護照入出境；其持外國護照入境，依法仍應徵兵處理者，應限制其出境至履行兵役義務時止。

第三節　簽證相關法規或規定

一、外國護照簽證條例

「外國護照簽證條例」（表3-6）主要是規範給予外國人簽證，並憑之進出我國的各項規定。

表 3-6　外國護照簽證條例

條款	外國護照簽證條例摘要
第 1 條	為行使國家主權，維護國家利益，規範外國護照之簽證，特制定本條例。
第 3 條	本條例所稱外國護照，指由外國政府、政府間國際組織或自治政府核發，且為中華民國（以下簡稱我國）承認或接受之有效旅行身分證件。
第 4 條	本條例所稱簽證，指外交部或駐外使領館、代表處、辦事處、其他外交部授權機構（以下簡稱駐外館處）核發外國護照以憑前來我國之許可。

（續下頁）

（承上頁）

條款	外國護照簽證條例摘要
第 5 條	本條例之主管機關爲外交部。 外國護照簽證之核發，由外交部或駐外館處辦理。但駐外館處受理居留簽證之申請，非經主管機關核准，不得核發。
第 6 條	持外國護照者，應持憑有效之簽證來我國。但外交部對特定國家國民，或因特殊需要，得給予免簽證待遇或准予抵我國時申請簽證。
第 7 條	外國護照之簽證，其種類如下： 一、外交簽證。 二、禮遇簽證。 三、停留簽證。 四、居留簽證。
第 8 條	外交簽證適用於持外交護照或元首通行狀之下列人士： 一、外國元首、副元首、總理、副總理、外交部長及其眷屬。 二、外國政府派駐我國之人員及其眷屬、隨從。 三、外國政府派遣來我國執行短期外交任務之官員及其眷屬。 四、政府間國際組織之外國籍行政首長、副首長等高級職員因公來我國者及其眷屬。 五、外國政府所派之外交信差。
第 9 條	禮遇簽證適用於下列人士： 一、外國卸任元首、副元首、總理、副總理、外交部長及其眷屬。 二、外國政府派遣來我國執行公務之人員及其眷屬、隨從。 三、高級職員以外之其他外國籍職員因公來我國者及其眷屬。 四、政府間國際組織之外國籍職員應我國政府邀請來訪者及其眷屬。 五、應我國政府邀請或對我國有貢獻之外國人士及其眷屬。
第 10 條	停留簽證適用於持外國護照，而擬在我國境內作短期停留之人士。
第 11 條	居留簽證適用於持外國護照，而擬在我國境內作長期居留之人士。
第 12 條	外交部及駐外館處受理簽證申請時，應衡酌國家利益、申請人個別情形及其國家與我國關係決定准駁；其有下列各款情形之一，外交部或駐外館處得拒發簽證：

（續下頁）

（承上頁）

條款	外國護照簽證條例摘要
第 12 條	一、在我國境內或境外有犯罪紀錄或曾遭拒絕入境、限令出境或驅逐出境者。 二、曾非法入境我國者。 三、患有足以妨害公共衛生或社會安寧之傳染病、精神病或其他疾病者。 四、對申請來我國之目的作虛偽之陳述或隱瞞者。 五、曾在我國境內逾期停留、逾期居留或非法工作者。 六、在我國境內無力維持生活，或有非法工作之虞者。 七、所持護照或其外國人身分不為我國承認或接受者。 八、所持外國護照逾期或遺失後，將無法獲得換發、延期或補發者。 九、所持外國護照係不法取得、偽造或經變造者。 一〇、有事實足認意圖規避法令，以達來我國目的者。 一一、有從事恐怖活動之虞者。 一二、其他有危害我國利益、公共安全、公共秩序或善良風俗之虞者。 依前項規定拒發簽證時，得不附理由。
第 13 條	簽證持有人有下列各款情形之一，外交部或駐外館處得撤銷或廢止其簽證： 一、有前條第一項各款情形之一者。 二、在我國境內從事與簽證目的不符之活動者。 三、在我國境內或境外從事詐欺、販毒、顛覆、暴力或其他危害我國利益、公務執行、善良風俗或社會安寧等活動者。 四、原申請簽證原因消失者。
第 14 條	外交簽證及禮遇簽證，免收費用。其他簽證，除條約、協定另有規定或依互惠原則或因公務需要經外交部核准減免者外，均應徵收費用。

二、中華民國簽證介紹

（一）簽證的意義

簽證的意義為一國之入境許可。依國際法一般原則，國家並無准許外國人入境之義務。目前國際社會中鮮有國家對外國人之入境毫無限制。各國為對來訪之外國

人能先行審核過濾，確保入境者皆屬善意，以及外國人所持證照真實有效且不致成為當地社會之負擔，乃有簽證制度之實施。

依據國際實踐，簽證之准許或拒發係國家主權行為，故中華民國政府有權拒絕透露拒發簽證的原因。

(二) 簽證各項規定

1. 簽證類別：中華民國的簽證依申請人的入境目的及身分分為四類：
   (1) 停留簽證(VISITOR VISA)：係屬短期簽證，在臺停留期間在180天以內。
   (2) 居留簽證(RESIDENT VISA)：係屬於長期簽證，在臺停留期間為180天以上。
   (3) 外交簽證(DIPLOMATIC VISA)。
   (4) 禮遇簽證(COURTESY VISA)。

2. 入境限期（簽證上VALID UNTIL或ENTER BEFORE欄）：係指簽證持有人使用該簽證之期限，例如VALID UNTIL（或ENTER BEFORE）APRIL 8, 1999即表示自民國88年（1999年）4月8日後該簽證即失效，不得繼續使用。

3. 停留期限(DURATION OF STAY)：指簽證持有人使用該簽證後，自入境之翌日（次日）零時起算，可在臺停留之期限。
   (1) 停留期一般有14天，30天，60天，90天等種類。持停留期限60天以上未加註限制之簽證者倘須延長在臺停留期限，須於停留期限屆滿前，檢具有關文件向停留地之內政部入出國及移民署各縣（市）服務站申請延期。
   (2) 居留簽證不加停留期限：應於入境次日起15日內或在臺申獲改發居留簽證簽發日起15日內，向居留地所屬之內政部入出國及移民署各縣（市）服務站申請外僑居留證(ALIEN RESIDENT CERTIFICATE)及重入國許可(RE-ENTRY PERMIT)，居留期限則依所持外僑居留證所載效期。

4. 停留簽證之效期、入境次數及停留期限，依申請人國籍、來我國目的、所持護照種類及效期等核定之。停留簽證之效期最長不得超過五年，入境次數分為單次及多次。

5. 簽證號碼(VISA NUMBER)：旅客於入境應於E/D卡（入出境卡）填寫本欄號碼。

三、外國人來臺免簽證國家及入境規定

基於國家利益、國際慣例與互惠原則，目前臺灣給予免簽證入境國家共43個，基本上大都是先進國家，尤其給予臺灣申更免簽證國家（32個）佔大部分。外國人免簽證入境臺灣之國家和規定簡述，如表3-7：

表 3-7　外國人免簽證入境臺灣之國家和規定

簽證種類	免簽證
適用對象	一、澳大利亞 (Australia)、奧地利 (Austria)、比利時 (Belgium)、保加利亞 (Bulgaria)、加拿大 (Canada)、克羅埃西亞 (Croatia)、賽普勒斯（Cyprus）、捷克 (Czech Republic)、丹麥 (Denmark)、愛沙尼亞 (Estonia)、芬蘭 (Finland)、法國 (France)、德國 (Germany)、希臘 (Greece)、匈牙利 (Hungary)、冰島 (Iceland)、愛爾蘭 (Ireland)、以色列 (Israel)、義大利 (Italy)、日本 (Japan)、韓國 (Republic of Korea)、拉脫維亞 (Latvia)、列支敦斯登 (Liechtenstein)、立陶宛 (Lithuania)、盧森堡 (Luxembourg)、馬來西亞 (Malaysia)、馬爾他 (Malta)、摩納哥 (Monaco)、荷蘭 (Netherlands)、紐西蘭 (New Zealand)、挪威 (Norway)、波蘭 (Poland)、葡萄牙 (Portugal)、羅馬尼亞 (Romania)、新加坡 (Singapore)、斯洛伐克 (Slovakia)、斯洛維尼亞 (Slovenia)、西班牙 (Spain)、瑞典 (Sweden)、瑞士 (Switzerland)、英國 (U.K.)、美國 (U.S.A.)、梵蒂岡城國 (Vatican City State) 等 43 國旅客。 二、持有效美國、加拿大、日本、英國、歐盟申根、澳大利亞及紐西蘭等國家簽證（包括永久居留證）之印度、泰國、菲律賓、越南及印尼等 5 國旅客。
應備要件	1. 所持護照效期須在 6 個月以上（普通、公務及外交等正式護照均適用，但不包含緊急、臨時、其他非正式護照或旅行文件。＊日本護照效期應有三個月以上；持用緊急或臨時護照者應向我駐外館處申請簽證或於抵達桃園或高雄小港機場時申請落地簽證）。 2. 回程機（船）票或次一目的地之機（船）票及有效簽證。其機（船）票應訂妥離境日期班（航）次之機（船）位。 3. 經中華民國入出國機場或港口查驗單位查無不良紀錄。
適用入境地點	臺灣桃園國際機場、臺北松山機場、基隆港、臺中清泉崗機場、臺中港、高雄小港國際機場、高雄港、澎湖馬公機場、臺東機場、花蓮機場、花蓮港、金門尚義機場、金門港水頭港區、馬祖港福澳港區。
停留期限	停留期限 30 天或 90 天，自入境翌日起算，最遲須於期滿當日離境。期滿不得延期及改換其他停留期限之停留簽證或居留簽證。

（續下頁）

（承上頁）

簽證種類	免簽證
注意事項	依據役男出境處理辦法第十四條規定「在臺原有戶籍兼有雙重國籍之役男，應持中華民國護照入出境；其持外國護照入境，依法仍應徵兵處理者，應限制其出境」。

資料來源：外交部領事事務局網站

四、外國人辦理落地簽證

為方便外國人來臺灣旅遊，因此有「外國人辦理落地簽證」（表3-8）的規定，適用的外國人在抵達我國時辦理簽證，不必在其國家事先辦理取得我國簽證。

表 3-8　外國人辦理落地簽證規定

簽證種類	落地簽證
適用對象	1. 持效期在六個月以上護照之汶萊籍人士。 2. 適用免簽證來臺國家之國民持用緊急或臨時護照、且效期六個月以上者。 3. 所持護照效期不足六個月之美籍人士。
應備要件	1. 回程機票或次一目的地之機票及有效簽證，其機票應訂妥離境日期班次之機位。 2. 填妥簽證申請表、繳交相片 2 張。 3. 簽證費新臺幣 1600 元（美金 50 元，依互惠原則免收簽證費國家免繳）及手續費新臺幣 800 元（美金 24 元）。 4. 經我機場查驗單位查無不良紀錄。
辦理方式	1. 自臺灣桃園國際機場入境者，請至外交部領事事務局臺灣桃園國際機場辦事處辦理。 2. 自臺北松山機場、臺中機場、高雄國際機場入國者，應先向內政部入出國及移民署國境事務大隊申領「臨時入國許可單」入國，入國後儘速至外交部領事事務局或外交部中部、南部辦事處補辦簽證手續，以免留下不良紀錄。若抵臺後遇連續假期時，請向外交部領事事務局臺灣桃園國際機場辦事處補辦簽證手續。

（續下頁）

（承上頁）

簽證種類	落地簽證
適用入境地點	臺灣桃園國際機場、臺北松山機場、臺中機場、高雄國際機場。
停留期限	1. 汶萊籍人士：自抵達翌日起算 14 天。 2. 其他國籍人士：自抵達翌日起算 30 天。 3. 持落地簽證之外籍人士在臺停留期滿後不得申請延期及改換其他停留期限之停留或居留簽證。
注意事項	美籍人士所持護照不足六個月者： 得向我國駐外館處事先申辦簽證，相對處理費為新臺幣 4800 元（美金 160 元），亦得於抵達我國指定之入出國機場時申辦簽證 (visa upon arrival)，將審酌個案核予單次入境、停留期限不超過護照效期之停留簽證；所收費用為相對處理費新臺幣 4800 元（美金 160 元）加特別手續費新臺幣 800 元（美金 24 元），合計新臺幣 5600 元（美金 184 元）。

五、國人適用以免簽證或落地簽證方式前往之國家或地區

至民國103年5月，國人至外國旅遊適用免簽證或落地簽證方式前往之國家或地區，總計共140個。其中，免簽證國家或地區107個，包含美洲38個、歐洲44個（主要是申根免簽證國家32個），及亞太國家21個；以落地簽證入境國家或地區共31個，主要是亞洲國家（17個）和非洲（13個）；此外，至澳洲與土耳其旅遊可委託旅行社於出發前以電子簽證方式申請入境。

六、至外國打工度假（青年交流）簽證

1. 打工度假計畫，是在於促進我國與其他國家間青年之互動交流與瞭解，申請人之目的在於度假，打工係為使度假展期而附帶賺取旅遊生活費，並非入境主因。
2. 目前已與我國簽署相關協定並已生效之國家為：紐西蘭、澳洲、日本、加拿大、德國、韓國、英國、愛爾蘭、比利時。

七、外交部領事事務局發布國外旅遊警示分級表

為使國人出國旅遊前事先掌握欲前往國家或地區之狀況，外交部領事事務局在其網站以顏色區分危險程度，作為國人決定是否前往該國家或地區旅遊的參考。其各顏色代表的意義，敘述如下：

1. 灰色**警示**：提醒注意。
2. 黃色**警示**：特別注意旅遊安全並檢討應否前往。
3. 橙色**警示**：高度小心，避免非必要旅行。
4. 紅色**警示**：不宜前往。

第四節　入出境的通關查驗

　　旅客進出國境皆要經過通關查驗，其主要目的是檢查旅客攜帶物品是否合於規定，以確保國家安全與利益。

一、旅客入境的通關查驗

　　旅客入境的通關查驗比出境嚴格，主要是檢查是否攜帶違禁品、藥品、應課稅物品，以及動物和植物（表3-9）。

表 3-9　旅客入境的通關查驗

項目	旅客入境的通關查驗
申報	一、紅線通關 入境旅客攜帶管制或限制輸入之行李物品，或有下列應申報事項者，應填寫「中華民國海關申報單」向海關申報，並經「應申報檯」（即紅線檯）通關： 　1. 攜帶菸、酒或其他行李物品**逾**免稅規定者。 　2. 攜帶外幣現鈔總值逾**等值**美幣 1 萬元者。 　3. 攜帶新臺幣**逾** 6 萬元者。 　4. 攜帶黃金價值**逾**美幣 2 萬元者。 　5. 攜帶人民幣**逾** 2 萬元**者**（超過部分，入境旅客應自行封存於海關，出境時准予攜出）。 　6. 攜帶水產品**或**動植物及其產品者。 　7. 有不隨身行李者。 　8. 有其他不符合免稅規定或須申報事項或依規定不得免驗通關者。 備註：攜帶有價證券（指無記名之旅行支票、其他支票、本票、匯票或得由持有人在本國或外國行使權利之其他有價證券）總面額**逾**等值 1 萬美元者，應向海關申報。

（續下頁）

（承上頁）

項目	旅客入境的通關查驗
申報	二、綠線通關 未有上述情形之旅客，可免填寫申報單，持憑護照選擇「免申報檯」（即綠線檯）通關。
免稅物品之範圍及數量	一、旅客攜帶行李物品，其免稅範圍以合於本人自用及家用者為限，範圍如下： 　1.酒1公升，捲菸200支或雪茄25支或菸絲1磅，但限滿20歲之成年旅客始得適用。 　2.非屬管制進口，並已使用過之行李物品，其單件或一組之完稅價格在新臺幣1萬元以下者。 　3.上列1、2以外之行李物品（管制品及菸酒除外），其完稅價格總值在新臺幣2萬元以下者。 二、旅客攜帶貨樣，其完稅價格在新臺幣1萬2000元以下者免稅。
應稅物品	旅客攜帶進口隨身及不隨身行李物品，合計如已超出免稅物品之範圍及數量者，均應課徵稅捐。 一、應稅物品之限值與限量 　1.入境旅客攜帶進口隨身及不隨身行李物品（包括視同行李物品之貨樣、機器零件、原料、物料、儀器、工具等貨物），其中應稅部分之完稅價格總和以不超過每人美幣2萬元為限。 　2.入境旅客隨身攜帶之單件自用行李，如屬於准許進口類者，雖超過上列限值，仍得免辦輸入許可證。 　3.進口供餽贈或自用之洋菸酒，其數量不得超過酒5公升，捲菸1000支或菸絲5磅或雪茄125支，超過限量者，應檢附菸酒進口業許可執照影本。 　4.明顯帶貨營利行為或經常出入境（係指於30日內入出境2次以上或半年內入出境6次以上）且有違規紀錄之旅客，其所攜行李物品之數量及價值，得依規定折半計算。 　5.以過境方式入境之旅客，除因旅行必需隨身攜帶之自用衣物及其他日常生活用品得免稅攜帶外，其餘所攜帶之行李物品依第4項規定辦理稅放。

（續下頁）

（承上頁）

項目	旅客入境的通關查驗
應稅物品	6. 入境旅客攜帶之行李物品，超過上列限值及限量者，如已據實申報，應自入境之翌日起 2 個月內，繳驗輸入許可證，或將超逾限制範圍部分辦理退運，或以書面聲明放棄，必要時得申請延長 1 個月，屆期不繳驗輸入許可證或辦理退運或聲明放棄者，依關稅法第 96 條規定處理。 二、不隨身行李物品 1. 不隨身行李物品應在入境時，即於「中華民國海關申報單」上報明件數及主要品目，並應自入境之翌日起 6 個月內進口。 2. 違反上述進口期限或入境時未報明有後送行李者，除有正當理由（例如船期延誤），經海關核可者外，其進口通關按一般進口貨物處理。 3. 行李物品應於裝載行李之運輸工具進口日之翌日起 15 日內報關，逾限未報關者依關稅法第 73 條之規定辦理。 4. 旅客之不隨身行李物品進口時，應由旅客本人或以委託書委託代理人或報關業者，填具進口報單向海關申報。
藥品	一、旅客攜帶自用藥物以 6 種為限，除各級管制藥品及公告禁止使用之保育物種者，應依法處理外，其他自用藥物，其成分未含各級管制藥品者，其限量以每種 2 瓶（盒）為限，合計以不超過 6 種為原則。 二、旅客或船舶、航空器服務人員攜帶之管制藥品，須憑醫院、診所之證明，以治療其本人疾病者為限，其攜帶量不得超過該醫療證明之處方量。 三、中藥材及中藥成藥：中藥材每種 0.6 公斤，合計 12 種。中藥成藥每種 12 瓶（盒），惟總數不得逾 36 瓶（盒），其完稅價格不得超過新臺幣 1 萬元。 四、口服維生素藥品 12 瓶（總量不得超過 1200 顆）。錠狀、膠囊狀食品每種 12 瓶，其總量不得超過 2400 粒，每種數量在 1200 粒至 2400 粒應向行政院衛生署申辦樣品輸入手續。 五、其餘自用藥物之品名及限量，請參考自用藥物限量表及環境用藥限量表。

（續下頁）

（承上頁）

項目	旅客入境的通關查驗
農畜水產品及大陸地區物品限量	一、農畜水產品類 6 公斤（禁止攜帶活動物及其產品、活植物及其生鮮產品、新鮮水果。但符合動物傳染病防治條例規定之犬、貓、兔及動物產品，經乾燥、加工調製之水產品及符合植物防疫檢疫法規定者，不在此限）。 二、詳細之品名及數量請參考大陸地區物品限量表及農畜水產品及菸酒限量表。
禁止攜帶物品	一、毒品危害防制條例所列毒品（如海洛因、嗎啡、鴉片、古柯鹼、大麻、安非他命等）。 二、槍砲彈藥刀械管制條例所列槍砲（如獵槍、空氣槍、魚槍等）、彈藥（如砲彈、子彈、炸彈、爆裂物等）及刀械。 三、野生動物之活體及保育類野生動植物及其產製品，未經行政院農業委員會之許可，不得進口；屬 CITES 列管者，並需檢附 CITES 許可證，向海關申報查驗。 四、侵害專利權、商標權及著作權之物品。 五、偽造或變造之貨幣、有價證券及印製偽幣印模。 六、所有非醫師處方或非醫療性之管制物品及藥物。 七、禁止攜帶活動物及其產品、活植物及其生鮮產品、新鮮水果。但符合動物傳染病防治條例規定之犬、貓、兔及動物產品，經乾燥、加工調製之水產品及符合植物防疫檢疫法規定者，不在此限。 八、其他法律規定不得進口或禁止輸入之物品
飛機、船舶服務人員	民航機、船舶服務人員每一班次每人攜帶入境之應稅行李物品完稅價格不得超過新臺幣五千元。其品目以准許進口類為限，如有超額或化整為零之行為者，其所攜帶之應稅行李物品，一律不准進口，應予退回國外。另得免稅攜帶少量准許進口類自用物品及紙菸五小包（每包 20 支）或菸絲半磅或雪茄二十支入境。

（續下頁）

（承上頁）

項目	旅客入境的通關查驗
備註	一、入出境旅客如對攜帶之行李物品應否申報無法確定時，請於通關前向海關關員洽詢，以免觸犯法令規定。 二、攜帶錄音帶、錄影帶、唱片、影音光碟及電腦軟體、8釐米影片、書刊文件等著作重製物入境者，每一著作以 1 份為限。 三、毒品、槍械、彈藥、保育類野生動物及其產製品，禁止攜帶入出境，違反規定經查獲者，將依「毒品危害防制條例」、「槍砲彈藥刀械管制條例」、「野生動物保育法」、「海關緝私條例」等相關規定懲處。

二、旅客出境的通關查驗

出境的通關查驗（表3-10）主要是規範旅客出境攜帶物品的通關規定，這些物品包括錢幣、有價證券、違禁物品、野生動物的活體及保育類野生動植物及其產製品。

表 3-10　旅客出境的通關查驗

項目	旅客出境的通關查驗
申報	出境旅客如有下列情形之一者，應向海關報明： 一、攜帶超額新臺幣、外幣現鈔、人民幣、有價證券（指無記名之旅行支票、其他支票、本票、匯票、或得由持有人在本國或外國行使權利之其他有價證券）者。 二、攜帶貨樣或其他隨身自用物品（如：個人電腦、專業用攝影、照相器材等），其價值逾免稅限額且日後預備再由國外帶回者。 三、攜帶有電腦軟體者，請主動報關，以便驗放。
各種貨幣與有價證券	一、新臺幣：6 萬元為限。如所帶之新臺幣超過限額時，應在出境前事先向中央銀行申請核准，持憑查驗放行；超額部分未經核准，不准攜出。 二、外幣：超過等值美幣 1 萬元現金者，應報明海關登記；未經申報，依法沒入。

（續下頁）

（承上頁）

項目	旅客出境的通關查驗
各種貨幣與有價證券	三、人民幣：2 萬元爲限。如所帶之人民幣超過限額時，雖向海關申報，仍僅能於限額內攜出；如申報不實者，其超過部分，依法沒入。 四、有價證券（指無記名之旅行支票、其他支票、本票、匯票、或得由持有人在本國或外國行使權利之其他有價證券）：總面額逾等值 1 萬美元者，應向海關申報。未依規定申報或申報不實者，科以相當於未申報或申報不實之有價證券價額之罰鍰。
出口限額	出境旅客及過境旅客攜帶自用行李以外之物品，如非屬經濟部國際貿易局公告之「限制輸出貨品表」之物品，其價值以美幣 2 萬元爲限，超過限額或屬該「限制輸出貨品表」內之物品者，須繳驗輸出許可證始准出口。
禁止攜帶物品	一、未經合法授權之翻製書籍、錄音帶、錄影帶、影音光碟及電腦軟體。 二、文化資產保存法所規定之古物等。 三、槍砲彈藥刀械管制條例所列槍砲（如獵槍、空氣槍、魚槍等）、彈藥（如砲彈、子彈、炸彈、爆裂物等）及刀械。 四、僞造或變造之貨幣、有價證券及印製僞幣印模。 五、毒品危害防制條例所列毒品（如海洛因、嗎啡、鴉片、古柯鹼、大麻、安非他命等）。 六、野生動物之活體及保育類野生動植物及其產製品，未經行政院農業委員會之許可，不得出口；屬 CITES 列管者，並需檢附 CITES 許可證，向海關申報查驗。 七、其他法律規定不得出口或禁止輸出之物品。

（續下頁）

三、入境旅客攜帶動物或其產品檢疫規定

旅客攜帶動物或其產品可能造成毒害或疫情，其危害非同小可，故有「入境旅客攜帶動物或其產品檢疫規定」（表3-11），以維護國家安全與國民健康。

表 3-11　入境旅客攜帶動物或其產品檢疫規定

項目	入境旅客攜帶動物或其產品檢疫規定
須申請 檢疫者	旅客僅限攜帶犬、貓及兔等活動物入境，攜入前應向防檢局申請並取得進口同意文件（函）。攜入時須檢附輸出國動物檢疫證明書。攜入兔須隔離檢疫 7 日；從狂犬病疫區（國家）攜入犬貓應隔離 21 日。
禁止 攜入者	1. 活動物及活水生動物。 2. 動物肉類。 3. 加工肉類（含真空包裝者）： 　(1)乾燥或醃製肉類。 　(2)內餡含肉產品。 　(3)含肉速食麵或泡麵、含肉之固態或液態湯類（粥）、含肉夾餡粉條、肉骨粉、雞肉粉…等。 4. 未煮熟蛋（製）品。 5. 動物飼料。 6. 生乳及鮮乳。 7. 生物製劑：血清、動物疫苗、生物樣品材料、細胞株…等。 8. 動物之骨、角、齒、爪、蹄產品（經拋光、上漆等加工處理者除外）。 9. 動物毛、羽毛產品（經染色加工處理者除外）。 10.動物之生皮（包括生鮮、乾燥、鹽漬等）。 11.未熬製精煉之動物油脂。 12.直接採摘未經加工處理之燕窩（夾雜有血液、羽毛、糞便及其他雜污）。 13.魚產品：生鮮、冷凍冷藏之鮭、鱒、鱸、鯉、鯰等「未完全去除」內臟者。 14.附著土壤之動物產品。 15.含動物成分之中藥材（包括生鮮、乾燥或研磨成粉狀等）：牛黃、雞內金、麝香、鹿茸、動物鞭、熊膽…等。 16.含動物性成分之有機肥料。

（續下頁）

（承上頁）

項目	入境旅客攜帶動物或其產品檢疫規定
無須申報動物檢疫者	1.保久乳及奶粉。 2.高溫滅菌罐頭食品（犬貓食品及動物飼料除外）。 3.不含畜、禽肉類成分之餅乾、蛋糕、麵包、速食麵、粥、粉條、固態湯類等食品。 4.不含畜、禽（含蛋）動物性成分之犬貓食品。 5.經煮熟蛋類（蛋黃及蛋白須完全凝固，表面應清潔不得帶有泥土、灰等物質）製品（鴨仔蛋等含胚胎蛋不論是否煮熟均禁止輸入）。 6.經拋光、上漆等加工處理動物角、骨、齒、爪、蹄等產品（如夾雜骨髓、角髓、牙髓、糞便、皮塊、血或其他物質污染者禁止輸入）。 7.經染色加工之動物羽、毛等產品及經鞣製加工處理之動物皮革等產品。 8.經熬製精煉供人食用之動物油脂。 9.經清潔處理並加工重塑成型之燕窩成品及其高溫罐製品。 10.經乾燥、醃漬、調製等加工處理之水產品及已完全去除內臟之魚產品。 11.大閘蟹係禁止旅客攜帶之貨品。

四、入境旅客攜帶植物或其產品檢疫規定

入境旅客攜帶植物或其產品可能造成病媒傳播和臺灣生態失衡，其危害可能極大至不可收拾地步，故有「入境旅客攜帶植物或其產品檢疫規定」（表3-12），以防堵禍害進入臺灣。

表 3-12　入境旅客攜帶植物或其產品檢疫規定

項目	入境旅客攜帶植物或其產品檢疫規定
禁止攜入者	1. 土壤或附著土壤之植物。 2. 新鮮水果。 3. 有害生物或活昆蟲：如病原微生物、蚱蜢、甲蟲、兜蟲（獨角仙）、鍬形蟲…等。 4. 列屬禁止輸入疫區之寄主植物或其產品，如柑桔類、香蕉類及棕櫚類活植物、帶根（地下部）植物、竹筍、薑、蓮藕、香蕉葉、梨接穗、檳榔、未煮熟之帶殼花生、附帶樹皮之植物枝條及木材…等。
須申請檢疫者	一、下列產品攜入時，向檢疫櫃檯申報檢疫（無須檢附檢疫相關文件），經檢疫合格者後可攜入：乾燥植物產品（不含種子），如乾燥花、乾燥蔬菜、乾果類、乾燥植物香辛料、去心乾蓮子、白米…等。 二、下列產品攜入前應向防檢局申請檢疫條件函及首次輸入同意函文件，攜入時須檢附輸出國植物檢疫證明書，向檢疫櫃檯申報檢疫，經檢疫合格後可攜入： 1. 活植物：如組織培養苗、蘭花植株、仙人掌類…等。 2. 新鮮蔬菜：如蒜頭（大蒜）、紅蔥頭、萵苣、胡蘿蔔、蘿蔔、茄子、山藥、蘆筍、檸檬葉、莙葉、去根香茅草、綠胡椒…等。 3. 新鮮切花、切枝：如蘭花、玫瑰花束、花圈、康乃馨、樹、菊花、茉莉…等。 4. 花卉種球：如鬱金香、百合、孤挺花、風信子、水仙、宮燈百合…等。 5. 種子：如蔬菜種子（如紅豆、綠豆）、花卉種子、種子類香料（如茴香籽、芫荽籽…等）、種子類中藥材、穀類種子、果樹種子…等。 6. 新鮮食用菇類：如香菇、秀珍菇、松茸、杏鮑菇、巴西蘑菇、金針菇、松露…等。 7. 其他植物產品：如生鮮中藥材、新鮮人蔘、堅果類、其他香辛料、木材…等。

（續下頁）

（承上頁）

項目	入境旅客攜帶植物或其產品檢疫規定
須申請檢疫者	三、下列苗木攜入前應向防檢局申請隔離檢疫場所，經同意輸入後，攜入時檢附相關文件向檢疫櫃檯申報檢疫，並須隔離栽植檢疫：薔薇屬、李屬（如櫻花苗）、梨屬、桑屬、木瓜屬、草莓屬、蘋果屬、百香果屬、葡萄屬、番石榴、芒果、荔枝、龍眼、甘蔗、茶、鳳梨、香蕉、柑橘類。
無須申請檢疫者	1.加工乾燥植物產品：如商業包裝之葡萄乾、蘋果乾、龍眼乾、杏桃乾、香蕉乾等水果乾、乾香菇、不含種子之乾燥中藥材。 2.加工或調製完全之植物產品：如製罐（如水蜜桃罐頭、鳳梨罐頭、果醬）、醃漬（如蜜餞、泡菜、蘿蔔乾，但鹽漬薑除外）、焙炒（如堅果、花生、茶葉、咖啡豆）者。 3.乾燥磨粉植物製品：如辛香料粉（如辣椒粉、胡椒粉、茴香粉…等）、中藥粉、穀類及豆類粉狀製品。

第三章

✈ 歷年試題精選

一、導遊實務（二）

(   ) 1. 下列關於護照姓名之規定，何者有誤？ (97 年外導)
    (A) 中文姓名以一個爲限   (B) 外文姓名以一個爲限
    (C) 中文別名以一個爲限   (D) 外文別名除另有規定外，以一個爲限

(   ) 2. 護照遺失補發之效期，依護照條例施行細則規定以幾年爲限？ (97 年華外導)
    (A)2 年   (B)3 年   (C)6 年   (D)10 年

(   ) 3. 下列那一類旅客可以免塡「入境登記表」，即可查驗通關入境？ (97 年外導)
    (A) 外國人   (B) 大陸地區人民
    (C) 港澳居民   (D) 臺灣地區有戶籍國民

(   ) 4. 主管機關得強制收容外國人之情形，下列何者不符合？ (97 年外導)
    (A) 受驅逐出國處分尙未辦妥出國手續者
    (B) 非法入國或逾期停留、居留者
    (C) 受外國政府通緝者
    (D) 遺失護照未及時申請補發

(   ) 5. 下列有關產品入境之規定，何者錯誤？ (97 年外導)
    (A) 中國大陸生產之金華火腿或烤鴨等畜禽肉類，禁止輸入
    (B) 運輸工具上提供之肉製品禁止攜入
    (C) 來自中國大陸之豬肉乾，禁止輸入
    (D) 運輸工具上提供之罐頭水果，禁止輸入

(   ) 6. 外國護照簽證條例規定簽證之停留期限，如何計算？ (97 年外導)
    (A) 自入境當日起算   (B) 自入境之翌日起算
    (C) 自簽證核發之當日起算   (D) 自簽證核發之翌日起算

(   ) 7. 護照所記載之事項，於必要時，得依規定申請加簽或修正。但下列哪一個項目，
不得申請加簽或修正，應申請換發新護照？ (97 年外導)
    (A) 出生地或出生日期   (B) 國民身分證統一編號
    (C) 外交及公務護照之職稱   (D) 外文姓名、外文別名

(   ) 8. 原有戶籍國民具僑民身分之役齡男子，在臺屆滿一年時，依法應辦理徵兵處理，
其起算日爲： (97 年外導)
    (A) 自初設戶籍登記之翌日   (B) 自返回國內之翌日
    (C) 自返回國內初設戶籍登記之翌日   (D) 自返回國內辦妥戶籍遷入登記之翌日

(　　) 9.外籍旅客購買特定貨物達一定金額以上，可依規定申請退還營業稅。其特定貨物指： (97 年外導)
(A) 供日常生活使用，並可隨旅行攜帶出境之應稅貨物
(B) 不符機艙限制規定之貨物
(C) 未隨行貨物
(D) 在中華民國境內已全部或部分使用之可消耗性貨物

(　　) 10.柯先生持日本護照想到臺灣學習中文，須住三個月的時間。其採用那一種簽證方式較快？ (97 年外導)
(A) 免簽證　　　　(B) 落地簽證　　　　(C) 停留簽證　　　　(D) 居留簽證

(　　) 11.護照遺失 2 次以上申請補發者，外交部領事事務局得縮短其護照效期為多久？
(A)1 年以上，3 年以下　　　　(B)1 年 6 個月以上，3 年以下　(98 年華外導)
(C)2 年以上，4 年以下　　　　(D)2 年 6 個月以上，4 年以下

(　　) 12.未成年人已結婚者，申請護照之同意權，其規定為何？ (98 年外導)
(A) 須經父母同意　(B) 須經配偶同意　(C) 須經監護人同意(D) 無須他人同意

(　　) 13.經由我國機場、港口進入其他國家、地區，所做之短暫停留，稱為： (98 年外導)
(A) 入境　　　　(B) 出境　　　　(C) 過境　　　　(D) 臨時入境

(　　) 14.野生動物保育法對「瀕臨絕種野生動物」的定義為何？ (98 年外導)
(A) 係指各地特有或族群量稀少之野生動物
(B) 係指族群量雖未達稀有程度，但其生存已面臨危機之野生動物
(C) 係指族群量降至危險標準，其生存已面臨危機之野生動物
(D) 係指一般狀況下，應生存於棲息環境下之哺乳類、鳥類、爬蟲類、兩棲類、魚類、昆蟲及其他種類之動物

(　　) 15.未滿 14 歲者，其護照之效期以幾年為限？ (98 年外導)
(A)1 年　　　　(B)3 年　　　　(C)5 年　　　　(D)10 年

(　　) 16.申請護照，本人不能親自向外交部領事事務局辦理，可委任代理之對象為：
(A) 朋友　　　　　　　　　　(B) 同一公司之人員　(98 年外導)
(C) 乙種旅行業　　　　　　　(D) 移民公司

(　　) 17.護照遺失報案經尋獲，最遲應於報案後多久內向原申報機關（構）申請撤回，始能繼續使用？ (98 年外導)
(A)12 小時　　　　(B)24 小時　　　　(C)48 小時　　　　(D)72 小時

(　　) 18.國民有事實足認有妨害國家安全或社會安定之重大嫌疑者，可否出境？ (98 年外導)
(A) 可以出境
(B) 應禁止其出境
(C) 由內政部入出國及移民署認定可否出境
(D) 由內政部警政署航空警察局認定可否出境

( ) 19. 外國人入國時護照失效、應經簽證而未簽證或簽證失效者，將受何種處分？
(A) 禁止其入國　　　　　　　　　　(B) 限令其出國　　　　(98 年外導)
(C) 驅逐其出國　　　　　　　　　　(D) 同意其入國

( ) 20. 出境旅客攜帶外幣超過等值美金 10000 元現金者，應向何單位申報；未經申報，
其超過部分依法沒入？　　　　　　　　　　　　　　　　　　(98 年外導)
(A) 中央銀行　　　(B) 海關　　　(C) 財政部　　　(D) 經濟部

( ) 21. 持外國護照以免簽證入境者，於停留期限屆滿時，應即出境，但有下列何種情形
可申請停留簽證？　　　　　　　　　　　　　　　　　　　(98 年外導)
(A) 罹患急性重病　　　　　　　　　(B) 罹患傳染病
(C) 罹患精神病航空公司拒載　　　　(D) 罹患妨害公共衛生之疾病

( ) 22. 我國國民欲歸化日本籍，經許可喪失我國國籍，尚未取得日本國籍前，可否申請
我國護照？　　　　　　　　　　　　　　　　　　　　　(99 年華外導)
(A) 不得申請我國護照　　　　　　　(B) 得申請 1 年效期我國護照
(C) 得申請 3 年效期我國護照　　　　(D) 得申請 10 年效期我國護照

( ) 23. 申請護照，應使用最近多久內所拍攝之照片？ (99 年華外導)
(A)6 個月　　　(B)1 年　　　(C)1 年 6 個月　　　(D)2 年

( ) 24. 內政部入出國及移民署對於各權責機關通知禁止入出國案件，應多久清理一次？
(A) 半年　　　(B) 每年　　　(C)2 年　　　(D)4 年　　(99 年華外導)

( ) 25. 男子年滿 18 歲之翌年 1 月 1 日起役，至屆滿幾歲之年 12 月 31 日除役，稱為役
齡男子？　　　　　　　　　　　　　　　　　　　　　　(99 年華外導)
(A)28 歲　　　(B)30 歲　　　(C)36 歲　　　(D)40 歲

( ) 26. 入境人員隨身可以攜帶的動物係下列何者？　　　　　　　(99 年外導)
(A) 兔　　　(B) 狐　　　(C) 鳥　　　(D) 鼠

( ) 27. 適用落地簽證方式進入我國之外籍人士，其停留期間為多久？　(99 年外導)
(A)6 個月　　　(B)3 個月　　　(C)2 個月　　　(D)30 天

( ) 28. 內政部入出國及移民署對於欠稅禁止出國案件，達幾年以上未解除管制，始通知
原限制出境機關清理？　　　　　　　　　　　　　　　　(99 年外導)
(A)1 年　　　(B)3 年　　　(C)5 年　　　(D)7 年

( ) 29. 外國人在臺灣地區無限期居住，入出國及移民法稱為：　　(99 年外導)
(A) 依親居留　　　(B) 長期居留　　　(C) 定居　　　(D) 永久居留

( ) 30. 首次申請普通護照，應備護照用照片幾張？　　　　　　　(99 年外導)
(A)1　　　(B)2　　　(C)3　　　(D)4

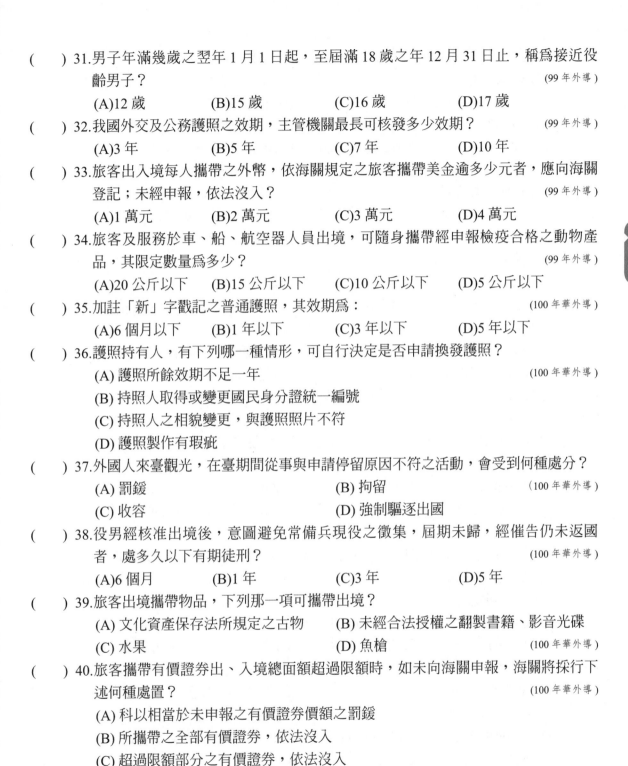

(　) 31.男子年滿幾歲之翌年 1 月 1 日起，至屆滿 18 歲之年 12 月 31 日止，稱爲接近役
齡男子？　　　　　　　　　　　　　　　　　　　　　　　　　　（99 年外導）
　　(A)12 歲　　　　　(B)15 歲　　　　　(C)16 歲　　　　　(D)17 歲

(　) 32.我國外交及公務護照之效期，主管機關最長可核發多少效期？　　　（99 年外導）
　　(A)3 年　　　　　　(B)5 年　　　　　　(C)7 年　　　　　　(D)10 年

(　) 33.旅客出入境每人攜帶之外幣，依海關規定之旅客攜帶美金逾多少元者，應向海關
登記；未經申報，依法沒入？　　　　　　　　　　　　　　　　　（99 年外導）
　　(A)1 萬元　　　　　(B)2 萬元　　　　　(C)3 萬元　　　　　(D)4 萬元

(　) 34.旅客及服務於車、船、航空器人員出境，可隨身攜帶經申報檢疫合格之動物產
品，其限定數量爲多少？　　　　　　　　　　　　　　　　　　　（99 年外導）
　　(A)20 公斤以下　　(B)15 公斤以下　　(C)10 公斤以下　　(D)5 公斤以下

(　) 35.加註「新」字戳記之普通護照，其效期爲：　　　　　　　　　（100 年華外導）
　　(A)6 個月以下　　　(B)1 年以下　　　　(C)3 年以下　　　　(D)5 年以下

(　) 36.護照持有人，有下列哪一種情形，可自行決定是否申請換發護照？
　　(A) 護照所餘效期不足一年　　　　　　　　　　　　　　　（100 年華外導）
　　(B) 持照人取得或變更國民身分證統一編號
　　(C) 持照人之相貌變更，與護照照片不符
　　(D) 護照製作有瑕疵

(　) 37.外國人來臺觀光，在臺期間從事與申請停留原因不符之活動，會受到何種處分？
　　(A) 罰鍰　　　　　　　　　　　(B) 拘留　　　　　　　　（100 年華外導）
　　(C) 收容　　　　　　　　　　　(D) 強制驅逐出國

(　) 38.役男經核准出境後，意圖避免常備兵現役之徵集，屆期未歸，經催告仍未返國
者，處多久以下有期徒刑？　　　　　　　　　　　　　　　　　（100 年華外導）
　　(A)6 個月　　　　　(B)1 年　　　　　　(C)3 年　　　　　　(D)5 年

(　) 39.旅客出境攜帶物品，下列那一項可攜帶出境？
　　(A) 文化資產保存法所規定之古物　　(B) 未經合法授權之翻製書籍、影音光碟
　　(C) 水果　　　　　　　　　　　　　(D) 魚槍　　　　　　（100 年華外導）

(　) 40.旅客攜帶有價證券出、入境總面額超過限額時，如未向海關申報，海關將採行下
述何種處置？　　　　　　　　　　　　　　　　　　　　　　　（100 年華外導）
　　(A) 科以相當於未申報之有價證券價額之罰鍰
　　(B) 所攜帶之全部有價證券，依法沒入
　　(C) 超過限額部分之有價證券，依法沒入
　　(D) 必須補辦申報，始得攜帶出、入境

( ) 41.護照上之「出生地」，凡在臺灣省出生者，應如何記載？ (100 年外導)

    (A) 依出生之省   (B) 依出生之省、縣

    (C) 依國民身分證記載   (D) 依戶籍法之規定

( ) 42.外國人在我國停留期間，幾歲以上者應隨身攜帶護照？ (100 年外導)

    (A)14 歲   (B)12 歲   (C)10 歲   (D)7 歲

( ) 43.外國人以免簽證方式持有效護照，經何單位查驗許可入國後，取得停留許可？

    (A) 航空警察局   (B) 行政院海岸巡防署   (100 年外導)

    (C) 財政部海關   (D) 內政部入出國及移民署

( ) 44.旅客入境攜帶酒類依海關規定不得超過多少限額，否則應檢附有菸酒進口業許可執照影本？ (100 年外導)

    (A)3 公升   (B)5 公升   (C)6 公升   (D)10 公升

( ) 45.有外交豁免權之人員攜帶動物檢疫物（含後送行李）入境，辦理檢疫通關時，下列何者正確？ (100 年外導)

    (A) 不需檢附任何資料即可通關   (B) 仍應依規定辦理檢疫

    (C) 填申報書即可通關   (D) 是否檢疫，由檢疫人員行政裁量

( ) 46.外國人在國外申請我國之單次入境停留簽證，每件為美金多少元？ (100 年外導)

    (A)30 元   (B)40 元   (C)50 元   (D)100 元

( ) 47.在國內申辦護照，早上送件，要求隔天上午製發完成者，須加收速件處理費新臺幣多少元？ (101 年外導)

    (A)300 元   (B)600 元   (C)900 元   (D)1200 元

( ) 48.男子於年滿 15 歲當年之 12 月 31 日前，申請普通護照，其效期為幾年以下？

    (A)1 年   (B)3 年   (C)5 年   (D)10 年   (101 年外導)

( ) 49.歸化我國國籍之役齡男子，自何時之翌日起，屆滿一年時，依法辦理徵兵處理？

    (A) 與國人結婚   (B) 許可居留   (101 年外導)

    (C) 許可定居   (D) 初設戶籍登記

( ) 50.入境旅客攜帶行李物品，下列何者免稅？ (101 年外導)

    (A) 酒 1 公升   (B) 捲菸 299 支   (C) 雪茄 99 支   (D) 菸絲 2 磅

( ) 51.香港居民經主管機關許可者，得持用普通護照，其護照末頁併加蓋何種戳記？

    (A)「新」字戳記   (B)「特」字戳記   (101 年外導)

    (C)「港」字戳記   (D)「換」字戳記

( ) 52.旅客隨身攜帶入境之犬隻，符合檢疫規定下，合計最高數量為何？

    (A)3 隻   (B)4 隻   (C)5 隻   (D)6 隻   (101 年外導)

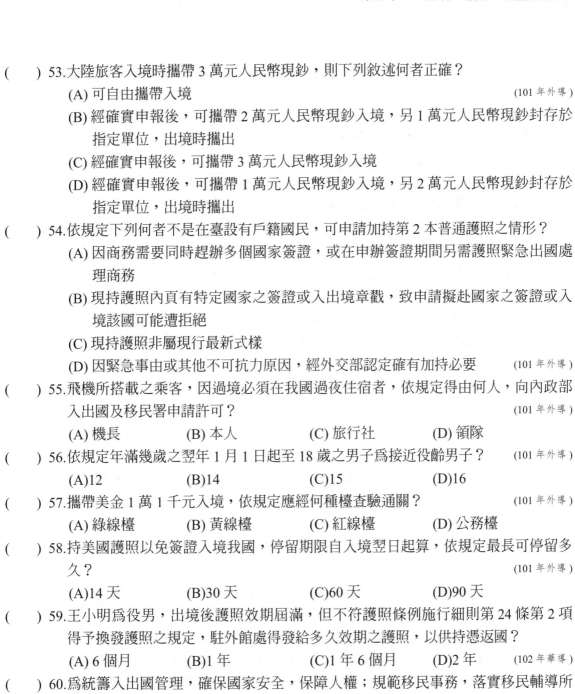

(　) 53.大陸旅客入境時攜帶 3 萬元人民幣現鈔，則下列敘述何者正確？
　　　(A) 可自由攜帶入境　　　　　　　　　　　　　　　　　　(101 年外導)
　　　(B) 經確實申報後，可攜帶 2 萬元人民幣現鈔入境，另 1 萬元人民幣現鈔封存於指定單位，出境時攜出
　　　(C) 經確實申報後，可攜帶 3 萬元人民幣現鈔入境
　　　(D) 經確實申報後，可攜帶 1 萬元人民幣現鈔入境，另 2 萬元人民幣現鈔封存於指定單位，出境時攜出

(　) 54.依規定下列何者不是在臺設有戶籍國民，可申請加持第 2 本普通護照之情形？
　　　(A) 因商務需要同時趕辦多個國家簽證，或在申辦簽證期間另需護照緊急出國處理商務
　　　(B) 現持護照內頁有特定國家之簽證或入出境章戳，致申請擬赴國家之簽證或入境該國可能遭拒絕
　　　(C) 現持護照非屬現行最新式樣
　　　(D) 因緊急事由或其他不可抗力原因，經外交部認定確有加持必要　(101 年外導)

(　) 55.飛機所搭載之乘客，因過境必須在我國過夜住宿者，依規定得由何人，向內政部入出國及移民署申請許可？　　　　　　　　　　　　　　(101 年外導)
　　　(A) 機長　　　　(B) 本人　　　　(C) 旅行社　　　　(D) 領隊

(　) 56.依規定年滿幾歲之翌年 1 月 1 日起至 18 歲之男子為接近役齡男子？　(101 年外導)
　　　(A)12　　　　　(B)14　　　　　(C)15　　　　　(D)16

(　) 57.攜帶美金 1 萬 1 千元入境，依規定應經何種檯查驗通關？　(101 年外導)
　　　(A) 綠線檯　　　(B) 黃線檯　　　(C) 紅線檯　　　(D) 公務檯

(　) 58.持美國護照以免簽證入境我國，停留期限自入境翌日起算，依規定最長可停留多久？　　　　　　　　　　　　　　　　　　　　　　(101 年外導)
　　　(A)14 天　　　(B)30 天　　　(C)60 天　　　(D)90 天

(　) 59.王小明為役男，出境後護照效期屆滿，但不符護照條例施行細則第 24 條第 2 項得予換發護照之規定，駐外館處得發給多久效期之護照，以供持憑返國？
　　　(A) 6 個月　　　(B)1 年　　　(C)1 年 6 個月　　　(D)2 年　(102 年華導)

(　) 60.為統籌入出國管理，確保國家安全，保障人權；規範移民事務，落實移民輔導所制定之入出國及移民法，其主管機關為何？　　　　　　(102 年華導)
　　　(A) 外交部　　　(B) 內政部　　　(C) 法務部　　　(D) 行政院大陸委員會

(　) 61.動植物檢疫物來自禁止輸入疫區或經前述疫區轉換運輸工具而不符規定者，應予以下列何種處置？　　　　　　　　　　　　　　　(102 年華導)
　　　(A) 退運或銷燬　　(B) 檢疫處理　　(C) 消毒後放行　　(D) 放行

(　) 62.研發替代役役男於第一階段服役期間申請出境，具下列何種情事始得申請？

(A) 探親　　　　　　　　　　　　　(B) 探病 　　　　　　　　(102 年華導)

(C) 結婚　　　　　　　　　　　　　(D) 因特殊事由必須本人親自處理

(　) 63.原有戶籍國民具僑民身分之役齡男子，自下列何種情況之翌日起，屆滿 1 年時，
依法辦理徵兵處理？　　　　　　　　　　　　　　　　　　　(102 年華導)

(A) 返回國內　　　(B) 遷入登記　　　(C) 恢復健保　　　(D) 國內就業

(　) 64.駐外館處簽發之居留簽證爲幾次入境？　　　　　　　　　　(102 年華導)

(A) 單次　　　(B) 多次　　　(C) 單次及多次　　　(D) 不得持憑入境

(　) 65.王小明爲在臺設有戶籍國民，其配偶張小美爲在海外之大陸地區人民，若張小美
符合申請普通護照之規定，主管機關核發其護照之效期最長爲多久？　(102 年外導)

(A)1 年　　　(B)2 年　　　(C)3 年　　　(D)5 年

(　) 66.外國人於停留期限屆滿前，有繼續停留之必要時，應於停留期限屆滿前幾日內，
向內政部入出國及移民署提出延期停留申請？　　　　　　　　(102 年外導)

(A)15 日　　　(B)30 日　　　(C)45 日　　　(D)60 日

(　) 67.入境旅客攜帶自用大陸地區物品，其中干貝、鮑魚干、燕窩及魚翅等各限量多少
公斤？　　　　　　　　　　　　　　　　　　　　　　　　(102 年外導)

(A)6 公斤　　　(B)2 公斤　　　(C)1.2 公斤　　　(D)1 公斤

(　) 68.旅客攜帶下列何種動物產品，入境時無須申請檢疫？　　　　(102 年外導)

(A) 肉乾　　　(B) 生蛋　　　(C) 保久乳　　　(D) 動物疫苗

(　) 69.出境旅客個人使用可攜式電子裝置（如手機、相機）之備用鋰（離子）電池上飛
機之規定爲何？　　　　　　　　　　　　　　　　　　　　(102 年外導)

(A) 不可置於託運行李　　　　　　　(B) 不可置於手提行李

(C) 不可隨身攜帶　　　　　　　　　(D) 不允許帶上航機

(　) 70.旅客出、入國境，同一人於同日單一航次，攜帶有價證券之總面額超過等值多少
美元，即應向海關申報登記？　　　　　　　　　　　　　　　(102 年外導)

(A)3 千美元　　　(B)5 千美元　　　(C)8 千美元　　　(D)1 萬美元

(　) 71.應辦理徵兵處理之歸國僑民，依照華僑回國投資條例申請投資，經核准並已 實行
投資，金額在新臺幣至少多少元以上，經各該目的事業主管機關證明者，得申請
暫緩徵兵處理？　　　　　　　　　　　　　　　　　　　　　(103 年華導)

(A)1 千萬元　　　(B)3 千萬元　　　(C)1 億元　　　(D)2 億元

(　) 72.入境旅客每人每次攜帶酒類 1 公升，捲菸 200 支適用免稅之規定，攜帶者最低須
幾歲以上始得適用？　　　　　　　　　　　　　　　　　　　(103 年華導)

(A)14 歲　　　(B)18 歲　　　(C)20 歲　　　(D)22 歲

（　） 73.入境旅客隨身攜帶新鮮水果無須申報之數額為若干？　(103 年華導)

(A)1 公斤以下　　(B)2 公斤以下　　(C)5 公斤以下　　(D) 不可攜帶

（　） 74.下列何類旅客於入境我國時必須填寫入國登記表？　(103 年華導)

(A) 中國大陸觀光客　　　　　　　(B) 在臺有戶籍者

(C) 持外僑居留證之外僑　　　　　(D) 以免簽證入國之外籍旅客

（　） 75.出境旅客攜帶小型香菸打火機或安全火柴上飛機之規定為何？　(103 年華導)

(A) 可隨身攜帶　　　　　　　　　(B) 可置手提行李

(C) 可置託運行李　　　　　　　　(D) 都不允許帶上飛機

（　） 76.護照空白內頁不足時，得加頁使用，但以幾次為限？　(103 年外導)

(A)1 次　　　　(B)2 次　　　　(C)3 次　　　　(D)5 次

（　） 77.外國人在我國停留期間，可以從事下列何種活動？　(103 年外導)

(A) 請願　　　(B) 集會　　　(C) 遊行　　　(D) 探親

（　） 78.已列入梯次徵集對象之役男，應限制出境。因直系血親病危，須出境探病，經核准者得予出境，在國外期間以幾日為限？　(103 年外導)

(A)7 日　　　　(B)15 日　　　　(C)30 日　　　　(D)2 個月

（　） 79.入出國及移民法所稱機場、港口，係指經何機關核定之入出國機場、港口？

(A) 行政院　　　　　　　　　　　(B) 交通部　　(103 年外導)

(C) 行政院海岸巡防署　　　　　　(D) 內政部入出國及移民署

（　） 80.入境旅客攜帶合於自用或家用之零星物品，超出免稅規定者，其超出部分應按何種稅率徵稅？　(103 年外導)

(A)1%　　　　(B)2%　　　　(C)5%　　　　(D)10%

（　） 81.我國核發停留簽證之效期，最長不得超過幾年？　(103 年外導)

(A)1 年　　　　(B)3 年　　　　(C)5 年　　　　(D)10 年

（　） 82.過境轉機旅客之人身及手提行李檢查方式為何？　(103 年外導)

(A) 與入境旅客相同　　　　　　　(B) 與出境旅客相同

(C) 完全不需要　　　　　　　　　(D) 先離開管制區後再重新檢查

（　） 83.旅客出入國境，同一人同日單一航次攜帶多少外幣現鈔，應向海關申報？

(A) 總值超過等值 5 千美元　　　　(B) 總值超過等值 6 千美元　　(103 年外導)

(C) 總值超過等值 8 千美元　　　　(C) 總值超過等值 1 萬美元

解答

1.(C)	2.(B)	3.(D)	4.(D)	5.(D)	6.(B)	7.(B)	8.(B)	9.(A)	10.(C)
11.(B)	12.(D)	13.(C)	14.(C)	15.(C)	16.(B)	17.(C)	18.(B)	19.(A)	20.(B)
21.(A)	22.(B)	23.(A)	24.(B)	25.(C)	26.(A)	27.(D)	28.(C)	29.(D)	30.(B)
31.(B)	32.(B)	33.(A)	34.(D)	35.(C)	36.(A)	37.(D)	38.(D)	39.(C)	40.(A)
41.(A)	42.(A)	43.(D)	44.(B)	45.(B)	46.(C)	47.(C)	48.(C)	49.(D)	50.(A)
51.(B)	52.(A)	53.(B)	54.(C)	55.(A)	56.(C)	57.(C)	58.(D)	59.(B)	60.(B)
61.(A)	62.(C)	63.(A)	64.(A)	65.(C)	66.(A)	67.(C)	68.(C)	69.(A)	70.(D)
71.(A)	72.(C)	73.(D)	74.(D)	75.(A)	76.(B)	77.(D)	78.(C)	79.(A)	80.(C)
81.(C)	82.(B)	83.(C)							

試題解析

1. 依據「護照條例施行細則」第30條：「護照中文姓名及外文姓名均以一個為限；中文姓名不得加列別名，外文別名以一個為限。」

2. 依據「護照條例施行細則」第39條：「護照經申報遺失後尋獲者，該護照仍視為遺失。補發之護照效期為三年。」

3. 現行做法是臺灣地區有戶籍國民可以免填「入境登記表」，即可查驗通關入境。

4. 外國人遺失護照未及時申請補發的情況，是不須要強制收容。

5. 已製成罐頭的水果，是可以攜帶入境的。

6. 外國人護照簽證的停留期限是自入境之翌日起算的。

7. 依據「護照條例」第15條第1項：「有下列情形之一者，應申請換發護照：1.護照污損不堪使用。2.持照人之相貌變更，與護照照片不符。3.持照人已依法更改中文姓名。4.持照人取得或變更國民身分證統一編號。5.護照製作有瑕疵。」

8. 依據「歸化我國國籍者及歸國僑民服役辦法」第3條第1項及第2項規定：「原有戶籍國民具僑民身分之役齡男子，自返回國內之翌日起，屆滿一年時，依法辦理徵兵處理。無戶籍國民具僑民身分之役齡男子，自返回國內初設戶籍登記之翌日起，屆滿一年時，依法辦理徵兵處理。」

9. 根據「外籍旅客購買特定貨物申請退還營業稅實施辦法」第4條：「特定貨物：指可隨旅行攜帶出境之應稅貨物。但下列貨物不包括在內：1.因安全理由，不得攜帶上飛機或船舶之貨物。2.不符機艙限制規定之貨物。3.未隨行貨物。4.在中華民國境內已全部或部分使用之可消耗性貨物。」

10. 免簽證允許停留30或90天以內，期滿不得延期及改換其他停留期限之停留簽證或居留簽證；落地簽證允許停留30以內，期滿不得延期及改換其他停留期限之停留簽證或居留簽證；停留簽證最多90天，到期可申請延長停留；居留簽證是指超過180天者。

11. 依據「護照條例施行細則」第39條第3款：「護照遺失二次以上申請補發者，領事事務局、外交部各辦事處或駐外館處得約談當事人及延長其審核期間至六個月，並縮短其護照效期爲一年六個月以上三年以下。」

12. 依據「護照條例」第10條第2款：「未成年人申請護照須父或母或監護人同意。但已結婚者，不在此限。」

13. 根據「入出國及移民法」第3條6款：「過境：指經由我國機場、港口進入其他國家、地區，所作之短暫停留。」

14. 「野生動物保育法」第3條第3款：「款瀕臨絕種野生動物：係指族群量降至危險標準，其生存已面臨危機之野生動物。」

15. 依據「護照條例」第11條第1款：「外交護照及公務護照之效期以五年爲限，普通護照以十年爲限。但未滿十四歲者之普通護照以五年爲限。」

16. 依據「護照條例施行細則」第15條第2項：「委任代理人向領事事務局或外交部各辦事處申請護照者，其代理人以下列爲限：1.申請人之親屬。2.與申請人現屬同一機關、學校、公司或團體之人員。3.交通部觀光局核准之綜合或甲種旅行業。4.其他經領事事務局或外交部各辦事處同意者。」

17. 「護照條例施行細則」第39條僅敘述：「護照經申報遺失後尋獲者，該護照仍視爲遺失。」並未說明申報遺失多久可申請撤回。

18. 根據「入出國及移民法」第6條第4款：「有事實足認有妨害國家安全或社會安定之重大嫌疑者，入出國及移民署應禁止其出國。」

19. 因該外國人尚未入國，故禁止其入國，而非驅逐或限令其出國。

20. 攜帶外幣超過等值美金10,000元現金者，應向海關申報（其實海關屬財政部）。

21. 如果強行使罹患急性重病者出境，恐危及其生命，應有人道考量。

22. 根據「護照條例施行細則」第9條：「經許可喪失我國國籍，尚未取得他國國籍者，由主管機關發給效期一年護照，並加註本護照之換、補發應知會原發照機關。」

23. 根據「護照條例施行細則」第23條：「本細則所定護照用照片，其規格及標準如下：1.應使用最近六個月內拍攝之二吋光面白色背景脫帽五官清晰正面半身彩色照片。2.因宗教理由使用戴頭巾之照片，其頭巾不得遮蓋面容。3.不得使用戴墨鏡照片。但視障者，不在此限。4.不得使用合成照片。」

24. 根據「入出國及移民法施行細則」第6條：「入出國及移民署對於各權責機關通知禁止入出國案件，應每年清理一次。但欠稅案件達五年以上，始予清理。」

25. 根據「役男出境處理辦法」第2條：「年滿十八歲之翌年一月一日起至屆滿三十六歲之年十二月三十一日止，尚未履行兵役義務之役齡男子，稱爲役男。」現行做法是一個體位正常男子如果到滿36歲或其他原因無法服役，則解除其兵役義務。

26. 依據現行規定，入境人員隨身可以攜帶的動物爲貓、犬、兔3種動物，數量最多爲3隻。

27. 外國人以落地簽證方式入境我國，其停留期限為汶萊籍人士：自抵達翌日起算14天。其他國籍人士：自抵達翌日起算30天。且持落地簽證之外籍人士在臺停留期滿後不得申請延期及改換其他停留期限之停留或居留簽證。

28. 根據「入出國及移民法施行細則」第6條：「入出國及移民署對於各權責機關通知禁止入出國案件，應每年清理一次。但欠稅案件達五年以上，始予清理。」

29. 「入出國及移民法」第3條第9款：「永久居留：指外國人在臺灣地區無限期居住。」

30. 根據「護照條例施行細則」第9條第1項：「國民設有戶籍者向領事事務局或外交部各辦事處首次申請普通護照者，應備護照用照片二張及下列文件：1.普通護照申請書。2.國民身分證正本及影本各一份。但未滿十四歲且未請領國民身分證者，應附戶口名簿正本及影本各一份或最近三個月內申請之戶籍謄本正本一份。3.其他相關證明文件。」

31. 根據「兵役法」第3條：「男子年滿十八歲之翌年一月一日起役，至屆滿三十六歲之年十二月三十一日除役，稱為役齡男子。男子年滿十五歲之翌年一月一日起，至屆滿十八歲之年十二月三十一日止，稱為接近役齡男子。」

32. 根據「護照條例」第11條：「外交護照及公務護照之效期以五年為限，普通護照以十年為限。但未滿十四歲者之普通護照以五年為限。」

33. 旅客出入境每人攜帶之外幣，依海關規定旅客攜帶美金超過1萬元者，應向海關登記；未經申報，依法沒入。

34. 根據「旅客及服務於車船航空器人員攜帶或經郵遞動植物檢疫物檢疫作業辦法」：「可隨身攜帶經申報檢疫合格之動物產品，其限定數量為5公斤。」

35. 根據「護照條例施行細則」第17條：「具有大陸地區人民、香港居民、澳門居民身分，經許可在臺灣地區居留，且經中央主管機關核准者，得持用普通護照。普通護照之效期為三年以下，申請人具有大陸地區人民身分者，護照末頁併加蓋「新」字戳記；具香港居民或澳門居民身分者，護照末頁併加蓋「特」字戳記。」

36. 國際通行準則是護照效期不足半年者，限制其入境，故護照效期不足1年者，可自行決定是否申請換發護照。其他選項之情況依規定必須申請換發護照。

37. 外國人在臺期間從事與申請停留原因不符的活動時，會遭到強制驅逐出國，其他國家也是如此處置。

38. 根據「妨害兵役治罪條例」第3條第7款：「役齡男子意圖避免徵兵處理，核准出境後，屆期未歸，經催告仍未返國，致未能接受徵兵處理者，處五年以下有期徒刑。」

39. 新鮮水果雖然不允許攜帶入境，但卻可以攜帶出境，只要在入境其他國家前吃完就好。其他選項之物品都是依法禁止攜帶出境的。

40. 出境攜帶有價證券（指無記名之旅行支票、其他支票、本票、匯票、或得由持有人在本國或外國行使權利之其他有價證券）總面額逾等值1萬美元者，應向海關申報。未依規定申報或申報不實者，科以相當於未申報或申報不實之有價證券價額之罰鍰。註：入境攜帶規定有些許不同。

41. 根據「護照條例施行細則」第29條第2項：「護照之出生地記載方式如下：1.在國內出生者：依出生之省、直轄市或特別行政區層級記載。2.在國外出生者：記載其出生國國名。」

42. 根據「入出國及移民法」第28條：「十四歲以上之外國人，入國停留、居留或永久居留，應隨身攜帶護照、外僑居留證或外僑永久居留證。」

43. 入出境之證照查驗是內政部入出國及移民署負責。

44. 根據「現行酒類攜帶入境規定」，1公升之內免稅，應稅攜帶最高數量為5公升，超過限量者，應檢附菸酒進口業許可執照影本。

45. 因為動物檢疫攸關國家利益與國民健康，故有外交豁免權之人員也不能例外，仍應依規定辦理檢疫。

46. 外國人在國外申請我國之單次入境停留簽證，每件簽證費新臺幣1600元（美金50元）。

47. 依民國101年12月修訂之「申請護照收費辦法」，每加速1天之加速處理費為300元，題目敘述為加速3天，故須加收速件處理費新臺幣900元。如果不要求加速處理，則每本申請護照費用為1300元。

48. 根據「護照條例施行細則」第22條第3款：「男子於年滿十四歲之日起，至年滿十五歲當年之十二月三十一日前，申請普通護照者，由主管機關核給效期五年以下之護照。」

49. 根據「歸化我國國籍者及歸國僑民服役辦法」第2條：「歸化我國國籍之役齡男子，自初設戶籍登記之翌日起，屆滿一年時，依法辦理徵兵處理。」

50. 入境旅客攜帶煙酒免稅限量為：「酒1公升，捲菸200支或雪茄25支或菸絲1磅，但限滿20歲之成年旅客始得適用。」

51. 根據「護照條例施行細則」第17條第2項：「護照申請人具有大陸地區人民身分者，護照末頁併加蓋「新」字戳記；具香港居民或澳門居民身分者，護照末頁併加蓋「特」字戳記。」

52. 旅客隨身攜帶入境之犬、貓、兔，在符合檢疫規定下，其最高數量為3隻。

53. 攜帶人民幣入境限額是2萬，所以經確實申報後，可攜帶2萬元人民幣現鈔入境，另1萬元人民幣現鈔封存於指定地方，出境時攜出。

54. 根據「護照條例」第10條第1款：「護照申請人不得與他人申請合領一本護照；非因特殊理由，並經主管機關核准者，持照人不得同時持用超過一本之護照」。答案(C)非屬緊急必要持有第2本護照之情況

55. 根據「入出國及移民法」第19條：「搭乘航空器、船舶或其他運輸工具之外國人，有下列情形之一者，入出國及移民署依機、船長、運輸業者、執行救護任務機關或施救之機、船長之申請，得許可其臨時入國：1.轉乘航空器、船舶或其他運輸工具。2.疾病、避難或其他特殊事故。3.意外迫降、緊急入港、遇難或災變。4.四、其他正當理由。」

56. 根據「兵役法」第3條：「男子年滿十八歲之翌年一月一日起役，至屆滿三十六歲之年十二月三十一日除役，稱爲役齡男子。男子年滿十五歲之翌年一月一日起，至屆滿十八歲之年十二月三十一日止，稱爲接近役齡男子。」

57. 攜帶美金入境限額是1萬元，攜入美金1萬元1千元已超過限額，依規定須申報，故應經紅線檯查驗通關。

58. 持美國護照免簽證者，入境臺灣得停留90天。

59. 根據「護照條例施行細則」第24條：「接近役齡男子及役男出境後，護照效期屆滿不符得予換發護照之規定者，駐外館處得發給一年效期之護照，以供持憑返國。」

60. 「入出國及移民法」第2條聲明：「本法之主管機關爲內政部。」

61. 動植物檢疫物來自禁止輸入疫區或經前述疫區轉換運輸工具而不符規定者，是不被允許通關入境，必須退運或銷燬，不得放行。

62. 根據「研發替代役役男出境作業規定」，本題正確答案應爲(D)因特殊事由必須本人親自處理，但考選部公告正確答案爲(B)探病。

63. 依據「歸化我國國籍者及歸國僑民服役辦法」第3條第1項及第2項規定：「原有戶籍國民具僑民身分之役齡男子，自返回國內之翌日起，屆滿一年時，依法辦理徵兵處理。無戶籍國民具僑民身分之役齡男子，自返回國內初設戶籍登記之翌日起，屆滿一年時，依法辦理徵兵處理。」

64. 因爲居留簽證不加停留期限，外國人應自入境次日起15日內或在臺申獲改發居留簽證簽發日起15日內，向居留地所屬之內政部入出國及移民署各縣（市）服務站申請外僑居留證及重入國許可，居留期限則依所持外僑居留證所載效期，駐外館處簽發之居留簽證爲單次入境。

65. 根據「護照條例施行細則」第17條：「具有大陸地區人民、香港居民、澳門居民身分，經許可在臺灣地區居留，且經中央主管機關核准者，得持用普通護照。普通護照之效期爲三年以下。」

66. 根據現行規定，應於停留期限屆滿前15日內，向內政部入出國及移民署提出延期停留申請。

67. 根據入境旅客攜帶大陸地區物品限量表規定，各種物品限量分別爲：農畜水產品類6公斤，干貝、鮑魚干、燕窩、魚翅分別是1.2公斤。

68. 攜帶保久乳入境時無須申請檢疫，其他選項物品應經檢疫。

69. 根據民國100年7月最新規定，旅客的托運行李中不可以存放充電鋰電池，也就是說鋰電池必須隨身攜帶上飛機，所以托運行李中若有手機或是筆電，一般的航空公司或是X-Ray檢查的時候都會要求取出。備用的鋰電池也會被要求使用單獨的塑膠袋存放，這樣才不會有正負極短路造成火花的機會。

70. 入出境攜帶有價證券之總面額之限制與美金之限額相同，都是1萬美元。

71. 依據「歸化我國國籍者及歸國僑民服役辦法」第3條，依照「華僑回國投資條例申請投資，經核准並已實行投資，金額在新臺幣1千萬元（或其他等值貨幣）以上，經各該目的事業主管機關證明者，得暫緩徵兵處理。

72. 入境旅客攜帶煙酒免稅之規定，僅限適用於20歲以上。

73. 入境旅客禁止攜帶活動物及其產品、活植物及其生鮮產品、新鮮水果。

74. 下列人士於進入臺灣前均需填妥入國登記表：1.持外籍護照人士，但持有各式中華民國居留證者則免填；2.大陸地區人民，以非觀光名義進出臺灣而持有單次中華民國臺灣地區入出境許可證（入臺證）者。3.香港、澳門居民，抵台後以臨櫃申請方式於各口岸取得單次入出境許可證者（以網路申辦入臺許可者不需填寫）。4.在臺灣無戶籍之中華民國國民（護照個人資料頁無身分證字號），持中華民國護照，以「臨人」字許可進入臺灣者。

75. 根據「臺灣航空安全檢查」規定，出境旅客以使用隨身攜帶為限，每人限帶1盒安全火柴或1個香菸打火機，禁止放置於手提或託運行李內。但美國將打火機列違禁物品，嚴格禁止攜帶打火機上飛機。

76. 護照內頁不足使用時之加頁，以兩次為限。

77. 外國人在我國停留期間，可以探視親友。請願、集會、遊行均可能危及台灣社會安定，不予許可。

78. 依據「役男出境處理辦法」第9條第2項，因直系血親或配偶病危或死亡，須出境探病或奔喪，檢附經驗證之相關證明，經戶籍地直轄市、縣（市）政府核准者，得予出境，期間以三十日為限。

79. 依據「入出國及移民法」第2條第2款，機場、港口是指經行政院核定之入出國機場、港口。

80. 依據「海關進口稅則」總則伍之規定，旅客攜帶自用行李以外之應稅零星物品，郵包之零星物品，除實施關稅配額之物品外，按5％稅率徵稅。

81. 依據「外國護照簽證條例施行細則」第9條規定，停留簽證之效期最長不得超過五年，入境次數分為單次及多次。

82. 依據臺「灣地區民航機場安全檢查作業」規定，過境旅客如離開航空站管制區於再出境時，其人身及行李比照出境旅客檢查。

83. 旅客出入國境，攜帶外幣現鈔總值超過等值1萬美元，應向海關申報。

二、領隊實務（二）

( )　1.中華民國國民在國外旅行所使用之國籍身分證明文件為：　(97 年華領)
　　　(A) 簽證　　　　　　(B) 護照　　　　　(C) 國民身分證　　　(D) 入境許可證

( )　2.約翰先生持美國護照，效期僅剩下 3 個月。因有緊急之商務會議必須到臺北，則
　　　他應以何種簽證較能快速抵臺？　(97 年華領)
　　　(A) 免簽證方式入境　　　　　　　　(B) 申請落地簽證
　　　(C) 快件方式重新申請護照及簽證　　(D) 一般方式申請護照及簽證

( )　3.役齡男子意圖避免徵兵處理，於核准出境後，屆期未歸，經催告仍未返國，致未
　　　能接受徵兵處理者，依妨害兵役治罪條例規定，應處多久之有期徒刑？　(97 年華領)
　　　(A) 一年以下　　(B) 三年以下　　(C) 五年以下　　(D) 一年以上七年以下

( )　4.入境旅客攜帶之行李物品，如在國外即為旅客本人所有，並已使用過，其品目、
　　　數量合理，其單件或一組之完稅價格在新臺幣多少金額以下，經海關審查認可
　　　者，准予免稅？　(97 年華領)
　　　(A)1 萬元　　　　(B)2 萬元　　　　(C)4 萬元　　　　(D)6 萬元

( )　5.年滿幾歲以上之外國人入國停留、居留或永久居留時，應隨身攜帶護照、外僑居
　　　留證或外僑永久居留證？　(97 年華領)
　　　(A)7 歲　　　　(B)12 歲　　　　(C)14 歲　　　　(D)18 歲

( )　6.如果您帶臺灣團到大陸旅遊，團員中有人不慎遺失了中華民國護照及臺胞證，為
　　　了使他能夠順利隨團返國，則您首先應該協助他去辦理下列哪一種手續？
　　　(A) 辦理臨時臺胞證　　　　　　(B) 向大陸公安部門申報遺失　(97 年外領)
　　　(C) 申請入國證明書　　　　　　(D) 申請遺失補發護照

( )　7.申請護照，所繳證件之真偽有向發證機關查證之必要者，主管機關或駐外館處得
　　　於受理申請後 1 個月內，約請申請人面談或通知申請人最遲應於幾個月內補件？
　　　(A)1　　　　　(B)2　　　　　(C)3　　　　　(D)6　(97 年外領)

( )　8.外國人在我國境內逾期停留所受之處罰，何者不正確？　(97 年外領)
　　　(A) 申請簽證時得拒發簽證　　　　(B) 罰鍰
　　　(C) 驅逐出國　　　　　　　　　　(D) 註銷護照

( )　9.役男係指年滿幾歲之翌年 1 月 1 日起至屆滿幾歲之年 12 月 31 日止之尚未履行兵
　　　役義務男子？　(97 年外領)
　　　(A)18 歲；36 歲　(B)19 歲；36 歲　(C)18 歲；45 歲　(D)19 歲；45 歲

( )　10.適用入境免簽證國家國民關於入境通關時，應符合之條件，下列敘述何者有誤？
　　　(A) 外國護照所餘效期應在 3 個月以上　(97 年外領)
　　　(B) 已訂妥回程或次一目的地之機船票
　　　(C) 已辦妥次一目的地之有效簽證
　　　(D) 無禁止入國情形

（　）11.出境旅客所帶之新臺幣超過 60,000 元時，應在出境前事先向那一單位申請核准；否則超額部分不准攜出？ （97 年外領）

 (A) 臺灣銀行　　　　(B) 財政部　　　　(C) 中央銀行　　　　(D) 海關

（　）12.旅客攜帶黃金進口，超過多少須向海關申報？ （97 年外領）

 (A) 新臺幣 3 萬元　　　　　　　　(B) 新臺幣 5 萬元

 (C) 新臺幣 10 萬元　　　　　　　(D) 無論攜帶多少皆須申報

（　）13.母親與 2 歲以下子女，可否合領一本護照？ （98 年華領）

 (A) 應合領　　　　　　　　　　　(B) 因特殊理由可合領

 (C) 經主管機關核准可合領　　　　(D) 不得合領

（　）14.持照人在何種情形下，其護照會被扣留？ （98 年華領）

 (A) 經行政機關依法律限制出國，申請換發護照或加簽時

 (B) 依法律受禁止出國處分，於證照查驗時

 (C) 父母對子女監護權之行使有爭議時

 (D) 通緝犯被逮捕時

（　）15.護照之空白內頁不足時，申請加頁，以幾次為限？ （98 年華領）

 (A)1 次　　　　(B)2 次　　　　(C)3 次　　　　(D)4 次

（　）16.外國人自香港搭乘飛機到桃園機場，欲轉乘輪船到日本琉球，經機長之申請，內政部入出國及移民署得許可其： （98 年華領）

 (A) 臨時入國　　　(B) 過境　　　(C) 過夜住宿　　　(D) 入國

（　）17.自國外輸入波斯貓，最遲應於起運幾日前，向到達港口、機場之動物檢疫機關申請進口同意文件？ （98 年華領）

 (A)15 日　　　　(B)30 日　　　　(C)45 日　　　　(D)60 日

（　）18.下列那一國家國民所持護照不足 6 個月，可以申請落地簽證入境我國？ （98 年華領）

 (A) 韓國　　　　(B) 新加坡　　　(C) 加拿大　　　(D) 美國

（　）19.護照中文姓名之規定，下列何者正確？ （98 年華領）

 (A) 以 1 個為限

 (B) 可以加列別名

 (C) 加列別名以 1 個為限

 (D) 已婚婦女，其戶籍資料未冠夫姓者，得申請加冠

（　）20.役男出境後，護照效期屆滿不符換發護照之規定者，駐外館處得發給多久效期之護照，以供持憑返國？ （98 年外領）

 (A)1 個月　　　　(B)3 個月　　　　(C)6 個月　　　　(D)1 年

（　）21.已辦理出國查驗手續者，因故取消出國時，應如何辦理退關手續？ （98 年外領）

 (A) 由旅客自行處理　　　　　　　(B) 由航空公司會同處理

 (C) 由查驗人員會同處理　　　　　(D) 由海關人員會同處理

( ) 22.在我國境內之營利事業，其已確定之應納稅捐逾法定繳納期限尚未繳納完畢，所欠繳稅款及已確定之罰鍰單計或合計，在新臺幣多少元以上，得限制其負責人出境？ (98年外領)

    (A)100 萬　　　　(B)150 萬　　　　(C)200 萬　　　　(D)300 萬

( ) 23.具僑民役男身分者，護照末頁加蓋何種戳記？ (98年外領)

    (A) 持照人出國應經核准

    (B) 尚未履行兵役義務

    (C) 持照人出國應經核准及尚未履行兵役義務

    (D) 應履行兵役義務

( ) 24.外籍旅客購買特定貨物申請退還營業稅，其特定貨物之範圍為何？ (98年外領)

    (A) 隨行貨物

    (B) 在我國境內已全部使用之可消耗性貨物

    (C) 在我國境內已部分使用之可消耗性貨物

    (D) 供商業使用之貨物

( ) 25.入境人員攜帶或經郵遞輸入之檢疫物，未符合限定種類與數量時，如何處理？

    (A) 禁止輸入　　(B) 辦理申報　　(C) 退運　　　　(D) 銷燬 (98年外領)

( ) 26.應我國政府邀請之外國人士，可申請下列何種簽證？ (98年外領)

    (A) 外交簽證　　(B) 禮遇簽證　　(C) 觀光簽證　　(D) 居留簽證

( ) 27.外國人搭乘飛機抵桃園機場，欲赴基隆轉乘郵輪出國，須由何人向內政部入出國及移民署申請許可其臨時入國？ (99年華領)

    (A) 運輸業者　　(B) 本人　　　　(C) 旅行社　　　(D) 領隊

( ) 28.具我國國籍及僑居國國籍者，其僑居國嚴格實施單一國籍制，禁止其國民申請外國護照，如其執意申請我國護照，駐外館處可否發給我國護照？ (99年華領)

    (A) 不核發　　　　　　　　　　(B) 應詳告對其在當地權益之影響後核發

    (C) 請其出具切結書後核發　　　　(D) 依規定核發

( ) 29.臺灣地區人民在大陸地區遺失護照，返國後申請補發，應附何機關之遺失報案證明？ (99年華領)

    (A) 大陸公安機關　　　　　　　　(B) 大陸邊防機關

    (C) 臺灣警察機關　　　　　　　　(D) 內政部入出國及移民署

( ) 30.為便利搭乘大型郵輪之旅客來臺觀光，縮短抵達時入國查驗時間，輪船公司至遲應於船舶抵達我國港口幾日前，向內政部入出國及移民署申請派員至該船舶停泊之前站港口登輪查驗？ (99年華領)

    (A)4 日　　　　　(B)5 日　　　　　(C)6 日　　　　　(D)7 日

(　) 31.役男出境觀光，逾規定期限返國者如何處理？　(99 年華領)

(A) 不予受理當年出境之申請　　　(B) 不予受理次年出境之申請

(C) 不予受理當年及次年出境之申請　(D) 徵集服役前不准再出境觀光

(　) 32.入境旅客攜帶進口之行李物品，其中應稅部分之完稅價格總和，以不超過每人美金多少元爲限？　(99 年華領)

(A)1 萬元　　　(B)2 萬元　　　(C)4 萬元　　　(D)10 萬元

(　) 33.旅客攜帶下列那一種物品，可以免塡海關申報單，免驗通關？　(99 年華領)

(A) 酒 1 瓶、香菸 3 條（捲菸 3 百支）(B) 新臺幣 5 萬元

(C) 水果 3 個　　　　　　　　　　(D) 有不隨身行李

(　) 34.依護照條例規定，有下列何種情形時，應申請換發護照？　(99 年外領)

(A) 所持護照非屬現行最新式樣　　(B) 持照人認有必要並經主管機關同意者

(C) 護照所餘效期不足 1 年　　　　(D) 持照人之相貌變更，與護照照片不符

(　) 35.護照之空白內頁不足時，得申請加頁使用，但以多少次爲限？　(99 年外領)

(A)1 次　　　(B)2 次　　　(C)3 次　　　(D)5 次

(　) 36.在我國境內居住之個人，其已確定之應納稅捐逾法定繳納期限尚未繳納完畢，所欠繳稅款在新臺幣多少元以上者，得限制其出境？　(99 年外領)

(A)100 萬　　　(B)150 萬　　　(C)200 萬　　　(D)300 萬

(　) 37.外國人經查驗許可入國後取得居留許可者，應於入國後多久，向主管機關申請外僑居留證？　(99 年外領)

(A)15 日　　　(B)30 日　　　(C)60 日　　　(D)90 日

(　) 38.已辦理出國查驗手續者，因故取消出國時，應由何人會同辦理退關手續？

(A) 海關　　(B) 旅行社　　(C) 移民署　　(D) 航空公司 (99 年外領)

(　) 39.持美國護照以免簽證方式來臺觀光，其護照所餘效期須多久以上？　(99 年外領)

(A)3 個月　　　(B)6 個月　　　(C)9 個月　　　(D) 不限

(　) 40.役齡男子尚未履行兵役義務者申請出境觀光，經核准出境者，其限制爲何？

(A) 每年 1 次，每次不得逾 2 個月　(B) 每年 2 次，每次不得逾 1 個月 (99 年外領)

(C) 每年 3 次，每次不得逾 1 個月　(D) 不限次數，每次不得逾 2 個月

(　) 41.外國人申請我國簽證，申請案經受理後，經審查決定拒發簽證者，簽證申請人所繳費用應否退還？　(99 年外領)

(A) 全額退還　　　　　　　　　　(B) 扣除審查費後退還

(C) 退還半數　　　　　　　　　　(D) 不予退還

(　) 42.下列何者非中華民國護照資料頁記載事項？　(100 年華領)

(A) 國籍　　(B) 外文姓名　　(C) 外文別名　　(D) 中文別名

( ) 43.有戶籍之中華民國國民在大陸遺失護照，應先採取的措施為： (100 年華領)

(A) 立即設法至香港中華旅行社重新申請護照

(B) 打電話請在臺家屬向外交部重新申請護照

(C) 打電話請在臺家屬向內政部入出國及移民署申請入境證

(D) 至大陸公安部門申報遺失並取得報案證明

( ) 44.旅客攜帶免稅香菸入境，依海關規定捲菸以多少數額為限？ (100 年華領)

(A)200 支　　　　(B)300 支　　　　(C)500 支　　　　(D)600 支

( ) 45.關於護照外文姓名之記載方式，下列敘述何者錯誤？ (100 年華領)

(A) 已婚婦女，其外文姓名之加冠夫姓，依其戶籍登記資料為準

(B) 申請人首次申請護照時，無外文姓名者，以中文姓名之國語讀音逐字音譯為英文字母

(C) 申請換、補發護照時，應沿用原有外文姓名

(D) 外文姓名之排列方式，名在前、姓在後

( ) 46.外國人在我國遺失原持憑入國之護照，應向何單位報案取得證明？ (100 年華領)

(A) 各地警察分局刑事組　　　　(B) 外交部領事事務局各地辦事處

(C) 內政部入出國及移民署各地服務站 (D) 各國駐臺辦事處

( ) 47.旅客免簽證方式進入我國，因罹患疾病、天災等不可抗力事故，致無法如期出境，須向哪一單位申請停留簽證？ (100 年華領)

(A) 內政部入出國及移民署　　　　(B) 外交部領事事務局

(C) 交通部民用航空局　　　　(D) 財政部關稅總局

( ) 48.下列哪一項不屬於主管機關應不予核發護照之情形？ (100 年外領)

(A) 冒用身分，申請資料虛偽不實者 (B) 經司法機關通知主管機關者

(C) 行政機關依法律限制申請人出國者 (D) 經常遺失護照、證件者

( ) 49.護照效期自何時起算？ (100 年外領)

(A) 核發之日　　(B) 核發之翌日　　(C) 申請之日　　(D) 申請之翌日

( ) 50.外國人在我國合法連續居留多久，每年居住超過 183 日，得向主管機關申請永久居留？ (100 年外領)

(A)1 年　　　　(B)2 年　　　　(C)3 年　　　　(D)5 年

( ) 51.大陸地區人民離臺，應出示何種證件供查驗出國（境）？ (100 年外領)

(A) 有效之入境許可證件　　　　(B) 大陸居民往來臺灣通行證

(C) 訂妥回程之機票　　　　(D) 次一目的地國家簽證

( ) 52.外籍旅客同一天在經核准之同一特定營業人處所購買特定貨物，其含稅總額達新臺幣多少元以上，出境時可以申請退稅？ (100 年外領)

(A)2000 元　　　　(B)3000 元　　　　(C)5000 元　　　　(D)10000 元

(　) 53.依護照條例施行細則第 39 條之規定，如無特殊情形，因遺失而申請補發之護
　　　照，其效期為多久？ (101 年華領)
　　　(A)1 年　　　　　(B)3 年　　　　　(C)5 年　　　　　(D) 原效期

(　) 54.張小姐臉部整型後，委託旅行社代申請護照，因所貼照片與所繳附國民身分證照
　　　片有相當差異，經外交部領事事務局通知，未依規定於 2 個月內補件，其所繳規
　　　費可否申請退還？ (101 年華領)
　　　(A) 不予退還　　(B) 退還三分之一　　(C) 退還二分之一　　(D) 全部退還

(　) 55.某甲已 20 歲，因犯罪被判處有期徒刑，依規定在假釋保護管束期間可否出國？
　　　(A) 不禁止出國 (101 年華領)
　　　(B) 經法院法官核准者，同意出國
　　　(C) 經檢察署檢察官核准者，同意出國
　　　(D) 經內政部入出國及移民署核准者，同意出國

(　) 56.自中國大陸回臺，攜帶各種中藥成藥，依規定總數不得逾幾瓶（盒）？ (101 年華領)
　　　(A)6 瓶（盒）　　(B)12 瓶（盒）　　(C)24 瓶（盒）　　(D)36 瓶（盒）

(　) 57.依規定入境人員攜帶動植物檢疫物，應填具申請書並檢附相關證件，向下列何機
　　　關申報檢疫？ (101 年華領)
　　　(A) 行政院衛生署疾病管制局
　　　(B) 財政部關稅總局
　　　(C) 行政院農業委員會動植物防疫檢疫局
　　　(D) 內政部入出國及移民署

(　) 58.持外國護照在我國內做短期停留，依外國護照簽證條例施行細則第 9 條之規定，
　　　係指在我國境內每次停留不超過多久？ (101 年華領)
　　　(A)6 個月　　　　(B)9 個月　　　　(C)10 個月　　　　(D)1 年

(　) 59.依規定下列何機場或港口，不適用外國人免簽證入境地點？ (101 年華領)
　　　(A) 金門尚義機場　(B) 金門水頭港　　(C) 臺北松山機場　(D) 臺北港

(　) 60.在國內申請內植晶片之普通護照，除特殊情形致護照效期縮短者外，依規定每本
　　　收費為新臺幣多少元？ (101 年外領)
　　　(A)900 元　　　　(B)1200 元　　　　(C)1600 元　　　　(D)2000 元

(　) 61.經許可喪失我國國籍，尚未取得他國國籍者，依規定其申請核發我國護照之效期
　　　為： (101 年外領)
　　　(A)6 個月　　　　(B)1 年　　　　　(C)3 年　　　　　(D)5 年

(　) 62.依規定申請護照不予核發者，除有未依外交部或駐外館處通知之期限補件或應約
　　　面談之情形外，其所繳規費應退還多少？ (101 年外領)
　　　(A) 全額　　　　(B) 二分之一　　　(C) 三分之一　　　(D) 四分之一

(　) 63.依規定涉及國家安全之公務人員，出國應先經何機關核准？　(101 年外領)

(A) 國防部　　　　　　　　　　　　(B) 服務機關

(C) 國家安全局　　　　　　　　　　(D) 內政部入出國及移民署

(　) 64.外國人經查驗許可入國後，取得居留許可，依規定應於效期內向那一機關申請外僑居留證？　(101 年外領)

(A) 外交部　　　　　　　　　　　　(B) 轄區警察局

(C) 轄區戶政事務所　　　　　　　　(D) 內政部入出國及移民署

(　) 65.依規定入境旅客攜帶貨樣，其完稅價格最多在新臺幣多少元以下者免稅？

(A)1 萬元　　　　　　　　　　　　(B)1 萬 2 千元　(101 年外領)

(C)2 萬元　　　　　　　　　　　　(D)2 萬 4 千元

(　) 66.持居留簽證進入我國，依規定應於入境多少日內向居留地所屬之內政部入出國及移民署服務站申請外僑居留證？　(101 年外領)

(A)15 天　　　　(B)30 天　　　　(C)60 天　　　　(D)90 天

(　) 67.王小明在國外遺失護照，由駐外館處發給入國證明書持憑返國後，其申請補發護照，應繳驗已辦妥戶籍遷入登記之戶籍謄本或下列何種證件？　(102 年華領)

(A) 入出國日期證明書　　　　　　　(B) 臨時入國停留許可證

(C) 入國許可證副本　　　　　　　　(D) 許可先行入國通知單

(　) 68.王小明因欠稅經財政部通知內政部入出國及移民署限制出境中，欲出國觀光而向外交部領事事務局申請護照，該局受理後應如何處理？　(102 年華領)

(A) 不予核發護照　　　　　　　　　(B) 不發護照，改發其他旅行文件

(C) 核發護照，但效期縮短　　　　　(D) 核發護照，效期不縮短

(　) 69.我國有戶籍國民小麗兼具美國國籍，本次返臺探親持用美國護照查驗入國，其出國時應持用何種證件查驗？　(102 年華領)

(A) 美國護照　　　　　　　　　　　(B) 中華民國護照

(C) 美國護照或中華民國護照擇一　　(D) 美國護照與中華民國護照兩者都要

(　) 70.旅客出入國境，同一人於同日單一航次攜帶外幣現鈔總值逾等值 1 萬美元者，應向哪一機關申報登記？　(102 年華領)

(A) 內政部警政署航空警察局　　　　(B) 海關

(C) 內政部入出國及移民署　　　　　(D) 中央銀行

(　) 71.經常出入境且有違規紀錄者，攜帶自用及家用行李物品不適用免稅，所稱經常出入境 係指於半年內入出境幾次以上？　(102 年華領)

(A)3 次　　　　(B)4 次　　　　(C)5 次　　　　(D)6 次

（　）72.旅客攜帶下列那 3 種活體動物，經先向行政院農業委員會動植物防疫檢疫局提出申請並取得進口同意文件（函）及輸出國檢疫證明書後，與航空公司接洽，始得託運入境？ (102 年華領)

(A) 犬、貓、鼠　　(B) 兔、鳥、猴　　(C) 猴、鳥、鼠　　(D) 犬、貓、兔

（　）73.出境旅客可否攜帶裝置有醫療用之液態氧小型氣瓶上飛機？ (102 年華領)

(A) 可隨身攜帶　　(B) 可置手提行李　　(C) 可置託運行李　　(D) 不許帶上飛機

（　）74.旅客出入國境，攜帶應稅貨物或管制物品匿不申報或規避檢查者，沒入其貨物，並得依海關緝私條例第 36 條第 1 項處貨價多少倍罰鍰？ (102 年華領)

(A)1 至 3 倍　　(B)2 至 5 倍　　(C)3 至 6 倍　　(D)6 倍以上

（　）75.依護照條例施行細則第 38 條之規定，在國外遺失護照，向我駐外館處申請補發時，須檢具當地警察機關遺失報案證明文件。但當地警察機關尚未發給或不發給，或有下列何種情形，得以遺失護照說明書代替？ (102 年外領)

(A) 申請人具役男身分　　　　　　　(B) 申請人具接近役齡男子身分
(C) 遺失之護照已逾效期　　　　　　(D) 遺失之護照有僑居身分之加簽

（　）76.父親為美國人、母親為臺灣人的小美係在臺出生 6 個月大的小嬰兒，渠母親已為渠在臺的戶政事務所辦妥戶籍登記，小美初次出國欲與渠父親返美探視爺爺奶奶，小美須辦妥下列何種證件方能順利出國？ (102 年外領)

(A) 美國護照　　(B) 戶籍謄本　　(C) 美國綠卡　　(D) 中華民國護照

（　）77.外籍商務人士由各國商會推薦經何機關審核通過，得經由內政部入出國及移民署指定專用查驗櫃檯快速查驗通關？ (102 年外領)

(A) 外交部領事事務局　　　　　　　(B) 行政院經濟建設委員會
(C) 交通部民用航空局　　　　　　　(D) 經濟部投資審議委員會

（　）78.旅客攜帶准予免稅以外自用及家用行李物品（管制品及菸酒除外），其總值在完稅價格新 臺幣多少元以下者仍予免稅？ (102 年外領)

(A)2 萬元　　(B)3 萬元　　(C)4 萬元　　(D)5 萬元

（　）79.外國人持未加註限制之停留簽證入境，倘須延長在臺停留期限，應向何機關申請延期？ (102 年外領)

(A) 外交部領事事務局　　　　　　　(B) 內政部入出國及移民署
(C) 行政院各區服務中心　　　　　　(D) 持照人之駐臺機構

（　）80.出境旅客在航程中，因需要而攜帶之液態嬰兒牛奶及藥品，應如何處理？

(A) 不可隨身攜帶　　　　　　　　　(B) 不可置手提行李 (102 年外領)
(C) 不可置託運行李　　　　　　　　(D) 需向安檢人員申請同意後，可攜帶上機

（　）81.護照申請書經戶政事務所為「人別確認」者，須於最久幾個月內向外交部領事事
務局或外交部各辦事處續申請護照，若逾期則視同未辦理人別確認？　　(103 年華領)

(A)3 個月　　　　(B)6 個月　　　　(C)9 個月　　　　(D)12 個月

（　）82.護照自核發之日起多久期間未領取，即予註銷，所繳費用概不退還？　(103 年華領)

(A)1 個月　　　　(B)2 個月　　　　(C)3 個月　　　　(D)6 個月

（　）83.下列有關護照申請及使用等規定，何者錯誤？　　　　　　　　　　　(103 年華領)

(A) 未成年人申請護照須父或母或監護人同意。但已結婚者，不在此限

(B) 在國內申辦護照工作天數（自繳費之次半日起算），一般件為 4 個工作天；遺
失補發為 6 個工作天

(C) 申請護照相片背景需為白色

(D) 護照應由本人親自簽名；無法簽名者，得按指印

（　）84.護照遺失 2 次以上申請補發者，外交部領事事務局得約談當事人，並延長審核期
間至多久？　　　　　　　　　　　　　　　　　　　　　　　　　　(103 年華領)

(A)1 個月　　　　(B)2 個月　　　　(C)3 個月　　　　(D)6 個月

（　）85.持中華民國護照之臺灣地區無戶籍國民，須申辦下列何種證件始能來臺？

(A) 臨人字號入國許可　　　　　　　(B) 外僑永久居留證　　(103 年華領)

(C) 外僑居留證　　　　　　　　　　(D) 簽證

（　）86.國際機場負責旅客出入境檢查作業，即所謂 C.I.Q.S. 係指海關、移民、檢疫及下
列何者業務　　　　　　　　　　　　　　　　　　　　　　　　　　(103 年華領)

(A) 安檢　　　　(B) 保全　　　　(C) 飛安　　　　(D) 消防

（　）87.我國針對航空公司建置航前旅客資訊系統，規定所有飛航我國之國際航線航班需
於班機抵達前，將旅客基本資料傳送何機關預審？　　　　　　　　　(103 年華領)

(A) 交通部民用航空局　　　　　　　(B) 國家安全局

(C) 內政部警政署　　　　　　　　　(D) 內政部入出國及移民署

（　）88.役男於役齡前出境，在國外就讀五年制大學畢業後，接續就讀研究所碩士班，就
學最高年齡幾歲返國可申請再出境？　　　　　　　　　　　　　　　(103 年華領)

(A)24 歲　　　　(B)27 歲　　　　(C)28 歲　　　　(D)30 歲

（　）89.研發替代役役男於服役期間，欲於農曆春節假期出國旅遊，限於何階段服役期間
始得提出申請？　　　　　　　　　　　　　　　　　　　　　　　　(103 年華領)

(A) 第一階段　　(B) 第二階段　　(C) 第三階段　　(D) 不得申請

（　）90.入境旅客攜帶屬於貨樣、機器零件……工具等行李物品之總值，不得超過免辦輸
入許可證之限額美幣 2 萬元以下或等值者，該限額係以何價格計算？　(103 年華領)

(A) 申報價格　　(B) 國內價格　　(C) 起岸價格　　(D) 離岸價格

(　) 91.入境旅客攜帶自用農畜水產品類，下列那樣產品未規定不得超過 1 公斤？
　　　(A) 魚乾　　　　　(B) 食米　　　　　(C) 花生　　　　　(D) 茶葉　　(103 年華領)

(　) 92.有明顯帶貨營利行為或經常出入境且有違規紀錄之入境旅客，其所攜帶之行李物品數量及價值，依入境旅客攜帶行李物品報驗稅放辦法第 16 條規定，如何予以限制？　　(103 年華領)
　　　(A) 三分之一計算　　　　　　　(B) 折半計算
　　　(C) 不准免稅　　　　　　　　　(D) 不受限制

(　) 93.受理簽證申請時，下列何者不是拒發簽證之條件？　　(103 年華領)
　　　(A) 在我國境內或境外有犯罪紀錄
　　　(B) 在我國境內逾期停留、居留
　　　(C) 所持外國護照逾期或遺失後補換發者
　　　(D) 在我國境內有非法工作之虞者

(　) 94.依「入境旅客攜帶常見動植物或其產品檢疫規定參考表」規定，下列何項產品禁止旅客攜帶入境？　　(103 年華領)
　　　(A) 密封包裝之乾臘肉
　　　(B) 鹹魚乾
　　　(C) 經拋光、上漆等加工處理之動物角
　　　(B) 魚罐頭

(　) 95.未滿 14 歲者在國內申請內植晶片普通護照之費額，每本收費新臺幣多少元？
　　　(A)900 元　　　(B)1000 元　　　(C)1200 元　　　(D)1300 元　　(103 年華領)

(　) 96.我國核發外國護照居留簽證，其使用入境之次數如何規定？　　(103 年華領)
　　　(A) 單次入境　　　　　　　　　(B) 多次入境
　　　(C) 單次及多次入境　　　　　　(D) 不限

(　) 97.「臺灣居民來往大陸通行證」（以下簡稱通行證）是臺灣地區人民入出中國大陸的旅行證件，下列敘述何者錯誤？　　(103 年華領)
　　　(A) 有效期 5 年
　　　(B) 持有效的通行證即可進入中國大陸
　　　(C) 通行證有效期不足 6 個月或內頁用完的，可換領新證件
　　　(D) 申請通行證，可由本人直接辦理，也可委託旅行社代辦

(　) 98.出境旅客攜帶具有切割功能之各類刀器（如剪刀、瑞士刀）上飛機之規定為何？
　　　(A) 可隨身攜帶　　　　　　　　(B) 可置手提行李　　(103 年華領)
　　　(C) 可置託運行李　　　　　　　(D) 都不允許帶上飛機

(　　) 99.大陸地區發行之幣券,在一定限額內旅客得攜帶進出入臺灣地區,而該限額係由下列那個機關訂定? (103 年華領)

(A) 行政院大陸委員會　　　　　(B) 中央銀行

(C) 金融監督管理委員會　　　　(D) 財政部

(　　)100.出境旅客攜帶人民幣 6 萬元,未主動向海關申報,為內政部警政署航空警察局安全檢查人員查獲,移交海關,旅客會受到何種處分? (103 年華領)

(A) 罰鍰新臺幣 6 萬元　　　　　(B) 不准攜帶出境

(C) 沒入人民幣 4 萬元　　　　　(D) 沒入人民幣 6 萬元

(　　)101.如果旅客欲從臺灣地區攜帶超過新臺幣 6 萬元現鈔到中國大陸,應先向何機關申請核准,持憑查驗放行? (103 年華領)

(A) 行政院大陸委員會　　　　　(B) 財政部

(C) 中央銀行　　　　　　　　　(D) 金融監督管理委員會

(　　)102.非在香港出生,且未曾來臺之香港居民欲來臺觀光,應備何種證件,經查驗後入國? (103 年外領)

(A) 有效之香港特區護照

(B) 有效之入境許可證件

(C) 尚有效期間 6 個月以上之香港特區護照及有效之入境許可證件

(D) 尚有效期間 6 個月以上之香港特區護照及入國登記表

(　　)103.經許可喪失我國國籍,尚未取得他國國籍者,申請換發之護照效期最長為多久? (103 年外領)

(A)6 個月　　　　(B)1 年　　　　(C)3 年　　　　(D)5 年

(　　)104.下列何者為外交護照之適用對象? (103 年外領)

(A) 外交公文專差　　　　　　　(B) 各級政府機關因公派駐國外之人員

(C) 各級政府機關因公出國之人員　(D) 政府間國際組織之中華民國籍職員

(　　)105.王小明向外交部領事事務局申請護照,經受理後發現其檢附之國民身分證有偽造之嫌,依規定得通知其於多久期間內補件或約請面談? (103 年外領)

(A)2 個月　　　　(B)3 個月　　　　(C)4 個月　　　　(D)6 個月

(　　)106.丁小華為有戶籍國民,不慎於飛機上遺失我國護照,飛機抵達桃園國際機場後,應如何處理? (103 年外領)

(A) 不用辦入國證件,直接走自動通關

(B) 向外交部領事事務局設於機場之單位申請補發護照

(C) 向內政部警政署航空警察局申請核發入國證件

(D) 向內政部入出國及移民署設於機場之單位申請核發入國證明文件

(　　)107.受禁止出國處分而出國者,會受到何種處罰? (103 年外領)

(A) 處新臺幣 200 萬元罰鍰　　　(B) 收容

(C) 處 3 年以下有期徒刑　　　　(D) 處 5 年以下有期徒刑

（　）108.外國人在我國停留期限屆滿前，有繼續停留必要時，應向何單位申請延期？
　　　　(A) 停留地警察局　　　　　　　　(B) 停留地戶政事務所　　　（103 年外領）
　　　　(C) 內政部入出國及移民署　　　　(D) 外交部領事事務局

（　）109.俄羅斯籍模特兒初次來臺觀光旅遊，須申請下列何種證件方能來臺？
　　　　(A) 外僑居留證　　　　　　　　　(B) 中華民國簽證　　　　　（103 年外領）
　　　　(C) 入出境許可證　　　　　　　　(D) 可免簽證來臺

（　）110.小王有急事須赴中國大陸，於出國前發現護照已過期，便持用其弟弟之護照矇混
　　　　出國，於出國證照查驗時為移民官員查獲，其係何罪？　　　　（103 年外領）
　　　　(A) 妨害公務罪　　　　　　　　　(B) 偽造文書罪
　　　　(C) 違反入出國及移民法　　　　　(D) 侵占罪

（　）111.役男隨父母出國觀光申請出境經核准者，每次不得逾多久？　　（103 年外領）
　　　　(A)1 個月　　　　　(B)2 個月　　　　　(C)3 個月　　　　　(D)4 個月

（　）112.我國國民赴澳洲旅遊觀光，最便捷的方式為申請「電子旅行簽證（ETA）」，下列
　　　　敘述何者錯誤？　　　　　　　　　　　　　　　　　　　　　（103 年外領）
　　　　(A) 訪客簽證的效期 1 年，可多次入境澳洲
　　　　(B) 每次入境最長可停留 3 個月
　　　　(C) 直接在澳洲移民公民部專設的官方網站線上申辦
　　　　(D) 澳洲政府不收簽證費

（　）113.入境之外籍及華僑等非國內居住旅客，攜帶下列何項隨身自用應稅物品，在入境
　　　　後 6 個月內第一次出境時將原貨復運出境，可向海關申請辦理登記驗放？
　　　　(A) 筆記型電腦　　　　　　　　　(B) 貂皮大衣　　　　　　　（103 年外領）
　　　　(C) 珍珠項鍊　　　　　　　　　　(D) 魚翅干貝

（　）114.入境之外籍旅客攜帶自用應稅物品中，入境後 6 個月內原貨復運出境，下列物品
　　　　何項准予登記驗放？　　　　　　　　　　　　　　　　　　　（103 年外領）
　　　　(A) 非消耗性物品　　　　　　　　(B) 消耗性物品
　　　　(C) 管制物品　　　　　　　　　　(D) 零星物品

（　）115.外籍旅客購買特定貨物，限定自購買之日起，至攜帶出境之日止，未逾多久之期
　　　　間始得申請退還營業稅？　　　　　　　　　　　　　　　　　（103 年外領）
　　　　(A)10 日　　　　　(B)20 日　　　　　(C)30 日　　　　　(D)50 日

（　）116.入境旅客攜帶行李物品（非零星物品），超出免稅規定者，其超出部分應按何種
　　　　稅率徵稅？　　　　　　　　　　　　　　　　　　　　　　　（103 年外領）
　　　　(A) 最低稅率　　　　　　　　　　(B) 平均稅率
　　　　(C) 海關進口稅則總則五所定之稅率　(D) 海關進口稅則所規定之稅則稅率

( )117.旅客攜帶動物產品出境，其最高限量為何？ (103 年外領)

(A)1 公斤 　　　(B)3 公斤 　　　(C)5 公斤 　　　(D) 不限數量

( )118.下列那一國人士來臺為 30 天免簽證適用國家？ (103 年外領)

(A) 新加坡 　　　(B) 日本 　　　(C) 韓國 　　　(D) 紐西蘭

( )119.下列何者不屬外國護照之簽證種類？ (103 年外領)

(A) 觀光簽證 　　　(B) 外交簽證 　　　(C) 居留簽證 　　　(D) 禮遇簽證

( )120.衛生福利部疾病管制署並未在下列何處執行發燒篩檢等人員檢疫措施？

(A) 桃園國際機場 　　　　　　(B) 高雄港 (103 年外領)

(C) 新竹南寮漁港 　　　　　　(D) 金門水頭碼頭

( )121.出境旅客攜帶具有切割功能之塑膠安全剪刀及圓頭奶油餐刀上飛機之規定為何？

(A) 不可隨身攜帶 　　　　　　(B) 不可置於手提行李 (103 年外領)

(C) 不可置於託運行李 　　　　(D) 不受限制，可以攜帶上機

( )122.旅客攜帶超過限額之外幣現鈔或旅行支票入境時，下列敘述何者錯誤？

(A) 應填具「中華民國海關申報單」 (103 年外領)

(B) 應填具「旅客或隨交通工具服務之人員攜帶外幣、人民幣、新臺幣或有價證券入出境登記表」

(C) 應申報並經查驗後全額通關

(D) 應申報，超過限額部分封存於指定單位，待出境時取回

1.(B)	2.(B)	3.(C)	4.(A)	5.(C)	6.(B)	7.(B)	8.(D)	9.(A)	10.(A)
11.(C)	12.(D)	13.(D)	14.(A)	15.(B)	16.(A)	17.(B)	18.(D)	19.(A)	20.(D)
21.(B)	22.(C)	23.(A)	24.(A)	25.(B)	26.(B)	27.(A)	28.(B)	29.(C)	30.(D)
31.(C)	32.(B)	33.(B)	34.(D)	35.(B)	36.(A)	37.(A)	38.(D)	39.(B)	40.(D)
41.(D)	42.(D)	43.(D)	44.(D)	45.(D)	46.(C)	47.(B)	48.(D)	49.(A)	50.(D)
51.(A)	52.(B)	53.(C)	54.(C)	55.(C)	56.(D)	57.(C)	58.(A)	59.(B)	60.(C)
61.(B)	62.(A)	63.(B)	64.(D)	65.(B)	66.(A)	67.(C)	68.(A)	69.(A)	70.(B)
71.(D)	72.(D)	73.(D)	74.(A)	75.(C)	76.(D)	77.(D)	78.(A)	79.(B)	80.(D)
81.(B)	82.(C)	83.(B)	84.(D)	85.(A)	86.(A)	87.(D)	88.(C)	89.(C)	90.(D)
91.(A)	92.(B)	93.(C)	94.(A)	95.(A)	96.(C)	97.(C)	98.(D)	99.(C)	100.(C)
101.(C)	102.(C)	103.(B)	104.(A)	105.(A)	106.(D)	107.(C)	108.(C)	109.(A)	110.(B)
111.(D)	112.(C)	113.(A)	114.(A)	115.(C)	116.(A)	117.(C)	118.(A)	119.(A)	120.(C)
121.(D)	122.(D)								

試題解析

1. 根據「護照條例施行細則」第8條：「本條例所稱之護照，指中華民國國民在國外旅行所使用之國籍身分證明文件。」

2. 所持護照效期不足6個月之美籍人士可以辦理落地簽證方式入境中華民國，如果美國人所持護照效期超過6個月，則可以免簽證入境。

3. 根據「妨害兵役治罪條例」第4條：「意圖避免預備軍官、預備士官或常備兵、補充兵現役之徵集，核准出境後，屆期未歸，經催告仍未返國者，處五年以下有期徒刑。」逃避兵役罪是很重的。

4. 根據「旅客入境通關查驗規定」：「免稅物品之範圍及數量：非屬管制進口，並已使用過之行李物品，其單件或一組之完稅價格在新臺幣1萬元以下者。」

5. 根據「入出國及移民法」第17條：「十四歲以上之臺灣地無戶籍國民，進入臺灣地區停留或居留，應隨身攜帶護照、臺灣地區居留證、入國許可證件或其他身分證明文件。」

6. 在國外遺失證件或貴重物品，第一件要事就趕快去警察（公安）機關報案，看是否能幫忙找回，以利後續事件的處理，包括賠償與重新辦理證件補發。

7. 根據「護照條例施行細則」第44條：「有下列情形之一者，主管機關或駐外館處得於受理申請後一個月內，通知申請人於二個月內補件或約請申請人面談：1.申請資料或照片與所繳身分文件或與檔存前領護照資料有相當差異者。2.所繳證件之真偽有向發證機關查證之必要者。3.申請人對申請事項之說明有虛偽陳述或隱瞞重要事項之嫌，需時查證者。」

8. 外國人在我國境內逾期停留，因護照是它國發給的，我國沒有權力註銷他國護照。

第三章

9. 根據「役男出境處理辦法」第2條：「年滿十八歲之翌年一月一日起至屆滿三十六歲之年十二月三十一日止，尚未履行兵役義務之役齡男子，稱為役男。」，現行做法是一個體位正常男子如果到滿36歲或其他原因無法服役，就會解除其兵役義務。

10. 一般國際通例是外國人護照所餘效期應在6個月以上，方准許其入境。這也是如果國人護照所餘效期不足一年，即可申請換新護照的原因。

11. 根據「旅客出境通關規定」：「出境攜帶新臺幣以6萬元為限，如所帶之新臺幣超過限額時，應在出境前事先向中央銀行申請核准，持憑查驗放行；超額部分未經核准，不准攜出。」

12. 攜帶黃金價值逾美幣2萬元者，應辦理申報，經紅線檯通關。

13. 根據「護照條例」第10條：「護照申請人不得與他人申請合領一本護照；非因特殊理由，並經主管機關核准者，持照人不得同時持用超過一本之護照。」

14. 根據「護照條例」第19條：「申請換發護照或加簽時，其他行政機關依法律限制申請人出國或申請護照並通知主管機關者，主管機關或駐外館處應不予核發護照。」

15. 根據「護照條例施行細則」第3條：「護照之頁數由主管機關定之，空白內頁不足時，得加頁使用。但以二次為限。」

16. 因為該名外國人是從桃園機場轉乘輪船（自某一港口）至日本，所以不是過境，是先入境（入國）再出境。

17. 根據「犬貓輸入檢疫作業辦法」第4條：「申請人申請輸入犬貓，應於犬貓起運三十日前，向到達港、站之輸出入動物檢疫機關申請進口同意文件。」

18. 美國人所持護照不足6個月，仍可利用落地簽證入境我國，其他國家則護照效期至少要6個月以上。

19. 根據「護照條例施行細則」第30條：「護照中文姓名及外文姓名均以一個為限；中文姓名不得加列別名，外文別名以一個為限。」

20. 根據護照條例施行細則第24條：「接近役齡男子及役男出境後，護照效期屆滿不符得予換發護照之規定者，駐外館處得發給一年效期之護照，以供持憑返國。」

21. 這種情況因牽涉退回行李與延遲使用機票，故須由航空公司會同處理必要手續。

22. 從民國97年7月起，個人欠稅限制出境，從原先的50萬元放寬到100萬元，營利事業則從100萬元放寬到200萬元。限制出境期間，也從原先的無期間限制，改為從限制出境之日起，不得超過五年。

23. 根據「護照條例施行細則」第10條：「國軍人員、替代役役男、役男之護照末頁，應加蓋「持照人出國應經核准」戳記；未具僑民身分之有戶籍役男護照末頁，應併加蓋「尚未履行兵役義務」戳記」。

24. 外籍旅客購買特定貨物，能申請退還營業稅。所謂特定貨物乃指隨行貨物。如果是該貨物已消耗，則無法辦理退稅。

25. 根據「旅客及服務於車船航空器人員攜帶或經郵遞動植物檢疫物檢疫作業辦法」第2條：「出、入境人員攜帶或經郵遞輸出入之貓、犬、兔檢疫物數量或種類未符規定者，按一般輸出入檢疫程序辦理申報。」

26. 如果是外國政府或外交人員，適用外交簽證；應我國政府邀請之外國人士，通常是指非外國政府首長或外交人員，則適用禮遇簽證。

27. 根據「入出國及移民法」第9條：「搭乘航空器、船舶或其他運輸工具之外國人，有下列情形之一者，入出國及移民署依機、船長、運輸業者、執行救護任務機關或施救之機、船長之申請，得許可其臨時入國：1.轉乘航空器、船舶或其他運輸工具。2.疾病、避難或其他特殊事故。3.意外迫降、緊急入港、遇難或災變。4.其他正當理由。」

28. 根據「護照條例施行細則」第11條：「兼具僑居國國籍之申請人，其僑居國嚴格實施單一國籍制，禁止其國民申領外國護照者，駐外館處受理前項申請案件時，應詳告申請人其持有我國護照對於申請人在當地權益之影響後，依規定核發護照。」

29. 根據「護照條例施行細則」第40條第2款：「在大陸地區遺失護照，入境後申請補發者，應先向警察機關取得遺失報案證明文件，並加附入國證明文件。」

30. 依現行作業規定，輪船公司至遲應於船舶抵達我國港口7日前，向內政部入出國及移民署申請派員至該船舶停泊之前站港口登輪查驗。此外，接待旅行社應於船舶抵達兩週前將相關接待歡迎人員名冊經觀光局函轉進入港口港務局。

31. 根據「役男出境處理辦法」第10條：「役男出境逾規定期限返國者，不予受理其當年及次年出境之申請。」

32. 根據「入境旅客攜帶物品查驗辦法」：「入境旅客攜帶進口隨身及不隨身行李物品（包括視同行李物品之貨樣、機器零件、原料、物料、儀器、工具等貨物），其中應稅部分之完稅價格總和以不超過每人美幣2萬元為限。」

33. 入境旅客可以免填海關申報單，免驗通關之數量限額如下：1.酒1公升，捲菸200支或雪茄25支或菸絲1磅。2. 新臺幣6萬元。攜帶水產品或動植物和有不隨身行李者須申報經紅線檯通關。

34. 持照人之相貌變更，與護照照片不符，避免使持照者發生麻煩，應申請換發護照。其餘選項皆屬得申請換發護照之情況。

35. 根據「護照條例施行細則」第3條：「護照之頁數由主管機關定之，空白內頁不足時，得加頁使用。但以二次為限。」

36. 從民國97年7月起，個人欠稅限制出境，從原先的50萬元放寬到100萬元，營利事業則從100萬元放寬到200萬元。限制出境期間，也從原先的無期間限制，改為從限制出境之日起，不得超過五年。

37. 根據「入出國及移民法」第22條：「外國人經查驗許可入國後取得居留許可者，應於入國後十五日內，向入出國及移民署申請外僑居留證。」

38. 這種情況因牽涉退回行李與延遲使用機票，故須由航空公司會同處理必要手續。

39. 持美國護照以免簽證方式來臺觀光，其護照所餘效期須6個月以上。

40. 民國100年修訂之「役男出境處理辦法」第4條已修改為役男出境每次不得逾4個月。

41. 申請案經受理後，經審查決定拒發簽證者，其所繳費用不予退還乃一般國際通例。

42. 根據「護照條例施行細則」第28條：「護照資料頁記載事項如下：護照號碼、持照人中文姓名、外文姓名、外文別名、國籍、有戶籍者之國民身分證統一編號、性別、出生日期、出生地、發照日期及效期截止日期、發照機關。」

43. 在大陸遺失護照，應先採取的措施是至大陸公安部門申報遺失並取得報案證明。即使在其他國家遺失護照，作法仍然一樣：先向警察機關報案取得證明。

44. 旅客攜帶免稅菸酒入境，依海關規定限量是：「酒1公升，捲菸200支或雪茄25支或菸絲1磅，但限滿20歲之成年旅客始得適用。」

45. 雖然西方國家人民書寫姓名順序是名在前、姓在後，但護照外文姓名之記載方式卻是姓在前、名在後，中間以「,」隔開。例如「石慶賀」護照外文姓名順序是「SHIH, CHING-HE」。

46. 外國人在臺灣遺失護照時，辦理護照遺失紀錄證明及出境手續如下：1.向入出國及移民署申報護照遺失；2.持憑該護照遺失證明，前往該國駐臺使領館（代表處）辦理補發新護照或旅行證件；3.向本署申請出國許可；4. 持憑該旅客出境登記表及新護照或旅行證件，交予查驗人員查驗出境。

47. 簽證和護照的主管機關是外交部領事事務局，停留簽證也是該局申請。

48. 經常遺失護照、證件者，主管機關會瞭解詳情，並會予核發護照。

49. 根據「護照條例施行細則」第22條第1款：「護照效期，自核發之日起算。」

50. 根據入出國及移民法第25條：「外國人在我國合法連續居留五年，每年居住超過183日，或居住臺灣地區設有戶籍國民，其外國籍之配偶、子女在我國合法居留十年以上，其中有五年每年居留超過183日，並符合要件者，得向入出國及移民署申請永久居留。」

51. 中國因為與中華民國關係特殊，此指出示「有效之入境許可證件」，是指中華人民共和國護照。不過，中國政府不承認中華民國政權，故規定臺灣人民持臺胞證入出境中國。

52. 外籍旅客同一天在經核准之同一特定營業人處所購買特定貨物，其含稅總額達新臺幣3000元以上，出境時可以申請退稅。

53. 依據「護照條例施行細則」第39條：「護照經申報遺失後尋獲者，該護照仍視為遺失。補發之護照效期為三年。」

54. 依據「護照條例施行細則」第44條：「申請資料或照片與所繳身分文件或與檔存前領護照資料有相當差異者，主管機關或駐外館處得於受理申請後一個月內，通知申請人於二個月內補件或約請申請人面談。申請人未依規定補件或面談者，除依規定不予核發護照外，所繳護照規費不予退還。」

55. 根據「入出國及移民法」第6條第1項第1款「經判處有期徒刑以上之刑確定，尚未執行或執行未畢。但經宣告六月以下有期徒刑或緩刑者，不在此限。」因爲假釋是屬刑期尚未執行完畢，故不允許出國。選項(C)最接近原法令意旨。

56. 旅客自中國大陸攜帶各種中藥及成藥入境之限量：「中藥材每種0.6公斤，合計12種。中藥成藥每種12瓶（盒），惟總數不得逾36瓶（盒），其完稅價格不得超過新臺幣1萬元。」

57. 動植物（生物）檢疫之負責單位爲行政院農業委員會動植物防疫檢疫局，故應向該局申報檢疫。

58. 依據「外國護照簽證條例施行細則」第9條第1項規定：「本條例第十條所稱短期停留，指擬在我國境內每次作不超過六個月之停留者。」

59. 適用外國人免簽證入境地點如下：臺灣桃園國際機場、臺北松山機場、基隆港、臺中清泉崗機場、臺中港、高雄小港國際機場、高雄港、澎湖馬公機場、臺東機場、花蓮機場、花蓮港、金門尙義機場、金門港水頭港區、馬祖港福澳港區。

60. 於民國101年12月28日修訂之「中華民國普通護照收費規定」爲：「在國內申請內植晶片普通護照之費額，每本收費新臺幣一千三百元。但未滿十四歲者、男子年滿十四歲之日至年滿十五歲當年十二月三十一日、男子年滿十五歲之翌年一月一日起，未免除兵役義務，尙未服役致護照效期縮減者，每本收費新臺幣九百元。」收費較原先1600元降300元。

61. 依據「護照條例施行細則」第9條：「經許可喪失我國國籍，尙未取得他國國籍者，由主管機關發給效期一年護照，並加註本護照之換、補發應知會原發照機關。」

62. 「中華民國普通護照收費」規定：「申請護照不予核發者，其所繳費額應予退還。」但「護照條例施行細則」第44條所定，「未依主管機關或駐外館處通知之期限補件或應約面談之情形者，不適用之。」

63. 根據「入出國及移民法」第5條：「居住臺灣地區設有戶籍國民入出國，不須申請許可。但涉及國家安全之人員，應先經其服務機關核准，始得出國。」

64. 根據「入出國及移民法」第22條：「外國人持有效簽證或適用以免簽證方式入國之有效護照或旅行證件，經入出國及移民署查驗許可入國後，取得停留、居留許可。依前項規定取得居留許可者，應於入國後十五日內，向入出國及移民署申請外僑居留證。」

65. 關於旅客攜帶貨樣入境，其規定爲：「旅客攜帶貨樣，其完稅價格在新臺幣1萬2000元以下者免稅。」

66. 根據「入出國及移民法」第22條：「外國人經查驗許可入國後取得居留許可者，應於入國後15日內，向入出國及移民署申請外僑居留證。」

67. 依據「護照條例施行細則」第40條：「遺失護照，不及等候駐外館處補發護照者，駐外館處得發給當事人入國證明書，以供持憑返國。當事人返國後向領事事務局或外交部各辦事處申請補發護照，除申請護照應備文件外，應另繳驗入國許可證副本或已辦戶籍遷入登記之戶籍謄本正本。」

68. 依據「護照條例」第18條：「申請人有下列情形之一者，主管機關或駐外館處應不予核發護照：1.冒用身分，申請資料虛偽不實，或以不法取得、偽造、變造之證件申請者。2.經司法或軍法機關通知主管機關者。3.其他行政機關依法律限制申請人出國或申請護照並通知主管機關者。」

69. 中華民國國民具雙重國籍者，其入出境應持用同一本護照。但具雙重國籍者若是役男，依規定須持用中華民國護照入出境。

70. 根據「入境旅客攜帶行李物品報驗稅放辦法」第7條第2項第2款：「入境旅客攜帶外幣現鈔總值逾等值美幣一萬元者，應填報中華民國海關申報單向海關申報，並經紅線檯查驗通關。」

71. 根據「入境旅客攜帶行李物品報驗稅放辦法」第11條第3項：「所稱經常出入境係指於三十日內入出境兩次以上或半年內入出境六次以上。」

72. 根據「入境旅客攜帶動物或其產品檢疫規定」：「旅客僅限攜帶犬、貓及兔等活動物入境，攜入前應向防檢局申請並取得進口同意文件（函）。攜入時須檢附輸出國動物檢疫證明書。攜入兔須隔離檢疫7日；從狂犬病疫區（國家）攜入犬貓應隔離21日。」

73. 根據「現行飛航安全規定」：「含液態氧之醫療用氧氣筒裝置禁止隨身攜帶或放置於託運或手提行李。」但以下2種危險物品須經航空公司同意始可托運上機：「1.供醫療使用之小型氧氣瓶或氣瓶。2.每一個鋼瓶毛重不能超過5公斤，鋼瓶上之氣閥和調節器必須要保護避免損壞導致氧氣散發。」

74. 根據「海關緝私條例」第36條第1項：「私運貨物進口、出口或經營私運貨物者，處貨價一倍至三倍之罰鍰。」

75. 依「護照條例施行細則」第38條第2項：「遺失護照，向鄰近之駐外館處或行政院在香港或澳門設立或指定機構或委託之民間團體申請補發者，應檢具下列文件：1.當地警察機關遺失報案證明文件。但當地警察機關尚未發給或不發給，或遺失之護照已逾效期者，得以遺失護照說明書代替。2.其他申請護照應備文件。」

76. 小美是中華民國人民，須持用中華民國護照，方能順利出國。

77. 外籍商務人士入出境時，欲申請快速查驗通關，因牽涉到其在臺事業投資金額或位階，須送經濟部投資審議委員會審核通過。

78. 根據「入境旅客攜帶行李物品報驗稅放辦法」第11條第2項：「旅客攜帶准予免稅以外自用及家用行李物品（管制品及菸酒除外）其總值在完稅價格新臺幣二萬元以下者，仍予免稅。但有明顯帶貨營利行為或經常出入境且有違規紀錄者，不適用之。」

79. 因為內政部入出國及移民署主管入出境與外國人在臺停留事項，故外國人倘須延長在臺停留期限，應向內政部入出國及移民署申請延期。

80. 一般規定是液態物體超過100cc不能攜帶上機，但因為液態嬰兒牛奶及藥品是必須品，欲攜帶上飛機須向安檢人員申請同意後，才可攜帶上機。

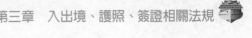

81. 自民國100年7月1日起，初次申請護照者必須親自持憑申請護照應備文件，向主管機關委辦並公告之戶籍所在直轄市、縣（市）政府轄內之戶政事務所臨櫃辦理「人別確認」。經戶政事務所辦理人別確認者，須於6個月內向外交部領事事務局或四辦申請，逾期申請者須重新辦理「人別確認」。

82. 依據「護照條例」第19條規定，「申請之護照自核發之日起三個月未經領取者，原核發護照之處分應予廢止，並由主管機關或駐外館處註銷其護照。」

83. 申辦護照工作天數（自繳費之次半日起算），一般件為4個工作天；遺失補發為5個工作天。

84. 依據「護照條例第施行細則」第39條第2項第3款規定，「護照遺失二次以上申請補發者，領事事務局、外交部各辦事處或駐外館處得約談當事人及延長其審核期間至六個月，並縮短其護照效期為一年六個月以上三年以下。」

85. 無戶籍國民申請許可入國及停留，應備申請書、我國護照、僑居地或居住地居留證明、入國許可證件。

86. 「CIQS」（Customs、Immigration、Quarantine、Security）是指海關、證照查驗、檢疫及安全檢查工作。

87. 主管入出境事務乃內政部入出國及移民署之職責。

88. 役齡前出境的役男，其國外就學最高年齡，大學以下學歷者至24歲，研究所碩士班至27歲，博士班至30歲。但大學學制超過4年者，每增加1年，得延長就學最高年齡1歲。合於前項條件者入境可申請再出境。

89. 根據「研發替代役役男出境作業規定」第3條第4款規定，研發替代役役男休假、婚假或例假期間出國旅遊，限於第三階段（已分派至用人單位）服役期間始得提出申請。

90. 根據「貨品輸入管理辦法」第9條，該限額係以離岸價格（較低之價格）計算，不是起岸價格（較高）。

91. 食米、花生、茶葉均限量1公斤，魚乾未限量規定。

92. 有明顯帶貨營利行為或經常出入境且有違規紀錄之旅客，其所攜帶之行李物品數量及價值，得依原規定折半計算。

93. 選項(A)、(B)、(D)皆是拒發簽證之情況。

94. 乾燥或醃製肉類（含真空包裝）須申報動物檢疫，其他選項食品無須申報動物檢疫。

95. 在國內申請內植晶片普通護照的費額，每本收費新臺幣1千3百元。但未滿14歲者、男子年滿14歲之日至年滿15歲當年12月31日、男子年滿15歲之翌年1月1日起，未免除兵役義務，尚未服役致護照效期縮減者，每本收費新臺幣9百元。

96. 依據「外國護照簽證條例施行細則」第11條：「駐外館處簽發之居留簽證一律為單次入境，其簽證效期不得超過六個月；持證人入境後，應依法申請外僑居留證。」

97. 臺灣居民抵達中國大陸邊檢口岸時，需出示有效臺胞證並配合有效簽注入境中國大陸（簽證），僅有臺胞證是不夠的。

98. 有切割功能之各類刀器（如剪刀、瑞士刀）具有殺傷力，但為顧及旅客方便與需要，規定須置於託運行李，不可隨身帶上飛機。

99. 金融監督管理委員會是主管監督與管理金融事務與規劃金融政策的部會，攜帶大陸幣券入出境臺灣辦法公布於民國97年。

100. 出境攜帶人民幣以2萬元為限，如所攜帶之人民幣超過限額時，雖向海關申報，仍僅能於限額內攜出；如申報不實者，其超過部分，依法沒入。

101. 「管理外匯條例」第3條：「管理外匯之行政主管機關為財政部，掌理外匯業務機關為中央銀行。意即財政部主管金融外匯政策，中央銀行主管金融外匯實際操作。」

102. 持香港護照者經網路申請入境許可後，持「入臺本許可證」、「效期六個月以上之護照」、「回程機（船）票」查驗入境臺灣。

103. 依據「護照條例施行細則」第9條，「經許可喪失我國國籍，尚未取得他國國籍者，由主管機關發給效期一年護照，並加註本護照之換、補發應知會原發照機關。」

104. 根據「護照條例」第7條，外交護照之適用對象如下：1.外交、領事人員與眷屬及駐外使領館、代表處、辦事處主管之隨從。2.中央政府派往國外負有外交性質任務之人員與其眷屬及經核准之隨從。3.外交公文專差。故其主要適用外交人員。

105. 根據「護照條例施行細則」第44條，申請護照經受理後發現其檢附之國民身分證有偽造之嫌，依規定得通知其於2個月期間內補件或約請面談，其證件得暫不予退還。

106. 遺失我國護照無法於機場申請立即補發，須向入出國及移民署設於機場之單位申請核發入國證明文件。

107. 根據「入出國及移民法」第74條規定，違反本法未經許可入國或受禁止出國處分而出國者，處3年以下有期徒刑、拘役或科或併科新臺幣9萬元以下罰金。

108. 外國人欲入境我國，須向外交部領事事務局申請入境許可（簽證）。外國人在國內欲申請延長停留期限，須向內政部入出國及移民署辦理。

109. 俄羅斯籍模特兒初次來臺觀光旅遊，目的不是工作賺錢，故只須要取得中華民國簽證即可入境旅遊。

110. 持他人身分護照在護照檢查處被查獲，會交給司法有關機關處理，以偽造文書罪論處。

111. 根據「役男出境處理辦法」第4條，就學、比賽、表演以外原因出國者，每次出國不得逾4個月。

112. 根據外交部網站資料，國人目前赴澳洲旅遊觀光、商務考察、探親訪友，最便捷的方式為申請「電子旅行簽證」（Electronic Travel Authority，簡稱ETA）。ETA的簽證效期自核發日起12個月。ETA的持有人得於效期內多次入境澳洲，每次入境最長可停留3個月。現居台灣有戶籍國民，可直接持我國護照前往澳洲辦事處所指定的國內37家旅行社申辦ETA。國人申請ETA，澳洲政府並無收取簽證費（免費）

113. 根據規定，入境之外籍及華僑等非國內居住旅客攜帶之隨身自用應稅物品，屬非消耗性，並有廠牌、型號、序號或易於辨識，願於入境後6個月內第一次出境時將原貨復運出境者，得於入境時向海關申請辦理登記，經海關審查認可後，准予登記驗放。筆記型電腦符合此規定。

114. 說明同前題。

115. 根據「外籍旅客購買特定貨物申請退還營業稅實施辦法」第2條，「外籍旅客購買特定貨物（含稅總金額達新臺幣3千元以上)之日起，至攜帶特定貨物出口之日止，未逾30日之期間得申請退還營業稅。」

116. 根據「入境旅客攜帶行李物品報驗稅放辦法」第12條，「入境旅客攜帶行李物品，超出免稅規定者，其超出部分應按海關進口稅則所規定之稅則稅率徵稅。但合於自用或家用之零星物品，得按海關進口稅則總則五所定稅率徵稅。」

117. 根據農委會動植物防疫檢疫局規定，攜帶犬、貓或兔出境各限量3隻以下，動物產品總重不逾5公斤。

118. 根據外交部領事事務局網站資料（民國103年5月），有43國適用免簽證入境我們，其中36國為歐美國家。新加坡適用30天免簽證，日本、韓國、紐西蘭則適用90天免簽證。

119. 我國給予外國人之簽證種類有4種：外交簽證、禮遇簽證、停留簽證、居留簽證。

120. 疾病管制局於我國各國際機場、港口設置辦事處，於平時執行入境旅客發燒篩檢、旅客、運輸工具通報等相關邊境檢疫措施。新竹南寮漁港是漁港，未設置人員檢疫。

121. 大部分具有切割功能之刀具不可隨身攜帶上飛機，應放置於託運行李內交由航空公司託運。但塑膠安全（圓頭）剪刀及圓頭之奶油餐刀因較不具威脅，可隨身攜帶上飛機。

122. 旅客攜帶外幣入境者不予限制，但應於入境時向海關申報，入境時未經申報者，其超過等值美幣1萬元部分應予沒入。

第四章　外匯常識

　　旅客至國外旅遊需要匯款或換鈔使用外幣，故無論是旅客或導遊與領隊，都須要瞭解外匯相關規定與做法。

第一節　管理外匯條例

　　「管理外匯條例」最近修訂於民國98年，是所有關於外匯事務規定的母法，其條文內容主要是規範外匯主管機關、外匯交易、持有、申報、攜帶入出國境、罰則。下表（表4-1）是「管理外匯條例」摘要。

表 4-1　管理外匯條例

條款	管理外匯條例摘要
第 1 條	為平衡國際收支，穩定金融，實施外匯管理，特制定本條例。
第 2 條	本條例所稱外匯，指外國貨幣、票據及有價證券。
第 3 條	管理外匯之行政主管機關為財政部，掌理外匯業務機關為中央銀行。
第 6-1 條	新臺幣五十萬元以上之等值外匯收支或交易，應依規定申報。
第 8 條	1. 中華民國境內本國人及外國人，除規定應存入或結售之外匯外，得持有外匯，並得存於中央銀行或其指定銀行。 2. 其為外國貨幣存款者，仍得提取持有；其存款辦法，由財政部會同中央銀行定之。
第 9 條	出境之本國人及外國人，每人攜帶外幣總值之限額，由財政部以命令定之。
第 11 條	旅客或隨交通工具服務之人員，攜帶外幣出入國境者，應報明海關登記；其有關辦法，由財政部會同中央銀行定之。
第 12 條	外國票據、有價證券，得攜帶出入國境；其辦法由財政部會同中央銀行定之。
第 18 條	中央銀行應將外匯之買賣、結存、結欠及對外保證責任額，按期彙報財政部。

（續下頁）

（承上頁）

條款	管理外匯條例摘要
第 20 條	1. 故意不爲申報或申報不實者，處新臺幣三萬元以上六十萬元以下罰鍰；其受查詢而未於限期內提出說明或爲虛僞說明者亦同。 2. 不將其外匯結售或存入中央銀行或其指定銀行者，依其不結售或不存入外匯，處以按行爲時匯率折算金額二倍以下之罰鍰，並由中央銀行追繳其外匯。
第 22 條	以非法買賣外匯爲常業者，處三年以下有期徒刑、拘役或科或併科與營業總額等值以下之罰金；其外匯及價金沒收之。
第 24 條	1. 買賣外匯違反第八條之規定者，其外匯及價金沒入之。 2. 攜帶外幣出境超過依第九條規定所定之限額者，其超過部分沒入之。 3. 攜帶外幣出入國境，不依第十一條規定報明登記者，沒入之；申報不實者，其超過申報部分沒入之。

第二節　外匯收支或交易申報辦法

一、外匯收支或交易申報辦法

　　「外匯收支或交易申報辦法」主要是規範民眾辦理外匯之相關規定，限定那些機構能接受民眾辦理外匯，以及外匯收支限額，最近於民國99年6月修訂，是依「管理外匯條例」第6條第1項訂定。下表（表4-2）爲「外匯收支或交易申報辦法」摘要。

表 4-2　外匯收支或交易申報辦法

條款	外匯收支或交易申報辦法摘要
第 2 條	中華民國境內新臺幣五十萬元以上等值外匯收支或交易之資金所有者或需求者（以下簡稱申報義務人），應依本辦法申報。
第 3 條	本辦法所用名詞定義如下： 一、銀行業：指經本中央銀行許可辦理外匯業務之銀行、信用合作社、農會信用部、漁會信用部及中華郵政股分有限公司。

（續下頁）

(承上頁)

條款	外匯收支或交易申報辦法摘要
第3條	二、公司、行號或團體：指依中華民國法令在中華民國設立登記或經中華民國政府認許並登記之公司、行號或領有主管機關核准設立統一編號之團體。 三、個人：指年滿二十歲領有中華民國國民身分證、臺灣地區居留證或外僑居留證證載有效期限一年以上之個人。 四、非居住民：指未領有臺灣地區居留證或外僑居留證，或領有相關居留證但證載有效期限未滿一年之非中華民國國民，或未在中華民國境內依法設立登記之公司、行號、團體，或未經中華民國政府認許之非中華民國法人。
第5條	下列外匯收支或交易，申報義務人應檢附與該筆外匯收支或交易有關合約、核准函等證明文件，經銀行業確認與申報書記載事項相符後，始得辦理新臺幣結匯： 一、公司、行號每筆結匯金額達一百萬美元以上之匯款。 二、團體、個人每筆結匯金額達五十萬美元以上之匯款。
第6條	下列外匯收支或交易，申報義務人應於檢附所填申報書及相關證明文件，經由銀行業向中央銀行申請核准後，始得辦理新臺幣結匯： 一、公司、行號每年累積結購或結售金額超過五千萬美元之必要性匯款；團體、個人每年累積結購或結售金額超過五百萬美元之必要性匯款。 二、未滿二十歲之中華民國國民每筆結匯金額達新臺幣五十萬元以上之匯款。 三、下列非居住民每筆結匯金額超過十萬美元之匯款： ㈠ 於中華民國境內承包工程之工程款。 ㈡ 於中華民國境內因法律案件應提存之擔保金及仲裁費。 ㈢ 經有關主管機關許可或依法取得自用之中華民國境內不動產等之相關款項。 ㈣ 於中華民國境內依法取得之遺產、保險金及撫卹金

二、辦理外匯機構與業務範圍

　　所謂外匯是指外國貨幣、票據及有價證券。銀行業經向中央銀行申請核准可辦理外匯交易相關業務，所屬銀行業包含銀行、信用合作社、農會信用部、漁會信用部及中華郵政股分有限公司。

　　銀行業因屬性與定位不同，故中央銀行核准其經營外匯業務範圍而所差異，以下為各種銀行業經營外匯業務之範圍：

1. 銀行得申請許可辦理外匯業務所列各項業務之全部或一部分。
2. 信用合作社、農會信用部及漁會信用部，得申請許可辦理買賣外幣現鈔與旅行支票業務。
3. 中華郵政股分有限公司，得申請許可辦理國際匯兌與買賣外幣現鈔及旅行支票業務。

三、其他外匯業務規定

1. 銀行業與顧客之外匯交易買賣匯率，由各銀行業自行訂定。
2. 旅客於各外匯指定銀行國際機場分行辦理結匯，在每筆等值5000美元金額範圍內，無須憑身分證或護照，僅憑出入境證照即逕行可辦理結匯。
3. 國人出國前至外匯銀行結匯購買外幣現鈔，應提示身分證明文件。
4. 外匯銀行受理顧客結購外幣現鈔或外匯時，應製發賣（買）匯水單。
5. 向銀行購買外幣現鈔，應依「現金賣匯」牌告匯率為準，或與銀行議價；外幣現鈔售予銀行，應依「現金買匯」牌告匯率為準，或與銀行議價。（註：買入與賣出匯率不同，因銀行靠匯率差價，從中賺取利潤。）
6. 觀光旅館、旅行社、百貨公司、手工藝品業、金銀及珠寶業（俗稱銀樓業）、便利商店、國家風景區管理處、旅遊中心、火車站、寺廟、博物館等行業，以及其他從事國外來臺旅客服務之機構團體或位處偏遠地區之旅館、商店，具有收兌外幣之需要，並有適當之安全控管機制者，得正式行文向臺灣銀行國際部申請設置外幣收兌處。
7. 外幣收兌處辦理外幣現金或外幣旅行支票之收兌，應確認客戶身分及留存交易紀錄憑證。每筆收兌最高金額以等值1萬美元為限，且應開具三聯式外匯水單，詳驗兌換人之護照並將其姓名、出生年月日、國別、護照號碼、交易金額填列於外匯水單，並經兌換人親簽。

四、名詞解釋

1. 「買入」匯率跟「賣出」匯率，是以銀行的角度來看。
2. 「買入」匯率是指銀行買入你手中的外幣價格，也就是你把美金換回臺幣的價格。

3.「賣出」匯率是銀行賣出外幣的價格，也就是你跟銀行買外幣的價格。

4.「現金買入」：是銀行以臺幣跟顧客買（換）外幣現鈔的價格，通常這是四個價位當中最低的價格，因爲銀行持有外幣現鈔有其一定的持有成本，因此便反映在匯率上面。一般通常是用在出國回來之後手上有外幣現鈔沒用完，要換回臺幣時。

5.「現金賣出」：是顧客拿臺幣跟銀行買（換）外幣現鈔的價格，這是四個價位當中最高的，如出國要換外幣，就是以這個價格換一單位的外幣。

6.「即期買入」：是銀行以臺幣跟你買（換）外幣的價格，通常這是四個價位當中次低的價格，一般通常會用到的情況，就是外幣帳戶存款要轉存成臺幣存款，或是有收到一筆外幣的匯款要轉成臺幣，或是外幣計價的基金要贖回，也是看這個匯率。當顧客將旅行支票換成臺幣時，銀行是以「即期買入」匯率與顧客交易。

7.「即期賣出」：是顧客拿臺幣跟銀行買（換）外幣時候的價格，通常是四個價位當中次高的，一般通常會用到的情況，是臺幣要轉存外幣存款，或是要外幣匯款時，都是看這個價格。當顧客購買旅行支票時，銀行是以「即期賣」匯率與顧客交易。

8.「遠期匯率」指的是未來的買賣匯率，通常是進出口廠商爲了規避匯率風險，與銀行簽訂匯率合約，約定在未來的某一天以約定的價格，用約定的數量，交換本國幣與外幣，所以，這約定的匯率，就是遠期匯率，只有企業有商品進出口才可以用，一般人是不能用來當投資工具的。

第三節　各國貨幣與符號

下表（表4-3）列出與臺灣關係較密切國家或地區之貨幣名稱及其代符號與代碼，歷年考題不多，但偶爾出現，讓導遊與領隊對常用外國貨幣有基本認識。

表 4-3　各國貨幣與符號

國家或地區	貨幣名稱	符號	代碼	與美元兌換率
臺灣	新臺幣元 （New Taiwan Dollar）	$ 或 NT$	TWD	30
中國	人民幣元 （Renminbi）	¥	CNY	6.2

（續下頁）

（承上頁）

國家或地區	貨幣名稱	符號	代碼	與美元兌換率
香港	港元 （Hong Kong Dollar）	$	HKD	7.8
澳門	澳門元 （Macanese Pataca）	P	MOP	8
日本	日元（Japanese Yen）	¥	JPY	100
韓國	韓元 （South Korean Won）	₩	KRW	1,130
越南	越南盾 （Vietnamese đồng）	đ	VND	20,932
印尼	印尼盾 （Indonesian Rupiah）	Rs	IDR	9,691
菲律賓	菲律賓披索 （Philippine Peso）		PHP	41
印度	印度盧比 （Indian Rupee）	Rs	INR	54
馬來西亞	令吉 （Malaysian Ringgit）	RM	MYR	3
新加坡	新加坡元 （Singapore dollar）	$	SGD	1.24
土耳其	土耳其里拉 （Turkish Lira）	₤	TRY	1.79
泰國	泰銖（Thai Baht）		THB	29
美國	美元 （United States Dollar）	$	USD	1
加拿大	加拿大元 （Canadian Dollar）	$	CAD	1.015

（續下頁）

(承上頁)

國家或地區	貨幣名稱	符號	代碼	與美元兌換率
歐元區	歐元（Euro）	€	EUR	0.77
英國	英鎊（Pound Sterling）	£	GBP	0.65
瑞士	瑞士法郎（Swiss Franc）	Fr	CHF	0.93
俄羅斯	俄羅斯盧布（Russian Ruble）	p.	RUB	31
澳洲	澳元（Australian Dollar）	$	AUD	0.95
紐西蘭	紐西蘭元（New Zealand Dollar）	$	NZD	1.17

第四節　旅行支票

一、購買旅行支票

　　旅行支票的效力與現鈔幾乎相同，也有面額大小與貨幣種類之分，包括美元、歐元、英磅、法郎、日幣、加幣、澳幣等。除了歐洲地區，一般仍以美元旅行支票最通用。購買旅行支票時，須攜帶現金（新臺幣）與身分證到銀行辦理，通常要由本人親自購買。一般而言，每家銀行代辦不同貨幣的旅行支票，購買前可先打電話詢問旅行支票種類。購買旅行支票後，須保留當初購買的申請書或記住支票號碼，確保萬一支票遺失時，才能掛失並申請補發。

二、旅票行支使用方式

1. 兌換當地現金：若不是購買旅遊當地貨幣的旅行支票，使用前可以直接到當地銀行或機場等兌幣處換成當地現金。一般而言，如果是到歐洲以外的國家，最好購買美元的旅行支票。

2. 當現金使用：若是購買旅遊當地貨幣的旅行支票，則不須再換成現金即可使用，沒用完的部分可以換回現金。但是並非所有的商店都接受旅行支票，如小

商店、市場等地方消費時，大多不能使用旅行支票，在臺灣幾乎所有商店都不接受旅行支票。

三、簽名

旅行支票有兩處簽名欄位（圖4-1），買到旅行支票時，要先在 Signature of holder 欄位簽名，等兌換現金或購物使用時，才當場在Countersign here in the presence of person cashing 欄位簽名。若兩個欄位都簽名或都未簽名，則其效力等同現金，當被竊或遺失時容易被冒領，不易申請補發。

圖 4-1　旅行支票簽名圖

四、掛失止付

常購買旅行支票的銀行僅做代售服務，當旅行支票遺失或被竊，必須找旅行支票發行公司處理。若是 VISA，由花旗銀行負責處理，若是Master Card，則是由通濟隆公司(Thomas Cook)處理。另外，購買合約書會有全球掛失止付電話及詳細說明，可依照指示進行求償事宜。掛失止付步驟如下：

1. 先打電話到旅行支票發行公司詢問求償方式。
2. 持護照、購買支票收據副本、旅行支票記錄卡、剩餘支票的號碼，到旅行支票發行公司或代辦處辦理掛失止付。
3. 通常當場可領取退款，這就是旅行支票相對於現金的優點，現金遺失是無法止付賠償的。

五、注意事項

1. 旅行支票在使用時，才在 Countersign here in the presence of person cashing 欄位簽名。
2. 記下所有票號，使用完的支票則將其票號記下或刪除，並留住未使用的票號。
3. 購買合約書和旅行支票分開保存，以便旅行支票遺失時可迅速申請補發。

第五節　信用卡

一、基本概念

信用卡(Credit Card)是一種非現金交易付款的方式，是簡單的信貸服務。信用卡由銀行或信用卡公司依照用戶的信用度與財力發給持卡人，持卡人持信用卡消費時無須支付現金，待賬單日（英語：Billing Date）時再付款。除部分與金融卡結合的信用卡外，一般的信用卡與提款卡不同，信用卡不會直接從用戶的帳戶扣除資金。

VISA Card （威士卡）、Master Card （萬事達卡）、American Express Card （美國運通卡）、JCB卡、Dinner Club Card （大來卡），是目前全球通用的信用卡。

二、信用卡正反面資訊

1. 正面：發卡行名稱及標識、信用卡別（組織標識）及全息防偽標記、卡號、英文或拼音姓名、啓用日期（一般計算到月）、有效日期（一般計算到月）。最新發行的卡片正面，附有晶片。
2. 背面：卡片磁條、持卡人簽名欄（啓用後必須簽名）、服務熱線電話、卡號末四位號碼或全部卡號（防止被冒用）、信用卡安全碼（在信用卡背面的簽名欄上，在卡號末四位號碼的後面的3位數字，用於電視、電話及網路交易等）。

三、國外刷卡消費的匯率計算

國人所有信用卡交易帳款，是以新臺幣結付，若交易之貨幣非爲新臺幣或於國內以新臺幣交易但仍經國際清算（含辦理退款）或跨國交易時，該筆帳款是以當地特約商店向發卡國際組織請款當天的匯率爲準（即帳單上的入帳日期），其結算匯率依發卡國際組織指定之結匯日及國際匯率折算爲新臺幣。

歷年試題精選

一、導遊實務（二）

( )　1.下列有關我國國民在國際機場銀行分行結匯之規定中，何者為錯誤？　　（97 年華導）

　　　(A) 每筆結匯限等值美金 1 萬元　　　　　(B) 須出示護照

　　　(C) 免填身分證統一編號或護照號碼　　　(D) 不必申報國別及結匯性質

( )　2.指定銀行於輔導申報人申報外匯收支或交易時，下列何者係屬錯誤之輔導？

　　　(A) 因申報人不識字而代為填寫申報書　　　　　　　　　　　　　　（97 年華導）

　　　(B) 因申報人申報之結匯性質，與其結匯金額顯有違常，要求申報人應據實申報

　　　(C) 因申報書之金額及結匯性質填寫錯誤，要求申報人於更改處簽名或蓋章

　　　(D) 要求申報人於申報書之地址欄位填寫戶籍所在地址

( )　3.您向外匯銀行買 1 美元所付新臺幣與賣 1 美元所收到新臺幣，何者較多？

　　　(A) 買 1 美元所付新臺幣較多　　　(B) 賣 1 美元所收到新臺幣較多　（97 年華導）

　　　(C) 兩者一樣多　　　　　　　　　(D) 不一定

( )　4.在我國境內居住，未滿二十歲之自然人，其每筆結匯金額未達新臺幣多少萬元之

　　　等 值外幣可直接到外匯銀行辦理？　　　　　　　　　　　　　　　　（97 年外導）

　　　(A)50 萬　　　　　　(B)60 萬　　　　　　(C)70 萬　　　　　　(D)80 萬

( )　5.非居住民於辦理結匯時，下列敘述何者錯誤？　　　　　　　　　　　（97 年外導）

　　　(A) 外國自然人應憑相關身分證明親自辦理

　　　(B) 外國金融機構應授權國內金融機構為申報人

　　　(C) 外國金融機構以外之其他外國法人，應授權其在臺代表或國內代理人為申報
　　　　 人

　　　(D) 每筆結售外匯金額未逾十萬美元或等值外幣者，均得逕憑申報書辦理結匯

( )　6.民眾利用網際網路辦理新臺幣結匯申報事宜前，應先辦何種事項？　　（97 年外導）

　　　(A) 親自到銀行櫃檯申請

　　　(B) 以網路向銀行申請

　　　(C) 親自到銀行櫃檯申請並辦理相關約定事項

　　　(D) 以電話告知銀行

( )　7.國人委託他人辦理結匯時，下列何者應就申報事實負責？　　　　　　（97 年外導）

　　　(A) 受託人　　　　　　　　　　　　(B) 委託人

　　　(C) 受託人與委託人共同負責　　　　(D) 指定銀行

( )　8.在國內銀行兌換旅行支票的匯率，通常比兌換外幣現鈔的匯率為：　　（97 年外導）

　　　(A) 優惠　　　　　　(B) 差　　　　　　(C) 一樣　　　　　　(D) 不一定

( )　9.國人委託他人辦理結匯時，應以下列何者名義辦理結匯？　　　　　　（98 年華導）

　　　(A) 委託人　　　　(B) 受託人　　　　(C) 指定銀行　　　　(D) 中央銀行

( ) 10.以外幣現鈔結售為新臺幣，指定銀行應掣發下列何種單據？ (98 年華導)

(A) 買匯水單　　　(B) 賣匯水單　　　(C) 買匯交易憑證　(D) 賣匯交易憑證

( ) 11.我國國民至少年滿幾歲才可向外匯銀行每年累積結匯五百萬美元？ (98 年外導)

(A)22　　　　　(B)20　　　　　(C)18　　　　　(D)16

( ) 12.使用那一種金融工具，可在其所屬標幟（如 VISA 或 MASTERCARD）之全球各地會員銀行之櫃臺或提款機預借現金？ (98 年外導)

(A) 國際金融卡　　(B) 聯合信用卡　　(C) 國際信用卡　　(D) 我國 IC 金融卡

( ) 13.由於偽鈔問題嚴重，東南亞及大陸地區普遍拒絕收受下列何種版本之美金現鈔？

(A)1996 版本之百元美金　　　　　(B)1997 版本之百元美金 (98 年外導)

(C)1998 版本之百元美金　　　　　(D)1999 版本之百元美金

( ) 14.旅行支票申報遺失，在何種情況下，可獲得理賠？ (98 年外導)

(A) 旅行支票經購買人簽署，且未副署，而申報遺失之前已遭兌領

(B) 旅行支票未經購買人簽署，亦未副署，而申報遺失之前尚未遭兌領

(C) 旅行支票經購買人簽署，並副署

(D) 申報遺失之旅行支票係因賭博而交付他人

( ) 15.在國際外匯市場資訊，或外匯匯率牌告上標示之「CNY」，是指下列那一種貨幣？

(A) 馬來西亞幣　　(B) 南非幣　　　(C) 人民幣　　　(D) 日幣　(99 年華導)

( ) 16.持護照之外國觀光客至銀行辦理兌換新臺幣，每筆最高限額為等值美金多少元？

(A)1 萬元　　　　(B)3 萬元　　　　(C)5 萬元　　　　(D)10 萬元 (99 年外導)

( ) 17.有關旅行支票遺失或被竊時之申報程序，下列何者錯誤？ (99 年外導)

(A) 應提示購買合約書

(B) 遺失或被竊之申報手續，限向原購買旅行支票之代售行辦理

(C) 必要時應向當地警察機關報案

(D) 應提示護照或其他身分證明文件

( ) 18.在國際外匯市場資訊，或外匯匯率牌告上標示之「GBP」，是指下列那一種貨幣？

(A) 人民幣　　　(B) 加幣　　　　(C) 泰幣　　　　(D) 英鎊　(99 年外導)

( ) 19.持有外國護照之旅客，在領有外幣收兌處執照之觀光飯店或百貨公司等行業，辦理外幣收兌業務，每筆兌換金額以等值美金多少元為限？ (99 年外導)

(A)3 千元　　　　(B)5 千元　　　　(C) 1 萬元　　　　(D)2 萬元

( ) 20.外幣收兌處辦理外幣收兌業務，對於疑似洗錢之交易，應向何機關申報？

(A) 中央銀行　　　　　　　　(B) 行政院金融監督管理委員會 (100 年華導)

(C) 財政部　　　　　　　　　(D) 法務部調查局

( ) 21.公司每筆結匯金額最低達多少美元以上，即應檢附與該筆外匯交易相關之證明文件，供受理結匯銀行確認？ (100 年華導)

(A)100 萬　　　　(B)200 萬　　　　(C)300 萬　　　　(D)400 萬

( ) 22.旅行支票或外幣支票售予銀行時，應依下列何種牌告匯率為準，或與銀行議價？ (100 年外導)
(A) 現金買匯 　　　　　　　　(B) 即期買匯
(C) 現金賣匯 　　　　　　　　(D) 即期賣匯

( ) 23.下列有關新臺幣結匯申報之敘述，何者為錯誤？ (100 年外導)
(A) 申報義務人於辦理新臺幣結匯申報後，得於一定條件下要求更正申報書內容
(B) 申報義務人非故意申報不實，經舉證並檢具律師、會計師或銀行業出具無故意 申報不實意見書者，可經由銀行業向中央銀行申請更正申報書內容
(C) 申報義務人如無法親自辦理結匯申報時，可委託其他個人代辦新臺幣結匯申報事宜，惟仍應以委託人之名義辦理申報
(D) 申報書之結匯金額填寫錯誤時，得由申報義務人加蓋印章予以更改

( ) 24.張三為了出國旅遊，需結購 2 萬美元之現鈔，但因無法親自辦理結匯，委託李四代為向銀行辦理結匯申報事宜，下列敘述何者為正確？ (100 年外導)
(A) 申報事項由李四自負責任 　　(B) 應以李四名義辦理結匯申報
(C) 應以張三名義辦理結匯申報 　(D) 結購金額併入李四每年結匯額度

( ) 25.個人每筆結匯金額達多少美元以上，個人應檢附與該筆外匯交易相關之證明文件供受理結匯銀行確認？ (100 年外導)
(A)20 萬 　　　(B)30 萬 　　　(C)40 萬 　　　(D)50 萬

( ) 26.依規定持有外國護照之外國旅客拿外幣現鈔在外幣收兌處兌換新臺幣，每筆以等值美金多少金額為限？ (101 年外導)
(A)1 萬元 　　　(B)6 千元 　　　(C)5 千元 　　　(D)3 千元

( ) 27.依規定出、入境旅客無須憑身分證或護照，僅憑出、入境證照即可逕向各外匯指定銀行國際機場分行辦理每筆結匯之金額為何？ (101 年外導)
(A) 未逾等值 5 千美元 　　　　(B) 未逾等值 6 千美元
(C) 未逾等值 7 千美元 　　　　(D) 未逾等值 8 千美元

( ) 28.外匯匯率掛牌「€」，這個符號為下列那一種外幣之代號？ (101 年外導)
(A) 人民幣 　　(B) 日幣 　　(C) 加幣 　　(D) 歐元

( ) 29.外幣收兌處每筆收兌外幣金額限制為何？ (102 年華導)
(A) 每筆等值 5 千美元 　　　　(B) 每筆等值 1 萬美元
(C) 每筆等值 2 萬美元 　　　　(D) 無收兌金額限制

( ) 30.年滿 20 歲之外國人如領有臺灣地區居留證且證載有效期限 1 年以上者，有關其辦理新臺幣結匯申報事宜，下列敘述何者正確？ (102 年外導)
(A) 相關結匯申報事宜，比照非居住民辦理
(B) 須親自辦理結匯申報事宜，不得委託他人代為辦理
(C) 每年累積得逕向銀行業辦理結購 5 百萬美元
(D) 每筆結購金額超過 10 萬美元者，應經中央銀行核准

(　　) 31.依管理外匯條例規定，以非法買賣外匯為常業者，可處多少年以下有期徒刑？

(A)3 年　　　　　　(B)4 年　　　　　　(C)5 年　　　　　　(D)6 年　　　(103 年華導)

(　　) 32.出、入境旅客憑出入境證照逕向各外匯指定銀行國際機場分行辦理結匯，每筆最高金額為何？　　　　　　　　　　　　　　　　　　　　　　　　　　(103 年華導)

(A)5 千美元　　　(B)1 萬美元　　　(C)2 萬美元　　　(D)3 萬美元

(　　) 33.外國旅客在所住宿觀光飯店設有外幣收兌處者，每次可兌換之金額最高為多 少等值美元？　　　　　　　　　　　　　　　　　　　　　　　　　　　(103 年外導)

(A)500 美元　　　(B)1 千美元　　　(C)5 千美元　　　(D)1 萬美元

(　　) 34.領有臺灣地區居留證或外僑居留證證載有效期限一年以上之非中華民國國民，有關其辦理新臺幣結匯申報事宜，下列敘述何者正確？　　　　　　　　(103 年外導)

(A) 每年得逕向銀行業辦理結購或結售 500 萬美元

(B) 每年得逕向銀行業辦理結購或結售 5 千萬美元

(C) 須親自辦理結匯申報事宜，不得委託他人代為辦理

(D) 相關結匯申報事宜，仍比照非居住民辦理

解答

1.(A)　　2.(C)　　3.(A)　　4.(A)　　5.(D)　　6.(C)　　7.(B)　　8.(A)　　9.(A)　　10.(A)
11.(B)　12.(C)　13.(A)　14.(A)　15.(C)　16.(D)　17.(B)　18.(D)　19.(C)　20.(D)
21.(A)　22.(B)　23.(D)　24.(C)　25.(D)　26.(A)　27.(A)　28.(D)　29.(B)　30.(C)
31.(A)　32.(A)　33.(D)　34.(A)

試題解析

1. 旅客於各外匯指定銀行國際機場分行辦理結匯，在每筆等值5000美元金額範圍內，無須憑身分證或護照，僅憑出入境證照即逕行可辦理結匯。

2. 根據「外匯收支或交易申報書注意事項」第3項規定：「本申報書匯款金額不得塗改，其餘部分如經塗改，應由申報義務人在塗改處簽章，否則本申報書不生效力。」

3. 銀行買賣外匯是靠匯率差價賺錢，所以銀行1美元賣給顧客比顧客1美元賣給銀行更有利潤。

4. 新臺幣50萬元以上之等值外匯收支或交易，才須要依規定辦理申報。

5. 非居住民每筆結匯金額超過10萬美元之匯款，申報義務人應於檢附所填申報書及相關證明文件，經由銀行業向中央銀行申請核准後，始得辦理新臺幣結匯。也就是非居住民未超過10萬美元之匯款，不必先經中央銀行核准，填申報書即可結匯。

6. 根據「銀行業辦理外匯業務管理辦法」第16條第2項規定：「指定銀行受理顧客利用網際網路辦理外匯收支或交易事宜前，應先請顧客親赴銀行櫃檯申請並辦理相關約定事項。指定銀行受理申請時，應查驗顧客身分文件或基本登記資料。」

7. 根據「外匯收支或交易申報辦法」第8條第2項規定（委託結匯申報）：「申報義務人得委託其他個人代辦新臺幣結匯申報事宜，但就申報事項仍由委託人自負責任；受託人應檢附委託書、委託人及受託人之身分證明文件，供銀行業查核，並以委託人之名義辦理申報。」

8. 顧客以新臺幣買旅行支票比買外幣現鈔（同一幣別）較划算，因旅行支票匯率較佳，是因為銀行持有外幣現金成本高，所以賣得貴（與旅行支票比較）。

9. 根據「外匯收支或交易申報辦法」第8條第2項規定（委託結匯申報）：「申報義務人得委託其他個人代辦新臺幣結匯申報事宜，但就申報事項仍由委託人自負責任；受託人應檢附委託書、委託人及受託人之身分證明文件，供銀行業查核，並以委託人之名義辦理申報。」

10. 顧客結匯時，銀行會掣發水單（水單是買賣收據之俗稱）給顧客留存，由於是銀行「買入外匯」，故稱「買匯水單」。註：買入或賣出是以銀行角度來看。

11. 根據「外匯收支或交易申報辦法」第3條第3款規定：「欲每年結匯超過500萬美元之個人，須持有中華民國國民身分證、臺灣地區居留證或外僑居留證證載有效期限一年以上之個人。「外匯收支或交易申報辦法」第3條第3項定義：「個人是指年滿二十歲領有中華民國國民身分證、臺灣地區居留證或外僑居留證證載有效期限一年以上之個人。」

12. 為應付支付工具遺失或遭竊，VISA、MASTER等國際信用卡能緊急補發或緊急預借現金，以應急需。須先報案掛失再申請補發信用卡。

13. 美金是世界上重要的交換和流通貨幣，有些國家人民甚至可以直接拿來消費購物（例如柬埔寨），故美元偽鈔不少。像1996年版的百元美鈔因為偽鈔太猖獗，國際上基本是拒收的。

14. 購買旅行支票時，先在 Signature of holder 欄位簽名，Countersign here in the presence of person cashing 欄位等兌換現金或購物使用時才當場簽名。若兩個欄位都簽名或都未簽名，則其效力等同現金，被竊或遺失時容易被冒領，不易申請補發。

15. 「CNY」是人民幣（中國大陸流通使用之貨幣）代碼，「¥」則是其符號。

16. 「根據外匯收支或交易申報辦法」第6條第3款規定：「非居住民（指未領有臺灣地區居留證或外僑居留證，或領有相關居留證但證載有效期限未滿一年之非中華民國國民）每筆結匯金額超過10萬美元之匯款，須申請經中央銀行核准始得辦理結匯。」也就是10萬美元以下，外國人不用事先申請中央銀行核准，即可結匯。

17. 通常購買旅行支票的銀行僅做代售服務，如果所買的旅行支票遺失或被竊，必須找旅行支票發行公司處理。若買的是 VISA，則必須找花旗銀行，若買的是Master Card，則必須找通濟隆公司(Thomas Cook)。

18. 英鎊乃英國流通使用的貨幣，代碼是「GBP」，「£」是英鎊的符號。

19. 外幣收兌處（觀光旅館、旅行社、百貨公司、國家風景區）辦理外幣現金或外幣旅行支票之收兌，應確認客戶身分及留存交易紀錄憑證。每筆收兌最高金額以等值一萬美元為限，且應開具三聯式外匯水單，詳驗兌換人之護照並將其姓名、出生年月日、國別、護照號碼、交易金額填列於外匯水單，並經兌換人親簽。

20. 根據「臺灣銀行股分有限公司指定外幣收兌處設置及收兌外幣注意事項」第7條第2項規定：「外幣收兌處如發現下列疑似洗錢之交易時，應立即填寫「外幣收兌處疑似洗錢交易報告」，並於五個營業日內以傳真方式（正本後補）交由本行轉送法務部調查局洗錢防制中心辦理申報作業」。註：調查洗錢犯罪是調查局的權責。

21. 根據「銀行業辦理外匯業務管理辦法」第45條2項2款規定：「受理公司、行號一百萬美元以上或等值外幣，或個人、團體五十萬美元以上或等值外幣之結購、結售外匯，應於確認交易相關證明文件無誤後，於訂約日立即傳送中央銀行。」

22. 旅行支票或外幣支票交易，應使用「即期匯率」，旅客將未使用旅行支票賣給銀行，等同於銀行向顧客「買」進外匯，故須以「即期買匯」匯率為準。

23. 因為結匯金額是申報書非常重要的部分，不能錯誤或遭竄改，根據「外匯收支或交易申報書注意事項」第3項規定：「本申報書匯款金額不得塗改，其餘部分如經塗改，應由申報義務人在塗改處簽章，否則本申報書不生效力。」

24. 根據「外匯收支或交易申報辦法」第8條第2項規定（委託結匯申報）：「申報義務人得委託其他個人代辦新臺幣結匯申報事宜，但就申報事項仍由委託人自負責任；受託人應檢附委託書、委託人及受託人之身分證明文件，供銀行業查核，並以委託人之名義辦理申報。」

25. 「根據外匯收支或交易申報辦法」第5條規定：「團體、個人每筆結匯金額達50萬美元以上之匯款，應檢附與該筆外匯收支或交易有關合約、核准函等證明文件，經銀行業確認與申報書記載事項相符後，始得辦理新臺幣結匯。」

26. 外幣收兌處（觀光旅館、旅行社、百貨公司、國家風景區）辦理外幣現金或外幣旅行支票之收兌，應確認客戶身分及留存交易紀錄憑證。每筆收兌最高金額以等值一萬美元為限，且應開具三聯式外匯水單，詳驗兌換人之護照並將其姓名、出生年月日、國別、護照號碼、交易金額填列於外匯水單，並經兌換人親簽。

27. 旅客於各外匯指定銀行國際機場分行辦理結匯，在每筆等值5000美元金額範圍內，無須憑身分證或護照，僅憑出入境證照即逕行可辦理結匯。

28. 歐元區國家使用的貨幣稱歐元，符號為「€」，代碼為「EUR」。

29. 外幣收兌處（觀光旅館、旅行社、百貨公司、國家風景區）辦理外幣現金或外幣旅行支票之收兌，應確認客戶身分及留存交易紀錄憑證。每筆收兌最高金額以等值一萬美元為限，且應開具三聯式外匯水單，詳驗兌換人之護照並將其姓名、出生年月日、國別、護照號碼、交易金額填列於外匯水單，並經兌換人親簽。

30. 年滿20歲之外國人如領有臺灣地區居留證且證載有效期限1年以上者，每年累積得逕向銀行業辦理結購500萬美元。

31. 依「管理外匯條例」第22條規定：「以非法買賣外匯為常業者，處三年以下有期徒刑、拘役或科或併科與營業總額等值以下之罰金；其外匯及價金沒收之。」

32. 旅客於各外匯指定銀行國際機場分行辦理結匯，在每筆等值5000美元金額範圍內，無須憑身分證或護照，僅憑出入境證照即逕行可辦理結匯。

33. 依據「外幣收兌處設置及管理辦法」第3條規定：「外幣收兌處辦理外幣收兌業務，每筆收兌金額以等值一萬美元為限。」

34. 「外匯收支或交易辦法」第4條規定：「公司、行號每年累積結購或結售金額未超過五千萬美元之匯款，團體、個人每年累積結購或結售金額未超過五百萬美元之匯款，申報義務人得於填妥申報書後，逕行辦理新臺幣結匯。」

二、領隊實務（二）

( ) 1.在國外自動提款機以何種卡片提領當地貨幣，係立即自持卡人之國內新臺幣帳戶扣減等值存款？ (97 年華領)

    (A)VISA 卡   (B)MASTER 卡   (C)JCB 卡   (D) 國際金融卡

( ) 2.填寫「外匯收支或交易申報書」中，哪一項不得更改？ (97 年華領)

    (A) 出生年月日   (B) 身分證統一編號

    (C) 金額   (D) 外匯收支或交易性質

( ) 3.辦理結匯時，應填寫「外匯收支或交易申報書」，申報義務人為： (97 年華領)

    (A) 匯款申請人   (B) 受理銀行

    (C) 受理銀行之總行   (D) 中央銀行

( ) 4.國際金融卡持卡人，每人每日在銀行自動櫃員機提領外幣現鈔上限為何？

    (A)50 萬美元   (B)1 萬美元 (97 年外領)

    (C)5 千美元   (D) 新臺幣 50 萬元等值外幣

( ) 5.歐元不是下列那一個國家之通貨？ (97 年外領)

    (A) 德國   (B) 法國   (C) 英國   (D) 義大利

( ) 6.一般而言，銀行掛牌之外幣現鈔買賣價差均大於同一外幣之外匯買賣價差，則下列哪一原因錯誤？ (97 年外領)

    (A) 外幣現鈔庫存在銀行無利息收入

    (B) 外幣現鈔進口須負擔運費及保險費

    (C) 外幣現鈔買入須辨識是否為偽鈔

    (D) 外幣現鈔容易攜帶

( ) 7.民眾至外匯銀行購買外幣現鈔或匯出匯款時，銀行應製發何種單證給客戶？

    (A) 買匯水單   (B) 賣匯水單 (97 年外領)

    (C) 進口結匯證實書   (D) 其他交易憑證

( ) 8.外幣現鈔售予銀行，應依下列何種牌告匯率為準，或與銀行議價？ (97 年外領)

    (A) 現金買匯   (B) 即期買匯   (C) 現金賣匯   (D) 即期賣匯

( ) 9.農漁會信用部得申請辦理何種外匯業務？ (97 年外領)

    (A) 出口外匯   (B) 匯出匯款

    (C) 買賣外幣現鈔及旅行支票   (D) 外匯存款

( ) 10.使用旅行支票應注意事項，下列何者錯誤？ (98 年華領)

    (A) 購買時立即在指定簽名處簽名

    (B) 交付或兌現時在副署處簽名

    (C) 購買合約須與旅行支票分開保管

    (D) 應注意旅行支票使用期限，以免逾期

（　）11.下列有關指定銀行辦理外幣提款機業務之敘述，何者正確？　　　　（98 年華領）

(A) 銀行掣發之賣匯水單，得以彙總表代替

(B) 持卡人提領外幣現鈔，每日累積金額應以美金一萬元或等值外幣為限

(C) 持卡人提領外幣現鈔，每日累積金額不受銀行所訂之新臺幣現鈔每日累積提領上限之限制

(D) 指定銀行經行政院金融監督管理局許可，得辦理該項業務

（　）12.持居留證，證載有效期間一年以上之外僑，其每年自由結匯額度最高限額為多少等值美元？　　　　（98 年華領）

(A)200 萬　　　　(B)300 萬　　　　(C)400 萬　　　　(D)500 萬

（　）13.購買旅行支票或外幣支票時，應依下列何種牌告匯率為準，或與銀行議價？

(A) 現金買匯　　　　　　　(B) 即期買匯　　　　（98 年華領）

(C) 現金賣匯　　　　　　　(D) 即期賣匯

（　）14.下列何者非旅行支票收兌程序？　　　　（98 年華領）

(A) 持票人須當著收兌者面前，在每一張支票副署 (Countersign)

(B) 收兌者應比對該副署簽名與支票上之購買人簽名，並確認兩者相同

(C) 請持票人出示有效之身分證明文件

(D) 持票人於提示前已完成副署，只要確認兩者簽名相同，亦可收兌

（　）15.旅客於國際機場銀行分行辦理結購結售外匯時，每筆最高限等值美金多少金額以內？　　　　（98 年外領）

(A) 三千元　　　(B) 五千元　　　(C) 七千元　　　(D) 壹萬元

（　）16.指定銀行受理顧客以新臺幣結購外匯時，應掣發下列何種單據？　　（98 年外領）

(A) 賣匯水單　　(B) 買匯水單　　(C) 其他交易憑證　　(D) 出口結匯證實書

（　）17.下列那一種支付工具，在大陸旅遊消費時，須先提領人民幣？　　（99 年華領）

(A)VISA 卡　　(B)JCB 卡　　(C)MASTER 卡　　(D) 國際提款卡

（　）18.到銀行辦理結匯，金額最低達等值新臺幣多少以上時，必須填寫「外匯收支或交易申報書」？　　　　（99 年華領）

(A)30 萬元　　(B)40 萬元　　(C)50 萬元　　(D)60 萬元

（　）19.依管理外匯條例規定，以非法買賣外匯為常業者，最高可處有期徒刑幾年？

(A)1 年以下　　(B)2 年以下　　(C)3 年以下　　(D)4 年以下　（99 年華領）

（　）20.入境旅客攜帶人民幣現鈔數額如超過主管機關所訂限額，超過限額部分未自動向海關申報或申報不實者，則超過部分之人民幣現鈔應如何處理？　　（99 年華領）

(A) 由旅客自行封存於海關，於出境時再行攜出

(B) 由海關沒入

(C) 由海關沒入，並就超過部分處 1 倍之等值新臺幣罰鍰

(D) 由海關沒入，並就超過部分處 2 倍之等值新臺幣罰鍰

( ) 21.在國外旅遊時，下列支付工具皆遺失或遭竊，那一項可使用緊急補發及緊急預借現金功能以應急需？ (99 年外領)

(A) 國際金融卡 　　　　　　　　　(B) 銀行匯票

(C)VISA、MASTER 等國際信用卡 　　(D) 空白旅行支票

( ) 22.出、入境旅客僅憑出、入境證照向各外匯指定銀行國際機場分行辦理結匯之金額，每筆上限為等值多少美元？ (99 年外領)

(A)5 千美元 　　(B)4 千美元 　　(C) 3 千美元 　　(D)2 千美元

( ) 23.申報義務人辦理新臺幣結匯申報，若故意申報不實，依管理外匯條例規定，可處多少新臺幣罰鍰？ (99 年外領)

(A)3 萬元至 40 萬元 　　　　　　　(B)3 萬元至 50 萬元

(C)3 萬元至 60 萬元 　　　　　　　(D)3 萬元至 70 萬元

( ) 24.經核准設置「外幣收兌處」之觀光旅館，對持有外國護照之外國旅客及來臺觀光之華僑可辦理何種外匯業務？ (100 年華領)

(A) 買賣外幣現鈔

(B) 買賣旅行支票

(C) 外幣現鈔或外幣旅行支票兌換新臺幣

(D) 匯款

( ) 25.旅行支票遺失或被竊時，下列何種處理方式不妥當？ (100 年華領)

(A) 依購買合約書所載電話，向發行機構指定處所或直接向其代售銀行辦理遺失或被竊之申報手續

(B) 申報旅行支票遺失或被竊，申報人應出示購買合約書及身分證或護照

(C) 旅行支票遺失或被竊之申報人，應填寫 Refund Application 並簽名，其簽名須與購買合約書上之購買人簽名相符

(D) 繼續旅行，待回國再申報遺失或被竊

( ) 26.持有外國護照之外國旅客在臺灣金融機構兌領新臺幣，下列何者較不易立即兌換新臺幣？ (100 年華領)

(A) 以外幣現鈔兌換

(B) 以外幣旅行支票兌換

(C) 以本人在金融機構之外幣存款帳戶兌領

(D) 以本人簽發之外幣支票兌換

( ) 27.國人出國旅遊，可向下列何種機構購買外幣現鈔？ (100 年外領)

(A) 經臺灣銀行核准辦理收兌外幣業務之觀光旅館

(B) 經中央銀行核准辦理外幣結匯業務之金融機構

(C) 經臺灣銀行核准辦理收兌外幣業務之銀樓業

(D) 旅行社

（　）28.外國旅客向我國金融機構兌換外國幣券，如被發現偽（變）造幣券時，下列何種處 理方式錯誤？　　　　　　　　　　　　　　　　　　　　　　　（100 年外領）

(A) 偽（變）造鈔券會被蓋上「偽（變）造作廢」章

(B) 偽（變）造硬幣會被剪角作廢

(C) 偽（變）造幣券會被金融機構截留，並掣給兌換外幣者收據

(D) 偽（變）造幣券在等值 200 美元以下者，偽變造幣券被金融機構沒收，但會給予兌換 者等值新臺幣

（　）29.依規定我國國民可以逕行結購或結售外匯之最高限額為何？　　　（101 年華領）

(A) 每筆結購或結售金額未超過 10 萬美元之匯款

(B) 每筆結購或結售金額未超過 50 萬美元之匯款

(C) 每年累積結購或結售金額未超過 100 萬美元之匯款

(D) 每年累積結購或結售金額未超過 500 萬美元之匯款

（　）30.下列有關旅行支票之敘述，何者為正確？　　　　　　　　　　　（101 年外領）

(A) 旅行支票與購買合約宜放在一起保管，避免遺失

(B) 旅行支票應注意在有效期限屆滿前使用

(C) 購買旅行支票時，應立即在每張支票上簽名，於交付或兌現時，再於 Countersign 欄位上副署

(D) 使用旅行支票購買商品時，無須在收受人面前於支票上副署

（　）31.外匯匯率掛牌「£」，這個符號為下列哪一種外幣之代號？　　　（101 年外領）

(A) 英鎊　　　　　　(B) 泰幣　　　　　　(C) 馬來西亞幣　　　(D) 菲律賓幣

（　）32.在國外旅遊時，下列何種支付工具不慎遭竊時，有緊急補發及緊急預借現金功能可應急需？　　　　　　　　　　　　　　　　　　　　　　（101 年外領）

(A) 國際金融卡　　　　　　　　　　(B) 空白旅行支票

(C) 銀行匯票　　　　　　　　　　　(D)VISA、MASTERCARD 等國際信用卡

（　）33.年滿 20 歲領有中華民國國民身分證之個人，每年累積結購或結售金額未超過等值多少美元，可直接向銀行業辦理結匯，無須經中央銀行核准？　（101 年外領）

(A)5 百萬　　　　　(B)6 百萬　　　　　(C)7 百萬　　　　　(D)8 百萬

（　）34.對於未滿 20 歲我國國民之新臺幣結匯限制規定，下列敘述何者正確？　（102 年華領）

(A) 因其屬限制行為能力人，不得辦理結匯

(B) 可辦理結匯，但結匯用途受限制

(C) 可辦理結匯，但每筆結匯金額限新臺幣 10 萬元以下等值外幣

(D) 可辦理結匯，但每筆結匯金額達新臺幣 50 萬元以上等值外幣，應經中央銀行核准

（　）35.未用完之旅行支票售予銀行時，與銀行議價，應依下列那一項銀行公告匯率爲準？　(102 年華領)

(A) 現金買入匯率　(B) 即期買入匯率　(C) 現金賣出匯率　(D) 即期賣出匯率

（　）36.我國國民在大陸地區，以信用卡刷卡購物時，下列敘述何者正確？　(102 年華領)

(A) 信用卡簽帳單之幣別爲美金

(B) 以刷卡日匯率折算爲新臺幣計價

(C) 以信用卡帳單結帳日折算爲新臺幣計價

(D) 以商店向銀行請款日匯率折算爲新臺幣計價

（　）37.下列有關旅行支票之敘述，何者正確？　(102 年外領)

(A) 旅行支票應注意在有效期限屆滿前使用

(B) 旅行支票與購買旅行支票之合約，宜放在一起保管，避免遺失

(C) 購買旅行支票時，應立即在每張支票之簽名處（Signature of Holder）欄位上簽名

(D) 使用旅行支票購物時，無須在收受人面前於支票上副署

（　）38.張先生爲了出國旅遊，需結購新臺幣 50 萬元之等值美元現鈔，因無法親自辦理結匯而委託李先生代爲向銀行業辦理結匯申報，下列敘述何者正確？　(103 年外領)

(A) 應以張先生名義辦理結匯申報

(B) 應以李先生名義辦理結匯申報

(C) 相關申報事項，由代辦結匯申報之李先生負責

(D) 李先生僅須檢附張先生之身分證及委託書二項文件供銀行業確認

（　）39.個人每筆結售外匯金額達多少美元以上，應即檢附該筆交易相關之證明文件供受理結匯銀行確認？　(103 年外領)

(A)100 萬美元　　(B)50 萬美元　　(C)30 萬美元　　(D)10 萬美元

解 答

1.(D)	2.(C)	3.(A)	4.(B)	5.(C)	6.(D)	7.(B)	8.(A)	9.(C)	10.(D)
11.(B)	12.(D)	13.(D)	14.(D)	15.(B)	16.(A)	17.(D)	18.(C)	19.(C)	20.(B)
21.(C)	22.(A)	23.(C)	24.(C)	25.(D)	26.(D)	27.(B)	28.(D)	29.(D)	30.(C)
31.(A)	32.(D)	33.(A)	34.(D)	35.(B)	36.(D)	37.(C)	38.(A)	39.(B)	

試題解析

1. 國際金融卡是提領持卡人銀行（或郵局）帳戶的錢，信用卡則是消費金額由銀行先墊付。

2. 根據「外匯收支或交易申報書注意事項」第3項規定：「本申報書匯款金額不得塗改，其餘部分如經塗改，應由申報義務人在塗改處簽章，否則本申報書不生效力。」

3. 辦理結匯時，應填寫「外匯收支或交易申報書」，申報義務人為向銀行辦理結匯之顧客。

4. 國際上是以每日累積等值美金計算，每日提取最高上限為1萬美金，像臺灣花旗銀行規定是30萬臺幣為上限。

5. 英國是歐盟會員國，但未將歐元作為通用貨幣。

6. 外幣現鈔與其他票據或有價證券，都屬於容易攜帶之類，這不是造成掛牌之外幣現鈔買賣價差均大於同一外幣之外匯買賣價差的原因。

7. 因銀行「賣出外幣現金」之交易，故應製作「賣匯水單」給客戶。

8. 因銀行「買進外幣現金」之交易，故應以「現金買匯」為準。

9. 信用合作社、農會信用部及漁會信用部，得申請許可辦理買賣外幣現鈔與旅行支票業務。

10. 旅行支票是沒有期限（逾期）的問題。

11. 提領外幣現鈔是有上限的，每日最多1萬美金。

12. 「根據外匯收支或交易申報辦法」第6條第1款規定：「個人（指年滿二十歲領有中華民國國民身分證、臺灣地區居留證或外僑居留證證載有效期限一年以上之個人）每年累積結購或結售金額超過500萬美元之必要性匯款申報義務人，應於檢附所填申報書及相關證明文件，經由銀行業向中央銀行申請核准後，始得辦理新臺幣結匯。」，即個人每年累計500萬美元以內為自由結匯額度。

13. 旅行支票交易應使用「即期匯率」，而旅客購買旅行支票等於銀行將外幣「賣」給顧客，故須以「即期賣匯」匯率為準。

14. 消費以旅行支票支付款項時應當場副署，並與原簽名相同。

15. 旅客於各外匯指定銀行國際機場分行辦理結匯，在每筆等值5000美元金額範圍內，無須憑身分證或護照，僅憑出入境證照即逕行可辦理結匯。（註：本題應該是問旅客於國際機場銀行辦理結匯，多少金額以內不須出示身分證明，僅出示出入境證照即逕行可辦理結匯？）

16. 旅客結購外匯即是銀行「賣出外幣」，故須至製發「賣匯水單」。

17. 信用卡是消費時直接付款，不管在國內外皆相同；國際金融卡只能提款，消費時無法現場支付款項。

18. 新臺幣50萬元以上之等值外匯收支或交易，才須要依規定辦理申報。

19. 依據「管理外匯條例」第22條：「以非法買賣外匯爲常業者，處三年以下有期徒刑、拘役或科或併科與營業總額等值以下之罰金；其外匯及價金沒收之。」

20. 根據「管理外匯條例」第24條3款規定：「攜帶外幣出入國境，不依規定報明登記者，沒入之；申報不實者，其超過申報部分沒入之。」

21. 爲應付支付工具遺失或遭竊，VISA、MASTER等國際信用卡可以緊急補發及緊急預借現金功能以應急需。須先報案掛失再申請補發信用卡。

22. 旅客於各外匯指定銀行國際機場分行辦理結匯，在每筆等值5000美元金額範圍內，無須憑身分證或護照，僅憑出入境證照即逕行可辦理結匯。

23. 根據「管理外匯條例」第20條第1款規定：「故意不爲申報或申報不實者，處新臺幣3萬元以上60萬元以下罰鍰。」

24. 依規定觀光旅館「外幣收兌處」僅能辦理外幣現金或外幣旅行支票之收兌（付給旅客新臺幣，收取外幣或旅行支票）。

25. 旅行支票遺失或遭竊時，應盡快報案、向發行機構指定處所申請掛失止付，以免被盜領，通常當場可領取旅行支票的退款。

26. 外國旅客以外幣現鈔或旅行支票在臺灣金融機構不難兌領新臺幣，不過一般支票難以馬上換新臺幣（因須交換票據和到期支付），臺灣人亦同。

27. 僅有經中央銀行核准辦理外幣結匯業務之金融機構，方可辦理國人外匯交易業務。經申請核准之觀光旅館、銀樓、旅行社僅能對外國旅客收外幣、旅行支票，兌付外國旅客新臺幣。

28. 金融機構經收顧客持兌之外國幣券發現有偽（變）造幣券時，除當面向持兌人說明係偽（變）造幣券外，如係鈔券，應加蓋「偽（變）造作廢」章，硬幣應剪角作廢，並經持兌人同意後，將原件截留，掣給收據。如果持兌之偽（變）造外國幣券總值在等值美金200元以上，應立刻記明持兌人之眞實姓名、國籍、職業及住址，並報請警察機關偵辦。

29. 個人每筆結匯金額新臺幣50萬以內，僅填寫水單即可，不必申報；個人每筆結匯金額達50萬美元以上之匯款，申報義務人應檢附與該筆外匯收支或交易有關合約、核准函等證明文件，經銀行業確認與申報書記載事項相符後，始得辦理新臺幣結匯；個人每年累積結購或結售金額超過5百萬美元之必要性匯款，申報義務人應於檢附所填申報書及相關證明文件，經由銀行業向中央銀行申請核准後，始得辦理新臺幣結匯。

30. 僅選項(C)敘述正確無誤，購買旅行支票時，先在 Signature of holder 欄位（上款）簽名，Countersign here in the presence of person cashing欄位（下款）等兌換現金或購物使用時才當場簽名。若兩個欄位都簽名或都未簽名，則其效力等同現金，被竊或遺失時容易被冒領，很難申請補發。

31. 「£」是英鎊的代號。

32. 為應付支付工具遺失或遭竊，VISA、MASTER等國際信用卡可以緊急補發及緊急預借現金功能以應急需。須先報案掛失再申請補發信用卡。

33. 依據「外匯收支或交易申報辦法」第6條1款規定：「個人每年累積結購或結售金額超過五百萬美元之必要性匯款，申報義務人應於檢附所填申報書及相關證明文件，經由銀行業向中央銀行申請核准後，始得辦理新臺幣結匯。」

34. 依據「外匯收支或交易申報辦法」第6條2款規定：「未滿二十歲之中華民國國民每筆結匯金額達新臺幣五十萬元以上之匯款，個人應於檢附所填申報書及相關證明文件，經由銀行業向中央銀行申請核准後，始得辦理新臺幣結匯。」

35. 旅客將未使用之旅行支票售予銀行，等於是銀行「買入外匯」，又非旅行支票（非現鈔）交易需以「即期匯率」為準，故是以銀行公告「即期買入」匯率為準。

36. 在大陸地區以信用卡購物與在其他國家信用卡購物相同，都是在商店向銀行請款日折算成新臺幣計價。

37. 購買旅行支票時，先在 Signature of holder 欄位（上款）簽名，Countersign here in the presence of person cashing欄位（下款）等兌換現金或購物使用時才當場簽名。若兩個欄位都簽名或都未簽名，則其效力等同現金，被竊或遺失時容易被冒領，很難申請補發。

38. 根據「外匯收支或交易申報辦法」第8條規定，委託其他個人代辦結匯申報，申報事項仍由委託人自負責任；受託人應檢附委託書、委託人及受託人之身分證明文件，供銀行業查核，並以委託人之名義辦理申報。

39. 根據「外匯收支或交易申報辦法」第5條規定：「團體、個人每筆結匯金額達五十萬美元以上之匯款，申報義務人應檢附與該筆外匯收支或交易有關合約、核准函等證明文件，經銀行業確認與申報書記載事項相符後，始得辦理新臺幣結匯。」

第五章　罰則

罰則相關試題可能是實務（二）80題最難的部份，罰則條文那麼多，要如何記住？值得慶幸的是，有關罰則的題目不多，100～102年導遊領隊實務（二）平均約5題。教人訝異的是，100年華語導遊實務（二）有關罰則題目竟然多達13題，但100年華語領隊實務（二）只有2題，每年出題數量差異頗大，歷年導遊實務（二）試題皆多於領隊實務（二）。

即使較難應付，仍有克服方法的。1.有些題目重複出現，閱讀多次自然會記住；2.試題大部份來自「發展觀光條例」與「大陸地區人民來臺從事觀光活動許可辦法」罰則，這是因為與旅遊觀光最相關，同時違規糾紛多；3.每一種處罰（刑期加罰鍰）輕重其實是有規則可遵循的，瞭解一些基本規則之後，可提高猜中答案機率。

因此讀者詳讀本章內容與試題之後，提昇應試能力，以後應付有關罰則題目，相信一定覺得輕鬆容易許多。

第一節　發展觀光條例罰則

歷年出自於罰則的題目大多來自「發展觀光條例」，該條例是觀光基本大法，同時是唯一具有法律位階者，其他如風景特定區管理規則、旅行管理規則、水域遊憩活動管理辦法等皆屬較低位階。由於罰則（刑期加罰鍰）攸關人民權益，故必須規範於具有法律位階的發展觀光條例，始能保障人民權益。茲將「發展觀光條例」之罰則53～65條文，摘要條列如表5-1：

表 5-1　發展觀光條例之罰則條文

條款	發展觀光條例罰則摘要
第 53 條	1. 觀光旅館業、旅館業、旅行業、觀光遊樂業或民宿經營者，有玷辱國家榮譽、損害國家利益、妨害善良風俗或詐騙旅客行為者，處新臺幣三萬元以上十五萬元以下罰鍰；情節重大者，定期停止其營業之一部或全部，或廢止其營業執照或登記證。 2. 經受停止營業一部或全部之處分，仍繼續營業者，廢止其營業執照或登記證。 3. 觀光旅館業、旅館業、旅行業、觀光遊樂業之受僱人員有第一項行為者，處新臺幣一萬元以上五萬元以下罰鍰。

（續下頁）

（承上頁）

條款	發展觀光條例罰則摘要
第 54 條	1. 觀光旅館業、旅館業、旅行業、觀光遊樂業或民宿經營者，經主管機關檢查結果有不合規定者，除依相關法令辦理外，並令限期改善，屆期仍未改善者，處新臺幣三萬元以上十五萬元以下罰鍰；情節重大者，並得定期停止其營業之一部或全部；經受停止營業處分仍繼續營業者，廢止其營業執照或登記證。 2. 觀光旅館業、旅館業、旅行業、觀光遊樂業或民宿經營者，規避、妨礙或拒絕主管機關檢查者，處新臺幣三萬元以上十五萬元以下罰鍰，並得按次連續處罰。
第 55 條	1. 有下列情形之一者，處新臺幣三萬元以上十五萬元以下罰鍰；情節重大者，得廢止其營業執照： (1) 觀光旅館業經營核准登記範圍外業務。 (2) 旅行業經營核准登記範圍外業務。 2. 有下列情形之一者，處新臺幣一萬元以上五萬元以下罰鍰： (1) 旅行業違反第二十九條第一項規定，未與旅客訂定書面契約。 (2) 觀光旅館業、旅館業、旅行業、觀光遊樂業或民宿經營者，暫停營業或暫停經營未報請備查或停業期間屆滿未申報復業。 (3) 觀光旅館業、旅館業、旅行業、觀光遊樂業或民宿經營者，違反依本條例所發布之命令。 3. 未領取營業執照而經營觀光旅館業務、旅館業務、旅行業務或觀光遊樂業務者，處新臺幣九萬元以上四十五萬元以下罰鍰，並禁止其營業。 4. 未領取登記證而經營民宿者，處新臺幣三萬元以上十五萬元以下罰鍰，並禁止其經營。
第 56 條	外國旅行業未經申請核准而在中華民國境內設置代表人者，處代表人新臺幣一萬元以上五萬元以下罰鍰，並勒令其停止執行職務。
第 57 條	1. 旅行業未依規定辦理履約保證保險或責任保險，中央主管機關得立即停止其辦理旅客之出國及國內旅遊業務，並限於三個月內辦妥投保，逾期未辦妥者，得廢止其旅行業執照。 2. 觀光旅館業、旅館業、觀光遊樂業及民宿經營者，未依規定辦理責任保險者，限於一個月內辦妥投保，屆期未辦妥者，處新臺幣三萬元以上十五萬元以下罰鍰，並得廢止其營業執照或登記證。

（續下頁）

（承上頁）

條款	發展觀光條例罰則摘要
第 58 條	有下列情形之一者，處新臺幣三千元以上一萬五千元以下罰鍰；情節重大者，並得逕行定期停止其執行業務或廢止其執業證： 1. 旅行業經理人違反規定，兼任其他旅行業經理人或自營或爲他人兼營旅行業。 2. 導遊人員、領隊人員或觀光產業經營者僱用之人員，違反依本條例所發布之命令者。
第 59 條	未依規定取得執業證而執行導遊人員或領隊人員業務者，處新臺幣一萬元以上五萬元以下罰鍰，並禁止其執業。
第 60 條	1. 於公告禁止區域從事水域遊憩活動或不遵守水域管理機關對有關水域遊憩活動所爲種類、範圍、時間及行爲之限制命令者，處新臺幣五千元以上二萬五千元以下罰鍰，並禁止其活動。 2. 前項行爲具營利性質者，處新臺幣一萬五千元以上七萬五千元以下罰鍰，並禁止其活動。
第 61 條	未依規定繳回觀光專用標識，或未經主管機關核准擅自使用觀光專用標識者，處新臺幣三萬元以上十五萬元以下罰鍰，並勒令其停止使用及拆除之。
第 62 條	1. 損壞觀光地區或風景特定區之名勝、自然資源或觀光設施者，處行爲人新臺幣五十萬元以下罰鍰，並責令回復原狀或償還修復費用。其無法回復原狀者，得再處行爲人新臺幣五百萬元以下罰鍰。 2. 旅客進入自然人文生態景觀區未依規定申請專業導覽人員陪同進入者，處行爲人新臺幣三萬元以下罰鍰。
第 63 條	於風景特定區或觀光地區內有下列行爲之一者，處新臺幣一萬元以上五萬元以下罰鍰： 1. 擅自經營固定或流動攤販。 2. 擅自設置指示標誌、廣告物。 3. 強行向旅客拍照並收取費用。 4. 強行向旅客推銷物品。

（續下頁）

(承上頁)

條款	發展觀光條例罰則摘要
第 63 條	5. 其他騷擾旅客或影響旅客安全之行為。 違反前項規定者，其攤架、指示標誌或廣告物予以拆除並沒入之，拆除費用由行為人負擔。
第 64 條	於風景特定區或觀光地區內有下列行為之一者，處新臺幣三千元以上一萬五千元以下罰鍰： 　1. 任意拋棄、焚燒垃圾或廢棄物。 　2. 將車輛開入禁止車輛進入或停放於禁止停車之地區。 　3. 其他經管理機關公告禁止破壞生態、污染環境及危害安全之行為。
第 65 條	依本條例所處之罰鍰，經通知限期繳納，屆期未繳納者，依法移送強制執行。

根據表5-1所列罰則，可歸納出以下幾點：

1. 對個人（經理人、導遊、領隊）罰則較輕，大都介於5千至3萬元之間。
2. 對公司組織（旅行社、觀光旅館…）罰則較重，大都介於3萬至15萬元之間。
3. 罰則最重是62條破壞觀光地區資源（例如野柳女王頭）或設施者，最高罰500萬。

第二節　入出境相關法規與護照條例罰則

一、入出境及移民法罰則

　　有關「入出境及移民法」罰則規範於第73～85條之條文，因涉及國家安全，處罰較重，處刑期3年（第74條，外國人非法入境）或5年（第73條，幫助外國人違法進入臺灣）以下，或併科2,000元～200萬元罰鍰，如經合法檢查，拒絕出示護照，處2000～1萬元罰鍰；未經核准而出國者，處新臺幣10萬元以上50萬元以下罰鍰。茲將「入出境及移民法」之罰則第73-85條文，摘要列表如表5-2：

表 5-2　入出境及移民法之罰則條文

條款	入出境及移民法罰則摘要
第 73 條	在機場、港口以交換、交付證件或其他非法方法，利用航空器、船舶或其他運輸工具運送非運送契約應載之人至我國或他國者，**處**五年以下有期徒刑，得併科新臺幣二百萬元以下罰金。
第 74 條	1. 未經許可入國或受禁止出國處分而出國者，**處**三年以下有期徒刑、拘役或科或併科新臺幣九萬元以下罰金。 2. 違反臺灣地區與大陸地區人民關係條例或香港澳門關係條例規定，未經許可進入臺灣地區者，亦同。
第 75 條	未依規定申請設立許可，並領取註冊登記證，或經撤銷、廢止許可而經營移民業務者，處新臺幣二十萬元以上一百萬元以下罰鍰，並得按次連續處罰。
第 76 條	有下列情形之一者，處新臺幣二十萬元以上一百萬元以下罰鍰，並得按次連續處罰： 1. 公司或商號從事跨國（境）婚姻媒合。 2. 從事跨國（境）婚姻媒合而要求或期約報酬。
第 77 條	未經核准而出國者，處新臺幣十萬元以上五十萬元以下罰鍰。
第 78 條	有下列情形之一者，處新臺幣十萬元以上五十萬元以下罰鍰，並得按次連續處罰： 1. 委託、受託或自行散布、播送或刊登跨國（境）婚姻媒合廣告。 2. 未經許可或許可經撤銷、廢止而從事跨國（境）婚姻媒合。
第 82 條	以航空器、船舶或其他運輸工具搭載未具入國許可證件之乘客者，每搭載一人，**處新臺幣**二萬元以上十萬元以下罰鍰。
第 84 條	入出國未經查驗者，**處新臺幣**一萬元以上五萬元以下罰鍰。
第 85 條	有下列情形之一者，**處新臺幣**二千元以上一萬元以下罰鍰： 1. 經合法檢查，拒絕出示護照、臺灣地區居留證、外僑居留證、外僑永久居留證、入國許可證件或其他身分證明文件。 2. 未依規定之期限，申請外僑居留證。

二、護照條例罰則

「護照條例」中的罰則條文因涉及國家安全與國家聲譽（如要犯可能偽造護照逃離出國，假護照太猖獗，使國家在國際上聲名狼藉），刑期皆處5年以上，罰款大多介於10或50萬元。茲將「護照條例」之罰則第23～25條文，摘要列表如表5-3：

表 5-3 「護照條例」之罰則條文

條款	護照條例罰則摘要
第 23 條	1. 偽造、變造國民身分證以供申請護照，足以生損害於公眾或他人者，處五年以下有期徒刑、拘役或科或併科新臺幣五十萬元以下之罰金。 2. 將國民身分證交付他人或謊報遺失，以供冒名申請護照者，處五年以下有期徒刑、拘役或科或併科新臺幣十萬元以下之罰金。 3. 受託申請護照，明知證件為偽造、變造或冒用之照片，仍代申請者，處 5 年以下有期徒刑、拘役或科或併科新臺幣十萬元以下之罰金。
第 24 條	1. 偽造、變造護照足以生損害於公眾或他人者，處五年以下有期徒刑，併科新臺幣五十萬元以下罰金。 2. 將護照交付他人或謊報遺失以供他人冒名使用者，處五年以下有期徒刑、拘役或科或併科新臺幣十萬元以下罰金。
第 25 條	扣留他人護照，足以生損害於公眾或他人者，處五年以下有期徒刑或拘役或科或併科新臺幣十萬元以下罰金。

第三節　其他法規罰則

一、臺灣地區與大陸地區人民關係條例罰則

本條例因涉及國家安全和利益，罰則較重。各類罰則規定於第79～93條，如有害於國家安全或利益者，如涉及國家安全人員未經許可，進入大陸地區，會依其嚴重程度科以刑責，併科罰鍰20～1000萬元，如使大陸地區人民非法進入臺灣地區，可處1年以上7年以下有期徒刑，得併科新臺幣100萬元以下罰金。首謀或營利者，加重其刑。其他未涉及國家安全或利益者，僅處以罰鍰，如未經政府許可擅自引進大陸影片播放者，處新臺幣4萬元以上20萬元以下罰鍰。

臺灣地區與大陸地區人民關係條例罰則因內容繁多，請讀者自行參閱第79～93條條文內容。

二、管理外匯條例罰則

「管理外匯條例」的罰則條文為第19～24條，因為外匯管理攸關國家金融秩序，政府必須嚴格監控外匯市場交易秩序，所以違反者處罰不輕。損及國家金融秩序者，處以刑期併科罰金，如以非法買賣外匯為常業者，處三年以下有期徒刑、拘役或科或併科與營業總額等值以下之罰金（20條）。茲將「管理外匯條例」之罰則第19～24條條文，摘要列表如表5-4：

表 5-4　管理外匯條例之罰則條文

條款	管理外匯條例罰則摘要
第 19-1 條 第 19-2 條	有下列情事之一者，行政院得決定並公告於一定期間內，採取關閉外匯市場、停止或限制全部或部分外匯之支付、命令將全部或部分外匯結售或存入指定銀行、或為其他必要之處置： 一、國內或國外經濟失調，有危及本國經濟穩定之虞。 二、本國國際收支發生嚴重逆差。 故意違反前項行政院所為之措施者，處新臺幣三百萬元以下罰鍰。
第 20 條	1.違反規定，故意不為申報或申報不實者，處新臺幣三萬元以上六十萬元以下罰鍰；其受查詢而未於限期內提出說明或為虛偽說明者亦同。 2.違反規定，不將其外匯結售或存入中央銀行或其指定銀行者，依其不結售或不存入外匯，處以按行為時匯率折算金額二倍以下之罰鍰，並由中央銀行追繳其外匯。
第 22 條	以非法買賣外匯為常業者，處三年以下有期徒刑、拘役或科或併科與營業總額等值以下之罰金；其外匯及價金沒收之。
第 24 條	1.買賣外匯違反規定者，其外匯及價金沒入之。 2.攜帶外幣出境超過規定所定之限額者，其超過部分沒入之。 3.攜帶外幣出入國境，不依規定報明登記者，沒入之；申報不實者，其超過申報部分沒入之。

三、大陸地區人民來臺從事觀光活動許可辦法罰則

　　本罰則是從「發展觀光條例」延伸出來的，原來應該規範於發展觀光條例，但因該條例無法詳列，加上近年來大陸人民來臺灣旅遊人數眾多，接待陸客品質低劣，衍生糾紛和旅行業違規的案例層出不窮，因此觀光局將旅行業接待大陸旅客罰則規定於本辦法。其罰則第25～28條條文，摘要列表如表5-5：

表5-5　大陸地區人民來臺從事觀光活動許可辦法之罰則條文

條款	大陸地區人民來臺從事觀光活動許可辦法罰則摘要
第25條	旅行業辦理大陸地區人民來臺從事觀光活動業務，該大陸地區人民，有逾期停留且行方不明者，每一人扣繳保證金新臺幣十萬元，每團次最多扣至新臺幣一百萬元；逾期停留且行方不明情節重大，致損害國家利益者，依發展觀光條例相關規定廢止其營業執照。
第25-1條	1.大陸地區人民經許可來臺從事個人旅遊逾期停留者，辦理該業務之旅行業應於逾期停留之日起算七日內協尋；屆協尋期仍未歸者，逾期停留之第一人予以警示，自第二人起，每逾期停留一人，由交通部觀光局停止該旅行業辦理大陸地區人民來臺從事個人旅遊業務一個月。第一次逾期停留如同時有二人以上者，自第二人起，每逾期停留一人，停止該旅行業辦理大陸地區人民來臺從事個人旅遊業務一個月。 2.前項之旅行業，得於交通部觀光局停止其辦理大陸地區人民來臺從事個人旅遊業務處分書送達之次日起算七日內，以書面向該局表示每一人扣繳條保證金新臺幣十萬元，經同意者，原處分廢止之。
第26條	1.旅行業違反規定者，每違規一次，由交通部觀光局記點一點，按季計算。累計四點者，停止其辦理大陸地區人民來臺從事觀光活動業務一個月；累計五點者，停止其辦理大陸地區人民來臺從事觀光活動業務三個月；累計六點者，停止其辦理大陸地區人民來臺從事觀光活動業務六個月；累計七點以上者，停止其辦理大陸地區人民來臺從事觀光活動業務一年。 2.旅行業辦理接待大陸地區人民來臺從事觀光活動業務，應指派或僱用領取有導遊執業證之人員，執行導遊業務。違反者每違規一次，停止其辦理大陸地區人民來臺從事觀光活動業務一個月。

（續下頁）

（承上頁）

條款	大陸地區人民來臺從事觀光活動許可辦法罰則摘要
第 26 條	3.旅行業辦理大陸地區人民來臺從事觀光活動業務，有下列情形之一者，停止其辦理大陸地區人民來臺從事觀光活動業務一個月至三個月： (1) 接待團費平均每人每日費用，違反最低接待費用。 (2) 最近一年辦理大陸地區人民來臺觀光業務，經大陸旅客申訴次數達五次以上，且經交通部觀光局調查來臺大陸旅客整體滿意度低。 (3) 於團體已啓程來臺入境前無故取消接待，或於行程中因故意或重大過失棄置旅客，未予接待。 4.旅行業辦理大陸地區人民來臺從事觀光活動業務，申請優質行程經交通部觀光局審查通過後，除因天災等不可抗力或不可歸責於旅行業之事由所致外，其旅遊內容變更與經交通部觀光局審查通過內容不符者，停止其辦理接待優質行程團體業務一年。 5.導遊人員違反規定者，每違規一次，由交通部觀光局記點一點，按季計算。累計三點者，停止其執行接待大陸地區人民來臺觀光團體業務一個月；累計四點者，停止其執行接待大陸地區人民來臺觀光團體業務三個月；累計五點者，停止其執行接待大陸地區人民來臺觀光團體業務六個月；累計六點以上者，停止其執行接待大陸地區人民來臺觀光團體業務一年。 6.旅行業及導遊人員有下列情形之一者，分別處停止其辦理大陸地區人民來臺從事觀光活動業務及執行接待業務各一個月至一年，不適用第一項及前項規定： (1) 違反有關購物商店變更通報之規定。 (2) 違反有關禁止於既定行程外安排或推銷自費行程或活動之規定。 (3) 違反有關限制購物商店總數、購物商店停留時間之規定或有強迫旅客進入或留置購物商店之行爲。
第 28 條	接待大陸地區人民來臺觀光之導遊人員，不得包庇未具接待資格者執行接待大陸地區人民來臺觀光團體業務。違反規定者，停止其執行接待大陸地區人民來臺觀光團體業務一年。

歷年試題精選

一、導遊實務（二）

( ) 1.旅行業辦理旅遊時，於旅遊途中未注意旅客安全之維護，依發展觀光條例規定的
處罰，下列何者正確？ *(97年華導)*
(A) 處新臺幣五千元以上二萬五千元以下罰鍰
(B) 處新臺幣一萬元以上五萬元以下罰鍰
(C) 處新臺幣二萬元以上十萬元以下罰鍰
(D) 處新臺幣三萬元以上十五萬元以下罰鍰

( ) 2.旅行業接待或引導國外觀光旅客旅遊，指派領有華語導遊人員執業證之人員執行
導遊業務，依發展觀光條例規定的處罰，以下何者正確？ *(97年外導)*
(A) 處新臺幣五千元以上二萬五千元以下罰鍰
(B) 處新臺幣一萬元以上五萬元以下罰鍰
(C) 處新臺幣二萬元以上十萬元以下罰鍰
(D) 處新臺幣三萬元以上十五萬元以下罰鍰

( ) 3.旅行業經營核准登記範圍外業務，依發展觀光條例規定的處罰，下列何者正確？
(A) 處新臺幣一萬元以上五萬元以下罰鍰 *(97年外導)*
(B) 廢止營業執照
(C) 定期停止營業
(D) 處新臺幣三萬元以上十五萬元以下罰鍰；情節重大者，得廢止其營業執照

( ) 4.違反「在大陸地區從事投資或技術合作許可辦法」規定，到大陸從事一般類項目
投資之臺商，應處以下列何種罰則？ *(97年外導)*
(A) 新臺幣二十萬元以上罰鍰，並得限期命其停止或改正
(B) 新臺幣五百萬元以下罰鍰，並得限期命其停止或改正
(C) 新臺幣五萬元以上一千五百萬元以下罰鍰，並得限期命其停止或改正
(D) 新臺幣五萬元以上二千五百萬元以下罰鍰，並得限期命其停止或改正

( ) 5.違反臺灣地區與大陸地區人民關係條例之規定，未經許可為大陸地區之教育機構
在臺灣辦理招生，或從事居間介紹行為者，其處罰規定為： *(97年外導)*
(A) 處6月以下有期徒刑、拘役或科或併科新臺幣100萬元以下罰金
(B) 處1年以下有期徒刑、拘役或科或併科新臺幣100萬元以下罰金
(C) 處3年以下有期徒刑、拘役或科或併科新臺幣100萬元以下罰金
(D) 處5年以下有期徒刑、拘役或科或併科新臺幣100萬元以下罰金

( ) 6.墾丁國家公園部分水域公告禁止使用水上摩托車，但仍有業者經營供遊客玩樂。
依照「發展觀光條例」，最高可處多少新臺幣罰鍰？ *(98年華導)*
(A) 一萬五仟元　　(B) 三萬五仟元　　(C) 五萬五仟元　　(D) 七萬五仟元

( ) 7. 某甲旅行社因被交通部觀光局停止辦理接待大陸旅客來臺觀光業務，經與某乙旅行社商議，由某乙旅行社提出申請獲准後，再將旅行團轉包給某甲接待，請問某乙旅行社違反規定，將被處罰停止辦理接待大陸旅客來臺觀光業務多久時間？

(A) 二年　　　　　(B) 一年　　　　　(C) 六個月　　　　　(D) 三個月 （98 年華導）

( ) 8. 旅客進入自然人文生態景觀區未依規定申請專業導覽人員陪同進入者，得處新臺幣多少元以下之罰鍰？ （98 年外導）

(A) 一萬元　　　　(B) 一萬五千元　　(C) 三萬元　　　　(D) 五萬元

( ) 9. 未依規定領取旅行業營業執照而經營旅行業務者，除禁止其營業外，交通部觀光局得在下列哪個範圍內裁罰該旅行業？ （98 年外導）

(A) 新臺幣三萬元以上十萬元以下　　(B) 新臺幣五萬元以上十五萬元以下

(C) 新臺幣六萬元以上三十萬元以下　(D) 新臺幣九萬元以上四十五萬元以下

( ) 10. 依「大陸地區人民來臺從事觀光活動許可辦法」第 25 條規定，旅行業所接待之大陸旅客若發生逾期停留且行方不明，每一團次最多可以扣至多少金額的保證金？

(A) 按人數計算，無上限金額　　　　(B) 新臺幣 300 萬元 （98 年外導）

(C) 新臺幣 200 萬元　　　　　　　　(D) 新臺幣 100 萬元

( ) 11. 經交通部觀光局核准辦理接待大陸觀光客在臺觀光活動之旅行業，如包庇未經核准之旅行業經營該項業務時，該旅行業應受如何之處分？ （98 年外導）

(A) 廢止其營業執照

(B) 停止其辦理接待大陸觀光團體業務一年

(C) 依發展觀光條例相關規定處罰

(D) 扣繳保證金新臺幣十萬元

( ) 12. 行為人損壞觀光地區或風景特定區之名勝、自然資源或觀光設施至無法回復原狀者，有關目的事業主管機關得處行為人最高多少的罰鍰？ （99 年華導）

(A)100 萬元　　　(B)300 萬元　　　(C)500 萬元　　　(D)1000 萬元

( ) 13. 依發展觀光條例規定，於觀光地區內任意拋棄垃圾者，處新臺幣多少元？

(A)3,000 元以上，15,000 元以下罰鍰 （99 年華導）

(B)10,000 元以上，50,000 元以下罰鍰

(C)20,000 元以上，100,000 元以下罰鍰

(D)30,000 元以上，150,000 元以下罰鍰

( ) 14. 旅行業利用業務套取外匯或私自兌換外幣者，依發展觀光條例規定的處罰，以下何者正確？ （99 年華導）

(A) 處新臺幣 5,000 元以上，25,000 元以下罰鍰

(B) 處新臺幣 10,000 元以上，50,000 元以下罰鍰

(C) 處新臺幣 20,000 元以上，100,000 元以下罰鍰

(D) 處新臺幣 30,000 元以上，150,000 元以下罰鍰

(　　) 15.導遊人員如接待大陸地區人民來臺從事觀光活動，未遵守交通部觀光局所訂定旅遊品質之規定而違規，除由交通部觀光局依相關法律處罰外，另對導遊記點。請問一季內記點累計 5 點時，交通部觀光局將對該導遊給予何種處分？　(99 年華導)
(A) 停止其執行接待大陸地區人民來臺觀光團體業務 2 個月
(B) 停止其執行接待大陸地區人民來臺觀光團體業務 3 個月
(C) 停止其執行接待大陸地區人民來臺觀光團體業務 5 個月
(D) 停止其執行接待大陸地區人民來臺觀光團體業務 6 個月

(　　) 16.依臺灣地區與大陸地區人民關係條例之規定，未經許可為大陸地區之教育機構在臺灣辦理招生或從事居間介紹行為者，應處以多久以下有期徒刑、拘役或科或併科 新臺幣 100 萬元以下罰金？　(99 年華導)
(A)3 年　　　　　(B)6 個月　　　　　(C)5 年　　　　　(D)1 年

(　　) 17.大陸觀光客來臺觀光逾期停留且行方不明情節重大，致損害國家利益者，旅行業應受下列何種處分？　(99 年華導)
(A) 應即扣繳保證金新臺幣 300 萬元
(B) 旅行業停止接待大陸觀光團半年
(C) 廢止該團導遊之執業證照
(D) 由交通部觀光局依發展觀光條例規定廢止其營業執照

(　　) 18.接待大陸地區人民來臺觀光之導遊人員，如包庇未具接待大陸地區人民來臺觀光資格之人，執行接待觀光團體之業務者，應受如何之處分？　(99 年華導)
(A) 廢止該導遊人員之證照
(B) 停止其執行接待大陸觀光團體業務 1 年
(C) 停止旅行業辦理大陸觀光團體業務 6 個月
(D) 停止旅行業辦理大陸觀光團體業務 1 個月

(　　) 19.導遊人員詐騙旅客者，依發展觀光條例規定，可處多少罰鍰？　(99 年外導)
(A) 新臺幣 5 千元以上，1 萬元以下　　(B) 新臺幣 1 萬元以上，3 萬元以下
(C) 新臺幣 1 萬元以上，5 萬元以下　　(D) 新臺幣 3 萬元以上，10 萬元以

(　　) 20.行為人損壞觀光地區或風景特定區之名勝、自然資源或觀光設施，除由有關目的事業主管機關責令回復原狀外，得另處罰鍰，其處罰規定為何？　(99 年外導)
(A) 新臺幣 10 萬元以下　　　　　　　(B) 新臺幣 30 萬元以下
(C) 新臺幣 50 萬元以下　　　　　　　(D) 新臺幣 100 萬元以下

(　　) 21.未領取旅行業執照而經營旅行業務者，依發展觀光條例的處罰，下列何者正確？
(A) 新臺幣 3 萬元以上 15 萬元以下罰鍰並禁止其營業　(99 年外導)
(B) 新臺幣 5 萬元以上 25 萬元以下罰鍰並禁止其營業
(C) 新臺幣 9 萬元以上 45 萬元以下罰鍰並禁止其營業
(D) 新臺幣 10 萬元以上 50 萬元以下罰鍰並禁止其營業

( ) 22. 旅行業辦理大陸地區人民來臺從事觀光活動業務，若有大陸旅客逾期停留且行方不明者，每一人要扣繳旅行業者所繳納之保證金多少金額？ (99 年外導)

(A) 新臺幣 5 萬元　(B) 新臺幣 10 萬元　(C) 新臺幣 15 萬元　(D) 新臺幣 20 萬元

( ) 23. 臺灣地區人民未經許可赴大陸地區從事一般類項目之投資者，應受下列何種處罰？ (99 年外導)

(A) 新臺幣 5 萬元以上 2 千 5 百萬元以下罰鍰

(B) 新臺幣 5 萬元以上 1 千 5 百萬元以下罰鍰

(C) 新臺幣 20 萬元以上 2 千 5 百萬元以下罰鍰

(D) 新臺幣 20 萬元以上 1 千 5 百萬元以下罰鍰

( ) 24. 旅行業辦理大陸觀光客來臺觀光活動，如違反各項通報規定，由交通部觀光局記點處分，經累計一定點數即處分停止辦理該項業務一定期間，其點數累計之計算期間為何？ (99 年外導)

(A) 按月計算　　　(B) 按季計算　　　(C) 按半年計算　　　(D) 按年計算

( ) 25. 依發展觀光條例之規定，外國旅行業未經申請核准而在中華民國境內設置代表人者，處代表人多少罰鍰，並勒令其停止執行職務？ (100 年華導)

(A) 新臺幣一萬元以上五萬元以下

(B) 新臺幣三萬元以上十五萬元以下

(C) 新臺幣九萬元以上四十五萬元以下

(D) 新臺幣五十萬元以下

( ) 26. 依發展觀光條例之規定，未經考試主管機關或其委託之有關機關考試及訓練合格，取得執業證而執行導遊人員或領隊人員業務者，處多少罰鍰，並禁止其執業？ (100 年華導)

(A) 新臺幣三千元以上一萬五千元以下

(B) 新臺幣一萬元以上五萬元以下

(C) 新臺幣一萬五千元以上七萬五千元以下

(D) 新臺幣三萬元以上十五萬元以下

( ) 27. 旅行業違反發展觀光條例規定，經營核准登記範圍外業務，處多少罰鍰？ (100 年華導)

(A) 新臺幣三萬元以上十五萬元以下

(B) 新臺幣五萬元以上二十五萬元以下

(C) 新臺幣十萬元以上五十萬元以下

(D) 新臺幣十五萬元以上六十萬元以下

( ) 28. 旅行業者未與旅客訂定旅遊書面契約，可處多少罰鍰？ (100 年華導)

(A) 新臺幣 5 千元以上 2 萬元以下　　(B) 新臺幣 5 千元以上 3 萬 5 千元以下

(C) 新臺幣 1 萬元以上 5 萬元以下　　(D) 新臺幣 1 萬元以上 10 萬元以下

(　) 29.役男經核准出境後，意圖避免常備兵現役之徵集，屆期未歸，經催告仍未返國
　　　者，處多久以下有期徒刑？　　　　　　　　　　　　　　　　　　(100 年華導)
　　　(A)6 個月　　　　　　(B)1 年　　　　　　(C)3 年　　　　　　(D)5 年

(　) 30.旅客或服務於車、船、航空器人員未依規定申請檢疫者，會被處新臺幣多少元以
　　　上，15000 元以下罰鍰？　　　　　　　　　　　　　　　　　　　(100 年華導)
　　　(A)1000 元　　　　　(B)1500 元　　　　　(C)2000 元　　　　　(D)3000 元

(　) 31.在大陸地區犯罪，並已在大陸地區遭判刑處罰者，臺灣司法機關依「臺灣地區與
　　　大陸地區人民關係條例」之規定，下列何種處理方式為正確？　　　(100 年華導)
　　　(A) 仍得依法處斷，且不得免其刑之全部或一部
　　　(B) 不得再依法處斷
　　　(C) 仍得依法處斷，但得免其刑之全部或一部
　　　(D) 不得再依法處斷，但得免其刑之全部或一部

(　) 32.大陸地區廣播電視節目應經主管機關許可，始得在臺灣地區播映。違反者，應處
　　　以多少罰鍰？　　　　　　　　　　　　　　　　　　　　　　　　(100 年華導)
　　　(A) 新臺幣 10 萬元以上 50 萬元以下
　　　(B) 新臺幣 5 萬元以上 50 萬元以下
　　　(C) 新臺幣 4 萬元以上 20 萬元以下
　　　(D) 新臺幣 20 萬元以上 100 萬元以下

(　) 33.違反臺灣地區與大陸地區人民關係條例規定，赴大陸地區從事禁止類項目之投資
　　　者，下列那一種處罰規定是正確的？　　　　　　　　　　　　　　(100 年華導)
　　　(A) 直接處以刑罰
　　　(B) 強制出境
　　　(C) 處行政罰鍰，並得連續處罰
　　　(D) 先處行政罰鍰並得限期命其停止，如仍不依限停止者，移送司法機關偵辦，
　　　　　處以刑罰

(　) 34.對於受託處理臺灣地區與大陸地區人民往來有關之事務或協商簽署協議，逾越委
　　　託範圍，致生損害於國家安全或利益者之罰則規定為：　　　　　　(100 年華導)
　　　(A) 處行為負責人五年以下有期徒刑、拘役或科或併科新臺幣二十萬元以下罰金
　　　(B) 處行為負責人五年以下有期徒刑、拘役或科或併科新臺幣五十萬元以下罰金
　　　(C) 處行為負責人三年以下有期徒刑、拘役或科或併科新臺幣一百萬元以上罰金
　　　(D) 就行為負責人或該法人、團體擇一科以新臺幣五十萬元以下罰金

(　) 35.明知臺灣地區人民未經許可，而招攬使之進入大陸地區者，應處以多久有期徒
　　　刑、拘役或科或併科新臺幣 10 萬元以下罰金？　　　　　　　　　(100 年華導)
　　　(A)2 年以下　　　　(B)3 年以下　　　　(C)1 年以下　　　　(D)6 月以下

第五章

( ) 36. 觀光旅館業、旅館業、旅行業、觀光遊樂業或民宿經營者，規避、妨礙或拒絕主管機關實施定期或不定期檢查者，處多少罰鍰，並得按次連續處罰？ (100年外導)
(A) 新臺幣一萬元以上五萬元以下
(B) 新臺幣三萬元以上十五萬元以下
(C) 新臺幣五萬元以上二十五萬元以下
(D) 新臺幣十萬元以上五十萬元以下

( ) 37. 若導遊在接待大陸旅客來臺觀光團體進行觀光活動過程，遇有強行要將團員帶走情事時，可告知其若違反兩岸人民關係條例第15條第3款有關「不得使大陸地區人民在臺灣地區從事與許可目的不符之活動」規定，將處以多少罰鍰？ (100年外導)
(A) 新臺幣二十萬元以上一百萬元以下
(B) 新臺幣十萬元以上五十萬元以下
(C) 新臺幣六萬元以上三十萬元以下
(D) 新臺幣四萬元以上二十萬元以下

( ) 38. 經營泛舟活動業者，未遵守水域管理機關所定注意事項配置合格救生員及救生（艇）設備之規定，應受到何種處罰？ (101年華導)
(A) 新臺幣3千元以上1萬5千元以下罰鍰，並禁止其活動
(B) 新臺幣5千元以上2萬5千元以下罰鍰，並禁止其活動
(C) 新臺幣1萬元以上5萬元以下罰鍰，並禁止其活動
(D) 新臺幣1萬5千元以上7萬5千元以下罰鍰，並禁止其活動

( ) 39. 依發展觀光條例之規定，在風景特定區或觀光地區內擅自經營流動攤販者，該管理機關得如何處理？ (101年華導)
(A) 沒入其攤架並予拘留　　　　　(B) 直接移送法辦
(C) 處以罰鍰後驅離　　　　　　　(D) 處以罰鍰，並沒入其攤架

( ) 40. 未依發展觀光條例領取登記證而經營民宿者，處多少罰鍰，並禁止其經營？
(A) 新臺幣1萬元以上5萬元以下 (101年華導)
(B) 新臺幣2萬元以上10萬元以下
(C) 新臺幣3萬元以上15萬元以下
(D) 新臺幣4萬元以上20萬元以下

( ) 41. 旅行業辦理大陸地區人民來臺從事觀光活動業務，有大陸地區人民逾期停留且行方不明者，每一人扣繳保證金新臺幣10萬元，每團次最多得扣至多少保證金？
(A)100萬元　　　　　　　　　　(B)200萬元 (101年華導)
(C)100萬元兼記點5點　　　　　(D)100萬元兼記點10點

( ) 42.國人某甲在澳門犯重傷害罪，案經澳門法院判刑且執行完畢後，將其遣返臺灣，我國應如何處理？ *(101 年華導)*

(A) 基於「一事不再理」之原則，我司法機關不得再行處斷

(B) 應維持「司法獨立」之原則，重行依我國法律處斷

(C) 應採取「相互尊重」之原則，依澳門法院審理結果加以執行

(D) 仍應依我國法律處斷，但得免某甲刑罰全部或一部之執行

( ) 43.依據發展觀光條例及水域遊憩活動管理辦法，經營泛舟活動業者，在從事活動前未向水域管理機關報備，應受到何種處罰？ *(101 年外導)*

(A) 新臺幣 3 千元以上 1 萬 5 千元以下罰鍰，並禁止其活動

(B) 新臺幣 5 千元以上 2 萬 5 千元以下罰鍰，並禁止其活動

(C) 新臺幣 1 萬元以上 5 萬元以下罰鍰，並禁止其活動

(D) 新臺幣 1 萬 5 千元以上 7 萬 5 千元以下罰鍰，並禁止其活動

( ) 44.依發展觀光條例之規定，觀光遊樂業者，經受停止營業或廢止營業執照或登記證之處分，又未依同條例繳回觀光專用標識者，處新臺幣多少罰鍰，並勒令其停止使用及拆除之？ *(101 年外導)*

(A)1 萬元以上 5 萬元以下　　　　　(B)1 萬 5 千元以上 7 萬 5 千元以下

(C)3 萬元以上 15 萬元以下　　　　 (D)9 萬元以上 45 萬元以下

( ) 45.旅行業辦理大陸地區人民來臺從事觀光活動業務，有大陸地區人民逾期停留且行方不明者，依規定每行方不明 1 人要扣繳旅行業繳納給相關單位保證金新臺幣多少元？ *(101 年外導)*

(A)20 萬元　　　　(B)15 萬元　　　　(C)10 萬元　　　　(D)5 萬元

( ) 46.邀請單位使大陸地區人民在臺灣地區從事未經許可或與許可目的不符之活動，依規定應處新臺幣多少元之罰鍰？ *(101 年外導)*

(A)5 萬元以上 500 萬元以下　　　　(B)10 萬元以上 200 萬元以下

(C)20 萬元以上 100 萬元以下　　　　(D)30 萬元以上 300 萬元以下

( ) 47.某國家風景區之警告標誌，提醒遊客「你的旅遊記憶放在心裡，石頭留在我肚子裡」，不要將撿來的石頭帶回家。依發展觀光條例規定，損壞風景特定區自然資源者，最高可處新臺幣多少罰鍰？ *(102 年華導)*

(A)20 萬元　　　　(B)30 萬元　　　　(C)40 萬元　　　　(D)50 萬元

( ) 48.依發展觀光條例規定，在政府公告禁止水域遊憩活動區域游泳戲水等活動者，其處罰規定為何？ *(102 年華導)*

(A) 處新臺幣 1500 元以上 7500 元以下罰鍰，並禁止其活動

(B) 處新臺幣 2000 元以上 1 萬元以下罰鍰，並禁止其活動

(C) 處新臺幣 3500 元以上 1 萬 7500 元以下罰鍰，並禁止其活動

(D) 處新臺幣 5000 元以上 2 萬 5000 元以下罰鍰，並禁止其活動

( ) 49. 某甲執行導遊業務時，發現所接待或引導之旅客有損壞自然資源或觀光設施行為之虞，而未予勸止，依發展觀光條例裁罰標準，下列何種處分正確？ (102 年華導)
(A) 罰鍰新臺幣 3000 元
(B) 罰鍰新臺幣 6000 元
(C) 罰鍰新臺幣 9000 元
(D) 罰鍰新臺幣 1 萬 5000 元

( ) 50. 使大陸地區人民在臺灣地區從事未經許可或與許可目的不符之活動者，其處罰規定，下列敘述何者正確？ (102 年華導)
(A) 處 6 個月以下有期徒刑、拘役或科或併科新臺幣 10 萬元以下罰金
(B) 處 1 年以下有期徒刑、拘役或科或併科新臺幣 50 萬元以下罰金
(C) 處新臺幣 10 萬元以上 50 萬元以下罰鍰
(D) 處新臺幣 20 萬元以上 100 萬元以下罰鍰

( ) 51. 阿明赴大陸經商多年，突然家有急事須立即返臺，但發現護照已過期，一時情急之下，便自行僱用漁船未經證照查驗入國，依據入出國及移民法，阿明將面臨何種處分？ (102 年華導)
(A) 處新臺幣 1 萬元以下罰鍰
(B) 處新臺幣 5 萬元以下罰鍰
(C) 處新臺幣 1 萬元以上 5 萬元以下罰鍰
(D) 處新臺幣 2 萬元以上 10 萬元以下罰鍰

( ) 52. 小張假日到北海岸石門海濱停車場設攤賣咖啡，造成堵塞及髒亂，有礙觀瞻。依發展觀光條例之規定，該區目的事業主管機關可以對小張處下列何項處罰？
(A) 處新臺幣 3 千元以上 1 萬 5 千元以下罰鍰 (102 年外導)
(B) 處新臺幣 5 千元以上 2 萬 5 千元以下罰鍰
(C) 處新臺幣 6 千元以上 3 萬元以下罰鍰
(D) 處新臺幣 1 萬元以上 5 萬元以下罰鍰

( ) 53. 損壞觀光地區或風景特定區之名勝、自然資源或觀光設施者，有關目的事業主管機關得處行為人新臺幣 50 萬元以下罰鍰，並責令回復原狀或償還修復費用。其無法回復原狀者，該管目的事業主管機關對行為人最高可處新臺幣多少罰鍰？
(A)100 萬元
(B)300 萬元 (102 年外導)
(C)500 萬元
(D)600 萬元

( ) 54. 旅行業辦理大陸地區旅客來臺觀光業務，應依法令規定之組團方式及每團人數限制，如有違反，交通部觀光局之處分下列何者錯誤？ (102 年外導)
(A) 旅行業每違規 1 次，由交通部觀光局記點 1 點
(B) 交通部觀光局記點，每 6 個月計算 1 次
(C) 累計 4 點者，交通部觀光局停止旅行業辦理大陸地區旅客來臺觀光業務 1 個月
(D) 累計 5 點者，交通部觀光局停止旅行業辦理大陸地區旅客來臺觀光業務 3 個月

(　) 55.大陸地區人民來臺個人旅遊如有逾期停留者，下列說明何者正確？　(102 年外導)

(A) 辦理該業務之旅行業應於逾期停留之日起 3 日內協尋

(B) 屆協尋期未尋獲者，交通部觀光局停止該旅行業辦理大陸旅客個人旅遊業務 2 個月

(C) 辦理該業務之旅行業得以書面表示每 1 人扣繳保證金新臺幣 10 萬元

(D) 交通部觀光局扣繳保證金後，必要時得停止該旅行業辦理大陸旅客個人旅遊業務 1 個月

(　) 56.依發展觀光條例規定，損壞觀光地區或風景特定區之名勝、自然資源或觀光設施者，有關目的事業主管機關得處罰行為人並責令回復原狀或償還修復費用，其無法回復原狀者，得再處行為人新臺幣多少元以下罰鍰？　(103 年華導)

(A)50 萬元　　　　(B)150 萬元　　　　(C)300 萬元　　　　(D)500 萬元

(　) 57.導遊人員經受停止執行業務處分期間仍繼續執行業務，依發展觀光條例裁罰標準規定，應受何種處分？　(103 年華導)

(A) 罰鍰新臺幣 5 千元

(B) 罰鍰新臺幣 1 萬 5 千元

(C) 罰鍰新臺幣 1 萬 5 千元，並停止執行業務 1 年

(D) 廢止執業證

(　) 58.導遊人員違反導遊人員管理規則規定，經查獲廢止導遊人員執業證未逾幾年者，不得充任導遊人員？　(103 年華導)

(A)2 年　　　　　(B)3 年　　　　　(C)4 年　　　　　(D)5 年

(　) 59.大陸漁船未經許可進入臺灣地區限制或禁止水域，經主管機關扣留者，其處罰規定，下列敘述何者正確？　(103 年華導)

(A) 得處船舶所有人、營運人或船長、駕駛人新臺幣 100 萬元以上 1000 萬元以下罰鍰

(B) 得處船舶所有人、營運人或船長、駕駛人新臺幣 5 萬元以上 50 萬元以下罰鍰

(C) 得處船舶所有人、營運人或船長、駕駛人新臺幣 100 萬元以上 500 萬元以下罰鍰

(D) 得處船舶所有人、營運人或船長、駕駛人新臺幣 10 萬元以上 1000 萬元以下罰鍰

(　) 60.下列那些從業人員違反發展觀光條例所發布之命令者，處新臺幣 3 千元以上 1 萬 5 千元以下罰鍰；情節重大者，並得逕行定期停止其執行業務或廢止其執業證？ ①導遊人員②領隊人員③民宿經營者④旅行業經理人　(103 年外導)

(A) ①②③　　　　(B) ①②④　　　　(C) ①③④　　　　(D) ②③④

( ) 61.導遊人員擅自將執業證借供他人使用者，依發展觀光條例規定，除處以新臺幣 3 千元以上 1 萬 5 千元以下罰鍰外，在下列何種情況下可廢止其執業證？

(A) 受停止執行業務處分，仍繼續執業者　　　　　　　　　　　　　　　(103 年外導)

(B) 未繳交罰鍰者

(C) 令其改善未有成效者

(D) 經查獲將執業證借供他人使用 3 次以上者

( ) 62.導遊人員違反導遊人員管理規則，經廢止導遊人員執業證未逾幾年者，不得充任導遊人員？　　　　　　　　　　　　　　　　　　　　　　　　(103 年外導)

(A)2 年　　　　　　(B)3 年　　　　　　(C)4 年　　　　　　(D)5 年

( ) 63.某旅館業未將旅館業專用標識懸掛於營業場所外部明顯易見之處，經該管地方政府查獲，依發展觀光條例規定，該府可對該旅館裁罰新臺幣多少罰鍰？

(A)5 千元以下　　　　　　　　　　(B)1 萬元以下　　　　　　(103 年外導)

(C)1 萬元以上 5 萬元以下　　　　　(D)5 萬元以上 10 萬元以下

1.(B)	2.(B)	3.(D)	4.(D)	5.(B)	6.(D)	7.(B)	8.(C)	9.(D)	10.(D)
11.(B)	12.(C)	13.(A)	14.(B)	15.(D)	16.(D)	17.(D)	18.(B)	19.(C)	20.(C)
21.(C)	22.(B)	23.(A)	24.(B)	25.(A)	26.(B)	27.(A)	28.(C)	29.(D)	30.(D)
31.(C)	32.(C)	33.(D)	34.(B)	35.(D)	36.(B)	37.(A)	38.(D)	39.(D)	40.(C)
41.(A)	42.(D)	43.(D)	44.(C)	45.(C)	46.(C)	47.(D)	48.(D)	49.(B)	50.(D)
51.(C)	52.(D)	53.(C)	54.(B)	55.(C)	56.(D)	57.(D)	58.(D)	59.(D)	60.(B)
61.(A)	62.(D)	63.(C)							

試題解析

1. 此情況適用「發展觀光條例」第55條第2項第3款：「觀光旅館業、旅館業、旅行業、觀光遊樂業或民宿經營者，違反依本條例所發布之命令者，處新臺幣一萬元以上五萬元以下罰鍰。」

2. 此一情況違反「旅行業管理規則」第23條第1項：「綜合旅行業、甲種旅行業辦理接待或引導非使用華語之國外觀光旅客旅遊，不得指派或僱用華語導遊人員執行導遊業務」。適用「發展觀光條例」第55條第2項第3款：「觀光旅館業、旅館業、旅行業、觀光遊樂業或民宿經營者，違反依本條例所發布之命令者，處新臺幣一萬元以上五萬元以下罰鍰。」

3. 根據「發展觀光條例」第55條第1項：「有下列情形之一者，處新臺幣三萬元以上十五萬元以下罰鍰；情節重大者，得廢止其營業執照：1.觀光旅館業經營核准登記範圍外業務。2.旅行業經營核准登記範圍外業務。」

4. 根據「臺灣地區與大陸地區人民關係條例」第86條第1項：「違反規定至大陸從事一般類項目之投資或技術合作者，處新臺幣五萬元以上二千五百萬元以下罰鍰，並得限期命其停止或改正；屆期不停止或改正者，得連續處罰。」

5. 根據「臺灣地區與大陸地區人民關係條例」第82條：「臺灣地區、大陸地區及其他地區人民、法人、團體或其他機構，經許可得為大陸地區之教育機構在臺灣地區辦理招生事宜或從事居間介紹之行為。違反前項規定從事招生或居間介紹行為者，處一年以下有期徒刑、拘役或科或併科新臺幣一百萬元以下罰金。」

6. 根據「發展觀光條例」第60條：「業者於公告禁止區域從事水域遊憩活動或不遵守水域管理機關對有關水域遊憩活動所為種類、範圍、時間及行為之限制命令者，處新臺幣一萬五千元以上七萬五千元以下罰鍰，並禁止其活動。」

7. 根據「大陸地區人民來臺從事觀光活動許可辦法」第28條：「接待大陸地區人民來臺觀光之導遊人員，不得包庇未具接待資格者執行接待大陸地區人民來臺觀光團體業務。違反規定者，停止其執行接待大陸地區人民來臺觀光團體業務一年。」

8. 根據「發展觀光條例」第62條第2項：「旅客進入自然人文生態景觀區未依規定申請專業導覽人員陪同進入者，得處行為人新臺幣三萬元以下罰鍰。」

9. 根據「發展觀光條例」第55條第3項：「未依本條例領取營業執照而經營觀光旅館業務、旅館業務、旅行業務或觀光遊樂業務者，處新臺幣九萬元以上四十五萬元以下罰鍰，並禁止其營業。」

10. 根據「大陸地區人民來臺從事觀光活動許可辦法」第25條第1項：「旅行業辦理大陸地區人民來臺從事觀光活動業務，該大陸地區人民有逾期停留且行方不明者，每一人扣繳保證金新臺幣10萬元，每團次最多扣至新臺幣100萬元；逾期停留且行方不明情節重大，致損害國家利益者，廢止其營業執照。」

11. 根據「大陸地區人民來臺從事觀光活動許可辦法」第28條：「接待大陸地區人民來臺觀光之導遊人員，不得包庇未具接待資格者執行接待大陸地區人民來臺觀光團體業務。違反規定者，停止其執行接待大陸地區人民來臺觀光團體業務一年。」

12. 根據「發展觀光條例」第62條第1項：「損壞觀光地區或風景特定區之名勝、自然資源或觀光設施者，得處行為人新臺幣五十萬元以下罰鍰，並責令回復原狀或償還修復費用。其無法回復原狀者，得再處行為人新臺幣五百萬元以下罰鍰。」。

13. 根據「發展觀光條例」第64條：「於風景特定區或觀光地區內有下列行為之一者，處新臺幣三千元以上一萬五千元以下罰鍰：1.任意拋棄、焚燒垃圾或廢棄物。2.將車輛開入禁止車輛進入或停放於禁止停車之地區。3.其他經管理機關公告禁止破壞生態、污染環境及危害安全之行為。」。

14. 此一旅行業違規應適用「發展觀光條例」第55條第2項第3款：「觀光旅館業、旅館業、旅行業、觀光遊樂業或民宿經營者，違反依本條例所發布之命令者，處新臺幣一萬元以上五萬元以下罰鍰。」

15. 根據「大陸地區人民來臺從事觀光活動許可辦法」第26條：「導遊人員違反規定者，每違規一次，由交通部觀光局記點一點，按季計算。累計三點者，停止其執行接待大陸地區人民來臺觀光團體業務一個月；累計四點者，停止其執行接待大陸地區人民來臺觀光團體業務三個月；累計五點者，停止其執行接待大陸地區人民來臺觀光團體業務六個月；累計六點以上者，停止其執行接待大陸地區人民來臺觀光團體業務一年。」

16. 根據「臺灣地區與大陸地區人民關係條例」第82條：「未經許可為大陸地區之教育機構在臺灣辦理招生或從事居間介紹行為者，處一年以下有期徒刑、拘役或科或併科新臺幣一百萬元以下罰金。」

17. 根據「大陸地區人民來臺從事觀光活動許可辦法」第25條第1項：「旅行業辦理大陸地區人民來臺從事觀光活動業務，該大陸地區人民有逾期停留且行方不明者，每一人扣繳第十一條保證金新臺幣十萬元，每團次最多扣至新臺幣一百萬元；逾期停留且行方不明情節重大，致損害國家利益者，廢止其營業執照。」

18. 根據「大陸地區人民來臺從事觀光活動許可辦法」第28條：「接待大陸地區人民來臺觀光之導遊人員，不得包庇未具接待資格者執行接待大陸地區人民來臺觀光團體業務。違反規定者，停止其執行接待大陸地區人民來臺觀光團體業務一年。」

19. 根據「發展觀光條例」第53條：「觀光旅館業、旅館業、旅行業、觀光遊樂業之受僱人員，有玷辱國家榮譽、損害國家利益、妨害善良風俗或詐騙旅客行為者，處新臺幣一萬元以上五萬元以下罰鍰。」

20. 根據「發展觀光條例」第62條第1項：「損壞觀光地區或風景特定區之名勝、自然資源或觀光設施者，得處行為人新臺幣五十萬元以下罰鍰，並責令回復原狀或償還修復費用。其無法回復原狀者，得再處行為人新臺幣五百萬元以下罰鍰。」

21. 根據「發展觀光條例」第55條第3項：「未依本條例規定領取營業執照而經營觀光旅館業務、旅館業務、旅行業務或觀光遊樂業務者，處新臺幣九萬元以上四十五萬元以下罰鍰，並禁止其營業。」

22. 根據「大陸地區人民來臺從事觀光活動許可辦法」第25條第1項：「旅行業辦理大陸地區人民來臺從事觀光活動業務，該大陸地區人民有逾期停留且行方不明者，每一人扣繳保證金新臺幣10萬元，每團次最多扣至新臺幣100萬元；逾期停留且行方不明情節重大，致損害國家利益者，廢止其營業執照。」

23. 根據「臺灣地區與大陸地區人民關係條例」第86條第1項：「違反規定至大陸從事一般類項目之投資或技術合作者，處新臺幣五萬元以上二千五百萬元以下罰鍰，並得限期命其停止或改正；屆期不停止或改正者，得連續處罰。」

24. 根據「大陸地區人民來臺從事觀光活動許可辦法」第26條第1項：「旅行業違反接待大陸旅客規定者，每違規一次，由交通部觀光局記點一點，按季計算。累計四點者，交通部觀光局停止其辦理大陸地區人民來臺從事觀光活動業務一個月；累計五點者，停止其辦理大陸地區人民來臺從事觀光活動業務三個月；累計六點者，停止其辦理大陸地區人民來臺從事觀光活動業務六個月；累計七點以上者，停止其辦理大陸地區人民來臺從事觀光活動業務一年。」

25. 根據「發展觀光條例」第56條：「外國旅行業未經申請核准而在中華民國境內設置代表人者，處代表人新臺幣一萬元以上五萬元以下罰鍰，並勒令其停止執行職務。」

26. 根據「發展觀光條例」第59條：「未依規定取得執業證而執行導遊人員或領隊人員業務者，處新臺幣一萬元以上五萬元以下罰鍰，並禁止其執業。」

27. 根據「發展觀光條例」第55條第1項：「有下列情形之一者，處新臺幣三萬元以上十五萬元以下罰鍰；情節重大者，得廢止其營業執照：1.觀光旅館業經營核准登記範圍外業務。2.旅行業經營核准登記範圍外業務。」

28. 根據「發展觀光條例」第55條第2項第1款：「旅行業未與旅客訂定書面契約者，處新臺幣一萬元以上五萬元以下罰鍰。」

29. 根據「妨害兵役治罪條例」第3條第7款：「役齡男子意圖避免徵兵處理，核准出境後，屆期未歸，經催告仍未返國，致未能接受徵兵處理者，處五年以下有期徒刑。」

30. 根據「動物傳染病防治條例」第45-1條：「旅客或服務於車、船、航空器人員攜帶檢疫物者，應於入境時依規定申請檢疫，違反者處新臺幣三千元以上一萬五千元以下罰鍰。」

31. 根據「臺灣地區與大陸地區人民關係條例」第75條：「在大陸地區或在大陸船艦、航空器內犯罪，雖在大陸地區曾受處罰，仍得依法處斷。但得免其刑之全部或一部之執行。」

32. 根據「臺灣地區與大陸地區人民關係條例」第88條：「大陸地區出版品、電影片、錄影節目及廣播電視節目，經主管機關許可，得進入臺灣地區，或在臺灣地區發行、銷售、製作、播映、展覽或觀摩。違反前項規定者，處新臺幣四萬元以上二十萬元以下罰鍰。」

33. 根據「臺灣地區與大陸地區人民關係條例」第86條第2項：「從事禁止類項目之投資或技術合作者，處新臺幣五萬元以上二千五百萬元以下罰鍰，並得限期命其停止；屆期不停止，或停止後再為相同違反行為者，處行為人二年以下有期徒刑、拘役或科或併科新臺幣二千五百萬元以下罰金。」

34. 根據「臺灣地區與大陸地區人民關係條例」第79-1條第1項：「受託處理臺灣地區與大陸地區人民往來有關之事務或協商簽署協議，逾越委託範圍，致生損害於國家安全或利益者，處行為負責人五年以下有期徒刑、拘役或科或併科新臺幣五十萬元以下罰金。」

35. 根據「臺灣地區與大陸地區人民關係條例」第84條：「明知臺灣地區人民未經許可，而招攬使之進入大陸地區者，處六月以下有期徒刑、拘役或科或併科新臺幣十萬元以下罰金。」

36. 根據「發展觀光條例」第54條第3項：「觀光旅館業、旅館業、旅行業、觀光遊樂業或民宿經營者，規避、妨礙或拒絕主管機關依規定檢查者，處新臺幣三萬元以上十五萬元以下罰鍰，並得按次連續處罰。」

37. 根據「臺灣地區與大陸地區人民關係條例」第87條：「使大陸地區人民在臺灣地區從事未經許可或與許可目的不符之活動者，處新臺幣二十萬元以上一百萬元以下罰鍰。」

38. 根據「發展觀光條例」第60條：「於公告禁止區域從事水域遊憩活動或不遵守水域管理機關對有關水域遊憩活動所為種類、範圍、時間及行為之限制命令者，處新臺幣五千元以上二萬五千元以下罰鍰，並禁止其活動。前項行為具營利性質者，處新臺幣一萬五千元以上七萬五千元以下罰鍰，並禁止其活動。」

39. 根據「發展觀光條例」第63條：「於風景特定區或觀光地區內擅自經營固定或流動攤販者，處新臺幣一萬元以上五萬元以下罰鍰，其攤架予以拆除並沒入之，拆除費用由行為人負擔。」

40. 根據「發展觀光條例」第55條第4項：「未依本條例領取登記證而經營民宿者，處新臺幣三萬元以上十五萬元以下罰鍰，並禁止其經營。」

41. 根據「大陸地區人民來臺從事觀光活動許可辦法」第25條第1項：「旅行業辦理大陸地區人民來臺從事觀光活動業務，該大陸地區人民有逾期停留且行方不明者，每一人扣繳保證金新臺幣十萬元，每團次最多扣至新臺幣一百萬元；逾期停留且行方不明情節重大，致損害國家利益者，廢止其營業執照。」

42. 根據「香港澳門關係條例」第44條：「同一行為在香港或澳門已經裁判確定者，仍得依法處斷。但在香港或澳門已受刑之全部或一部執行者，得免其刑之全部或一部之執行。」

43. 根據「發展觀光條例」第60條第2項：業者於公告禁止區域從事水域遊憩活動或不遵守水域管理機關對有關水域遊憩活動所為種類、範圍、時間及行為之限制命令者，處新臺幣一萬五千元以上七萬五千元以下罰鍰，並禁止其活動。」

44. 根據「發展觀光條例」第61條：「未依第四十一條第三項規定繳回觀光專用標識，或未經主管機關核准擅自使用觀光專用標識者，處新臺幣三萬元以上十五萬元以下罰鍰，並勒令其停止使用及拆除之。」

45. 根據「大陸地區人民來臺從事觀光活動許可辦法」第25條第1項：「旅行業辦理大陸地區人民來臺從事觀光活動業務，該大陸地區人民有逾期停留且行方不明者，每一人扣繳保證金新臺幣10萬元，每團次最多扣至新臺幣100萬元；逾期停留且行方不明情節重大，致損害國家利益者，廢止其營業執照。」

46. 根據「臺灣地區與大陸地區人民關係條例」第87條：「使大陸地區人民在臺灣地區從事未經許可或與許可目的不符之活動者，處新臺幣二十萬元以上一百萬元以下罰鍰。」

47. 根據「發展觀光條例」第62條第1項：「損壞觀光地區或風景特定區之名勝、自然資源或觀光設施者，得處行為人新臺幣五十萬元以下罰鍰，並責令回復原狀或償還修復費用。其無法回復原狀者，得再處行為人新臺幣五百萬元以下罰鍰。」。

48. 根據「發展觀光條例」第60條第1項：「於公告禁止區域從事水域遊憩活動或不遵守水域管理機關對有關水域遊憩活動所為種類、範圍、時間及行為之限制命令者，處新臺幣五千元以上二萬五千元以下罰鍰，並禁止其活動。」

49. 此一情況原適用「發展觀光條例」第58條第1項第2款，「處新臺幣三千元以上一萬五千元以下罰鍰」，但因不夠明確，所以觀光局另公布發展「觀光條例裁罰標準表」，明定：「導遊人員執行導遊業務時，發現所接待或引導之旅客有損壞自然資源或觀光設施行為之虞，而未予勸止者，處新臺幣六千元罰鍰；情節重大者處新臺幣一萬五千元，並停止執行業務一年。」

50. 根據「臺灣地區與大陸地區人民關係條例」第87條：「使大陸地區人民在臺灣地區從事未經許可或與許可目的不符之活動者，處新臺幣二十萬元以上一百萬元以下罰鍰。」

51. 根據「入出國及移民法」第84條：「入出國未經查驗者，處新臺幣一萬元以上五萬元以下罰鍰。」

52. 根據「發展觀光條例」第63條第1項第1款：「於風景特定區或觀光地區內擅自經營固定或流動攤販者，處新臺幣一萬元以上五萬元以下罰鍰。」

53. 根據「發展觀光條例」第62條第1項：「損壞觀光地區或風景特定區之名勝、自然資源或觀光設施者，得處行為人新臺幣五十萬元以下罰鍰，並責令回復原狀或償還修復費用。其無法回復原狀者，得再處行為人新臺幣五百萬元以下罰鍰。」

54. 根據「大陸地區人民來臺從事觀光活動許可辦法」第26條第1項規定，旅行業者每違規一次，由交通部觀光局記點一點，按季計算。

55. 根據「大陸地區人民來臺從事觀光活動許可辦法」第25-1條規定，大陸地區人民經許可來臺從事個人旅遊逾期停留者，辦理該業務之旅行業應於逾期停留之日起算七日內協尋；屆協尋期仍未歸者，逾期停留之第一人予以警示，自第二人起，每逾期停留一人，由交通部觀光局停止該旅行業辦理大陸地區人民來臺從事個人旅遊業務一個月。旅行業，得於交通部觀光局停止其辦理大陸地區人民來臺從事個人旅遊業務處分書送達之次日起算七日內，以書面向該局表示每一人扣繳保證金新臺幣十萬元，經同意者，原停止旅遊業務處分廢止之。

56. 依據「發展觀光條例」第62條第1項規定：「損壞觀光地區或風景特定區之名勝、自然資源或觀光設施者，有關目的事業主管機關得處行為人新臺幣五十萬元以下罰鍰，並責令回復原狀或償還修復費用。其無法回復原狀者，有關目的事業主管機關得再處行為人新臺幣五百萬元以下罰鍰。」

57. 依據「發展觀光條例」第58條規定：「導遊人員或領隊人員經受停止執行業務處分，仍繼續執業者，廢止其執業證。」

58. 依據「導遊人員管理規則」第4條：「導遊人員經廢止導遊人員執業證未逾五年者，不得充任導遊人員。」

59. 依據「臺灣地區與大陸地區人民關係條例」第80-1條：「大陸船舶未經許可進入臺灣地區限制或禁止水域，經主管機關扣留者，得處該船舶所有人、營運人或船長、駕駛人新臺幣一百萬元以上一千萬元以下罰鍰。前項船舶為漁船者，得處其所有人、營運人或船長、駕駛人新臺幣五萬元以上五十萬元以下罰鍰。」

60. 此罰則規範於「發展觀光條例」第58條，對象為導遊人員、領隊人員與旅行業經理人。其實民宿經營者並無執業證，只有民宿登記證及專用標識。

61. 依據「發展觀光條例」第58條規定：「導遊人員或領隊人員經受停止執行業務處分，仍繼續執業者，廢止其執業證。」

62. 依據「導遊人員管理規則」第4條規定：「導遊人員經廢止導遊人員執業證未逾五年者，不得充任導遊人員。」

63. 依裁罰標準，此情節處新臺幣1萬元以上5萬元以下罰鍰，實際處新臺幣1萬元罰鍰。

二、領隊實務（二）

( )　1.旅行業代客辦理出入國及簽證手續，爲申請人僞造、變造有關文件，依「發展觀光條例」規定的處罰，以下何者正確？　（97 年華領）
(A) 處新臺幣五千元以上二萬五千元以下罰鍰
(B) 處新臺幣一萬元以上五萬元以下罰鍰
(C) 處新臺幣二萬元以上十萬元以下罰鍰
(D) 處新臺幣三萬元以上十五萬元以下罰鍰

( )　2.旅行業所繳保證金爲債權人強制執行後，經主管機關通知限期補繳，屆期仍未繳納者，依「發展觀光條例」規定的處罰，以下何者正確？　（97 年華領）
(A) 處新臺幣三十萬元罰鍰
(B) 定期停止其營業
(C) 廢止其旅行業執照
(D) 定期停止其營業，情節重大者廢止其旅行業執照

( )　3.役齡男子意圖避免徵兵處理，於核准出境後，屆期未歸，經催告仍未返國，致未能接受徵兵處理者，依妨害兵役治罪條例規定，應處多久之有期徒刑？　（97 年華領）
(A) 一年以下　　　　　　　　　　(B) 三年以下
(C) 五年以下　　　　　　　　　　(D) 一年以上七年以下

( )　4.旅行業辦理大陸地區人民來臺從事觀光活動業務，如有違反旅行業自律公約，旅行業全聯會得如何處理？　（97 年華領）
(A) 廢止其營業執照
(B) 不予核發接待數額
(C) 扣繳保證金 20 萬元
(D) 依情節不予核發接待數額 1 個月至 6 個月

( )　5.旅行業之受僱人員有玷辱國家榮譽、損害國家利益、妨害善良風俗或詐騙旅客行爲者，得處新臺幣多少之罰鍰？　（97 年外領）
(A) 一萬元以下　　　　　　　　　(B) 一萬元以上五萬元以下
(C) 五至八萬元　　　　　　　　　(D) 五至十萬元

( )　6.在風景特定區內任意拋棄垃圾，應處新臺幣多少元之罰鍰？　（98 年華領）
(A) 一千元以上五千元以下　　　　(B) 三千元以上一萬五千元以下
(C) 五千元以上二萬五千元以下　　(D) 一萬元以上五萬元以下

( )　7.臺灣地區人民若未經主管機關許可，而與大陸地區黨務團體爲合作行爲者，可處以下列何種罰則？　（98 年華領）
(A) 新臺幣五萬元以下罰鍰
(B) 新臺幣五萬元以上，二十萬元以下罰鍰
(C) 新臺幣十萬元以上，五十萬元以下罰鍰
(D) 新臺幣十萬元以上，一百萬元以下罰鍰

( ) 8.大陸地區人民經許可來臺觀光，抵達機場港口時，若經查核係採用不法取得偽造或變造之證件者，查核機關將作何種處置？ （98 年華領）

(A) 禁止入境 　　　　　　　　(B) 沒收證件後准其入境

(C) 留置備查 　　　　　　　　(D) 得由旅行社具保後准其入境

( ) 9.在風景特定區擅自經營固定或流動攤販，應處新臺幣多少元之罰鍰，其攤架、指示標誌或廣告物並予以拆除及沒入？ （98 年外領）

(A) 五千元以上二萬五千元以下 　　(B) 一萬元以上五萬元以下

(C) 一萬五千元以上七萬五千元以下 　(D) 二萬元以上十萬元以下

( ) 10.旅行業辦理出國觀光團體旅客旅遊，未依約定辦妥簽證、機位或住宿，即帶團出國者，除禁止其營業外，觀光局得在下列那個範圍內裁罰該旅行社？ （98 年外領）

(A) 新臺幣五千元以上一萬五千元以下

(B) 新臺幣一萬元以上五萬元以下

(C) 新臺幣三萬元以上十五萬元以下

(D) 新臺幣五萬元以上二十五萬元以下

( ) 11.下列何種犯行，依法可處五年以下有期徒刑，拘役或科或併科新臺幣五十萬元以下之罰金？ （98 年外領）

(A) 受託申請護照，明知係偽造、變造或冒用之照片，仍代為申請者

(B) 偽造、變造國民身分證以供申請護照，足以生損害於公眾或他人者

(C) 將國民身分證交付他人或謊報遺失，以供冒名申請護照者

(D) 偽造、變造護照，足以生損害於公眾或他人者

( ) 12.旅行業辦理團體旅遊，未與旅客訂定書面契約時，應處新臺幣多少元之罰鍰？

(A)5 千元以上 2 萬 5 千元以下 　　(B)1 萬元以上 5 萬元以下 （99 年華領）

(C)1 萬 5 千元以上 7 萬 5 千元以下 　(D)2 萬元以上 10 萬元以下

( ) 13.未依發展觀光條例規定取得執業證，而執行領隊人員業務者，其處罰為：

(A)3 年內禁止其執業 （99 年華領）

(B)5 年內禁止其執業

(C) 處新臺幣 1 萬元以上，5 萬元以下罰鍰，並禁止其執業

(D) 廢止執業證，並禁止其執業

( ) 14.參加領隊人員職前訓練者，報名檢附之資格證明文件係偽造者，其應受之行政處分為何？ （99 年華領）

(A) 罰鍰

(B) 廢止考試及格證書

(C) 退訓並於一定期間內不得參加訓練

(D) 定期停止其執業

( ) 15.居住臺灣地區設有戶籍國民搭海釣船到廈門觀光，應否受罰？ （99年華領）

    (A) 不處罰

    (B) 處新臺幣 1 萬元以上，5 萬元以下罰鍰

    (C) 處新臺幣 2 萬元以上，10 萬元以下罰鍰

    (D) 處 3 年以下有期徒刑

( ) 16.依管理外匯條例規定，以非法買賣外匯為常業者，最高可處有期徒刑幾年？

    (A)1 年以下   (B)2 年以下   (C)3 年以下   (D)4 年以下 （99年華領）

( ) 17.觀光旅館業經營核准登記範圍以外業務時，應處新臺幣多少元之罰鍰？ （99年外領）

    (A)1 萬元以上 5 萬元以下   (B)1 萬 5 千元以上 7 萬 5 千元以下

    (C)2 萬元以上 10 萬元以下   (D)3 萬元以上 15 萬元以下

( ) 18.領隊人員委由旅客攜帶物品圖利者，處新臺幣多少元？ （99年外領）

    (A)3 千元   (B)6 千元   (C)9 千元   (D)1 萬 5 千元

( ) 19.將護照交付他人或謊報遺失以供他人冒名使用者，會被處多少年以下有期徒刑、或科或併科新臺幣多少元以下罰金？ （99年外領）

    (A)10 年、50 萬元   (B)5 年、50 萬元

    (C)5 年、10 萬元   (D)3 年、10 萬元

( ) 20.旅客擅自攜帶禁止輸入植物或植物產品入境時，除檢疫物應被沒入外，其罰則為何？ （99年外領）

    (A) 處新臺幣 1 萬元以上 5 萬元以下罰鍰

    (B) 處新臺幣 3 萬元以上 15 萬元以下罰鍰

    (C) 處 1 年以下有期徒刑、拘役或科或併科新臺幣 15 萬元以下罰金

    (D) 處 3 年以下有期徒刑、拘役或科或併科新臺幣 15 萬元以下罰金

( ) 21.未依規定取得執業證，而執行導遊人員業務者，得處新臺幣罰鍰至少為：

    (A) 一萬元   (B) 二萬元   (C) 三萬元   (D) 四萬元 （100年華領）

( ) 22.外國人來臺觀光，在臺逾期停留，除會被處罰鍰外，亦可能受到何種處分？

    (A) 服勞役 30 日   (B) 拘留 4 日 （100年華領）

    (C) 暫予收容 60 日   (D) 移送法辦

( ) 23.旅客進入自然人文生態景觀區，未依規定申請專業導覽人員陪同進入者，有關目的事業主管機關得處行為人新臺幣罰鍰為： （100年外領）

    (A) 一萬元以下   (B) 二萬元以下   (C) 三萬元以下   (D) 四萬元以下

( ) 24.外籍觀光客趁人多，離臺時未經查驗者，會受到何種處罰？ （100年外領）

    (A) 處新臺幣 2 萬元罰鍰   (B) 收容

    (C) 拘役   (D) 處有期徒刑 3 個月

第五章

( ) 25. 經受停止營業一部或全部之處分之旅行業，仍繼續營業者，發展觀光條例如何規定？ (101 年華領)

(A) 處新臺幣 1 萬元以上 5 萬元以下罰鍰並廢止其營業執照或登記證

(B) 處新臺幣 1 萬元以上 5 萬元以下罰鍰

(C) 廢止其營業執照或登記證

(D) 廢止該旅行業經理人之執業證

( ) 26. 依發展觀光條例之規定，觀光旅館業、旅館業、旅行業、觀光遊樂業之受僱人員有玷辱國家榮譽、損害國家利益、妨害善良風俗或詐騙旅客行為者，處罰鍰新臺幣多少元？ (101 年華領)

(A)1 萬元以上 5 萬元以下罰鍰　　　(B)3 萬元以上 15 萬元以下罰鍰

(C)5 萬元以上 25 萬元以下罰鍰　　　(D)10 萬元以上 50 萬元以下罰鍰

( ) 27. 依規定運輸業者以航空器搭載未具入國許可證件之乘客來臺，會受到何種處罰？

(A) 每搭載 1 人處新臺幣 2 萬元以上 10 萬元以下罰鍰 (101 年華領)

(B) 以班次計算，處新臺幣 10 萬元罰鍰

(C) 不准降落

(D) 停止載客 3 日

( ) 28. 依發展觀光條例之規定，旅行業經理人兼任其他旅行業經理人或自營或為他人兼營旅行業者，其處罰之內容有那些？①處新臺幣 3 千元以上 1 萬 5 千元以下罰鍰 ②處新臺幣 5 千元以上 2 萬 5 千元以下罰鍰 ③情節重大者，並得逕行定期停止其執行業務 ④即廢止其執業證 (101 年外領)

(A)①③　　　(B)①④　　　(C)②③　　　(D)②④

( ) 29. 導遊人員、領隊人員違反依發展觀光條例所發布之命令者，處罰鍰以後，情節重大者，並得逕行定期停止其執行業務或廢止其執業證；經受停止執行業務處分，如仍繼續執業者，如何處理？ (101 年外領)

(A) 廢止其執業證，並限 3 年內不得再行考照

(B) 處罰新臺幣 3 萬元以上 15 萬元以下之罰鍰後，廢止其執業證

(C) 連續處罰至其停止執業

(D) 廢止其執業證

( ) 30. 依發展觀光條例規定，觀光產業未依規定辦理責任保險時，應如何處理？

(A) 由中央主管機關立即停止該旅行業辦理旅客之出國及國內旅遊業務，並限於 2 個月內辦妥投保

(B) 旅行業違反停止辦理旅客之出國及國內旅遊業務之處分者，中央主管機關得廢止其旅行業執照

(C) 觀光旅館業應於 3 個月內辦妥投保，屆期未辦妥者，處新臺幣 3 萬元以上 15 萬元以下罰鍰

(D) 觀光遊樂業應於 1 個月內辦妥投保，屆期未辦妥者，處新臺幣 5 萬元以上 25 萬元以下罰鍰

(101 年外領)

( ) 31.非法利用航空器、船舶或其他運輸工具運送非運送契約應載之人至我國者，依規定應處多久有期徒刑，得併科新臺幣多少元以下罰金？　(101 年外領)

　　(A)5 年以下，200 萬元　　　　　　(B)5 年以下，100 萬元
　　(C)3 年以下，50 萬元　　　　　　(D)3 年以下，30 萬元

( ) 32.依入出國及移民法規定，下列那一類人員經權責機關核准後，內政部入出國及移民署得同意其出國？　(102 年華領)

　　(A) 通緝犯
　　(B) 受保護管束之人
　　(C) 因案經司法或軍法機關限制出國者
　　(D) 經判處有期徒刑 6 月以下之刑確定尚未執行者

( ) 33.旅行社人員在機場以交付證件方法，利用航空器運送非運送契約應載之人至我國或他國者，會受到何種處罰？　(102 年華領)

　　(A) 處新臺幣 200 萬元罰鍰　　　　(B) 處拘役 2 個月
　　(C) 處 5 年以下有期徒刑　　　　　(D) 處 7 年以下有期徒刑

( ) 34.旅客出入國境，攜帶應稅貨物或管制物品匿不申報或規避檢查者，沒入其貨物，並得依海關緝私條例第 36 條第 1 項處貨價多少倍罰鍰？　(102 年華領)

　　(A)1 至 3 倍　　(B)2 至 5 倍　　(C)3 至 6 倍　　(D)6 倍以上

( ) 35.依發展觀光條例裁罰標準之規定，領隊人員執行業務時，應依僱用之旅行業所安排之旅遊行程及內容執業，非因不可抗力或不可歸責於領隊人員之事由，不得擅自變更。有關領隊人員違反規定時，最高可處罰鍰新臺幣多少元？　(102 年外領)

　　(A)6,000 元　　(B)10,000 元　　(C)15,000 元　　(D)18,000 元

( ) 36.依領隊人員管理規則之規定，領隊人員執行業務在安排購物時，應遵守相關法令規定，唯下列哪一行為免予處罰？　(102 年外領)

　　(A) 誘導旅客採購物品或為其他服務收受回扣
　　(B) 安排旅客在特定場所購物，其所購物品有瑕疵者，未積極協助其處理
　　(C) 向旅客額外需索、向旅客兜售或收購物品
　　(D) 收取旅客財物或委由旅客攜帶物品圖利

( ) 37.非法扣留他人護照，足以生損害於公眾或他人者，應受何種處罰？　(102 年外領)

　　(A) 處 3 年以下有期徒刑或拘役或科或併科新臺幣 10 萬元以下罰金
　　(B) 處 3 年以下有期徒刑或拘役或科或併科新臺幣 30 萬元以下罰金
　　(C) 處 5 年以下有期徒刑或拘役或科或併科新臺幣 10 萬元以下罰金
　　(D) 處 5 年以下有期徒刑或拘役或科或併科新臺幣 50 萬元以下罰金

( ) 38. 外國人來臺觀光，逾期停留 4 個月，其所受罰鍰之處罰，係新臺幣多少元？

(A)1 萬元　　　　(B)2 萬元　　　　(C)3 萬元　　　　(D)4 萬元　　(102 年外領)

( ) 39. 旅客王小姐某日上午於機場搭乘國際航班出境，攜帶總面額為等值 3 萬美元之有價證券，未依規定向海關申報，應受下述何種處置？　　(102 年外領)

(A) 須向海關補辦申報始得攜帶出境

(B) 所攜帶全部有價證券將遭沒入

(C) 被科以相當於 3 萬美元有價證券價額之罰鍰

(D) 被科以相當於 2 萬美元有價證券價額之罰鍰

( ) 40. 旅行業辦理團體旅遊或個別旅客旅遊時，未與旅客訂定書面契約，依發展觀光條例規定如何處罰？　　(103 年華領)

(A) 處經理人新臺幣 3 千元以上 1 萬 5 千元以下罰鍰

(B) 處新臺幣 1 萬元以上 5 萬元以下罰鍰

(C) 處新臺幣 3 萬元以上 15 萬元以下罰鍰

(D) 得定期停止其營業

( ) 41. 依發展觀光條例規定，領隊人員執行業務時，擅離團體或擅自將旅客解散、擅自變更使用非法交通工具、遊樂及住宿設施，下列有關處罰之規定何者正確？

(A) 處新臺幣 1 千元以上 5 千元以下罰鍰；情節重大者，並得逕行定期停止其執行業務或廢止其執業證

(B) 處新臺幣 3 千元以上 1 萬 5 千元以下罰鍰；情節重大者，並得逕行定期停止其執行業務或廢止其執業證

(C) 處新臺幣 5 千元以上 2 萬 5 千元以下罰鍰；情節重大者，並得逕行定期停止其執行業務或廢止其執業證

(D) 處新臺幣 1 萬元以上 5 萬元以下罰鍰；情節重大者，並得逕行定期停止其執行業務或廢止其執業證　　(103 年華領)

( ) 42. 臺灣民眾某甲投資澳門某娛樂場，未經向主管機關申請許可或備查手續，違反香港澳門關係條例規定，罰鍰為新臺幣多少萬元？　　(103 年華領)

(A)300 萬元至 1,500 萬元　　　　(B)100 萬元至 1,000 萬元

(C)10 萬元至 50 萬元　　　　(D)5 萬元至 20 萬元

( ) 43. 出境旅客攜帶人民幣 6 萬元，未主動向海關申報，為內政部警政署航空警察局安全檢查人員查獲，移交海關，旅客會受到何種處分？　　(103 年華領)

(A) 罰鍰新臺幣 6 萬元　　　　(B) 不准攜帶出境

(C) 沒入人民幣 4 萬元　　　　(D) 沒入人民幣 6 萬元

（　　）44.領隊人員有違反領隊人員管理規則規定，經廢止領隊人員執業證未逾幾年者，不得充任領隊人員？ (103 年外領)

(A)3 年　　　　　(B)4 年　　　　　(C)5 年　　　　　(D)6 年

（　　）45.受禁止出國處分而出國者，會受到何種處罰？ (103 年外領)

(A) 處新臺幣 200 萬元罰鍰　　　(B) 收容

(C) 處 3 年以下有期徒刑　　　　(D) 處 5 年以下有期徒刑

第五章

 解答

1.(B)	2.(C)	3.(C)	4.(D)	5.(B)	6.(B)	7.(C)	8.(A)	9.(B)	10.(B)
11.(B)	12.(B)	13.(C)	14.(C)	15.(B)	16.(C)	17.(D)	18.(C)	19.(C)	20.(D)
21.(A)	22.(C)	23.(C)	24.(A)	25.(C)	26.(A)	27.(A)	28.(A)	29.(D)	30.(B)
31.(A)	32.(B)	33.(C)	34.(A)	35.(C)	36.(B)	37.(C)	38.(A)	39.(C)	40.(B)
41.(B)	42.(C)	43.(C)	44.(C)	45.(C)					

試題解析

1. 「綜合旅行業、甲種旅行業代客辦理出入國及簽證手續,爲申請人僞造、變造有關之文件者」在「發展觀光條例」未明列罰則,但仍可依據發展觀光條例第55條第2項第3款規定,違反依本條例所發布之命令者,處新臺幣一萬元以上五萬元以下罰鍰。

2. 「發展觀光條例」第30條第3項:「旅行業未依規定繳足保證金,經主管機關通知限期繳納,屆期仍未繳納者,廢止其旅行業執照。」

3. 根據「妨害兵役治罪條例」第3條第7項:「役齡男子意圖避免徵兵處理,核准出境後,屆期未歸,經催告仍未返國,致未能接受徵兵處理者處五年以下有期徒刑。」說明:大部份妨害兵役罪爲5年以下有期徒刑。

4. 根據「大陸地區人民來臺從事觀光活動許可辦法」第28條第3項:「旅行業辦理大陸地區人民來臺從事觀光活動業務,違反自律公約者,旅行業全聯會得依情節不予核發接待數額一個月至六個月。」

5. 根據「發展觀光條例」第53條第3項:「觀光旅館業、旅館業、旅行業、觀光遊樂業之受僱人員有玷辱國家榮譽、損害國家利益、妨害善良風俗或詐騙旅客行爲者,處新臺幣一萬元以上五萬元以下罰鍰。」

6. 根據「發展觀光條例」第64條第1款:「於風景特定區或觀光地區內任意拋棄、焚燒垃圾或廢棄物者,處新臺幣三千元以上一萬五千元以下罰鍰。」

7. 根據「臺灣地區與大陸地區人民關係條例」第90-2條:「臺灣地區人民、法人、團體或其他機構,非經各該主管機關許可,與大陸地區黨務、軍事、行政、具政治性機關(構)、團體或涉及對臺政治工作、影響國家安全或利益之機關(構)、團體爲任何形式之合作行爲者,處新臺幣十萬元以上五十萬元以下罰鍰,並得按次連續處罰。」

8. 無論是大陸地區人民或外國人入境檢查證件時,發現其採用不法取得僞造或變造之證件者,當然禁止入境。

9. 根據「發展觀光條例」第63條第1項:「於風景特定區或觀光地區內擅自經營固定或流動攤販者,由其目的事業主管機關處新臺幣一萬元以上五萬元以下罰鍰,其攤架予以拆除並沒入之,拆除費用由行爲人負擔。」

10. 此一情況適用「發展觀光條例」第55條第2項第3款:「觀光旅館業、旅館業、旅行業、觀光遊樂業或民宿經營者,違反本條例所發布之命令者,處新臺幣一萬元以上五萬元以下罰鍰。」

11. 根據「護照條例」第23條第1項：「偽造、變造國民身分證以供申請護照，足以生損害於公眾或他人者，處五年以下有期徒刑、拘役或科或併科新臺幣五十萬元以下之罰金。」說明：偽造、變造身分證以供申請護照，或偽造、變造護照者，刑期皆5年以下，只是罰金略有不同。

12. 根據「發展觀光條例」第55條第2項第1款：「旅行業辦理團體旅遊或個別旅客旅遊時，應與旅客訂定書面契約，未與旅客訂定書面契約，處新臺幣一萬元以上五萬元以下罰鍰。」

13. 根據「發展觀光條例」第59條：「未依規定取得執業證而執行導遊人員或領隊人員業務者，處新臺幣一萬元以上五萬元以下罰鍰，並禁止其執業。」

14. 根據「領隊人員管理規則」第10條：「領隊人員在職前訓練期間，其報名檢附之資格證明文件係偽造或變造者，應予退訓。其已繳納之訓練費用，不得申請退還，經退訓後2年內不得參加訓練。」

15. 搭海釣船到廈門觀光係違反未經查驗證照而出國，俗稱偷渡。根據「入出國及移民法」第84條：「入出國未經查驗者，處新臺幣一萬元以上五萬元以下罰鍰。」

16. 根據「管理外匯條例」第22條第1項：「以非法買賣外匯為常業者，處三年以下有期徒刑、拘役或科或併科與營業總額等值以下之罰金。」

17. 根據「發展觀光條例」第55條第1項第1款：「觀光旅館業經營核准登記範圍外業務者，處新臺幣3萬元以上15萬元以下罰鍰；情節重大者，得廢止其營業執照。」

18. 根據「發展觀光條例」第58條第1項第2款：「旅行業僱用之人員委由旅客攜帶物品圖利者，處新臺幣三千元以上一萬五千元以下罰鍰；情節重大者，並得逕行定期停止其執行業務或廢止其執業證。」觀光局另外會依據發展觀光條例公布之裁罰標準明訂為處九千元罰鍰，情節重大處新臺幣一萬五千元罰鍰，並廢止執業證。

19. 根據「護照條例」第24條第3項：「將護照交付他人或謊報遺失以供他人冒名使用者，處五年以下有期徒刑、拘役或科或併科新臺幣十萬元以下罰金。」

20. 根據「植物防疫檢疫法」第22條：「中央主管機關得公告禁止特定植物或植物產品，自特定國家、地區輸入或轉運國內。違反規定擅自輸入或轉運者，處三年以下有期徒刑、拘役或科或併科新臺幣十五萬元以下罰金。」

21. 根據「發展觀光條例」第59條：「未依規定取得執業證而執行導遊人員或領隊人員業務者，處新臺幣一萬元以上五萬元以下罰鍰，並禁止其執業。」

22. 外國人來臺觀光，在臺逾期停留，根據「入出國及移民法」第38條第1項規定：「外國人逾期停留、居留者，非予收容顯難強制驅逐出國者，入出國及移民署得暫予收容，但收容以60日為限。」

23. 根據「發展觀光條例」第62條第2項：「旅客進入自然人文生態景觀區未依規定申請專業導覽人員陪同進入者，有關目的事業主管機關得處行為人新臺幣3萬元以下罰鍰。」

24. 根據「入出國及移民法」第84條：「入出國未經查驗者，處新臺幣一萬元以上五萬元以下罰鍰。」

25. 根據「發展觀光條例」第53條第2項：「旅行業經受停止營業一部或全部之處分，仍繼續營業者，廢止其營業執照或登記證。」

26. 根據「發展觀光條例」第53條第3項：「觀光旅館業、旅館業、旅行業、觀光遊樂業或民宿之僱用人員，有玷辱國家榮譽、損害國家利益、妨害善良風俗或詐騙旅客行為者，處新臺幣一萬元以上五萬元以下罰鍰。」

27. 根據「入出國及移民法」第82條：「以航空器、船舶或其他運輸工具搭載未具入國許可證件之乘客者，每搭載一人，處新臺幣2萬元以上10萬元以下罰鍰。」說明：旅客出國在機場航空公司櫃臺check in時，航空公司工作人員會查看每位旅客護照上的目的地國家簽證，是為了避免被罰款。

28. 根據「發展觀光條例」第58條第1項：「旅行業經理人兼任其他旅行業經理人或自營，或為他人兼營旅行業者，處新臺幣三千元以上一萬五千元以下罰鍰；情節重大者，並得逕行定期停止其執行業務或廢止其執業證。」

29. 根據「發展觀光條例」第58條第2項：「導遊人員、領隊人員或觀光產業經營者僱用之人員，經受停止執行業務處分，仍繼續執業者，廢止其執業證。」

30. 根據「發展觀光條例」第57條：「1.旅行業未依規定辦理履約保證保險或責任保險，中央主管機關得立即停止其辦理旅客之出國及國內旅遊業務，並限於三個月內辦妥投保，逾期未辦妥者，得廢止其旅行業執照。2.觀光旅館業、旅館業、觀光遊樂業及民宿經營者，未依規定辦理責任保險者，限於一個月內辦妥投保，屆期未辦妥者，處新臺幣三萬元以上十五萬元以下罰鍰，並得廢止其營業執照或登記證。」

31. 根據「入出國及移民法」第73條：「在機場、港口以交換、交付證件或其他非法方法，利用航空器、船舶或其他運輸工具運送非運送契約應載之人至我國或他國者，處五年以下有期徒刑，得併科新臺幣二百萬元以下罰金。」

32. 根據「入出國及移民法」第6條第2項：「受保護管束人經指揮執行之少年法院法官或檢察署檢察官核准出國者，入出國及移民署得同意其出國。」

33. 根據「入出國及移民法」第73條：「在機場、港口以交換、交付證件或其他非法方法，利用航空器、船舶或其他運輸工具運送非運送契約應載之人至我國或他國者，處五年以下有期徒刑，得併科新臺幣二百萬元以下罰金。」

34. 根據「海關緝私條例」第36條第1項：「私運貨物進口、出口或經營私運貨物者，處貨價一倍至三倍之罰鍰。」

35. 此違規罰則在「發展觀光條例」未明列，但根據「發展觀光條例」第52條第1項第2款：「導遊人員、領隊人員或觀光產業經營者僱用之人員，違反依本條例所發布之命令者，處新臺幣3,000元以上1,5000元以下罰鍰；情節重大者，並得逕行定期停止其執行業務或廢止其執業證。」

36. 領隊人員若「安排旅客在特定場所購物，其所購物品有瑕疵者，未積極協助其處理。」而遭客訴，兩造經調解可能須賠償旅客，但發展觀光條例未有明確罰則。

37. 依據「護照條例」第25條：「扣留他人護照，足以生損害於公眾或他人者，處五年以下有期徒刑或拘役或科或併科新臺幣十萬元以下罰金。」

38. 根據「入出國及移民法」第85條第4款：「臺灣地區無戶籍國民或外國人，逾期停留或居留者，處新臺幣二千元以上一萬元以下罰鍰。」

39. 根據財政部「出境報關須知」規定：「有價證券（指無記名之旅行支票、其他支票、本票、匯票、或得由持有人在本國或外國行使權利之其他有價證券）：總面額逾等值1萬美元者，應向海關申報。未依規定申報或申報不實者，科以相當於未申報或申報不實之有價證券價額之罰鍰。因攜帶超過2萬美元，故罰2萬美元。」

40. 根據裁罰標準規定，旅行業辦理團體旅遊或個別旅客旅遊時，未與旅客訂定書面契約，處新臺幣1萬元以上5萬元以下罰鍰，實際處新臺幣1萬元罰鍰。

41. 根據裁罰標準規定，領隊人員執行業務時，擅離團體或擅自將旅客解散、擅自變更使用非法交通工具、遊樂及住宿設施，處新臺幣3千元以上1萬5千元以下罰鍰；情節重大者，並得逕行定期停止其執行業務或廢止其執業證。

42. 根據「香港澳門關係條例」第50條規定：「臺灣地區人民、法人、團體或其他機構在香港或澳門從事投資或技術合作，應向經濟部或有關機關申請許可或備查，違反許可規定從事投資或技術合作者，處新臺幣十萬元以上五十萬元以下罰鍰，並得命其於一定期限內停止投資或技術合作；逾期不停止者，得連續處罰。」

43. 入出境旅客攜帶人民幣以2萬元為限，如超過限額，雖向海關申報，仍僅能於限額內攜出；如申報不實，超過部份，依法沒入。

44. 依據「領隊人員管理規則」第4條規定：「領隊人員經廢止導遊人員執業證未逾五年者，不得充任領隊人員。」

45. 依據「入出國及移民法」第74條規定：「未經許可入國或受禁止出國處分而出國者，處三年以下有期徒刑、拘役或科或併科新臺幣九萬元以下罰金。收容僅針對外國人。」

第六章　兩岸現況

　　兩岸現況歷年試題比例，每年此章約佔8題左右，尤以導遊考試比重較大。依據歷年考照的方向，本章首先從中國大陸、臺灣的國情介紹、兩岸關係的政策以及兩岸用語的差異，透過重點陳述，讓讀者能清楚兩岸現況並掌握考試題項。

第一節　中國大陸國情概述

一、中國大陸國家機構

　　依「中華人民共和國憲法」規定，其國家機構包括：

1. 最高權力機關：全國人民代表大會(全國人大)，行使立法權，選舉國家元首，及國家行政機關、司法機關、檢察機關等首長。其組成由省、自治區、直轄市、特別行政區和軍隊、少數民族的代表。每屆任期五年。
2. 國家元首：中華人民共和國主席(國家主席)，每屆任期五年。
3. 最高行政機關：中華人民共和國國務院，每屆任期五年。
4. 最高軍事機關：中華人民共和國中央軍事委員會，每屆任期五年。
5. 最高審判機關：人民法院。
6. 最高檢察機關：人民檢察院。

二、中國大陸宗教

　　目前中國大陸承認的宗教為佛教、道教、伊斯蘭教、天主教、基督教等5大宗教。其主管機關隸屬政府的協會，並由「國家宗教事務局」和「中國共產黨」進行「指導和監督」，其中包括外國人在宗教活動中的作用。

三、中國大陸行政劃分

　　目前中國大陸劃分為34個省級行政區：23個省、5個自治區、4個直轄市、2個特別行政區。

1. 自治區：蒙古、新疆維吾爾族、廣西壯族、寧夏回族、西藏
2. 直轄市：北京、天津、上海、重慶。
3. 特別行政區：香港、澳門。

四、中國大陸政策

　　中國大陸領導人推行政策，簡略如下：

1. 江澤民提出『開發大西部』政策，以平衡區域發展。

　　西部大開發是中華人民共和國中央政府的一項政策，目的是「把東部沿海地

區的剩餘經濟發展能力，用以提高西部地區的經濟和社會發展水平、鞏固國防。」

「西部大開發」政策的省區包括：內蒙古、陝西、寧夏、甘肅、新疆、青海、西藏、重慶、四川、貴州、雲南、廣西等11個省區1個直轄市。此外，湖南湘西土家族苗族自治州和湖北恩施土家族苗族自治州也享受「西部大開發」政策。

2. 胡錦濤—2003年『振興大東北』政策。地區包括:吉林省、黑龍江省、遼寧省等地。

3. 2007年中共經濟政策趨勢

(1)持續推行「市場導向」的宏觀調控

(2)發展農村經濟工作—三農（農村、農業、農民）

(3)財政政策以農村建設與優化財政支為主

(4)改變產業結構、調整政府職能

(5)平衡區域發展—推進西部大開發（西部大開發的範圍包括重慶、四川、貴州、雲南、西藏、陝西、甘肅、青海、寧夏、新疆、內蒙古、廣西等12個省、自治區、直轄市）的政策措施，開展「十一五」西部開發規劃前期研究工作（中華人民共和國國民經濟和社會發展第十一個五年規劃剛要）。

4. 2013年，中共新任總書習近平就任後，高調反腐，提出「新八項」，包括調研輕車簡從不安排宴請、嚴控以中央名義召開的會議、無實質內容簡報一律不發、出訪一般不安排機場迎送、減少交通管制一般不得封路、壓縮政治局委員報導數量字數、個人原則上不出書不題詞、嚴格執行房車配備待遇等。

五、兩岸國家概況

茲將兩岸國家概況比較，如下表（表6-1）。

表 6-1　兩岸國家概況比較

	中國大陸	臺灣
面積	960 萬平方米	3 萬 6 千平方米
行政劃分	23 個省、5 個自治區、4 個直轄市、2 個特別行政區。	16 縣，5 個省轄市，2 直轄市。
人口	13 億多（2020 年內控制 15 億）	2300 萬
種族	56 族	漢人、原住民
語言	五大語系—漢藏、阿爾泰、南島、南亞、印歐	華語、臺語、客家語、原住民各族語

（續下頁）

（承上頁）

	中國大陸	臺灣
宗教	佛教、道教、伊斯蘭教、天主教和基督教。	佛教、道教、回教、天主教和基督教。
外交	亞洲 46 個、非洲 49 個、歐洲 42 個、美洲 23 個、太平洋 10 個	23 個—亞太 6 個、非洲 4 個、歐洲 1 個、中南美洲 12 個
首都	北京	臺北
總統	習近平—國家主席、中共總書記、軍委會主席 副主席—李源潮 選舉：由全國人民代表大會	總統：馬英九（第 13 任） 副總統：吳敦義 選舉：由人民直接選舉
國家機構	全國人民代表大會（立法）—第 12 屆 國務院（行政）—李克強	立法院—第 8 屆（第 7 屆起任期改為 4 年） 行政院—毛治國
旅遊景點劃分	GB/T 17775-2003《旅游景區質量等級的劃分與評定》。AAAAA 級旅游景區 分為國家級自然保護區、全國自然保護區	國家公園、國家級、縣市級

第二節　我國對中國大陸政策

　　依據「黃金十年・和平兩岸」國家願景的戰略目標，政府在中華民國憲法架構下，秉持「不統、不獨、不武」的原則，維持臺海現狀，捍衛中華民國主權、堅守臺灣主體性、促進民眾福祉。並在此原則下，追求和諧的兩岸關係，希望雙方「擱置爭議，追求雙贏」，務實地增進兩岸良性互動關係。又以「以臺灣為主，對人民有利」的原則，維護臺灣主體性與全民利益，並在有效管控風險的前提下，循序推展兩岸交流與對話協商。對兩岸政策的議題上有二個重點：

1. 九二共識：一中原則。促成二次辜汪會談（第一次在新加坡，第二次在上海北京）

2. 四不一沒有：不宣布臺獨、不更改國號、兩國論不入憲、不推動統獨公投，以及沒有廢除國統綱領與國統會問題。

一、兩岸經濟交流

(一) 兩岸空運、海運、郵政

1. 海運：兩岸海運直航已於民國97年12月15日完成首航。

2. 郵政：交通部已於民國97年12月12日公布「大陸郵件處理要點」，並自同月15日起，已可直接通郵，並寄送小包、包裹、快捷郵件。

3. 空運：民國97年7月4日啟動週末包機，同年12月15日實施平日客貨運包機，民國98年8月31日定期航班開始運作。截至目前我國開放9個航點（桃園、高雄小港、臺中清泉崗、臺北松山、澎湖馬公、花蓮、金門、臺東、臺南），大陸開放41個航點（上海【浦東】【虹橋】、北京、廣州、廈門、南京、成都、重慶、杭州、大連、貴州、深圳、武漢、福州、青島、長沙、海口、昆明、西安、瀋陽、天津、鄭州、合肥、哈爾濱、南昌、貴陽、寧波、濟南、長春、太原、南寧、煙臺、石家莊、徐州、無錫、泉州、三亞、鹽城、蘭州、溫州、黃山），雙方每週共飛558班。

(二) 開放大陸人民來臺觀光

1. 政府自民國91年1月1日起陸續試辦開放旅居國外的大陸人民（第3類）來臺觀光，以及赴國外旅遊或商務考察的大陸人民（第2類）轉來臺灣觀光。至於開放大陸人民直接來臺觀光（第1類），於民國97年6月13日完成兩岸協商及簽署協議，同年7月4日實施兩岸週末包機及來臺旅遊首發團，同年7月18日正式實施大陸人民來臺觀光。經由臺旅會與海旅會「小兩會」及海基、海協兩會協商，自民國101年1月1日起，將大陸來臺每天數額由原先的平均3千人提高為4千人，內政部移民署並同時公告修正每日受理大陸人士來臺觀光申請數額由4311人增加至5840人。

2. 組團人數放寬至5人以上，在臺停留期間不得逾15天。

3. 正式開放大陸人民來臺從事個人旅遊觀光活動，民國100年6月28日首批個人旅遊遊客抵臺，在臺停留期間不得逾15天。

(三) 放寬大陸商務人士來臺

政府已於民國94年2月1日發布施行「大陸地區人民來臺從事商務活動許可辦法」。在臺停留停留時間如下：

1. 從事商務訪問、商務考察、商務會議、演講、參加商展及參觀商展者，停留期間自入境翌日起算，不得逾一個月。

2. 從事商務研習（含受訓）者，其停留期間自入境翌日起算，不得逾一個月。但邀請單位在臺設有營運總部（須領有經濟部工業局核發之認定函）及在臺設有研發中心（須領有經濟部核發之證明文件）者，其停留期間自入境翌日起算，不得逾三個月。

（四）放寬大陸投資

依「大陸地區人民來臺投資許可辦法」規定，大陸地區軍方投資或具有軍事目的之投資人，限制來臺投資；投資申請案，如在經濟上具有獨占、寡占或壟斷性地位，或在政治、社會、文化上具有敏感性或影響國家安全，或對國內經濟發展或金融穩定有不利影響，得禁止其投資。目前開放項目，包括：製造業204項、服務業161項及公共建設43項。截至民國101年8月底止，已有294家大陸公司經投審會核准來臺設立分公司或投資國內公司。

（五）兩岸簽訂 MOU

MOU(Memorandum of Understanding 簡稱 MOU)，是指非正式法定文件用以草案或概述簽署雙方對有關事宜之條款、協議包括雙方之有關責任。兩岸金融監理機關已於民國98年11月16日完成銀行業、證券期貨業及保險業三項金融監理合作瞭解備忘錄(MOU)之簽署，並於民國99年1月16日正式生效。目前已有11家國內銀行，包括彰化銀行、合作金庫、第一銀行、土地銀行、華南銀行、國泰世華、中國信託、兆豐銀行、臺灣銀行、玉山銀行、臺灣企銀等，獲金管會核准設立分行；第一銀行上海分行、土地銀行上海分行、合作金庫蘇州分行、彰化銀行昆山分行、國泰世華上海分行、華南銀行深圳分行、中國信託上海分行、兆豐蘇州分行、臺灣銀行上海分行及玉山銀行東莞分行等10家分行已開業。

（六）人民幣在臺辦理兌換業務

民國97年6月30日起，政府開放人民幣在臺兌換，迄民國103年7月31日止，國內經許可辦理人民幣現鈔兌換的金融機構（包括銀行、信合社、郵局、農業金庫及農漁會信用部），共有4216家分支機構及408家外幣收兌處。

（七）加強對大陸臺商輔導與服務工作

強化大陸臺商聯繫機制及服務網絡，海基會「大陸臺商服務中心」設置有大陸臺商緊急聯繫專線（電話：27129292），並與中國大陸105個臺商協會形成全面性、全天候、即時緊急就難服務網絡。

（八）「小三通」政策之推動情形

「小三通」自民國90年1月1日起開放迄今。為使金門、馬祖、澎湖能夠在兩岸的整體互動中找到最有利的定位，刪除大陸地區人民進入金門、馬祖公告每日許

可數額之限制；放寬大陸人民經「小三通」之許可有效及停留期間，分為單次、多次入出境許可，停留金門、馬祖或澎湖不得逾15天；放寬就讀推廣教育學分班及非學分班停留期間及取得多次簽等措施。另於民國99年7月29日開放「小三通」自由行，停留金門、馬祖或澎湖不得逾15天。

（九）「兩岸經濟合作架構協議」(ECFA)

　　兩岸經濟合作架構協議（Economic Cooperation Framework Agreement，簡稱ECFA），又稱海峽兩岸經濟合作框架協議，是臺灣與中國大陸（合稱「兩岸」）的雙邊經濟協議。中華民國政府於民國98年提出並積極推動，被視為加強臺灣經濟發展的重要政策；政府係依據推動兩岸政策的最高指導原則：「以臺灣為主，對人民有利」，以及秉持「國家需要、民意支持、國會監督」三原則推動洽簽兩岸經濟協議事宜。財團法人海峽交流基金會與海峽兩岸關係協會遵循平等互惠、循序漸進的原則，達成加強海峽兩岸經貿關係的意願，於民國99年6月29日在中國大陸重慶簽訂。

二、兩岸社會交流

（一）婚姻

　　目前登記結婚的大陸配偶人數約有30萬餘對，依規定入臺規範如下：

1. 工作證：大陸配偶只要合法入境通過面談，即可在臺工作。
2. 身分證：大陸配偶取得身分證的時間為6年。
3. 全民健保：放寬大陸配偶來臺團聚與居留連續滿一定期間，應加入全民健康保險。
4. 駕照：18歲以上大陸地區人民，經許可停留或居留1年以上及體格檢查、體能測驗合格等證明文件（報考機車駕照者免體能測驗），經筆試及格後換發普通駕駛執照。
5. 開立帳戶部分：大陸地區人民持「臺灣地區長期居留證及多次出入境證」及「臺灣地區依親居留證及逐次加簽出入境證」者，得開設「活期性存款帳戶」及定期性存款帳戶（含新臺幣及外幣）。持上述以外證件者，得開設外匯活期存款及外匯定期存款帳戶；至於新臺幣存款帳戶部分，應選擇一家銀行開戶，並以開設活期性存款帳戶為限。
6. 繼承：取消大陸配偶繼承不得逾200萬元的限制，並放寬長期居留的大陸配偶可以繼承不動產。
7. 大陸配偶數額：在臺長期居留數額，由原本每年36人，放寬到254人。

（二）結婚流程

1. 大陸辦理結婚登記：單身公證書→登記結婚→結婚公證書
2. 大陸配偶來臺
   (1)海基會辦理文書驗證後再向各地移民署申請團聚→訪談→機場或金馬面談＋按捺指紋（旅行證效期為一個月，通過後5個月）
   (2)15日內當地警察機關辦流動人口登記。
   (3)4個月後辦全民健保。

　第一次申請來臺，其證件領取處為香港臺北經濟文化辦事處、澳門臺北經濟文化中心、移民署金門或馬祖服務處。

三、兩岸文教交流

（一）教育

1. 政府在大陸設校

　政府依據「私立學校法」第86條的規定，訂定「大陸地區臺商學校設立及輔導辦法」，目前臺商學校如下：
   (1)廣東省「東莞臺商子弟學校」―小學、初中、高中。
   (2)江蘇省「華東臺商子女學校」―小學、初中、高中。
   (3)上海市「上海臺商子女學校」―小學、初中。

　針對臺商學校回臺的協助，為教育對象是臺灣子女，教材與主要師資均來自臺灣，與臺灣教育體制接軌，學校學制自幼稚園至高中部，就讀臺商學校學生可直接返臺銜接就學。

　教育部採認大陸高等教育學歷，目前採認大陸地區129所大學校院、高等教育機構及191所專科學校的學歷。政府將秉持「階段性、檢討修正與完整配套」原則，循序推動大陸高等教育學歷的採認。

（二）大陸地區出版品在臺灣地區銷售

　政府已於民國92年7月8日起開放「大陸地區大專專業學術簡體字版圖書來臺銷售」，申請大陸大專專業學術簡體字圖書進入臺灣地區銷售者，可逕向所屬公、協會（如中華民國圖書出版事業協會、中華民國圖書發行協進會、臺北市出版商業同業公會）提出申請，經核可後即可進口銷售。

（三）大陸地區電影片及廣播電視節目在臺發行、播送

　大陸地區電影片、廣播電視節目，在臺灣地區發行、播送前，應經主管機關文化部影視及流行音樂產業局審查許可，並改用正體字後，始得為之。目前「大陸地區影視節目得在臺灣地區發行映演播送之數量類別時數」規定，可以在臺發行、播

送的大陸地區廣播電視節目已開放有十類，包括：1.科技類；2.企業管理類；3.自然動物生態類；4.地理風光類；5.文化藝術類；6.體育運動類；7.語言教學類；8.醫藥衛生類；9.綜藝類；10.愛情文藝、倫理親情、溫馨趣味、宮廷歷史、武俠傳奇、懸疑驚悚、冒險動作之劇情類（其屬電影片轉錄者，以經文化部影視及流行音樂產業局依前揭許可辦法許可在臺灣地區映演之大陸地區電影片為限）。

　　至於大陸地區電影在臺放映數量，每年以10部為限；並以愛情文藝、倫理親情、溫馨趣味、宮廷歷史、武俠傳奇、懸疑驚悚、冒險動作為主題者為限。另外，大陸電影片及廣播電視節目在臺灣有線及無線電視播出，有比例上的限制，以保障臺灣本地製作之節目。

（四）兩岸著作權在對方地區受到侵害時，應如何適用法律？

　　在國際智慧財產權法之領域，絕大多數國家均承認對於智慧財產權之保護應受「屬地主義」之支配，即一國之人民在他國是否可以受到著作權之保護，其保護要件、保護之範圍及內容、權利之歸屬、權利之讓與、受侵害之救濟等，原則上應依被請求保護國之法律規定決定，而非依該人民所屬國之法律決定。

（五）兩岸新聞交流

　　截至民國101年底經核准在臺採訪的大陸媒體，總計有新華社、人民日報、中央人民廣播電臺、中央電視臺、中國新聞社、福建日報社、東南衛視、廈門衛視、湖南電視臺、深圳報業集團等10家媒體。駐點記者在臺停留時間，從現行的1個月放寬至3個月，若有採訪需要，得申請延長1次，期間不得逾3個月。

（六）大陸古物來臺

　　申請大陸地區古物來臺展覽，需具備臺灣地區機關、學校、法人、團體或專業機構的資格，並依政府訂頒「大陸地區古物運入臺灣地區公開陳列展覽許可辦法」之規定，於展覽開始前2個月，向主管機關文化部提出。

四、兩岸協商

1. 金門協議（民國79年9月12日）

(1)遣返原則：應確保遣返作業符合人道精神與安全便利的原則。

(2)遣返對象：違反有關規定進入對方地區的居民、刑事嫌疑犯或刑事犯。

(3)遣返交接地點：雙方商定為馬尾←→馬祖，但依被遣返人員的原居地分佈情況及氣候、海象等因素，雙方得協議另擇廈門←→金門。

2. 兩會聯繫與會談制度協議（民國82年5月24日）

3. 兩會聯繫與會談制度協議（民國82年5月24日）

4. 兩岸掛號函件查詢、補償事宜協議（民國92年5月24日）

5. 兩岸公證書使用查證協議（民國82年5月24日）

6. 辜汪會談共同協議（民國82年5月24日）

7. 兩會商定會務人員入出境往來便利辦法（民國83年8月24日）

8. 第一次江陳會談簽署協議文件（民國97年6月13日）

    (1)海峽兩岸包機會談紀要

    (2)海峽兩岸關於大陸居民赴臺灣旅遊協議

9. 第二次江陳會談簽署協議文件（民國97年11月4日）

    (1)海峽兩岸空運協議

    (2)海峽兩岸食品安全協議

    (3)海峽兩岸海運協議

    (4)海峽兩岸郵政協議

10. 第三次江陳會談簽署之三項協議，並就「陸資赴臺投資」事宜達成共識（民國98年4月26日）

    (1)海峽兩岸共同打擊犯罪及司法互助協議

    (2)海峽兩岸空運補充協議

    (3)海峽兩岸金融合作協議

    (4)海基會與海協會就「陸資赴臺投資」事宜達成共識

11. 第四次江陳會談簽署協議文本（民國98年12月22日）

    (1)海峽兩岸農產品檢疫檢驗合作協議

    (2)海峽兩岸標準計量檢驗認證合作協議

    (3)海峽兩岸漁船船員勞務合作協議

12. 第五次江陳會談簽署協議文本（民國99年6月29日）

    (1)海峽兩岸經濟合作架構協議(ECFA)

    (2)海峽兩岸智慧財產權保護合作協議

13. 第六次江陳會談簽署協議文本（民國99年12月23日）

    (1)海峽兩岸醫藥衛生合作協議

14. 第七次江陳會談簽署協議文本（民國100年10月20日）

    (1)海峽兩岸核電安全合作協議

15. 第八次江陳會談：民國101年8月9日於臺北圓山飯店舉行

    (1)海峽兩岸海關合作協議

    (2)海峽兩岸投資保障和促進協議

    (3)海基會與海協會有關「海峽兩岸投資保障和促進協議」人身自由與安全保障共識

16.兩岸兩會第九次高層會談：於民國102年6月20日在上海-東郊賓館舉行

    (1)因應未來兩會高層的更迭，兩會決定將會議以「兩岸兩會第幾次高層會談」的方式命名，而不會像以往用主談人姓氏代稱。

    (2)簽署「海峽兩岸服務貿易協議」：由海基會董事長林中森與大陸海協會會長陳德銘簽署。依據EFCA及WTO之架構下，雙方開放包括商業服務；電信服務；營造服務；配銷服務；環境服務；健康與社會服務；觀光及旅遊；娛樂、文化及運動服務；運輸服務及金融服務等服務貿易。

    我方對大陸做出扣除金融部分共做出55項開放具體承諾項目，如下：

    ①取消陸銀來臺設立分支機構，以及參股投資的經濟合作暨發展組織（OECD）條件，已在臺灣設有分行的陸銀，符合條件者可申請增設分行（OBU），銀聯來臺設立分支機構，將納入兩岸金融業務往來及投資許可管理辦法規範。

    ②臺灣也放寬參股比率，上市（櫃）銀行、金控公司為10%；非上市（櫃）銀行、金控公司為15%；金控公司旗下子銀行為20%。

    ③電信服務、僅開放第二類，開放承諾有三分之二小於WTO開放承諾。

    ④旅行社

    ⑤服務業，僅允許中國大陸的資本額為20萬美元以上的美容業者能來臺設立商業據點。

    ⑥限制：臺灣對律師、建築師、會計師、醫師等專業人士的執業未承諾開放。

    (3)就有關解決金門用水問題達成共同意見。

第三節　兩岸機構簡介

一、臺灣對中國大陸機構

1. 總統府：總統依法對重大之政策行使決策權，國安會承總統指示，負責有關國家安全重大政策之幕僚作業，另總統亦依職權，設置必要的政策諮詢機構。

2. 行政院：行政院負責一般性大陸政策之決定與執行，在決策過程中，由各機關依其職權承擔幕僚業務，由陸委會綜合協調、審議；經作成決策後，仍交由各部會執行。

3. 陸委會：負責全盤性大陸政策及大陸工作的研究、規劃、審議、協調及部分跨部會事項之執行工作。

4. 各部會：從事主管業務有關之大陸政策與大陸工作的研究、規劃與執行事項。

5. 海基會：接受政府委託，處理兩岸民間交流涉及公權力之相關服務事宜，並向政府提供實務上之建議，作為決策之參考。

二、中國大陸對臺機構

1. 國務院：國務院下設臺灣事務辦事處。國務院臺灣事務辦公室與中共中央臺灣工作辦公室、國務院新聞辦公室與中共中央對外宣傳辦公室，一個機構兩塊牌子，列入中共中央直屬機構序列。

2. 海協會：於1991年12月16日在北京成立的社會團體法人。協助促進海峽兩岸各項交往和交流；處理海峽兩岸同胞交往中的問題，維護兩岸同胞的正當權益；接受大陸方面委託，與臺灣有關部門和授權團體、人士商談海峽兩岸交往中的有關問題，並可簽定協議性文件。

三、兩岸機關彙整

表 6-2 兩岸機關

項目	臺灣	大陸
領導人	總統（馬英九）	國家主席（習近平）
政府最高行政機關	行政院（毛治國）	國務院（李克強）
處理兩岸政府機構	行政院大陸委員會（王郁琦）	國務院臺灣事務辦公室（張志軍）
處理兩岸民間機構	財團法人海峽交流基金協會（林中森）	海峽兩岸關係協會（陳德銘）
處理兩岸旅遊業務	財團法人臺灣海峽兩岸觀光旅遊協會—臺旅會（謝謂君）	海峽兩岸旅遊交流協會—海旅會（邵琪偉）
兩岸經濟合作架構協議 ECFA	由雙方成立「兩岸經濟合作委員會」	由雙方成立「兩岸經濟合作委員會」
兩岸經貿團體互設辦事處	中華民國對外貿易發展協會以「臺灣貿易中心」的名稱向大陸商務部申請在上海及北京設立辦事處	中國機電產品進出口商會

✦ 致勝方程式

1. 財團法人臺灣海峽兩岸觀光旅遊協會 (TAIWAN STRAIT TOURISM ASSOCIATION)

　　推動開放大陸地區人民來臺觀光爲政府政策，行政院大陸委員會經評估兩岸觀光協商之客觀條件及時機已趨成熟，爰於民國95年8月25日宣布將成立「財團法人臺灣海峽兩岸觀光旅遊協會」，以利與大陸方面進行溝通聯繫及協助安排協商等工作。交通部觀光局考量該協會之功能性，參酌大陸前於8月17日成立之「海峽兩岸旅遊交流協會」組織及涵蓋成員，於8月27日邀集中華民國旅行商業同業公會全國聯合會、財團法人臺灣觀光協會、中華民國旅行業品質保障協會、臺北市觀光旅館商業同業公會及臺北市航空運輸商業同業公會等共同捐助新臺幣100萬元捐助設立協會。

2. 中華民國旅行業商業同業公會全國聯合會 (TRAVEL AGENT ASSOCIATION of R.O.C ,TAIWAN)

　　臺北市旅行商業同業公會與高雄市旅行公會、臺灣省旅行公會聯合會三個單位自民國89年12月起，取得共識蘊釀籌組「中華民國旅行商業同業公會全國聯合會」。其組織爲溝通政府政策及民間基層業者橋樑，使觀光政策推動能符合業界需求，創造更蓬勃發展的旅遊市場；協助業者提昇旅遊競爭力，並且維護旅遊商業秩序，謹防惡性競爭，保障合法業者權益。在大陸人士來臺業務中，協助組團社代送件與轉發旅遊證件。

3. 兩岸經濟合作委員會 (經合會)

　　兩岸經濟合作委員會是依據「海峽兩岸經濟合作架構協議」(ECFA)第11條規定，在兩會架構下，爲處理與ECFA相關事務而組成的任務性、功能性的磋商平臺及聯繫機制，不是決策機構。

四、相關法條

1. 臺灣對大陸的相關法條如下：

(1) 國家統一綱領，簡稱國統綱領，是中華民國大陸政策的正式指導原則。（中華民國95年3月1日行政院第二九八〇次院會決定『國家統一綱領』終止）

(2) 臺灣地區與大陸地區人民關係條例（民國81年7月31日）

目的：國家統一前，爲確保臺灣地區安全與民眾福祉，規範臺灣地區與大陸地區人民之往來，並處理衍生之法律事件，特制定本條例。

(3) 港澳人民關係條例（民國86年4月2日）

目的：爲規範及促進與香港及澳門之經貿、文化及其他關係，特制定本條例。

(4) 大陸地區人民來台從事觀光辦法（民國90年12月1日）

目的：為大陸地區人民申請來臺從事商務或觀光活動的辦法。

2. 大陸對臺的相關法條如下：

(1)反分裂國家法（2005年3月14日）

「反分裂國家法」共有十條，法律首先開宗明義地表明「世界上只有一個中國，大陸和臺灣同屬一個中國，中國的主權和領土完整不容分割」，維護主權完整、促進兩岸統一是包括臺灣同胞在內的全體中國人民的共同義務與神聖職責。

(2)中華人民共和國台灣同胞投資保護法（1994年3月5日）

目的：為了保護和鼓勵臺灣同胞投資，促進海峽兩岸的經濟發展而制定的法律。

第四節　國人赴中國大陸旅遊程序

一、證件

（一）護照

「臺灣地區與大陸地區人民關係條例」第9條第1項規定：「臺灣地區人民進入大陸地區，應向主管機關申請許可。」同條例第91條第1項規定：「違反第九條第一項規定者，處新臺幣二萬元以上十萬元以下罰鍰。」

1. 一般人民：臺灣地區人民申請進入大陸地區，於出境前應向移民署填「臺灣地區人民進入大陸地區申請表」，免附相關證明文件，申請後3年內免再申請。因故不及事先申請，於出境前由申請人或代辦旅行社向境管局機場、港口服務站填具臺灣地區人民進入大陸地區申請表。（不得事後補辦）。

2. 特殊身分

(1)教育人員、國軍人員或公務員身分申請者：填「臺灣地區人民進入大陸地區申請表」，加附服務機關或中央目的事業主管機關同意函。

(2)警察人員身分申請者：填「臺灣地區人民進入大陸地區申請表」，加附警政署或行政院大陸委員會同意函。

(3)政務人員、退離職政務人員、涉及國家機密人員及涉及國家機密退離職人員申請者：填「臺灣地區人民進入大陸地區申請表暨活動行程表」，載明預定進入大陸地區期間、活動行程，送內政部審查會審查許可，始得進入大陸地區。

（二）臺灣居民往來中國大陸之通行證

　　進入大陸地區須辦理臺灣居民往來通行證或辦理落地簽證，其相關規定如下：

1. 新辦之臺胞證有效期為5年，5年內可多次進出。但每次入境前，需辦理加簽 。每一次可逗留3個月。

2. 如需超出效期才出境，則須親自前往當地公安局辦理延期。依大陸規定，逾期停留可處一日一百元人民幣之罰款。

3. 旅客可持有效之臺胞證正本於香港（27號閘口）、澳門機場當場加簽，效期3個月，每次可停留天數為3個月。

4. 臺灣地區人民（含隨行配偶及子女）已在大陸投資、貿易、置產、從事經濟活動或因其他事務需要者，可提交有關證明文件直接向主要投資地之市、縣公安機關出入境部門申辦2至5年多次入出境簽註，不可委託中國或港、澳、臺旅行社代辦，以免違規受罰。如需延期停留，可提交有關證明向主要投資地市、縣公安機關出入境部門申辦6個月至2年有效的暫住加註。

二、出入境

　　目前國人赴大陸有直飛航班、經香港海陸（只要持有臺胞證入境香港皆可停留香港7天）或經澳門海陸、以及香港或澳門轉機、小三通等方式前往。若是單純在香港旅遊，須辦理簽證─網上快證，單純在澳門旅遊不用辦理簽證─免簽證30天停留。

　　小三通注意事項如下：

1. 小三通於民國97年6月19日全面開放，其法源依據「試辦金門、馬祖與大陸地區通航實施辦法」，其法源為「離島建設條例」第18條及「臺灣地區與大陸地區人民關係條例」第95條之1第2項規定訂定之。

2. 小三通航線
   (1) 經金門：金門（水頭碼頭）─泉州（石井碼頭）、金門（水頭碼頭）─廈門（和平碼頭）
   (2) 經馬祖：馬祖（福澳碼頭）--福州（馬尾碼頭）

3. 臺灣地區人民得持憑有效護照，經內政部入出國及移民署（以下簡稱移民署）查驗許可後，由金門、馬祖入出大陸地區。
   (1) 臺灣地區人民具役男身分者，應先依役男出境處理辦法定辦妥役男出境核准。
   (2) 臺灣地區人民具公務員身分者，應先依臺灣地區公務員大陸地區許可辦法及簡任第十職等及警監四階以下未涉及國家安全機密之公務人員及警察人員赴大陸地區作業要點申請許可或同意。

(3)服務於金門、馬祖及澎湖各機關之政務人員或所任職務之職務列等、職務等級跨列簡任或相當簡任第十一職等以上及警監三階以上公務員及警察人員，申請赴大陸地區從事交流活動，得向移民署申請專案許可，持憑有效護照經查驗許可後，由金門、馬祖入出大陸地區。

(4)服務於金門、連江、澎湖縣政府及所屬機關（構）之所任職務之職務列等、職務等級最高在簡任或相當簡任第十職等以下公務員，以公務事由申請赴大陸地區者，經所屬縣政府、縣議會同意。

第五節 中國大陸配偶、親屬與專業人士來臺

一、中國大陸配偶婚姻來臺

1. 大陸配偶來臺團聚
   (1)主管機關經審查後，得核給1個月內停留期間之許可。
   (2)通過面談後准予延期，期間為5個月。
   (3)通過面談之大陸地區人民申請再次入境，經主管機關認為無婚姻異常之虞，且無依法不予許可之情形者，依規定核准停留期間為6個月（大陸配偶來臺團聚4個月以上者，須參加全民健康保險）。

2. 大陸地區配偶申請來臺依親居留：臺灣地區人民之大陸地區配偶，經許可團聚入境，並已辦妥結婚登記。

3. 大陸地區配偶申請在臺長期居留：臺灣地區人民之大陸地區配偶，經許可在臺依親居留滿4年，且每年在臺居住逾183日者。

4. 大陸地區配偶申請在臺灣地區定居
   (1)大陸地區人民為臺灣地區人民之配偶，經許可在臺灣地區長期居留滿2年，且每年在臺居留逾183日，品行端正無犯罪紀錄、提出喪失原籍證明、符合國家利益。
   (2)依親對象死亡，申請人未再婚且已長期居留連續4年每年在臺灣地區居住逾183日以上者。
   (3)於離婚後10日內與原依親對象再婚。
   (4)離婚後經確定判決取得、離婚後10日內經協議取得其在臺灣地區已設有戶籍未成年親生子女權利義務之行使或負擔。
   (5)因遭受家庭暴力經法院判決離婚，且有在臺灣地區設有戶籍之未成年親生子女。

二、探親及延期照料

（一）探親

1. 資格

　　(1) 依「臺灣地區公務員及特定身分人員進入大陸地區許可辦法」規定不得進入大陸地區探親、探病或奔喪之臺灣地區公務員，其在大陸地區之三親等內血親。

　　(2) 其臺灣地區之配偶死亡，須在臺灣地區照顧未成年之親生子女者。

　　(3) 其在臺灣地區有2親等內血親且設有戶籍。

　　(4) 在臺灣地區原有戶籍人民，其在臺灣地區有3親等內血親。

　　(5) 其子女為臺灣地區人民之配偶，且經許可在臺灣地區依親、長期居留或該子女經許可來臺團聚，並懷孕7個月以上或生產、流產後2個月未滿。

　　(6) 其為經許可在臺灣地區依親居留、長期居留之大陸地區人民之未成年親生子女，其年齡在16歲以下者，或曾在16歲以前申請來臺探親，其年齡逾16歲且在20歲以下者。

　　(7) 在自由地區連續居住滿2年並取得當地居留權，且在臺灣地區有直系血親或配偶（在臺親屬為外國人、香港、澳門居民，須經許可在臺居留者）。

　　適用對象第(1)款、第(3)款、第(4)款之申請人，年逾60歲、患重病或受重傷者，得申請其配偶或子女1人同行。

2. 申請次數及停留，如表6-3。

表 6-3　中國大陸人士申請來臺次數與停留

對象	申請次數及停留
1. 臺灣地區公務員及特定身分人員，其在大陸地區之三親等內血親。 2. 其在臺灣地區有 2 親等內血親且設有戶籍。 3. 在臺灣地區原有戶籍人民，其在臺灣地區有 3 親等內血親。 4. 其子女為臺灣地區人民之配偶，且經許可在臺灣地區依親、長期居留或該子女經許可來臺團聚，並懷孕 7 個月以上或生產、流產後 2 個月未滿。 5. 為經許可在臺灣地區依親居留、長期居留之大陸地區人民之未成年親生子女，其年齡在 16 歲以下者，或曾在 16 歲以前申請來臺探親，其年齡逾 16 歲且在 20 歲以下者。	1. 每年合計以 3 次為限。 2. 每次停留期間為 2 個月，並不得辦理延期。

（續下頁）

（承上頁）

對象	申請次數及停留
其臺灣地區之配偶死亡，須在臺灣地區照顧未成年之親生子女者。	1. 每年合計以 2 次爲限。 2. 停留期間不得逾 3 個月，並得申請延期 1 次。
其爲經許可在臺灣地區依親居留、長期居留之臺灣地區人民之配偶之前婚姻未成年親生子女，其年齡在 14 歲以下者，或曾申請來臺探親，其年齡在 14 歲以上、18 歲以下者。	停留期間不得逾 6 個月，必要時得申請延期，每次延期不得逾 6 個月
在自由地區連續居住滿 2 年並取得當地居留權，且在臺灣地區有直系血親或配偶（在臺親屬爲外國人、香港、澳門居民，須經許可在臺居留者）	停留期間不得逾 1 個月，必要時得申請延期 1 次，期間不得逾 1 個月。

（二）探親延期照料

1. 對象：進入臺灣地區探親之大陸地區人民，其探親對象年逾60歲，在臺灣地區無子女、且傷病未癒或行動困難乏人照料者，其具有照料能力者1人，得申請在臺延期照料。
2. 停留期限：經許可延期照料，每次延期不得逾6個月，但所持大陸往來通行證或護照所餘效期未滿7個月者，僅得延期至該證照效期屆滿前1個月，每次來臺總停留期間不得逾1年。

三、探病及延期照料

（一）探病

1. 對象
   (1)大陸地區人民、其在臺灣地區設有戶籍之三親等內血親、配偶之父母、配偶、或子女之配偶有下列情形之一者，得申請來臺探病。
   ①因患重病或受重傷，而有生命危險。
   ②年逾60歲，患重病或受重傷。
   (2)臺灣地區人民之大陸地區配偶，在臺灣地區依親居留或長期居留期間患重病或受重傷，而有生命危險者，其在大陸地區之父母得申請進入臺灣探病。

(3)依規定申請進入臺灣地區探病之兄弟姐妹年逾60歲、患重病或受重傷者得申請其配偶或子女1人同行。

2. 停留期限：每次停留期間不得逾1個月，不得延期。

（二）延期照料

1. 對象

(1)進入臺灣地區探病之大陸地區人民，其探病對象年逾60歲，在臺灣地區無子女、且傷病未癒或行動困難乏人照料者，其具有照料能力者1人，得申請在臺延期照料。

(2)探病對象之配偶已依規定申請進入臺灣地區者，主管機關得不予許可。

2. 停留期限：經許可延期照料，每次延期不得逾6個月，但所持大陸往來通行證或護照所餘效期未滿7個月者，僅得延期至該證照效期屆滿前1個月，每次來臺總停留期間不得逾1年。

四、奔喪、運回遺骸、骨灰奔喪、運回遺骸、骨灰

1. 對象

(1)大陸地區人民其在臺灣地區設有戶籍之3親等內血親、配偶之父母、配偶、或子女之配偶死亡未滿6個月，得申請來臺奔喪。

(2)依規定申請進入臺灣地區奔喪之兄弟姐妹年逾60歲、患重病或受重傷者得申請其配偶同行。

(3)大陸地區人民進入臺灣地區死亡未滿6個月，其大陸地區之父母、配偶、子女或兄弟姐妹，得申請進入臺灣地區奔喪，但以2人為限。

(4)大陸地區人民，其在臺灣地區之2親等內血親、配偶之父母、配偶或子女之配偶，於民國81年12月31日以前死亡者，得申請進入臺灣地區運回遺骸、骨灰。

2. 停留期限：申請奔喪、運回遺骸、骨灰之次數以1次為限，每次停留期間不得逾1個月，不得延期。

五、中國大陸地區專業人士來臺

1. 大陸地區專業人士來臺之停留期間，由主管機關依活動行程予以增加5日，自入境翌日起不得逾2個月。停留期間屆滿得申請延期，延期期間依活動行程覈實許可，每年在臺總停留期間不得逾4個月。

2. 經教育主管機關依法核准設立之宗教研修學院，得申請大陸地區宗教人士來臺研修宗教教義，每次停留期間不得逾1年。

3. 大陸地區文教人士來臺講學、研修及大眾傳播人士來臺參觀訪問、採訪、參與電影片製作或製作節目，其停留期間不得逾6個月。但講學績效良好，或經教育主管機關審查同意延長來臺研修期間者，得申請延期，總停留期間不得逾1年。

4. 大陸地區傑出民族藝術及民俗技藝人士，停留期間不得逾1年。但傳習績效良好，延長可產生更大績效，或延伸傳習計畫，以開創新傳習領域者，得申請延期，其期限不得逾1年；總停留期間不得逾2年。

5. 大陸地區科技人士申請來臺參與科技研究或大陸地區產業科技人士乙類及丙類來臺從事產業研發或產業技術指導活動者，停留期間不得逾1年。但研究發展或技術指導成果績效良好，繼續延長將產生更大績效，或延伸研究發展計畫，以開創新研究領域者，得申請延期；總停留期間不得逾6年。

6. 大陸地區體育人士來臺協助國家代表隊培訓者，其停留期間不得逾6個月。但符合下列情形之一者，得申請延期：
   (1)培訓績效良好，有必要延長停留者；其總停留期間不得逾1年。
   (2)辦理亞洲運動會及奧林匹克運動會國家代表隊培訓者；其總停留期間不得逾6年。

7. 大陸地區經貿專業人士庚類擔任臺灣地區投資事業之負責人，來臺從事經營、管理、執行董、業務等活動，每次停留期間不得逾1年；大陸地區經貿專業人士辛類，每次停留期間不得逾1年。

8. 大陸地區人民已取得臺灣地區不動產所有權者，其來臺停留期間及入境次數，不予限制。但每年總停留期間不得逾4個月。

六、中國大陸地區人民申請來臺從事商務活動

1. 從事商務訪問、商務考察、商務會議、演講、參加商展及參觀商展者，由本署依活動行程予以增加5日，其停留期間自入境翌日起算，不得逾1個月。

2. 從事商務研習（含受訓）者，其停留期間自入境翌日起算，不得逾一個月。但邀請單位在臺設有營運總部（須領有經濟部工業局核發之認定函）及在臺設有研發中心（須領有經濟部核發之證明文件）者，其停留期間自入境翌日起算，不得逾3個月。

3. 從事驗貨、售後服務、技術指導等履約活動者，其停留期間自入境翌日起算，不得逾3個月。

4. 大陸地區人民經許可進入臺灣地區從事商務活動，來臺日期或行程如有變更，邀請單位應於申請人入境前或行程變更前檢具確認行程表，送本署及相關目的事業主管機關備查。

5. 大陸地區人民申請來臺從事商務活動之原因消失者，應自原因消失之翌日起3日內出境（尚未入境者，不予許可其入境），本署得廢止其許可，並註銷其入出境許可證；其眷屬亦同。

第六節　中國大陸人士來臺觀光

　　大陸人士來臺觀光為導遊與領隊考試的必考部分，此節將大陸人士來臺觀光的分類、承辦來臺業務旅行業的資格、申請大陸人士來臺觀光的程序、導遊帶團的規範，做有系統的介紹。相關的規範參照「大陸地區人民來臺從事觀光活動許可辦法」、「旅行業辦理大陸地區人民來臺從事觀光活動業務注意事項及作業流程」。

一、中國大陸人士來臺觀光的類別（表6-4）

1. 第一類開放對象係指經香港、澳門來臺灣地區觀光之大陸地區人民，簡稱第一類，於民國97年7月18日開放，來臺證件效期1個月。
2. 第二類開放對象係指赴國外旅遊或商務考察轉來來臺灣地區觀光之大陸地區人民，簡稱第二類，於民國91年5年10日開放，來臺證件效期2個月。
3. 第三類開放對象，係指赴國外留學或旅居國外取得當地永久居留權之大陸地區人民或旅居國外4年以上且領有工作證明及其隨從旅居國外之配偶與直系親屬，包括港、澳地區，均納入該類對象，又稱之為「旅外大陸人士」，簡稱第三類。於民國91年1月1日開放，來臺效期2個月。

二、辦理中國大陸人民來臺觀光業務的資格

　　據規定，欲從事接待大陸人士來臺觀光的業務之旅行業，必須在申請核准後，始得辦理該項業務。此項規定的訴求，為因應大陸兩岸現行諸多狀況，而規範有條件的資格限制及能提供足額保證金的業者，以利相關單位的控管。其規定如下：

1. 應具備資格及文件
   (1) 旅行業辦理大陸地區人民來臺觀光業務申請書一份。
   (2) 成立5年以上之甲種、綜合旅行業。
   (3) 為省市級旅行業同業公會會員或於交通部觀光局登記之金門、馬祖旅行業。
   (4) 最近5年向交通部觀光局所繳納保證金未曾被法院扣押或強制執行、受停業處分、拒絕往來戶、無故自行停業。

(5)向交通部觀光局申請赴大陸地區旅行服務許可獲准，經營滿1年以上年資者、最近1年經營接待來臺旅客外匯實績達新臺幣1百萬元以上或最近5年曾配合政策積極參與觀光活動對促進觀光活動有重大貢獻者。

2. 申請核准程序流程，如圖6-1

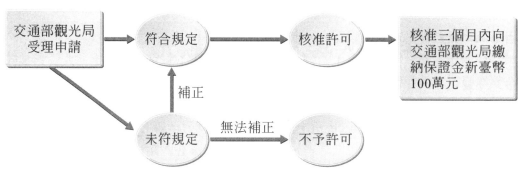

圖 6-1　申請大陸人民來臺觀光業務的程序

3. 一般作業程序流程

4. 注意事項
　(1)已申請核准者，未繳交100萬保證金者，未能繳納者，觀光局廢止原核准。
　(2)旅行業保證金，旅行業應以總公司名義開立銀行自動轉期之定期存單繳納，其面額分別為新臺幣10萬元、10萬元及80萬元三張，分別辦理質權設定，質權人為本局或委託之團體。保證金之存款銀行應出具質權設定回覆函，並加註「同意拋棄行使抵銷權」。

5. 具接待大陸旅客資格之旅行業－457家

三、旅行業申請應備文件

　　旅行業接待大陸地區人民來臺從事觀光活動，應注意旅客安全，善盡接待及活動安排事宜，除依「大陸地區人民來臺從事觀光活動許可辦法」、「發展觀光條例」、「旅行業管理規則」辦理外，應特別注意下列事項：

（一）大陸地區人民來臺觀光

1. 所需資料
　(1)旅行業辦理「有固定正當職業者」或「學生」或「有等值新臺幣二十萬以上之存款（1個月內開立，存款未滿3個月者，加附最近3個月內出具曾任職6個月以上之在職或任職證明。），並備有大陸地區金融機構出具證明者。

(2)由各接待旅行業負責人擔任保證人（符合取得海外居留權的大陸人士免），
向內政部入出國及移民署申請許可。

　　①團體名冊，並標明大陸地區帶團領隊。（帶團之領隊請填序號第1位，備
　　　註欄填領隊，申請書附領隊執照影本及大陸地區旅行社從業人員在職證
　　　明。但依本辦法第3條第3款或第4款規定申請者，得自行指定領隊，免附
　　　領隊證明。）

　　②行程表。

　　③入出境許可證申請書。

　　④固定正當職業（任職公司執照、員工證件）、在職、在學或財力證明文件
　　　等，必要時，應經財團法人海峽交流基金會驗證。大陸地區帶團領隊，應
　　　加附大陸地區核發之領隊執照影本。

　　⑤大陸地區所發有效證件影本：大陸地區居民身分證、大陸地區所發尚餘6
　　　個月以上效期之往來臺灣地區通行證或護照影本。

　　⑥我方旅行業與大陸地區具組團資格之旅行社簽訂之組團契約。內容明訂組
　　　團社應保證至遲自離境日起算45天內繳清團費給接待社，但大陸地區人民
　　　符合旅居國外、港澳居民者免附。

2. 其他相關證明文件。

　　旅行業辦理第三類「赴國外（含香港、澳門）留學、旅居國外（含香港、澳
門）取得當地永久居留權或旅居國外（含香港、澳門）四年以上且領有工作證者及
其隨行之旅居國外（含香港、澳門）配偶或直系血親」之大陸地區人民來臺觀光，
應檢附應檢附下列第3款至第5款文件，送駐外使領館、代表處、辦事處或其他經政
府授權機構（以下簡稱駐外館處）審查後，交由經交通部觀光局核准之旅行業檢
附下列文件，依前項規定程序辦理；駐外館處有入出國及移民署派駐入國審理人員
者，由其審查；未派駐入國審理人員者，由駐外館處指派人員審查：

　　(1)團體名冊或旅客名單。

　　(2)旅遊計畫或行程表。

　　(3)入出境許可證申請書。

　　(4)大陸地區所發尚餘6個月以上效期之護照影本。

　　(5)國外、香港或澳門在學證明及再入國簽證影本、現住地永久居留權證明、現
　　　住地居住證明及工作證明或親屬關係證明。

　　(6)其他相關證明文件。

3. 入出境許可證（入出境及移民署發給臺灣地區入出境許可證之簡稱）

　　(1)效期：經許可所核發之入出境許可證自核發日起3個月內有效。但大陸地區
　　　帶團領隊，得發給1年多次入出境許可證。

　　(2)停留：自入境之次日起不得逾15日。

(二) 大陸地區來臺個人旅遊（簡稱自由行）

自由行來台旅客，目前指定城市有北京、上海、廈門、天津、重慶、南京、廣州、杭州、成都、濟南、西安、福州、深圳、瀋陽、鄭州、武漢、蘇州、寧波、青島、石家莊、長春、合肥、長沙、南寧、昆明、泉州等26個城市，每日受理申請數額為4000人，上班日每日受理申請數額為5840人。其注意事項如下：

1. 資格
   (1)年滿20歲，且有相當新臺幣20萬元以上存款或持有銀行核發金卡或年工資所得相當新臺幣50萬元以上者。其直系血親及配偶得隨同申請。
   (2)十八歲以上在學學生。
2. 所需資料
   (1)財力證明文件。但最近3年內曾經許可來臺從事個人旅遊觀光活動，且無違規情形者，免附。
   (2)簡易行程表。
   (3)緊急聯絡人。
   (4)旅遊保險單，其總保險額度最低不得少於新臺幣2百萬元（相當人民幣50萬元）。
   (5)證件費：每一人新臺幣600元。
3. 入出境許可證
   (1)效期：經許可所核發之入出境許可證自核發日起3個月內有效。
   (2)停留：自入境之次日起不得逾15日。
4. 特殊事故延期停留：因疾病住院、災變或其他特殊事故，未能依限出境者，由臺灣地區旅行社備下列文件，向本署各縣（市）服務站申請延期，每次不得逾7日。

(三) 大陸人士來臺觀光注意事項

1. 組團及人數限制
   (1)旅行業辦理大陸地區人民來臺從事觀光活動屬第一類者，應由旅行業組團辦理並以團進團出方式處理，每團人數限5人以上40人以下。
   (2)經許可自國外轉來臺灣地區觀光之大陸地區人民屬第二類者，每團人數限7人以上。
   (3)赴國外（含香港、澳門）留學、旅居國外（含香港、澳門）取得當地永久居留權或旅居國外（含香港、澳門）4年以上且領有工作證明者及其隨行之旅居國外（含香港、澳門）配偶或直系血親之大陸地區人民屬第三類者，來臺從事觀光活動，得不以組團方式為之，其以組團方式為者，得分批入出境。不受團進團出之限制。

2. 行程的擬訂

(1)應排除軍事國防地區、國家實驗室、生物科技、研發或其他重要單位。

(2)為確保軍事設施安全，凡經依法公告之要塞、海岸、山地及重要軍事設施管制區均不允納入大陸人民觀光行程。

(3)國軍實施軍事演習期間，得中止或排除大陸人士前往演習地區之觀光景點。

(4)安排自由活動之比例，不得超過旅遊全程日數之3分之1。

3. 僱用或指派導遊：旅行業辦理大陸地區人民來臺從事觀光活動業務，應指派或僱用領有導遊執業證之人員執行導遊業務。每團應派遣至少1名導遊人員服務，且應安排導遊人員隨團住宿飯店。

4. 辦理責任保險

旅行業辦理大陸地區人民來臺從事觀光活動，應投保責任保險，其最低投保金額及範圍如下：

(1)每一大陸地區旅客意外死亡新臺幣2百萬元。

(2)每一大陸地區旅客因意外事故所致體傷之醫療費用新臺幣3萬元。

(3)每一大陸地區旅客家屬來臺處理善後所必需支出之費用新臺幣10萬元

(4)每一大陸地區旅客證件遺：失之損害賠償費用新臺幣2000元。

5. 通報事項

「旅行業及導遊人員辦理接待符合許可辦法」第3條第1款或第2款規定，「經許可來臺從事觀光活動業務，或辦理接待經許可自國外轉來臺灣地區觀光之大陸地區人民業務，應遵守下列規定向本局通報，並以電話確認，但於通報事件發生地無電子傳真設備，致無法立即通報者，得先以電話通報後再補送通報書。」

(1)應於大陸人士來臺觀光通報系統詳實填具團體入境資料（含旅客名單、行程表、入境 航班、責任保險單、遊覽車、派遣之導遊人員等），並於團體入境前1日15時前傳送觀光局。團體入境前1日應向大陸地區組團旅行社確認來臺旅客人數，如旅客人數未達5人時，應填具申報書立即向觀光局通報（電話：02-23491500，傳真：02-27717036）通報。

(2)入境通報：團體入境後2個小時內，應詳實填具入境接待通報表傳送或持送本局，其內容包含入境及未入境團員名單、接待車輛、隨團導遊人員及原申請書異動項目等資料，並應隨身攜帶接待通報表影本一份，以備查驗。團體入境後應向本局領取旅客意見反映表並發給每位團員填寫。

(3)出境通報：團體出境後2小時內，由導遊人員填具出境通報表，向觀光局通報出境人數及未出境人員名單。

(4)離團通報：大陸地區人民來臺觀光團體如因傷病、探訪親友或其他緊急事故，需離團者，在離團人數不超過全團人數之3分之1、離團天數不超過旅遊全程之3分之1等條件下，應向隨團導遊人員陳述原因，由導遊人員填具團員離團申報書立即向觀光局通報；基於維護旅客安全，導遊人員應瞭解團員動態，如發現逾原訂返回時間未歸，應立即向觀光局通報：

　①傷病需就醫：如發生傷病，得由導遊人員指定相關人員陪同前往，並填具通報書通報。事後應補送合格醫療院所開立之醫師診斷證明。

　②探訪親友：旅客於旅行社既定行程中所列自由活動時段（含晚間）探訪親友，視為行程內之安排，得免予通報。旅客於旅行社既定行程中如需脫離團體活動探訪親友時，應由導遊人員填具報書通報，並瞭解旅客返回時間。

(5)住宿地點變更通報：大陸地區人民來臺觀光團體應依既定行程活動，行程之住宿地點變更時，應填具申報書立即向觀光局通報。

(6)違法、違規、逾期停留、違規脫團、行方不明、提前出境、從事與許可目的不符之活動或違常等通報

　①發現團員涉及違法、違規、逾期停留、違規脫團、行方不明、提前出境、從事與許可目的不符之活動或違常事件，除應填具申報書立即向本局通報，並協助調查處理。

　②提前出境案件，應即時提出申請，填具申報書立即向觀光局局通報，並由送機（船）人員將旅客引導至機場或港口管制區。但出境機場為臺灣桃園或高雄國際機場者，應由送機人員將旅客送至本局位於機場之旅客服務中心櫃檯轉交入出國及移民署人員引導出境。

(7)治安事件通報：發現團員涉及治安事件，除應立即通報警察機關外，並視情況通報消防或醫療機關處理，同時填具申報書立即向觀光局通報，並協助調查處理。

(8)緊急事故通報：發生緊急事故如交通事故（含陸、海、空運）、地震、火災、水災、疾病等致造成傷亡情事，除應立即通報警察機關外，並視情況通報消防或醫療機關處理，同時填具申報書立即向觀光局通報。

(9)旅遊糾紛通報：如發生重大旅遊糾紛，旅行業或導遊人員應主動協助處理，除應視情況就近通報警察、消防、醫療等機關處理外，應填具申報書立即向觀光局通報。

(10)疫情通報：團員如有不適，感染傳染病或疑似傳染病時，除協助送醫外，應立即通報該縣市政府衛生主管機關，同時填具申報書立即向觀光局通報。

(11)其他通報

如有以下情事或其他須通報事項，旅行業或導遊人員應填具申報書立即向觀光局通報：

①更換導遊人員，應通報所更換導遊人員之姓名、身分證號、手機號碼。

②團員臨時因特殊原因需延長既定行程者，如入境停留日數逾15日，應於該團離境前依規定向入出國及移民署提出延期申請。團員延期之在臺行蹤及出境，旅行業負監督管理責任；如有違法、違規、逾期停留、行方不明、從事與許可目的不符之活動或違常等情事，應書面通報本局，並協助調查處理。

③「旅行業及導遊人員辦理接待符合許可辦法」第3條第3款或第4款之大陸地區人民來臺從事觀光活動業，應依前項第1款、第5款、第7款規定向本局通報，並以電話確認。但接待之大陸地區人民非以組團方式來臺者，入境前1日之通報得免除行程表、接待車輛及導遊人員資料。

(12)旅行業及導遊人員其他應注意事項

①同一團體應於同一航廈、港口同時入出境。如搭乘不同航班，班機抵達時差應於一小時內。但有特殊狀況，得例外彈性因應。

②團體入境時應發給每名大陸旅客宣傳摺頁向其說明在臺旅遊注意事項，並請其填寫意見反映表，於出境前投遞機場旅客意見箱、送交或寄回本局。

③應注意國家機密及安全之維護，不得使大陸旅客從事與觀光目的不符之活動。大陸旅客在臺期間如有統戰之宣傳及活動時，應予勸止；如有不合理或違法要求，應予拒絕。

④應規範大陸旅客不得於軍事處所附近從事測量、攝影、描繪、記述及其他關於軍事上之偵察事項。

⑤對於部分團體或個人向大陸旅客散發傳單及光碟，應防止爭端發生；並應避免談論具爭議性、敏感性之政治話題。

⑥應使用合法業者提供之合法交通工具及合格之駕駛人（應為合法營業用車，車齡須為7年以內，並得有檢驗等參考標準。但排氣量在7千cc以上車輛之車齡得為10年內。車輛不得超載、駕駛行駛不得超時。）租用遊覽車應簽訂租車契約，並依本局頒訂之檢查紀錄表填列、查核。

⑦團體出發前，應留意交通部公路總局所公布之大客車行駛應特別注意路段及禁行路段，以維旅客安全。

（四）罰款的規定

1. 逾期停留且行方不明
   (1) 大陸人士來臺觀光活動
       ① 每一人扣繳第十一條保證金新臺幣10萬元，每團次最多扣至新臺幣100萬元。情節重大，致損害國家利益者，並由交通部觀光局依發展觀光條例相關規定廢止其營業執照。
       ② 保證金扣繳，由交通部觀光局或其委託之團體轉繳國庫，並通知旅行業自收受通知之日起15日內補足保證金，逾期未補足者，廢止辦理旅行業代申請大陸地區人民來臺從事觀光活動業務。
   (2) 大陸地區來臺從事個人旅遊：逾期停留，自第2人起，每逾期停留1人，停止該旅行業辦理大陸地區人民來臺從事個人旅遊業務1個月。個人旅遊業務處分書送達之次日起算7日內，以書面向該局表示每一人扣繳保證金新臺幣10萬元，經同意者，原處分廢止之。

2. 旅行業及導遊人員違規處分
   (1) 旅行業記點：旅行業違反第5條（組團限制）、第13條第1項（未簽訂組團契約）、第2項（非本人）、第十五行程）、第18條第1項（傳染病）、第22條（接待規定）、第23條（旅遊品質）、第24條第2項規定者（拒絕訪查），每違規1次，由交通部觀光局記點1點，按季計算，累計4點者，觀光局停止其辦理大陸地區人民來臺從事觀光活動業務1個月，累計5點者停止其辦理大陸地區人民來臺從事觀光活動業務3個月，累計6點者停止其辦理大陸地區人民來臺從事觀光活動業務6個月，累計7點以上者停止其辦理大陸地區人民來臺從事觀光活動業務1年。（此法條背誦的重點--按季處分；每季累積4.5.6.7點，停止業務1.3.6.12M）
   (2) 旅行業停辦1～3個月業務
       旅行業辦理大陸地區人民來臺從事觀光活動業務，有下列情形之一者，停止其辦理大陸地區人民來臺從事觀光活動業務1至3個月：
       ① 接待團費平均每人每日費用，違反第23條交通部觀光局訂定之旅行業接待大陸地區人民來臺觀光旅遊團品質注意事項所定最低接待費用。
       ② 最近1年辦理大陸地區人民來臺觀光業務，經大陸旅客申訴次數達5次以上，且經交通部觀光局調查來臺大陸旅客整體滿意度低。
       ③ 於團體已啓程來臺入境前無故取消接待，或於行程中因故意或重大過失棄置旅客，未予接待。

(3) 旅行業停辦1年

    ① 依第10條（旅行業資格）、第11條（保證金）規定經交通部觀光局核准接待大陸地區人民來臺從事觀光活動之旅行業，不得包庇未經核准或被停止辦理接待業務之旅行業經營大陸地區人民來臺觀光業務。

    ② 未經交通部觀光局核准接待或被停止辦理接待大陸地區人民來臺觀光之旅行業，亦不得經營大陸地區人民來臺觀光業務。

    ③ 旅行業經營大陸地區人民來臺觀光業務，應自行接待，不得將該旅行業務或其分配數額轉讓其他旅行業辦理。

    ④ 旅行業違反第一項前段或前項規定者，停止其辦理接待大陸地區人民來臺觀光團體業務1年；違反第1項後段規定，未經核准經營或被停止辦理接待業務之旅行業，依據「發展觀光條例」相關規定處罰。

(4) 導遊人員記點：導遊人員違反第19條第1項（脫團）、第22條第1項第1款（入境前）、第2款（入境後）、第4款至第8款、第2項或第3項、第23條（旅遊品質）規定者，每違規一次，由交通部觀光局記點1點，按季計算。累計3點者，交通部觀光局停止其執行接待大陸地區人民來臺觀光團體業務1個月；累計4點者，停止其執行接待大陸地區人民來臺觀光團體業務3個月；累計5點者，停止其執行接待大陸地區人民來臺觀光團體業務6個月；累計6點以上者，停止其執行接待大陸地區人民來臺觀光團體業務1年。（此法條背誦的重點--按季處分；每季累積3.4.5.6.點，停止業務1.3.6.12M）。

3. 導遊停權1年

(1) 接待大陸地區人民來臺觀光之導遊人員，不得包庇未具接待資格者執行接待大陸地區人民來臺觀光團體業務。

(2) 違反前項規定者，停止其執行接待大陸地區人民來臺觀光團體業務1年。

（五）緊急事件處理程序

    依據交通部觀光局訂「旅行業國內外觀光團體緊急事故處理作業要點」，緊急事故是指因劫機、火災、天災、海難、空難、車禍、中毒、疾病及其他事變，致造成旅客傷亡或滯留之情事。其處理方法，如圖6-2所示：

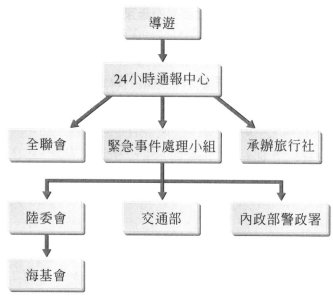

圖 6-2 國內外觀光團體緊急事件處理程序

表 6-4 中國大陸人士來臺觀光分類表

項目＼對象	第一類	第二類	第三類
範圍條件	經香港、澳門來臺者。	赴國外旅遊或商務考察轉來臺者。	赴國外（含港澳）留學、旅居國外（含港澳）取得當地永久居留權、旅居國外（含港澳）取得當地依親居留權並有等值或旅居國外（含港澳）1 年以上且領有工作證明及其隨行之旅居國外（含港澳）配偶或二親等內血親。
資格條件	在大陸地區有固定正當職業或學生；或有等值新臺幣 20 萬元以上之存款，並備有大陸地區金融機構出具之證明等情形之一者。		新臺幣 20 萬元以上存款且備有金融機構出具之證明。

（續下頁）

（承上頁）

項目＼對象	第一類	第二類	第三類
申辦程序	大陸地區（或港、澳）旅行社⇆臺灣地區旅行社亦可委託中華民國旅行商業同業公會全國聯合會（以下簡稱旅行業全聯會）⇆入出國及移民署。		國外旅行社或旅客→駐外館處→國外旅行社或旅客⇆臺灣地區旅行社亦可委託中華民國旅行商業同業公會全國聯合會（以下簡稱旅行業全聯會）⇆入出國及移民署。
證件規定	1.固定正當職業在職證明書。 2.學生證明影印本。 3.等值新臺幣20萬元之銀行存款證明。 　※上述三項可任選一項即可。 4.6個月以上效期護照影印本。		1.留學生：國外在學證明或學生簽證影本。 2.永久居留者：居留權影本。 3.港、澳領有工作證明者：工作許可證明影本。 4.港、澳有居留權者：居民身份證影本、6個月以上效期護照影本。
申辦工作天	5天。		
申辦填具表格	1.觀光旅行證申請書。2.申請來臺觀光團體名冊。3.行程表。		
申辦相關費用	每1人新臺幣600元，得以現金或支票繳納。		
每團人數	1.團進團出方式為之，每團人數限5人以上40人以下。 2.人數不足5人者，禁止整團入境。	1.每團人數限7人以上。 2.經許可自國外轉來臺灣地區觀光之大陸地區人民，其團體來臺人數不足5人者，禁止整團入境。	得不以組團方式為之，其以組團方式為之者，得分批入出境。

表 6-5　中國大陸人士來臺觀光各類對象申辦作業規定參考表

項目	內容	
每日平均 申辦人數	(一)臺灣地區旅行社應組團辦理，並以團進團出方式為之，每團人數限 5 人以上，不足 5 人之團體，不得送件（旅居國外、香港或澳門者除外）。 (二)採送件當日以現場掛號方式取得配額。 旅行業辦理大陸地區人民來臺從事觀光活業務，每家旅行業每日申請接待數額不得逾 200 人。但當日（以每日下午 5 時，入出國及移民署櫃臺收件截止時計）旅行業申請總人數未達第一項公告數額者，得就賸餘數額部分依申請案送達次序依序核給數額，不受 200 人之限制。 1. 2. 3. 類合計為 5840 人（上班受理）。	
許可證有效期間	1. 自核發日起 3 個月。 2. 為大陸地區帶團領隊得發給一年多次入出境許可證。	
入境停留日數	入境次日起不得逾 15 日。	
入境後延期申請	1. 延期申請書　　2. 旅行證出境聯　　3. 流動人口聯單 4. 相關證明文件　5. 證件費 200 元 特殊事故延期停留：因疾病住院、災變或其他特殊事故，未能依限出境者，由臺灣地區旅行社備下列文件，向移民署各服務站申請延期，由受理單位予以延期，每次不得逾 7 日。	
申辦送件地點	內政部入出國及移民署臺北市、臺中市、高雄市及花蓮四處服務站送件。	
送辦接待 業者條件	已具資格業者：繳交保證金 100 萬元。	
許可入境保證人	代申請之臺灣地區旅行社負責人，免附保證書。	
許可核准證件	1. 入臺許可團體名冊（大陸地區人民旅居海外、香港或澳門者免附）。 2. 臺灣地區入出境許可證。	
隨行眷屬	限已具學生身份未成年者。	配偶及直系血親。

四、中國大陸人士金馬小三通

依據「試辦金門馬祖澎湖與大陸地區通航實施辦法」，大陸地區居民大陸地區人民有下列情形之一者，得申請許可入出金門、馬祖或澎湖。其辦法匯整如下表（表6-6）：

表 6-6　中國大陸人士金馬小三通實施辦法一覽表

申請事由	相關證明文件	代申請人資格	停留期間
探親	其二親等內血親或配偶在金門、馬祖或澎湖設有戶籍。	由被探人代申請。	每次停留期間不得逾 2 個月，並不得辦理延期，每年入境金門、馬祖、澎湖次數合計不得逾 3 次。
探病奔喪	1.其三親等內血親、繼父母、配偶之父母、配偶或子女之配偶在金門、馬祖或澎湖設有戶籍，因患重病或受重傷而有生命危險。 2.年逾 60 歲，患重病或受重傷，或死亡未滿 1 年。但奔喪得不受設有戶籍之限制。	由被探人或被探人之親屬代申請。	每次停留期間不得逾 1 個月。
返鄉探視	在金門、馬祖或澎湖出生及其隨行之配偶、子女。	由金門、馬祖親友代申請。	
商務活動	大陸地區福建之公司或其他商業負責人。	金門、馬祖公司執照或營利事業登記證，並由負責人代申請。	從事商務訪問、商務考察、商務會議、演講、參加商展及參觀商展者，由移民署依活動行程予以增加 5 日，每次停留期間不得逾 1 個月；從事商務研習（含受訓）或驗貨、售後服務、技術指導等履約活動者，每次停留期間不得逾 3 個月，並均不得辦理延期。

（續下頁）

（承上頁）

申請事由	相關證明文件	代申請人資格	停留期間
學術活動	在大陸地區福建之各級學校教職員生。	金門、馬祖之學校公文，由校長代申請。	由移民署依活動行程予以增加5日，每次停留期間不得逾2個月，並不得辦理延期。
宗教、文化、體育活動	在大陸地區福建具有相關專業造詣或能力之證明文件。	由邀請單位負責人代申請。	
交流活動	經移民署會同相關目的事業主管機關專案核准。	由邀請單位負責人代申請。	
就讀推廣教育學分班	1. 經經濟部許可在大陸地區福建投資事業之聘僱證明。 2. 金門或馬祖學校之入學許可證明或該校學生證文件。	金門、馬祖之學校公文，由校長代申請。	每次停留期間不得逾4個月，並不得辦理延期。
旅行	經交通部觀光局許可，在金門、馬祖或澎湖營業之綜合或甲種旅行社代申請。	由交通部觀光局及金門、馬祖當地政府許可之綜合或甲種旅行社代申請。	1. 每次停留期間不得逾15日，並不得辦理延期。 2. 得採組團或以個人旅遊方式辦理。以組團方式辦理者，每團人數限5人以上40人以下，整團同時入出，不足5人之團體不予許可，並禁止入境。

其他注意事項如下：

1. 因疾病住院、災變或其他特殊事故，未能依限出境者，得向移民署在各地所設服務站申請延期停留，每次不得逾15日。但經移民署會同相關機關認有必要者，得酌予延長期間及次數。在停留期間之相關費用，由代申請人代墊付。
2. 入出境申請：

   (1)種類：分爲單次、多次入出境許進入金門、馬祖或澎湖。

(2)費用：臨時入境停留許可證費用新臺幣200元，單次入出境許可證費用新臺幣400元整，1年效期之多次入出境許可證費用新臺幣800元整。

3. 小三通自由行：除原已開放福建的福州、廈門、漳州、泉州、莆田、三明、南平、龍岩、寧德等9個城市居民赴金馬澎地區「小三通」自由行之外，民國101年8月28日開放浙江的溫州、麗水、衢州；廣東的梅州、潮州、汕頭、揭陽；以及江西的上饒、鷹潭、撫州、贛州等11個城市，總共擴及大陸4個省20個城市居民可赴金馬澎地區「小三通」自由行。

第七節　兩岸用語

表 6-7　兩岸用語比較表

臺灣用語	大陸用語	臺灣用語	大陸用語
觀光飯店	酒店、宾馆	雙人房	标准间、标间
住房、住宿	住店	離宿	离店
顧客至上	宾客至上	馬桶	马桶、便桶
蓮蓬頭	花洒	洗臉盆	洗面盆
垃圾筒	废物箱、愒皮箱	把手	拉手
室內拖鞋	地板鞋	旅行用電器插座	万能插座
喇叭鎖	弹子锁	公車	公交车
計程車	出租车、的士	捷運	地铁
早安	早上好	晚安	晚上好
午安	下午好	某某某及各位女士、先生	尊敬的某某某
鳳梨	菠萝	蕃茄	西红柿
葡萄柚	西柚	橘子	柑
龍眼	凤眼果、桂圆	生啤酒	扎啤、生啤
留學回國者	海归	留學後留在外國不回者	海待

（續下頁）

（承上頁）

臺灣用語	大陸用語	臺灣用語	大陸用語
哥兒們、拜把的	铁哥们、哥们儿	長官	领导
歐巴桑、阿姨	阿姨	調理包	方便菜、软罐
干貝	带子	泡麵、速食麵	方便面、方便面、生力面
馬鈴薯	土豆	涼麵	冷面
員警、警察	公安、警察	上班族	白领
服務員	餐厅服务的少爷小姐	保安警察	武警
警衛	门卫	黃牛	票贩子、票霸
仿冒品	假牌	即溶咖啡	速溶咖啡
柳橙汁	橙汁	酸凝酪、酸優格	酸牛奶、酸奶
濃縮咖啡	特浓咖啡	拿鐵咖啡	咖啡奶特
坐計程車	打 Di、搭出租车	汽車追撞	追尾
左轉	大转弯、大拐、左拐	右轉	小转弯、小拐、右拐
水療／SPA	浴疗	洗手間	卫生间
巷子口、路口	把口	槍手	替考
托福考試	考托	小菜	盘儿菜
不客氣	没事	不要緊	没事儿、没关系
不急	不赶紧	吝嗇鬼	老抠
拍馬屁	吹喇叭	討價還價	打价儿
復古	回潮	很熱門、有名或流行	很火、火红、红火
潮流、趨勢、浪潮	浪头	彩色軟片、底片	彩卷、底版、胶卷

（續下頁）

（承上頁）

臺灣用語	大陸用語	臺灣用語	大陸用語
商務艙	公务舱	醬油	豉油
當令蔬菜	细菜	綠花椰菜	西兰花
高麗菜	圆白菜、洋白菜	白花椰菜	菜花、椰菜花
毛巾	脸巾	沐浴乳	浴液
刮鬍刀	剃须刀	洗面乳	洗面奶
牙刷、牙膏	牙具	乳液	润肤乳、润肤露
光碟	光盘	印表機	打印机、打印机
多媒體	多介质	套裝軟體	软件包
滑鼠	鼠标	磁碟、磁碟電腦	磁盘
數位相機	数码相机	攝影機	摄像机
寬頻	宽带	上工、上班、出差、出勤	上岗、出工
裁員、失業	待业、下岗	待業	待岗
代班	顶班	三溫暖	桑拿浴、洗浴
酒店	俱乐部、夜总会、歌舞厅、K房	包廂	包间、包房
留連在酒吧、網咖、電影院等場所	泡吧	網咖	网吧
腳底按摩	洗脚、足浴、足疗	刷卡	拉卡
超級市場	自选市场	過季商品、滯銷品	冷背
量販	卖大号、卖大户	地攤貨	大路货

（續下頁）

（承上頁）

臺灣用語	大陸用語	臺灣用語	大陸用語
隨身碟	U 盤	紹興酒	黃酒
高粱酒	白酒	窩心指內心感覺溫暖、欣慰、舒暢	形容受了委屈或遇上不如意的事，卻無法發洩或表白而心裡煩悶
	「匯報」（平輩對平輩或晚輩對長輩『匯報』，『報告』是用在長官對部屬，或官員對人民）		

表 6-8　大陸地區人民來臺從事觀光活動許可辦法

條款	大陸地區人民來臺從事觀光活動許可辦法
第 1 條	本辦法依臺灣地區與大陸地區人民關係條例（法源依據）第十六條第一項規定訂定之。 本辦法未規定者，適用其他有關法令之規定。
第 2 條	本辦法之主管機關為內政部，其業務分別由各該目的事業主管機關執行之。
第 3 條	大陸地區人民符合下列情形之一者，得申請許可來臺從事觀光活動： 一、有固定正當職業或學生。 二、有等值新臺幣二十萬元以上之存款，並備有大陸地區金融機構出具之證明。 三、赴國外留學、旅居國外取得當地永久居留權、旅居國外取得當地依親居留權並有等值新臺幣二十萬元以上存款且備有金融機構出具之證明或旅居國外一年以上且領有工作證明及其隨行之旅居國外配偶或二親等內血親。

（續下頁）

（承上頁）

條款	大陸地區人民來臺從事觀光活動許可辦法
第 3 條	四、赴香港、澳門留學、旅居香港、澳門取得當地永久居留權、旅居香港、澳門取得當地依親居留權並有等值新臺幣二十萬元以上存款且備有金融機構出具之證明或旅居香港、澳門一年以上且領有工作證明及其隨行之旅居香港、澳門配偶或二親等內血親。 五、其他經大陸地區機關出具之證明文件。
第 3-1 條	大陸地區人民設籍於主管機關公告指定之區域，符合下列情形之一者，得申請許可來臺從事個人旅遊觀光活動（以下簡稱個人旅遊）： 一、年滿二十歲，且有相當新臺幣二十萬元以上存款或持有銀行核發金卡或年工資所得相當新臺幣五十萬元以上。 二、年滿十八歲以上在學學生。 前項第一款申請人之直系血親及配偶，得隨同本人申請來臺。
第 4 條（數額限制）	大陸地區人民來臺從事觀光活動，其數額得予限制，並由主管機關公告之。 前項公告之數額，由內政部入出國及移民署（以下簡稱入出國及移民署）依申請案次，依序核發予經交通部觀光局核准且已依第十一條規定繳納保證金之旅行業。 旅行業辦理大陸地區人民來臺從事觀光活動業務配合政策，或經交通部觀光局調查來臺大陸旅客整體滿意度高且接待品質優良者，主管機關得依據交通部觀光局出具之數額建議文件，於第一項公告數額之百分之十範圍內，予以酌增數額，不受第一項公告數額之限制。
第 5 條	大陸地區人民來臺從事觀光活動，應由旅行業組團辦理，並以團進團出方式為之，每團人數限 5 人以上四十人以下。 經國外轉來臺灣地區觀光之大陸地區人民，每團人數限七人以上。 但符合第三條第三款或第四款規定之大陸地區人民，來臺從事觀光活動，得不以組團方式為之，其以組團方式為之者，得分批入出境。（旅居國外）

（續下頁）

（承上頁）

條款	大陸地區人民來臺從事觀光活動許可辦法
第6條	大陸地區人民符合第三條第一款或第二款規定者，申請來臺從事觀光活動，應由經交通部觀光局核准之旅行業代申請，並檢附下列文件，向入出國及移民署申請許可，並由旅行業負責人擔任保證人： 一、團體名冊，並標明大陸地區帶團領隊。 二、經交通部觀光局審查通過之行程表。 三、入出境許可證申請書。 四、固定正當職業（任職公司執照、員工證件）、在職、在學或財力證明文件等，必要時，應經財團法人海峽交流基金會驗證。大陸地區帶團領隊，應加附大陸地區核發之領隊執照影本。 五、大陸地區居民身分證、大陸地區所發尚餘六個月以上效期之護照影本。 六、我方旅行業與大陸地區具組團資格之旅行社簽訂之組團契約。 七、其他相關證明文件。 大陸地區人民符合第三條第三款或第四款規定者，申請來臺從事觀光活動，應檢附下列文件，送駐外使領館、代表處、辦事處或其他經政府授權機構（以下簡稱駐外館處）審查。駐外館處於審查後交由經交通部觀光局核准之旅行業依前項規定程序辦理或核轉入出國及移民署辦理；駐外館處有入出國及移民署派駐入國審理人員者，由其審查；未派駐入國審理人員者，由駐外館處指派人員審查： 一、旅客名單。 二、旅遊計畫或行程表。 三、入出境許可證申請書。 四、大陸地區所發尚餘六個月以上效期之護照或香港、澳門核發之旅行證件影本。 五、國外、香港或澳門在學證明及再入國簽證影本、現住地永久居留權證明、現住地依親居留權證明及有等值新臺幣二十萬元以上之金融機構存款證明、工作證明或親屬關係證明。 六、其他相關證明文件。

（續下頁）

（承上頁）

條款	大陸地區人民來臺從事觀光活動許可辦法
第6條	大陸地區人民符合第三條第五款規定者，申請來臺從事觀光活動，應檢附第一項第一款至第三款、第六款、第七款之文件及大陸地區所發尚餘六個月以上效期之往來臺灣地區通行證影本，交由經交通部觀光局核准之旅行業依第一項規定程序辦理。 大陸地區人民符合第三條之一規定，申請來臺從事個人旅遊，應檢附下列文件，經由交通部觀光局核准之旅行業代向入出國及移民署申請許可，並由旅行業負責人擔任保證人： 一、入出境許可證申請書。 二、大陸地區居民身分證、大陸地區所發尚餘六個月以上效期之大陸居民往來臺灣通行證及個人旅遊加簽影本。 三、相當新臺幣二十萬元以上金融機構存款證明或銀行核發金卡證明文件或年工資所得相當新臺幣五十萬元以上之薪資所得證明或在學證明文件。但最近三年內曾依第三條之一第一項第一款規定經許可來臺，且無違規情形者，免附財力證明文件。 四、直系血親親屬、配偶隨行者，全戶戶口簿及親屬關係證明。 五、未成年者，直系血親尊親屬同意書。但直系血親尊親屬隨行者，免附。 六、簡要行程表，包括下列擔任緊急聯絡人之相關資訊： 　(一)大陸地區親屬。 　(二)大陸地區無親屬或親屬不在大陸地區者，為大陸地區組團社代表人。 七、已投保旅遊相關保險之證明文件。 旅行業或申請人未依前四項規定檢附文件，經限期補正，屆期未補正者，應予退件。
第7條	大陸地區人民依前條第一項及第三項規定申請經審查許可者，由入出國及移民署發給臺灣地區入出境許可證（以下簡稱入出境許可證），交由接待之旅行業轉發申請人；申請人應持憑該證，連同大陸地區往來臺灣地區通行證或大陸地區所發尚餘六個月以上效期之護照，經機場、港口查驗入出境。

（續下頁）

(承上頁)

條款	大陸地區人民來臺從事觀光活動許可辦法
第 7 條	經許可自國外轉來臺灣地區觀光之大陸地區人民及符合第三條第三款或第四款規定之大陸地區人民經審查許可者，由入出國及移民署發給入出境許可證，交由接待之旅行業或原核轉之駐外館處轉發申請人；申請人應持憑該證連同大陸地區所發尚餘六個月以上效期之護照，或香港、澳門核發之旅行證件，經機場、港口查驗入出境。 大陸地區人民依前條第四項規定申請經審查許可者，由入出國及移民署發給入出境許可證，交由代申請之旅行業轉發申請人；申請人應持憑該許可證，連同回程機（船）票、大陸地區所發尚餘六個月以上效期之大陸居民往來臺灣通行證，經機場、港口查驗入出境。
第 8 條	依前條規定發給之入出境許可證，其有效期間，自核發日起三個月。但大陸地區帶團領隊，得發給一年多次入出境許可證。 大陸地區人民未於前項入出境許可證有效期間入境者，不得申請延期。
第 9 條	大陸地區人民經許可來臺從事觀光活動之停留期間，自入境之次日起，不得逾 15 日；逾期停留者，治安機關得依法逕行強制出境。 前項大陸地區人民，因疾病住院、災變或其他特殊事故，未能依限出境者，應於停留期間屆滿前，由代申請之旅行業代向入出國及移民署申請延期，每次不得逾七日。 旅行業應就前項大陸地區人民延期之在臺行蹤及出境，負監督管理責任，如發現有違法、違規、逾期停留、行方不明、提前出境、從事與許可目的不符之活動或違常等情事，應立即向交通部觀光局通報舉發，並協助調查處理。
第 10 條	旅行業辦理大陸地區人民來臺從事觀光活動業務，應具備下列要件，並經交通部觀光局申請核准： 一、成立五年以上之綜合或甲種旅行業。 二、為省市級旅行業同業公會會員或於交通部觀光局登記之金門、馬祖旅行業。 三、最近五年未曾發生依發展觀光條例規定繳納之保證金被依法強制執行、受停業處分、拒絕往來戶或無故自行停業等情事。

(續下頁)

（承上頁）

條款	大陸地區人民來臺從事觀光活動許可辦法
第 10 條	四、向交通部觀光局申請赴大陸地區旅行服務許可獲准，經營滿一年以上年資者、最近一年經營接待來臺旅客外匯實績達新臺幣一百萬元以上或最近五年曾配合政策積極參與觀光活動對促進觀光活動有重大貢獻者。 旅行業經依前項規定核准辦理大陸地區人民來臺從事觀光活動業務，有下列情形之一者，由交通部觀光局廢止其核准： 一、喪失前項第一款或第二款規定之資格。 二、依發展觀光條例規定繳納之保證金被依法強制執行，或受停業處分。 三、經票據交換所公告為拒絕往來戶。 四、無正當理由自行停業。 旅行業停止辦理大陸地區人民來臺從事觀光活動業務，應向交通部觀光局報備。
第 11 條	旅行業經依前條規定向交通部觀光局申請核准，並自核准之日起三個月內向交通部觀光局或其委託之團體繳納新臺幣 100 萬元保證金後，始得辦理接待大陸地區人民來臺從事觀光活動業務。旅行業未於三個月內繳納保證金者，由交通部觀光局廢止其核准。 本辦法中華民國九十七年六月二十日修正發布前，旅行業已依規定向中華民國旅行商業同業公會全國聯合會（以下簡稱旅行業全聯會）繳納保證金者，由旅行業全聯會自本辦法修正發布之日起一個月內，將其原保管之保證金移交予交通部觀光局。 本辦法中華民國九十八年一月十七日修正施行前，旅行業已依規定繳納新臺幣二百萬元保證金者，由交通部觀光局自本辦法修正施行之日起三個月內，發還保證金新臺幣一百萬元。
第 12 條	前條第一項有關保證金繳納之收取、保管、支付等相關事宜之作業要點，由交通部觀光局定之。
第 13 條	旅行業依第六條第一項規定辦理大陸地區人民來臺從事觀光活動業務，應與大陸地區具組團資格之旅行社簽訂組團契約。

（續下頁）

（承上頁）

條款	大陸地區人民來臺從事觀光活動許可辦法
第 13 條	旅行業應請大陸地區組團旅行社協助確認經許可來臺從事觀光活動之大陸地區人民確係本人，如發現虛偽不實情事，應通報交通部觀光局並移送治安機關依法強制出境。 大陸地區組團旅行社應協同辦理確認大陸地區人民身分，並協助辦理強制出境事宜。
第 14 條	旅行業辦理大陸地區人民來臺從事觀光活動業務，應投保責任保險，其最低投保金額及範圍如下： 一、每一大陸地區旅客因意外事故死亡：新臺幣二百萬元。 二、每一大陸地區旅客因意外事故所致體傷之醫療費用：新臺幣三萬元。 三、每一大陸地區旅客家屬來臺處理善後所必需支出之費用：新臺幣十萬元。 四、每一大陸地區旅客證件遺失之損害賠償費用：新臺幣二千元。 大陸地區人民符合第三條之一規定，申請來臺從事個人旅遊者，應投保旅遊相關保險，每人最低投保金額新臺幣二百萬元，其投保期間應包含旅遊行程全程期間，並應包含醫療費用及善後處理費用。
第 15 條	旅行業辦理大陸地區人民來臺從事觀光活動業務，行程之擬訂，應排除下列地區： 一、軍事國防地區。 二、國家實驗室、生物科技、研發或其他重要單位。
第 16 條	大陸地區人民申請來臺從事觀光活動，有下列情形之一者，得不予許可；已許可者，得撤銷或廢止其許可，並註銷其入出境許可證： 一、有事實足認為有危害國家安全之虞。 二、曾有違背對等尊嚴之言行。 三、現在中共行政、軍事、黨務或其他公務機關任職。 四、患有足以妨害公共衛生或社會安寧之傳染病、精神疾病或其他疾病。 五、最近五年曾有犯罪紀錄、違反公共秩序或善良風俗之行為。 六、最近五年曾未經許可入境。

（續下頁）

（承上頁）

條款	大陸地區人民來臺從事觀光活動許可辦法
第 16 條	七、最近五年曾在臺灣地區從事與許可目的不符之活動或工作。 八、最近三年曾逾期停留。 九、最近三年曾依其他事由申請來臺，經不予許可或撤銷、廢止許可。 十、最近五年曾來臺從事觀光活動，有脫團或行方不明之情事。 十一、申請資料有隱匿或虛偽不實。 十二、申請來臺案件尚未許可或許可之證件尚有效。 十三、團體申請許可人數不足第五條之最低限額或未指派大陸地區帶團領隊。 十四、符合第三條第一款、第二款或第五款規定，經許可來臺從事觀光活動，或經許可自國外轉來臺灣地區觀光之大陸地區人民未隨團入境。 十五、最近三年內曾擔任來臺個人旅遊之大陸地區緊急聯絡人，且來臺個人旅遊者逾期停留。但有協助查獲逾期停留者，不在此限。 前項第一款至第三款情形，主管機關得會同國家安全局、交通部、行政院大陸委員會及其他相關機關、團體組成審查會審核之。
第 17 條	大陸地區人民經許可來臺從事觀光活動，於抵達機場、港口之際，入出國及移民署應查驗入出境許可證及相關文件，有下列情形之一者，得禁止其入境；並廢止其許可及註銷其入出境許可證： 一、未帶有效證照或拒不繳驗。 二、持用不法取得、偽造、變造之證照。 三、冒用證照或持用冒領之證照。 四、申請來臺之目的作虛偽之陳述或隱瞞重要事實。 五、攜帶違禁物。 六、患有足以妨害公共衛生或社會安寧之傳染病、精神疾病或其他疾病。 七、有違反公共秩序或善良風俗之言行。 八、經許可自國外轉來臺灣地區從事觀光活動之大陸地區人民，未經入境第三國直接來臺。

（續下頁）

（承上頁）

條款	大陸地區人民來臺從事觀光活動許可辦法
第 17 條	九、經許可來臺從事個人旅遊，未備妥回程機（船）票。 入出國及移民署依前項規定進行查驗，如經許可來臺從事觀光活動之大陸地區人民，其團體來臺人數不足五人者，禁止整團入境；經許可自國外轉來臺灣地區觀光之大陸地區人民，其團體來臺人數不足五人者，禁止整團入境。但符合第三條第三款或第四款規定之大陸地區人民，不在此限。
第 18 條	大陸地區人民經許可來臺從事觀光活動，應由大陸地區帶團領隊協助或個人旅遊者自行填具入境旅客申報單，據實填報健康狀況。通關時大陸地區人民如有不適或疑似感染傳染病時，應由大陸地區帶團領隊或個人旅遊者主動通報檢疫單位，實施檢疫措施。 入境後大陸地區帶團領隊及臺灣地區旅行業負責人或導遊人員，如發現大陸地區人民有不適或疑似感染傳染病者，除應就近通報當地衛生主管機關處理，協助就醫，並應向交通部觀光局通報。 機場、港口人員發現大陸地區人民有不適或疑似感染傳染病時，應協助通知檢疫單位，實施相關檢疫措施及醫療照護。必要時，得請入出國及移民署提供大陸地區人民入境資料，以供防疫需要。 主動向衛生主管機關通報大陸地區人民疑似傳染病病例並經證實者，得依傳染病防治獎勵辦法之規定獎勵之。
第 19 條	大陸地區人民來臺從事觀光活動，應依旅行業安排之行程旅遊，不得擅自脫團。但因傷病、探訪親友或其他緊急事故需離團者，除應符合交通部觀光局所定離團天數及人數外，並應向隨團導遊人員申報及陳述原因，填妥就醫醫療機構或拜訪人姓名、電話、地址、歸團時間等資料申報書，由導遊人員向交通部觀光局通報。 違反前項規定者，治安機關得依法逕行強制出境。 符合第三條第三款、第四款或第三條之一規定之大陸地區人民來臺從事觀光活動，不受前二項規定之限制。
第 20 條	交通部觀光局接獲大陸地區人民擅自脫團之通報者，應即聯繫目的事業主管機關及治安機關，並告知接待之旅行業或導遊轉知其同團成員，接受治安機關實施必要之清查詢問，並應協助處理該團之後續行程及活動。必要時，得依相關機關會商結果，由主管機關廢止同團成員之入境許可。

（續下頁）

（承上頁）

條款	大陸地區人民來臺從事觀光活動許可辦法
第 21 條	旅行業辦理接待大陸地區人民來臺從事觀光活動業務，應指派或僱用領取有導遊執業證之人員執行導遊業務。 前項導遊人員應經考試主管機關或其委託之有關機關考試及訓練合格，領取導遊執業證者為限。 於九十二年七月一日前已經交通部觀光局或其委託之有關機關測驗及訓練合格，領取導遊執業證者，得執行接待大陸地區旅客業務。 但於九十年三月二十二日導遊人員管理規則修正發布前，已測驗訓練合格之導遊人員，未參加交通部觀光局或其委託團體舉辦之接待或引導大陸地區旅客訓練結業者，不得執行接待大陸地區旅客業務。
第 22 條	旅行業及導遊人員辦理接待符合第三條第一款、第二款或第五款規定經許可來臺從事觀光活動業務，或辦理接待經許可自國外轉來臺灣地區觀光之大陸地區人民業務，應遵守下列規定： 一、應詳實填具團體入境資料（含旅客名單、行程表、入境航班、責任保險單、遊覽車、派遣之導遊人員等），並於團體入境前一日十五時前傳送交通部觀光局。團體入境前一日應向大陸地區組團旅行社確認來臺旅客人數，如旅客人數未達第十七條第二項規定之入境最低限額時，應立即通報。 二、應於團體入境後二個小時內，詳實填具接待報告表；其內容包含入境及未入境團員名單、接待大陸地區旅客車輛、隨團導遊人員及原申請書異動項目等資料，傳送或持送交通部觀光局，並由導遊人員隨身攜帶接待報告表影本一份。團體入境後，應向交通部觀光局領取旅客意見反映表，並發給每位團員填寫。 三、每一團體應派遣至少一名導遊人員。如有急迫需要須於旅遊途中更換導遊人員，旅行業應立即通報。 四、行程之住宿地點變更時，應立即通報。 五、發現團體團員有違法、違規、逾期停留、違規脫團、行方不明、提前出境、從事與許可目的不符之活動或違常等情事時，應立即通報舉發，並協助調查處理。 六、團員因傷病、探訪親友或其他緊急事故，需離團者，除應符合交通部觀光局所定離團天數及人數外，並應立即通報。

（續下頁）

（承上頁）

條款	大陸地區人民來臺從事觀光活動許可辦法
第 22 條	七、發生緊急事故、治安案件或旅遊糾紛，除應就近通報警察、消防、醫療等機關處理外，應立即通報。 八、應於團體出境二個小時內，通報出境人數及未出境人員名單。 旅行業及導遊人員辦理接待符合第三條第三款或第四款規定之大陸地區人民來臺從事觀光活動業務，應遵守下列規定： 一、應依前項第一款、第五款、第七款規定辦理。但接待之大陸地區人民非以組團方式來臺者，其旅客入境資料，得免除行程表、接待車輛、隨團導遊人員等資料。 二、發現大陸地區人民有逾期停留之情事時，應立即通報舉發，並協助調查處理。 前二項通報事項，由交通部觀光局受理之。旅行業或導遊人員應詳實填報，並於通報後，以電話確認。但於通報事件發生地無電子傳真設備，致無法立即通報者，得先以電話通報後，再補送通報書。
第 23 條	旅行業及導遊人員辦理接待大陸地區人民來臺從事觀光活動業務，其團費品質、租用遊覽車、安排購物及其他與旅遊品質有關事項，應遵守交通部觀光局訂定之旅行業接待大陸地區人民來臺觀光旅遊團品質注意事項。
第 24 條	主管機關或交通部觀光局對於旅行業辦理大陸地區人民來臺從事觀光活動業務，得視需要會同各相關機關實施檢查或訪查。 旅行業對前項檢查或訪查，應提供必要之協助，不得規避、妨礙或拒絕。
第 25 條	旅行業辦理大陸地區人民來臺從事觀光活動業務，有大陸地區人民逾期停留且行方不明者，每一人扣繳第十一條保證金新臺幣 10 萬元，每團次最多扣至新臺幣 100 萬元；逾期停留且行方不明情節重大，致損害國家利益者，並由交通部觀光局依發展觀光條例相關規定廢止其營業執照。 旅行業辦理大陸地區人民來臺從事觀光活動業務，未依約完成接待者，交通部觀光局或旅行業全聯會得協調委託其他旅行業代為履行；其所需費用，由第十一條之保證金支應。

（續下頁）

（承上頁）

條款	大陸地區人民來臺從事觀光活動許可辦法
第 25 條	第一項保證金之扣繳，由交通部觀光局或其委託之團體繳交國庫。 第一項及第二項保證金扣繳或支應後，由交通部觀光局通知旅行業應自收受通知之日起十五日內依第十一條第一項規定金額繳足保證金，屆期未繳足者，廢止其辦理接待大陸地區人民來臺從事觀光活動業務之核准，並通知該旅行業向交通部觀光局或其委託之團體申請發還其賸餘保證金。 旅行業經向交通部觀光局報備停止辦理大陸地區人民來臺從事觀光活動業務者，其依第十一條第一項所繳保證金，交通部觀光局或其委託之團體應予發還；其有第一項及第二項應扣繳或支應之金額者，應予扣除後發還。 旅行業全聯會依第十一條第二項規定移交保證金予交通部觀光局前，如有第一項或第二項應扣繳或支應保證金情事時，旅行業全聯會應配合支付。
第 25-1 條	大陸地區人民經許可來臺從事個人旅遊逾期停留者，辦理該業務之旅行業應於逾期停留之日起算七日內協尋；屆協尋期仍未歸者，逾期停留之第一人予以警示，自第二人起，每逾期停留一人，由交通部觀光局停止該旅行業辦理大陸地區人民來臺從事個人旅遊業務一個月。第一次逾期停留如同時有二人以上者，自第二人起，每逾期停留一人，停止該旅行業辦理大陸地區人民來臺從事個人旅遊業務一個月。 前項之旅行業，得於交通部觀光局停止其辦理大陸地區人民來臺從事個人旅遊業務處分書送達之次日起算七日內，以書面向該局表示每一人扣繳第十一條保證金新臺幣十萬元，經同意者，原處分廢止之。
第 26 條	旅行業違反第五條（申請來臺）、第十三條第一項（組團簽約）、第二項（不符來臺目的）、第十五條（行程安排禁區）、第十八條第一項（身體不適）、第二十二條（導遊帶團未依規定報備）、第二十三條（旅遊品質瑕疵）或第二十四條第二項規定（拒絕主管機關檢察）者，每違規一次，由交通部觀光局記點一點，按季計算。累計四點

（續下頁）

（承上頁）

條款	大陸地區人民來臺從事觀光活動許可辦法
第 26 條	者，交通部觀光局停止其辦理大陸地區人民來臺從事觀光活動業務一個月；累計五點者，停止其辦理大陸地區人民來臺從事觀光活動業務三個月；累計六點者，停止其辦理大陸地區人民來臺從事觀光活動業務六個月；累計七點以上者，停止其辦理大陸地區人民來臺從事觀光活動業務一年。（每季計點：4.5.6.7＝停止業務 1.3.6.12 個月） 旅行業辦理大陸地區人民來臺從事觀光活動業務，有下列情形之一者，停止其辦理大陸地區人民來臺從事觀光活動業務一個月至三個月： 一、接待團費平均每人每日費用，違反第二十三條交通部觀光局訂定之旅行業接待大陸地區人民來臺觀光旅遊團品質注意事項所定最低接待費用（至少美金 60 元）。 二、最近一年辦理大陸地區人民來臺觀光業務，經大陸旅客申訴次數達五次以上，且經交通部觀光局調查來臺大陸旅客整體滿意度低。 三、於團體已啟程來臺入境前無故取消接待，或於行程中因故意或重大過失棄置旅客，未予接待。 導遊人員違反第十九條第一項（脫隊通報）、第二十二條第一項第一款、第二款、第四款至第八款、第二項或第三項（帶團通報）、第二十三條規定者（服務品質），每違規一次，由交通部觀光局記點一點，按季計算。累計三點者，交通部觀光局停止其執行接待大陸地區人民來臺觀光團體業務一個月；累計四點者，停止其執行接待大陸地區人民來臺觀光團體業務三個月；累計五點者，停止其執行接待大陸地區人民來臺觀光團體業務六個月；累計六點以上者，停止其執行接待大陸地區人民來臺觀光團體業務一年。（按季 3.4.5.6＝接待業務 1.3.6.12 個月） 旅行業及導遊人員違反發展觀光條例或旅行業管理規則或導遊人員管理規則等法令規定者，應由交通部觀光局依相關法律處罰。

（續下頁）

（承上頁）

條款	大陸地區人民來臺從事觀光活動許可辦法
第 27 條	依第十條、第十一條規定經交通部觀光局核准接待大陸地區人民來臺從事觀光活動之旅行業，不得包庇未經核准或被停止辦理接待業務之旅行業經營大陸地區人民來臺觀光業務。未經交通部觀光局核准接待或被停止辦理接待大陸地區人民來臺觀光之旅行業，亦不得經營大陸地區人民來臺觀光業務。 旅行業經營大陸地區人民來臺觀光業務，應自行接待，不得將該旅行業務或其分配數額轉讓其他旅行業辦理。 旅行業違反第一項前段或前項規定者，停止其辦理接待大陸地區人民來臺觀光團體業務一年；違反第一項後段規定，未經核准經營或被停止辦理接待業務之旅行業，依發展觀光條例相關規定處罰。
第 28 條	接待大陸地區人民來臺觀光之導遊人員，不得包庇未具第二十一條接待資格者執行接待大陸地區人民來臺觀光團體業務。 違反前項規定者，停止其執行接待大陸地區人民來臺觀光團體業務一年。
第 29 條	有關旅行業辦理大陸地區人民來臺從事觀光活動業務應行注意事項及作業流程，由交通部觀光局定之。
第 30 條	第三條規定之實施範圍及其實施方式，得由主管機關視情況調整。
第 31 條	本辦法施行日期，由主管機關定之。

一、導遊實務（二）

(　　) 1.下列哪個港口還不能適用「境外航運中心設置作業辦法」規定，辦理境外航運中心作業？　(97年外導)

    (A) 基隆港　　　　(B) 臺中港　　　　(C) 花蓮港　　　　(D) 高雄港

(　　) 2.有關兩岸「小三通」之敘述，下列何者正確？　(97年外導)

    (A) 雙方民航客機已展開定期定點對飛

    (B) 該項試辦係由我方主動提議實施

    (C) 兩岸人民皆可全面利用小三通管道進出

    (D) 「小三通」等同「三通」，只是航程較短而已

(　　) 3.中國大陸來臺人士要求受訪單位移除原已放置的總統玉照，該單位應如何處理？

    (A) 將總統玉照取下收妥　　　　(B) 將總統玉照反掛　(97年外導)

    (C) 以其他物品遮蔽總統玉照　　(D) 堅持不移除

(　　) 4.與布袋戲、皮影戲並稱為中國傳統三大偶戲的是：　(97年外導)

    (A) 羊皮傀　　　　(B) 布偶戲　　　　(C) 傀儡戲　　　　(D) 折子戲

(　　) 5.有關目前兩岸貿易往來之敘述，下列何者正確？　(97年華導)

    (A) 臺灣對大陸迄今仍維持出超

    (B) 直接貿易大於間接貿易

    (C) 臺中港為兩岸三通唯一指定貿易港區

    (D) 臺商赴大陸投資項目集中於觀光旅遊業

(　　) 6.下列何者為傳統安全觀與新國家安全觀的主要差別？　(97年華導)

    (A) 新國家安全觀只強調國家的主權與安全，傳統安全觀則否

    (B) 傳統安全觀認為國家的軍事安全與經濟安全並重

    (C) 新國家安全觀早在美蘇冷戰時期就已受到國家的重視

    (D) 傳統安全觀重視國家安全，新國家安全觀則重視政治、經濟、軍事等各個面向

(　　) 7.中共以何種意識形態的訴求，來主張其對臺灣地區的統治正當性？　(97年華導)

    (A) 民生主義，力主三通，加強兩岸經貿交流的緊密度

    (B) 民權主義，歡迎臺灣政界領袖到北京擔任中央級領導幹部

    (C) 民族主義，凝聚兩岸同胞血濃於水的共識，強調中國統一的歷史責任

    (D) 主張權為民所用，利為民所謀，情為民所繫的新三民主義

(　　) 8.在經過多次修憲之後，一般通說認為我國中央政府體制屬於什麼體制？　(97年華導)

    (A) 內閣制　　　　(B) 雙首長制　　　　(C) 總統制　　　　(D) 院長制

（　）　9.大陸地區人民來臺從事觀光活動，應由何人擔任保證人？　(98 年外導)

(A) 在臺親友　　　(B) 旅行業負責人　　(C) 導遊人員　　　(D) 帶團領隊

（　）10.旅行業及導遊人員辦理接待來臺觀光之大陸地區人民業務，應遵守相關規定，下列敘述何者錯誤？　(98 年外導)

(A) 每一團體應派遣至少 1 名導遊人員

(B) 行程變更時得視情況通報主管機關

(C) 於團體入境後 2 小時內填具入境接待通報表

(D) 於團體出境後 2 小時內，應通報出境人數及未出境人員名單

（　）11.大陸旅行團來臺觀光入境後，團員申報離團之事由，不包括下列哪一項？　(98 年華導)

(A) 緊急事故　　　(B) 探訪親友　　　(C) 傷病緊急就醫　(D) 接洽生意

（　）12.下列哪一種大陸地區人民不屬大陸地區人民來臺從事觀光活動許可辦法規定之申請對象？　(98 年華導)

(A) 有固定正當職業者

(B) 赴國外留學者

(C) 赴香港、澳門留學者

(D) 有等值新臺幣 10 萬元存款，並備有大陸地區金融機構出具之證明者

（　）13.為公平起見，內政部入出國及移民署規定，旅行業辦理大陸地區人民直接來臺觀光活動業務，每家旅行業每日申請接待數額之上限為幾人？　(98 年華導)

(A)100 人　　　(B)120 人　　　(C)150 人　　　(D)200 人

（　）14.某甲旅行社因被交通部觀光局停止辦理接待大陸旅客來臺觀光業務，經與某乙旅行社商議，由某乙旅行社提出申請獲准後，再將旅行團轉包給某甲接待，請問某乙旅行社違反規定，將被處罰停止辦理接待大陸旅客來臺觀光業務多久時間？

(A) 二年　　　　　　　　　(B) 一年　　　　　　　(98 年華導)

(C) 六個月　　　　　　　　(D) 三個月

（　）15.旅行業辦理大陸地區人民來臺從事觀光活動業務，應至少為每一位大陸旅客投保，若因意外事故死亡可獲多少金額賠償之責任保險？　(98 年華導)

(A) 新臺幣 60 萬元　　　　　(B) 新臺幣 100 萬元

(C) 新臺幣 200 萬元　　　　　(D) 新臺幣 500 萬元

（　）16.大陸地區人民經許可來臺從事觀光活動之停留期間，自入境之次日起，不得逾幾日？　(98 年華導)

(A)15 日　　　(B)20 日　　　(C)25 日　　　(D)30 日

（　）17.大陸地區人民來臺觀光期間，若因疾病住院、災變等特殊事故，未能在期限內出境者，代申請旅行業應該向哪個機關申請延期？　(98 年華導)

(A) 交通部觀光局　　　　　　(B) 內政部入出國及移民署

(C) 行政院大陸委員會　　　　(D) 財團法人海峽兩岸交流基金會

( ) 18.依中華人民共和國憲法，全國人民代表大會每屆任期爲幾年？ (99 年外導)

(A)4 年　　　　　(B)5 年　　　　　(C)6 年　　　　　(D)7 年

( ) 19.中國大陸官方的「南巡講話」，是哪一位領導人所提出的？ (99 年外導)

(A) 鄧小平　　　　(B) 胡耀邦　　　　(C) 江澤民　　　　(D) 胡錦濤

( ) 20.大陸內部有「三農」問題，下列何者不包括在內？ (100 年外導)

(A) 農村　　　　(B) 農作物　　　　(C) 農業　　　　(D) 農民

( ) 21.兩岸簽署完成「海峽兩岸經濟合作架構協議」，明定雙方成立後續負責處理與協

議相關事宜的機構爲： (100 年華導)

(A) 兩岸經濟合作委員會　　　　　　(B) 財團法人海峽交流基金會

(C) 海峽兩岸關係協會　　　　　　　(D) 中華發展基金管理委員會

( ) 22.中國大陸的「出租車」，臺灣一般稱爲： (100 年華導)

(A) 巴士　　　　(B) 貨車　　　　(C) 計程車　　　　(D) 公共汽車

( ) 23.「laser」，在臺灣音譯爲「雷射」，中國大陸則採取了意譯，叫做： (100 年華導)

(A) 噴射　　　　(B) 激光　　　　(C) 電擊　　　　(D) 光束

( ) 24.在中國大陸，「書記」是各級黨團組織的一種職稱，在臺灣稱爲「書記」可能是：

(A) 記者　　　　　　　　　　　　(B) 作家 (100 年華導)

(C) 基層公務員職稱　　　　　　　(D) 高階公務員職稱

( ) 25.「社教」這一縮略語，在臺灣和香港是源於「社會教育」，中國大陸則是源於：

(A) 社區教育　　(B) 社會主義教育　　(C) 愛國教育　　(D) 社工教育 (100 年華導)

( ) 26.大陸地區人民依據大陸地區專業人士來臺從事專業活動許可辦法申請來臺者，應

以邀請單位之負責人或業務主管爲保證人，但下列何者事由申請來臺無須覓保證

人及備具保證書？ (101 年華導)

(A) 參加國際會議或重要交流活動　　(B) 來臺參與學術科技研究

(C) 已取得臺灣地區不動產所有權者　(D) 來臺擔任學術研討會主持人

( ) 27.依大陸地區人民來臺從事商務活動許可辦法之規定，原則上大陸地區人民申請進

入臺灣地區從事商務研習者，下列關於停留期間的敘述，何者最正確？ (101 年華導)

(A) 自入境翌日起，不得逾 1 個月　　(B) 自入境翌日起，不得逾 2 個月

(C) 自入境翌日起，不得逾 3 個月　　(D) 自入境翌日起，不得逾 4 個月

( ) 28.大陸旅行團來臺觀光入境後，隨團導遊若發現團員有脫團情事，除應就近通報警

察機關處理外，還應該向何機關通報？ (101 年華導)

(A) 旅行業所在地之治安機關　　　　(B) 內政部入出國及移民署

(C) 交通部觀光局　　　　　　　　　(D) 行政院大陸委員會

( ) 29.大陸地區人民來臺觀光有哪一種離團情形時，導遊毋須作離團通報？ (101 年華導)

(A) 傷病需緊急就醫

(B) 在既定行程中離團拜訪親友

(C) 在既定行程之自由活動時段從事購物活動

(D) 緊急事故需離團者

( ) 30.旅行業辦理大陸地區人民來臺從事觀光活動業務，有大陸地區人民逾期停留且行方不明者，每一人扣繳保證金新臺幣 10 萬元，每團次最多得扣至多少保證金？

(A)100 萬元 (B)200 萬元 (101 年華導)

(C)100 萬元兼記點 5 點 (D)100 萬元兼記點 10 點

( ) 31.大陸觀光團來臺旅遊途中，得否更換導遊人員？ (101 年華導)

(A) 不得更換

(B) 須經交通部觀光局同意始得更換

(C) 經團員同意，即得更換，無須通報

(D) 如有急迫需要，始得更換，且應立即通報

( ) 32.接待大陸地區人民來臺觀光之導遊人員，若違反規定包庇未具有大陸地區人民來臺從事觀光活動許可辦法第 21 條接待資格者，執行接待大陸旅客來臺觀光團體業務，將被處以停止接待大陸地區人民來臺觀光團體業務多久時間？ (101 年華導)

(A)1 至 3 個月 (B)3 至 6 個月 (C)6 至 9 個月 (D)1 年

( ) 33.中國大陸在 1990 年代中開始策劃和實行改造高等教育的政策。其目的在面對 21 世紀時，將高等學校系統化，許多過去其他部門管轄的高等院校被納入教育部的管轄範圍，許多高校被合併，從全中國大陸各地挑選出約 100 個高等學校被設立為重點高校，這些學校在資金中獲得優先對待。此一教育工程名稱為何？

(A)985 工程 (B)211 工程 (C)210 工程 (D)990 工程 (102 年外導)

( ) 34.依據海峽兩岸投資保障和促進協議人身自由與安全保障共識，兩岸雙方將依據各自規定，對另一方投資人及相關人員，自限制人身自由時起幾小時內通知？同時依據「海峽兩岸共同打擊犯罪及司法互助協議」建立的聯繫機制，及時通報對方指定的業務主管部門，並且應儘量縮短通報的時間。 (102 年外導)

(A)8 小時 (B)12 小時 (C)24 小時 (D)36 小時

( ) 35.西元 2011 年 3 月中國大陸第 11 屆「全國人大」、「全國政協」4 次會議審議通過的「國民經濟和社會發展規劃綱要」，該綱要稱之為？ (102 年外導)

(A) 第十一個五年規劃綱要（簡稱「十一五規劃綱要」）

(B) 第十二個五年規劃綱要（簡稱「十二五規劃綱要」）

(C) 第十三個五年規劃綱要（簡稱「十三五規劃綱要」）

(D) 第十四個五年規劃綱要（簡稱「十四五規劃綱要」）

（　）36.中國共產黨西元 2012 年舉行第 18 次全國代表大會（簡稱 18 大），進行權力交替。目前中共全國代表大會每幾年舉行一次？　　(102 年外導)

(A)3 年　　　　　　(B)4 年　　　　　　(C)5 年　　　　　　(D)6 年

（　）37.中國大陸習稱的「西蘭花」是指什麼？　　(102 年外導)

(A) 西洋芹　　　　(B) 綠花椰菜　　　(C) 芥藍　　　　(D) 蝴蝶蘭

（　）38.針對兩岸互動局勢，以下敘述何者錯誤？　　(102 年外導)

(A) 從民國 97 年 6 月兩岸兩會恢復制度化協商，迄今的兩岸協商仍無法以「官員對官員」、「機制對機制」方式進行

(B) 政府向來秉持「以臺灣為主、對人民有利」的原則推動大陸政策，在「九二共識」的基礎上擱置主權爭議

(C) 政府大陸政策的根本精神在於保護民眾福祉，同時捍衛國家主權，維持海峽兩岸的和平

(D) 臺灣有自己的民主選舉制度，主權在大家手中，面對兩岸交流，政府堅定捍衛民眾利益與福祉，民眾無須擔心臺灣主權因此流失

（　）39.為擴大「小三通」自由行的政策效果，民國 101 年 8 月 28 日起除原已開放福建的 9 個城市外，還擴大增加 3 個省份，共 4 個省份 20 個城市的民眾可到金馬澎地區小三通自由行。下列何者不是擴大開放的省份？　　(102 年外導)

(A) 浙江省　　　　(B) 廣東省　　　　(C) 海南省　　　　(D) 江西省

（　）40.兩岸自民國 98 年起恢復財團法人海峽交流基金會與海峽兩岸關係協會間的制度化協商，針對兩岸間簽署協議事項，下列敘述何者正確？　　(102 年外導)

(A) 海峽兩岸空運協議的內容，因為涉及法律修正，所以行政院於民國 97 年 11 月 6 日核定後，係函送立法院審議

(B) 海峽兩岸經濟合作架構協議的內容，因為不涉及法律修正或無須另以法律定之，所以行政院於民國 99 年 7 月 1 日核定後，係函送立法院備查

(C) 海峽兩岸共同打擊犯罪及司法互助協議的內容，因為不涉及法律修正或無須另以法律定之，所以行政院於民國 98 年 4 月 30 日核定後，係函送立法院備查

(D) 海峽兩岸醫藥衛生合作協議的內容，因為不涉及法律修正或無須另以法律定之，所以行政院於民國 99 年 12 月 23 日核定後，係函送立法院審議

（　）41.「窩心」在臺灣的意思是指內心感覺溫暖、欣慰、舒暢。但在中國大陸「窩心」所指為何？　　(102 年華導)

(A) 惋惜或捨不得

(B) 用心體察別人的情況，細心給予關懷和照顧

(C) 形容受了委屈或遇上不如意的事，卻無法發洩或表白而心裡煩悶

(D) 另有企圖或目的

(　) 42.觀光客來臺旅遊，夜市是遊覽的景點之一。結合夜市經營超過 50 年的 20 家攤商及店家，提供各家招牌小吃的「千歲宴」，並曾多次被總統府邀請到府外燴，也成為國慶晚宴的菜色，這是由那個夜市所推出的辦桌小吃？　(102 年華導)

　　　　　(A) 寧夏夜市　　　　(B) 士林觀光夜市　　(C) 逢甲夜市　　　　(D) 六合觀光夜市

(　) 43.在臺灣頗具知名度的「臺銀」、「臺鹽生技」等商標在大陸遭惡意搶註事件，「臺灣優良農產品 CAS」、「臺灣有機農產品 CAS ORGANIC」證明商標在中國大陸申請註冊案等，是透過何項協議的協處機制協處成功？　(102 年華導)

　　　　　(A) 海峽兩岸農產品檢疫檢驗合作協議　(B) 海峽兩岸標準計量檢驗認證合作協議
　　　　　(C) 海峽兩岸智慧財產權保護合作協議　(D) 海峽兩岸經濟合作架構協議

(　) 44.馬總統在其第 2 任總統就職典禮演說中表示，國家安全是中華民國生存的關鍵，並提出確保臺灣安全的鐵三角。下列何者不是前述確保臺灣安全的鐵三角？

　　　　　(A) 以兩岸和解實現臺海和平　　　　　(B) 以活路外交拓展國際空間　(102 年華導)
　　　　　(C) 以國防武力嚇阻外來威脅　　　　　(D) 推廣臺灣核心價值硬實力

(　) 45.民國 97 年 5 月馬總統就任後，下列何者不是現階段的政府大陸政策？　(102 年華導)

　　　　　(A) 兩岸政策必須在中華民國憲法架構下，維持臺海「不統、不獨、不武」的現狀
　　　　　(B) 在「九二共識、一中各表」的基礎上，推動兩岸和平發展
　　　　　(C) 依循「先急後緩、先易後難、先政後經」的原則，推動兩岸交流
　　　　　(D) 堅持「對等、尊嚴、互惠」的理念，「以臺灣為主、對人民有利」的協商原則

(　) 46.臺灣居民某甲持臺胞證入境香港，不慎遺失臺胞證，趕忙向當地警察機關報案。某甲取得報案證明後，應向下列那個機構申請補發？　(102 年華導)

　　　　　(A) 香港「臺北經濟文化辦事處」　　　　(B) 香港「中國旅行社」
　　　　　(C) 香港「香港旅行社」　　　　　　　　(D) 香港「中華旅行社」

(　) 47.有關我民間團體申辦邀請大陸地區藝文人士來臺灣演出，下列敘述何者正確？

　　　　　(A) 邀請團體向內政部入出國及移民署提出申請的應備文件，應包括邀請大陸地區藝文人士邀請函影本
　　　　　(B) 邀請團體可於大陸地區藝文人士預定來臺之日 15 天前，向內政部入出國及移民署提出申請
　　　　　(C) 邀請團體向內政部入出國及移民署提出申請，應附立案或登記滿 2 年證明影本
　　　　　(D) 大陸地區藝文人士獲准來臺停留時間，自入境翌日起，不得逾 3 個月，停留期滿得申請延期　(102 年華導)

（　　）48.9 成以上爲活魚型態，外銷中國大陸、香港，尤其在列爲海峽兩岸經濟合作架構協議早收清單後，出口中國大陸關稅由原來 10.5% 至民國 101 年降爲零關稅，銷往中國大陸出口值於民國 100 年已大幅增加爲 1.02 億美元。以上敘述指的是那種魚？　　　　　　　　　　　　　　　　　　　　　　　　　　　（102 年華導）

(A) 虱目魚　　　　　(B) 秋刀魚　　　　　(C) 石斑魚　　　　　(D) 烏魚

（　　）49.大陸人民某甲來臺參訪，在餐廳點了炒土豆絲、燙西蘭花、西紅柿炒雞蛋等三道菜，包含下列何種食材？　　　　　　　　　　　　　　　　（102 年華導）

(A) 花生、綠花椰菜、蕃茄、雞蛋　　　(B) 馬鈴薯、綠花椰菜、柿子、雞蛋
(C) 馬鈴薯、綠花椰菜、蕃茄、雞蛋　　　(D) 花生、綠花椰菜、柿子、雞蛋

（　　）50.大陸地區人民申請來臺觀光，有下列那一種情形之一者，主管機關得不予許可；已許可者，得撤銷或廢止其許可，並註銷其入出境許可證？

(A)5 年前曾有違反公共秩序或善良風俗之行爲者　　　　　　　（102 年華導）
(B)6 年前曾來臺觀光而有脫團自行旅遊者
(C)7 年前曾未經許可入境者
(D) 爲了能來臺觀光，申請資料有所隱匿者

（　　）51.中國大陸近幾年積極推動建設「海峽西岸經濟區」，依中國大陸國家發展和改革委員會於西元 2011 年 3 月提出的「海峽西岸經濟區發展規劃」，海峽西岸經濟區的範圍包括哪一省的全境？　　　　　　　　　　　　　　　　（103 年華導）

(A) 福建省　　　　　(B) 廣東省　　　　　(C) 浙江省　　　　　(D) 江西省

（　　）52.依據「海峽兩岸金融合作協議」，在金融監督管理方面，兩岸金融監理機關已於民國 98 年 11 月 16 日完成銀行業、證券期貨業及何種行業三項金融監理合作瞭解備忘錄（MOU）之簽署？　　　　　　　　　　　　　　（103 年華導）

(A) 保險　　　　　(B) 貸款　　　　　(C) 信託　　　　　(D) 貨幣清算

（　　）53.下列何者已納入「黃金十年‧國家願景」規劃，但需在國內民意達成高度共識，兩岸累積足夠互信，且具備「國家需要、民意支持、國會監督」的三個重要前提下，審酌推動，目前仍不是政府施政的優先項目？　　　　　（103 年華導）

(A) 商簽和平協議
(B) 爭取加入跨太平洋夥伴協定
(C) 參與國際民航組織
(D) 參與聯合國氣候變化綱要公約國際組織

（　　）54.自民國 92 年 4 月起，下列哪一類中國大陸出版之雜誌尚無法授權臺灣業者發行正體版？　　　　　　　　　　　　　　　　　　　　　　　（103 年華導）

(A) 地理風光　　　　　(B) 語言教學　　　　　(C) 文化藝術　　　　　(D) 休閒娛樂

( ) 55.民國 97 年 5 月 20 日以來，兩岸恢復了制度化協商，簽署了多項的協議與共識。下列何者是尚未簽訂的協議項目？　(103 年華導)

(A) 食品安全　　　　　　　　(B) 和平與軍事互信
(C) 漁船船員勞務合作　　　　(D) 智慧財產權保護

( ) 56.西元 2012 年中國共產黨中央政治局會議審議，通過了中央紀律檢查委員會的審查報告，決定給予薄熙來開除黨籍、開除公職的處分，此種處分簡稱為何？

(A) 雙無　　　(B) 雙免　　　(C) 雙除　　　(D) 雙開　(103 年外導)

( ) 57.中國共產黨於西元 2012 年舉行第 18 次全國代表大會（簡稱 18 大），進行權力交替。中國共產黨 18 大中央政治局常委會常委為幾人？　(103 年外導)

(A)5 人　　　(B)7 人　　　(C)9 人　　　(D)10 人

( ) 58.西元 1998 年 5 月 4 日，江澤民在慶祝北京大學建校一百周年大會上指出要有具世界先進水平的一流大學，中國大陸因此提出下列何種教育工程？　(103 年外導)

(A)211 工程　　(B)985 工程　　(C)198 工程　　(D)854 工程

( ) 59.國人在大陸地區，如果臨時發生不可預期的傷、病就醫或緊急分娩者，依據全民健康保險法相關法令的規定，其醫療費用可在出院日起最久多少時間內，持醫療相關資料逕向投保單位所屬的健康保險局申請核退？　(103 年外導)

(A)1 個月內　　(B)3 個月內　　(C)6 個月內　　(D)1 年內

( ) 60.海峽兩岸經濟合作架構協議簽訂後，核准設立的中國大陸首家臺商獨資醫療機構，已於民國 101 年 6 月 26 日開幕，此醫療機構位於哪個城市？　(103 年外導)

(A) 北京　　　(B) 上海　　　(C) 天津　　　(D) 深圳

解答

1.(C)	2.(B)	3.(D)	4.(C)	5.(A)	6.(D)	7.(A)	8.(B)	9.(B)	10.(B)
11.(D)	12.(D)	13.(D)	14.(B)	15.(C)	16.(A)	17.(B)	18.(B)	19.(A)	20.(B)
21.(A)	22.(C)	23.(B)	24.(C)	25.(B)	26.(C)	27.(B)	28.(C)	29.(C)	30.(A)
31.(D)	32.(D)	33.(B)	34.(C)	35.(B)	36.(C)	37.(B)	38.(A)	39.(C)	40.(C)
41.(B)	42.(A)	43.(C)	44.(D)	45.(C)	46.(B)	47.(A)	48.(C)	49.(C)	50.(D)
51.(A)	52.(A)	53.(A)	54.(B)	55.(B)	56.(C)	57.(B)	58.(C)	59.(C)	60.(B)

試題解析

1. 交通部與陸委會於民國93年5月7日公布「兩岸海運便捷化措施」，就「境外航運中心」措施作出調整，包括：將目前「境外航運中心」業務範圍從經營轉運貨擴大至可載運大陸與第三地之進出口貨，及適用港口從高雄港擴及臺中港與基隆港（惟臺中港部分，暫不開放臺中港與大陸港口間之東西向航線）。

2. 小三通是自民國90年1月1日起，臺灣海峽兩岸實施的小型三通模式，實現兩岸小規模的通商、通航和通郵。

3. 接待單位應要求大陸人士尊重我方活動場地內國旗及總統玉照等原有精神禮儀布置。對於變更布置之要求，應說明我方立場並予拒絕。

4. 中國傳統三大偶戲布袋戲、皮影戲及傀儡戲。

5. 自民國81年通過「臺灣地區與大陸地區人民關係條例」以來，兩岸貿易往來日益密切，臺商投資大陸逐漸增多，目前大陸為臺灣地區第一大貿易夥伴、第一大出口夥伴及第二大進口夥伴，這些年來累計臺灣從大陸賺取超過6千億美元的貿易順差。

6. 傳統安全觀主要是講軍事安全。新國家安全觀主張的安全，是包括政治安全、經濟安全、軍事安全、文化安全、信息安全、生態安全等在內的綜合安全。

7. 兩岸合作以「一個中國」為原則下，經濟合作交流為首要，希望兩岸共同面對全球經濟新局，共同構築兩岸願景，共同參與區域經濟整合，攜手合作，互利共榮，振興中華。

8. 我國中央政府體系原具有內閣制的精神，但從1990年代以來的多次修憲後，已轉向為偏向總統制的雙首長制。

9. 詳見「大陸地區人民來臺從事觀光活動許可辦法」第6條。

10. 詳見「大陸地區人民來臺從事觀光活動許可辦法」第22條。

11. 詳見「大陸地區人民來臺從事觀光活動許可辦法」第22條。

12. 詳見「大陸地區人民來臺從事觀光活動許可辦法」第3條。

13. 詳見「大陸地區人民來臺從事觀光活動許可辦法」第4條。旅行業辦理大陸地區人民來臺從事觀光活動業務，每家旅行業每日申請接待數額不得逾200人。

14. 詳見「大陸地區人民來臺從事觀光活動許可辦法」第27條。

15. 詳見「大陸地區人民來臺從事觀光活動許可辦法」第14條。

16.詳見「大陸地區人民來臺從事觀光活動許可辦法」第9條。

17.詳見「大陸地區人民來臺從事觀光活動許可辦法」第9條。

18.中國共產黨全國代表大會簡稱中共黨代會，每5年舉行一次，由中國共產黨中央委員會召集。

19.鄧小平南巡，又稱九二南巡，其講話中文媒體亦簡稱為「南方談話」，是指1992年1月18日至2月21日期間，鄧小平在中國南方的武昌、深圳、珠海、上海等地所做的巡視以及講話，重申與改革開放相關的鄧小平理論，並期許廣東能按其「生產力為基礎的發展觀」發展經濟在20年內追上亞洲四小龍。

20.三農指農村、農業和農民；而三農問題則特指中國大陸的農村問題、農業問題和農民問題從而產生的社會問題，包括貧富懸殊及流動人口等。

21.第5次江陳會談簽署「海峽兩岸經濟合作架構協議（ECFA）」，由雙方成立「兩岸經濟合作委員會。

22.兩岸用語不同請參照本章第315～318頁。

23.兩岸用語不同請參照本章第315～318頁。

24.兩岸用語不同請參照本章第315～318頁。

25.兩岸用語不同請參照本章第315～318頁。

26.「大陸地區專業人士來臺從事專業活動許可辦法」第20條規定：「大陸地區人民符合下列情形之一者，無須覓保證人及備具保證書：一、已取得臺灣地區不動產所有權，並以該事由申請來臺。二、大陸地區經貿專業人士以庚類專業資格申請來臺，已實行投資。」

27.「大陸地區專業人士來臺從事專業活動許可辦法」第12條規定：「大陸地區衛生專業人士申請來臺從事研習、臨床教學或研究等專業活動，每次停留期間，自入境翌日起算，不得逾一個月，停留期間屆滿得申請延期，延期期間依活動行程覈實許可，每年總停留期間不得逾二個月。」

28.詳見「大陸地區人民來臺從事觀光活動許可辦法」第19條。

29.詳見「大陸地區人民來臺從事觀光活動許可辦法」第22條。

30.詳見「大陸地區人民來臺從事觀光活動許可辦法」第25條。

31.詳見「大陸地區人民來臺從事觀光活動許可辦法」第22條。

32.詳見「大陸地區人民來臺從事觀光活動許可辦法」第28條。

33.211工程是中華人民共和國政府在1990年代中開始策劃和實行的、針對中國高等教育的一項戰略性政策。「211」的含義是「面向21世紀、重點建設100所左右的高等學校和一批重點學科的建設工程」。

34. 第八次「江陳會談」簽署「兩岸投資保障和促進協議」與「兩岸海關合作協議」，對外界關切臺商人身安全保障問題未能具體納入投保協議，兩會在會後發表共識文件，承諾兩岸相關業務主管部門，將依據各自規定，對另一方投資人與相關人員的人身自由受到限制時，將在廿四小時內通知當事人家屬。

35. 「中華人民共和國國民經濟和社會發展第十二個五年（2011～2015年）規劃綱要」，根據《中共中央關於制定國民經濟和社會發展第十二個五年規劃的建議》編製，主要闡明國家戰略意圖，明確政府工作重點，引導市場主體行為，是未來5年中國經濟社會發展的宏偉藍圖，是中國各族人民共同的行動綱領，是政府履行經濟調節、市場監管、社會管理和公共服務職責的重要依據。

36. 依「中華人民共和國憲法」規定，國家機構最高權力機關為全國人民代表大會（全國人大），行使立法權，選舉國家元首、國家行政機關、司法機關、檢察機關等首長。其組成由省、自治區、直轄市、特別行政區和軍隊、少數民族的代表。每屆任期五年。

37. 兩岸用語不同請參照本章第315～318頁。

38. 海基會、海協會為兩岸政府授權與對岸海協會處理涉及兩岸公權力事項協商的正式管道。協定事項以海基會與海協會兩會領導人名義簽署。

39. 除原已開放福建的福州、廈門、漳州、泉州、莆田、三明、南平、龍岩、寧德等9個城市居民赴金馬澎地區「小三通」自由行之外，民國101年8月28日開放浙江的溫州、麗水、衢州；廣東的梅州、潮州、汕頭、揭陽；以及江西的上饒、鷹潭、撫州、贛州等11個城市，總共擴及大陸4個省20個城市居民可赴金馬澎地區「小三通」自由行。

40. 「海峽兩岸共同打擊犯罪及司法互助協議」第10條規定：「雙方同意基於互惠原則，於不違反公共秩序或善良風俗之情況下，相互認可及執行民事確定裁判與仲裁裁決（仲裁判斷）。」此規定，即不具法律效力，不能直接為法院所援用。其他如罪犯之遣返，司法之互助，以及海峽兩岸空運協議之包機、承運人等，都涉及人民之權利、義務事項，恐涉及修改法律，協議須經立法院審議。

41. 兩岸用語不同請參照本章第315～318頁

42. 寧夏夜市是臺北夜市之中最具有歷史傳承意義。民國43年，和圓環、南京西路、保安街、歸綏街等形成臺北最大的夜市－「圓環商圈」，有「臺北的胃」美稱。

43. 海峽兩岸智慧財產權保護合作協議，加強專利、商標、著作權及植物品種權（植物新品種權）（以下簡稱品種權）等兩岸智慧財產權（知識產權）保護方面的交流與合作，協商解決相關問題，提升兩岸智慧財產權（知識產權）的創新、應用、管理及保護。

44. 馬英九總統於民國101年5月20日就職提出「確保臺灣安全的鐵三角」，「鐵三角論」就是以兩岸和解實現臺海和平、活路外交與國防武力。

45. 兩岸政策的基本理念，即強調在中華民國憲法架構下，維持臺海「不統、不獨、不武」現狀，其中很重要的一項互動原則爲：雙方「互不承認主權、互不否認治權」，並基於一個重要原則—「循序漸進」，即「先急後緩、先易後難、先經後政」，兩岸經貿顯示愈來愈可以互補。

46. 臺胞證的核發單位屬於大陸政府部門的權限，目前由香港或澳門中國旅行社負責。

47. 依據「大陸地區專業人士來臺從事專業活動許可辦法」規定：「邀請單位可於大陸地區專業人士預定來臺之日的二個月前備妥申請文件向內政部入出境管理局提出申請。大陸地區專業人士來臺停留時間，自入境翌日起不得逾二個月，停留期間屆滿得申請延期，惟總停留期間每年不得逾四個月。」

48. ECFA有助於臺灣的石斑的外銷，如今石斑95%外銷香港、中國沿海，獲取高利潤。

49. 兩岸用語不同請參照本章第315～318頁。

50. 詳見「大陸地區人民來臺從事觀光活動許可辦法」第17條。

51. 爲突破經濟發展的侷限，福建省在2004年1月提出建設海 西岸經濟區的計畫，希望能夠建設以福建省爲主體，涵蓋浙南（浙江省）、贛南（江西省）、贛東（江西省）、粵東（廣東省）的區域經濟共同體；此計畫獲得了中國大陸中央的支持。

52. 依據「海峽兩岸金融合作協議」，在金融監督管理方面，兩岸金融監理機關已於民國98年11月16日簽署的金融MOU協議，包括銀行業、證券期貨業、保險業三項。

53. 「黃金十年‧國家願景」規劃，需在國內民意達成高度共識，兩岸累積足夠互信，且具備「國家需要、民意支持、國會監督」的三個重要前提下，審酌推動，目前商簽和平協議仍不是政府施政的優先項目。

54. 自民國92年4月起，中國大陸出版的語言教學尚無法授權臺灣業者發行正體版。

55. 兩岸兩會已舉行8次高層會談並簽署18項協議，及達成2項共識，重要推動措施包括：在經貿交流方面，開放辦理人民幣兌換業務、開放兩岸證券投資、鬆綁海外企業來臺上市之規定、開放陸資來臺投資、加強兩岸金融往來和監理合作，以及推動小三通正常化等；在文教交流方面，落實兩岸媒體採訪正常化、擴大開放兩岸影視交流合作、開放招收大陸學生來臺就讀及採認大陸學歷；在法政交流方面，鬆綁地方首長及公務員赴大陸交流、落實保障大陸配偶權益等。

56. 開除黨籍、開除公職的處分，此種處分簡稱雙除。

57. 中共16大之後，政治局常委由原先7人增加到9人，到2012年中共18大之後，又改爲7人。

58. 在中國大陸，雖未有冠以「卓越」一詞的高等教育政策方案，但自推動「211工程」與「985工程」後，「建設世界一流大學、高水平大學」已是中國大陸近十餘年來高等教育的一項重要政策目標。中國國家教委在「中國教育改革和發展綱要」中提出「211工程」的構想，在1998年5月4日，江澤民在慶祝北京大學建校一百周年大會上指出要有具世界先進水平的一流大學，由於該計畫源於1998年5月，因此簡稱「985工程」。

59. 依據「全民健康保險法」相關法令的規定，從結束治療離開醫院那天開始算6個月以內；也就是門診或急診或出院當天就算第一天，往後推6個月內。不論情況發生在國內或國外都以此期限為主，超過期限就不能申請退費。

60. 中國大陸首家臺商獨資醫療機構─臺灣聯新國際醫療集團「上海禾新醫院」於民國101年6月26日開幕。

二、領隊實務(二)

( )　1.大陸地區人民來臺，其入臺證是在香港的哪一個地方領取？ (93 年華領)
　　　(A) 力寶大樓　　　(B) 光華中心　　　(C) 機場服務處　　　(D) 香港中聯辦

( )　2.依大陸地區人民及香港澳門居民強制出境處理辦法之規定，政府得委託下列哪一
　　　單位處理強制出境執行作業？ (93 年華領)
　　　(A) 中華民國救災總會　　　　　　　(B) 消費者保護基金會
　　　(C) 中華民國紅十字總會　　　　　　(D) 國際民航協會

( )　3.香港的基本法是由中華人民共和國政府的哪一個機關所制訂？ (93 年華領)
　　　(A) 國務院　　　　　　　　　　　　(B) 全國人民代表大會
　　　(C) 中央政治局　　　　　　　　　　(D) 政治協商會議)

( )　4.下列何者不是中國共產黨所主張的「四個堅持」？ (93 年華領)
　　　(A) 共產黨領導　　(B) 人民民主專政　　(C) 社會主義道路　　(D) 市場經濟制度

( )　5.中國大陸國家領導人胡錦濤兼任三個重要國家領導職位，下列何職位不在其兼任
　　　之列？ (93 年華領)
　　　(A) 國家主席　　　(B) 中共總書記　　　(C) 人大委員長　　　(D) 軍委會主席

( )　6.中共對臺政策的主要訴求爲何？ (93 年外領)
　　　(A) 聯邦制　　　(B) 一國兩制　　　(C) 邦聯制　　　(D) 歐盟模式

( )　7.我方海基會董事長辜振甫與大陸海協會汪道涵會長，於 1993 年在何處進行第一
　　　次「辜汪會談」？ (93 年外領)
　　　(A) 北京　　　(B) 新加坡　　　(C) 臺北　　　(D) 上海

( )　8.中國大陸主管觀光事務的中央政府部門是哪一個單位？ (93 年外領)
　　　(A) 觀光部　　　(B) 商務部　　　(C) 旅遊協會　　　(D) 國家旅遊局

( )　9.目前中國大陸共產黨的政治領導接班，已經進入到了第幾代？ (93 年外領)
　　　(A) 第三代　　　(B) 第四代　　　(C) 第五代　　　(D) 第六代

( )　10.中國大陸的「六四」事件，指的是哪一種類型的事件？ (93 年外領)
　　　(A) 法輪功事件　　　　　　　　　　(B) 爭取民主事件
　　　(C) 中國使館誤炸事件　　　　　　　(D) 南海軍機擦撞事件

( )　11.蔣故總統經國先生主政期間所頒佈施行之大陸政策爲何？ (95 年華領)
　　　(A) 終止「動員戡亂時期臨時條款」，不再視對岸的中共政權爲一叛亂團體
　　　(B) 提出「積極開放，有效管理」的大陸經貿政策
　　　(C) 頒布「國家統一綱領」，以循序漸進的方式，追求國家統一
　　　(D) 解除戒嚴令及開放臺灣人民赴大陸探親

( ) 12. 中國大陸習稱的「高考」是相當於臺灣的： (95 年華領)

    (A) 公務人員高等考試   (B) 專門職業高等考試

    (C) 大學聯考   (D) 高中聯考

( ) 13. 近來大陸對臺策略有所謂「三戰」，即「法律戰」、「心理戰」與下列何者？

    (A) 軍事戰   (B) 情報戰   (C) 輿論戰   (D) 資訊戰   (95 年華領)

( ) 14. 政府哪一年元旦開放金門、馬祖與大陸地區小三通？ (96 年外領)

    (A) 民國 86 年   (B) 民國 87 年   (C) 民國 89 年   (D) 民國 90 年

( ) 15. 「臺灣關係法」是哪一國的國內法？ (96 年外領)

    (A) 中華民國   (B) 日本

    (C) 中華人民共和國   (D) 美國

( ) 16. 行政院新聞局派駐在香港的機構名稱是： (97 年華領)

    (A) 臺灣觀光協會   (B) 臺北觀光協會

    (C) 光華新聞文化中心   (D) 中華旅行社

( ) 17. 中國大陸習稱的「扎啤」是指： (97 年華領)

    (A) 罐裝啤酒   (B) 瓶裝啤酒   (C) 淡啤酒   (D) 生啤酒

( ) 18. 中國大陸習稱之「U 盤」，在臺灣稱之為： (97 年華領)

    (A) 雷射唱盤   (B) 不明飛行物   (C) 隨身碟   (D) 雷射隨身聽

( ) 19. 民國 90 年開辦兩岸小三通時，馬祖、金門與中國大陸哪兩個都市間直接通航？

    (A) 泉州、漳州   (B) 深圳、福州   (98 年華領)

    (C) 福州、廈門   (D) 廈門、泉州

( ) 20. 臺灣習稱之三溫暖，中國大陸則稱為： (98 年華領)

    (A) 三溫暖   (B) 上海浴   (C) 桑拿浴   (D) 芬蘭浴

( ) 21. 中國大陸民間習慣將紹興酒系列的酒簡稱為什麼酒？ (98 年華領)

    (A) 紅酒   (B) 白酒   (C) 黃酒   (D) 藥酒

( ) 22. 旅行業辦理大陸地區人民來臺從事觀光活動業務，欲申請交通部觀光局核准，何項不屬應具備要件？ (98 年華領)

    (A) 成立五年以上之綜合或甲種旅行業

    (B) 為省市級旅行業同業公會會員

    (C) 最近五年旅行業保證金曾被法院扣押

    (D) 向交通部觀光局申請赴大陸地區旅行服務許可獲准，經營滿一年以上年資者

( ) 23. 中國大陸在 1967 年至 1969 年的高中畢業生，因文化大革命，高中無新生入學，只有畢業生，稱之為： (99 年外領)

    (A) 高三屆   (B) 中三屆   (C) 老三屆   (D) 新三屆

( ) 24. 中國大陸所稱「小紅書」是指： (99 年外領)

    (A) 鄧小平語錄   (B) 毛澤東語錄   (C) 江澤民語錄   (D) 胡錦濤語錄

（　）25. 中國大陸現行政治制度，每年春天都會在北京召開兩會，請問除了全國人大會議
之外，另一個「會」是指：　　　　　　　　　　　　　　　　　（99 年外領）
(A) 全國行業協會　(B) 全國勞工會議　(C) 全國農民會議　(D) 全國政協會議

（　）26. 1995 年，中共發動臺海飛彈危機，試射何種飛彈？　　　　　　　　（99 年外領）
(A)D 族飛彈　　　　(B)F 族飛彈　　　　(C)M 族飛彈　　　　(D)P 族飛彈

（　）27. 布袋戲係源自於何地？　　　　　　　　　　　　　　　　　　　　　（99 年外領）
(A) 泉州　　　　　(B) 福州　　　　　(C) 廈門　　　　　(D) 長樂

（　）28. 1996 年亞特蘭大奧運主題曲中，有一段未經同意卻使用了我國哪位原住民音樂家
所吟唱的音樂？　　　　　　　　　　　　　　　　　　　　　　（99 年外領）
(A) 北原山貓　　　(B) 郭英男　　　　(C) 巴彥達魯　　　(D) 動力火車

（　）29. 中共自改革開放以來，「一個中心，兩個基本點」的基本路線中，「一個中心」是
指什麼？　　　　　　　　　　　　　　　　　　　　　　　　　（99 年外領）
(A) 以經濟建設為中心　　　　　　　(B) 以改革開放為中心
(C) 以共產黨領導為中心　　　　　　(D) 以統一中國為中心

（　）30. 浙江杭州出產的名茶是什麼茶？　　　　　　　　　　　　　　　　　（99 年外領）
(A) 高山茶　　　　(B) 烏龍茶　　　　(C) 碧蘿春　　　　(D) 龍井茶

（　）31. 中國大陸習稱的「土豆」是指：　　　　　　　　　　　　　　　　　（99 年華領）
(A) 落花生　　　　(B) 形容人很土氣　(C) 馬鈴薯　　　　(D) 地瓜

（　）32. 中國大陸現行政治制度，每年春天都會在北京召開兩會，請問除了全國人大會議
之外，另一個「會」是指：　　　　　　　　　　　　　　　　　（99 年華領）
(A) 全國行業協會　(B) 全國勞工會議　(C) 全國農民會議　(D) 全國政協會議

（　）33. 下列何者不是所謂的「三資企業」？　　　　　　　　　　　　　　　（100 年外領）
(A) 臺商獨資　　　　　　　　　　　(B) 臺商與大陸企業合資
(C) 臺商與大陸企業合作經營　　　　(D) 跨國企業在大陸投資

（　）34. 中國大陸習稱的「集裝箱」是指什麼？　　　　　　　　　　　　　　（101 年外領）
(A) 收納箱　　　　(B) 貨櫃　　　　　(C) 紙箱　　　　　(D) 資料櫃

（　）35. 中國大陸於西元幾年加入「世界貿易組織」（WTO）？　　　　　　　（101 年外領）
(A)2000 年　　　　(B)2001 年　　　　(C)2002 年　　　　(D)2003 年

（　）36. 民國 97 年 5 月馬總統就任後迄 100 年 12 月，兩岸已舉行幾次「江陳會談」？
(A)1 次　　　　　(B)3 次　　　　　(C)5 次　　　　　(D)7 次　（101 年外領）

（　）37. 下列何者不是現階段政府與中國大陸進行協商議題的原則？　　　　　（101 年外領）
(A) 先經後政　　　(B) 先易後難　　　(C) 先急後緩　　　(D) 先政後經

（　）38. 下列何者不是中國大陸官方承認的 5 大宗教？　　　　　　　　　　　（101 年外領）
(A) 道教　　　　　(B) 印度教　　　　(C) 天主教　　　　(D) 伊斯蘭教

( ) 39.政府在哪一年開放臺灣民眾到中國大陸探親？ (101 年華領)

    (A) 民國 79 年　　　(B) 民國 78 年　　　(C) 民國 77 年　　　(D) 民國 76 年

( ) 40.民國 97 年 5 月馬總統就任後推動兩岸制度化協商，下列何者不是目前政府推動兩岸制度化協商的原則？ (101 年華領)

    (A) 對等、尊嚴、互惠　　　　　　　(B) 先易後難

    (C) 以臺灣為主、對人民有利　　　　(D) 先政後經

( ) 41.「ECFA」在中國大陸的全稱為何？ (102 年華領)

    (A) 海峽兩岸經濟合作架構協議　　　(B) 海峽兩岸經濟合作框架協議

    (C) 海峽兩岸金融合作架構協議　　　(D) 海峽兩岸投資合作框架協議

( ) 42.民國 102 年 1 月，針對中國大陸媒體「南方周末」新年特刊遭到大陸官方刪改事件，政府呼籲中國大陸應尊重新聞與創作自由，並希望透過兩岸媒體的互動與交流，讓大陸感受到臺灣自由的新聞環境，促進兩岸資訊對等流通，並帶給大陸新聞環境改革的動力。前述「南方周末」報業係屬大陸哪一省的媒體集團？

    (A) 海南　　　　(B) 廣東　　　　(C) 湖南　　　　(D) 福建 (102 年華領)

( ) 43.自民國 100 年 12 月起臺灣鮮梨可依「臺灣梨輸往大陸檢驗檢疫管理規範」輸往中國大陸，首批國產梨於臺中港裝櫃輸出，運抵大連港，成為我國第 23 項准入中國大陸之生鮮水果，為臺灣梨外銷成功開拓新興市場。以上的敘述和那些協議有關？ (102 年華領)

    (A) 海峽兩岸經濟合作架構協議、海峽兩岸智慧財產權保護合作協議

    (B) 海峽兩岸經濟合作架構協議、海峽兩岸海運協議

    (C) 海峽兩岸農產品檢疫檢驗合作協議、海峽兩岸海運協議

    (D) 海峽兩岸農產品檢疫檢驗合作協議、海峽兩岸食品安全協議

( ) 44.臺灣有多部電影片依據海峽兩岸經濟合作架構協議服務貿易早期收穫計畫，申請通過中國大陸國家廣播電影電視總局審批，並已在中國大陸上映。下列何部電影不是依海峽兩岸經濟合作架構協議服務貿易早期收穫計畫申請，而在中國大陸上映？ (102 年華領)

    (A) 雞排英雄　　　　　　　　　　　(B) 少年 Pi 的奇幻漂流

    (C) 賽德克·巴萊　　　　　　　　　(D) 那些年我們一起追的女孩

( ) 45.以下有關兩岸經貿團體互設辦事機構敘述，何者錯誤？ (102 年華領)

    (A) 已核准中國大陸中國機電產品進出口商會臺北及高雄辦事處

    (B) 已核准臺灣貿易中心上海及北京代表處

    (C) 中華民國對外貿易發展協會於上海及北京設有代表處

    (D) 兩岸經貿團體互設辦事機構，是透過 ECFA「兩岸經濟合作委員會」平臺所推動

（　）46.西元 2012 年 11 月中國共產黨第十八屆全國代表大會一中全會，選出中央政治局
　　　　常委幾名？　(102 年華領)

　　　　(A)5 名　　　　　　(B)7 名　　　　　　(C)8 名　　　　　　(D)9 名

（　）47.中國大陸近幾年積極推動「平潭綜合實驗區」，平潭綜合實驗區位於何處？

　　　　(A) 廣東省　　　　(B) 福建省　　　　(C) 浙江省　　　　(D) 江西省　(102 年華領)

（　）48.兩岸交流過程中，針對部分人士或臺灣藝人使用「內地」來稱呼中國大陸，民國
　　　　102 年 1 月，政府相關部會表示意見，下列何者正確？　(103 年外領)

　　　　(A) 行政院大陸委員會及文化部皆認為不妥適或不妥當
　　　　(B) 文化部認為政府應該要規範臺灣藝人的用詞
　　　　(C) 行政院大陸委員會認為政府應該要規範臺灣藝人的用詞
　　　　(D) 行政院大陸委員會及文化部皆認為並無不妥適或不妥當

（　）49.兩岸經濟合作架構協議簽署後，中國大陸給予臺灣 18 個稅項農漁產品納入早期
　　　　收穫的產品，對我國農產品出口至中國大陸有實際助益。依照雙方約定的稅率調
　　　　降關稅，18 個稅項農漁產品何時全面降至零關稅？　(103 年外領)

　　　　(A) 民國 99 年　　(B) 民國 100 年　　(C) 民國 101 年　　(D) 民國 102 年

（　）50.「臺星經濟夥伴協議（ASTEP）」及我與紐西蘭的「經濟合作協議（ECA）」已順
　　　　利完成，我政府亦積極尋求加入「跨太平洋戰略經濟夥伴關係」。此一夥伴關係英
　　　　文簡稱為何？　(103 年外領)

　　　　(A)TPP　　　　　　(B)DPP　　　　　　(C)RPP　　　　　　(D)FPP

（　）51.馬英九總統在民國 101 年提出「東海和平倡議」，其中提到落實東海和平倡議的
　　　　具體步驟，即採取「三組雙邊對話」到「一組三邊協商」兩階段，用「以對話取
　　　　代對抗」、「以協商擱置爭議」的方式，探討合作開發東海資源的可行性。所稱「三
　　　　組雙邊對話」為何？　(103 年外領)

　　　　(A) 臺灣與日本、臺灣與中國大陸、日本與中國大陸
　　　　(B) 臺灣與日本、臺灣與韓國、日本與韓國
　　　　(C) 日本與韓國、日本與中國大陸、韓國與中國大陸
　　　　(D) 臺灣與日本、中國大陸與韓國、日本與韓國

（　）52.海峽兩岸投資保障和促進協議人身自由與安全保障共識中，對於臺商及所屬員
　　　　工、眷屬，其人身自由受限時，陸方會依規定在幾小時內通知家屬，並會在何項
　　　　協議既有的通報機制基礎上，及時通報我方主管機關？　(103 年外領)

　　　　(A)72 小時，海峽兩岸金融合作協議
　　　　(B)36 小時，海峽兩岸共同打擊犯罪及司法互助協議
　　　　(C)24 小時，海峽兩岸共同打擊犯罪及司法互助協議
　　　　(D)48 小時，海峽兩岸金融合作協議

( ) 53. 下列何者不在兩岸兩會於民國 99 年 12 月簽署之「海峽兩岸醫藥衛生合作協議」範圍內？ (103 年華領)

(A) 傳染病防治　　(B) 緊急救治　　　(C) 醫事人員培訓　(D) 中藥材安全管理

( ) 54. 有關我國簽署之經貿協定（議）之敘述，下列何者正確？ (103 年華領)

(A) 西元 2010 年與中國大陸簽訂兩岸經濟合作架構協議

(B) 西元 2010 年與新加坡及紐西蘭等國家簽訂經濟合作協議

(C) 西元 2010 年與美國簽訂貿易暨投資架構協定

(D) 西元 2010 年與日本洽簽臺日投資協議

( ) 55. 西元 2012 年 11 月中國共產黨召開第 18 次全國代表大會，新修正通過的黨章中，把「科學發展觀」和馬克斯列寧主義、毛澤東思想等同列為是中國共產黨必須長期堅持的指導思想。「科學發展觀」是中國大陸那位領導人首先提出的？

(A) 江澤民　　　　(B) 溫家寶　　　　(C) 習近平　　　　(D) 胡錦濤　(103 年華領)

( ) 56. 中國大陸「山寨」產品問題嚴重，因此民國 99 年 6 月兩岸在中國大陸重慶完成簽署「海峽兩岸智慧財產權保護合作協議」，依據協議的內容與執行情形，下列何者錯誤？ (103 年華領)

(A) 雙方本著平等互惠原則，加強專利、商標、著作權及植物品種權的保護交流與合作

(B) 民國 100 年，中國大陸企業來臺申請專利、商標的案件數目，多於我國內企業赴中國大陸申請的案件數目

(C) 我方協處機制的受理機關為經濟部智慧財產局

(D) 我方由社團法人臺灣著作權保護協會（TACP）為臺灣影音製品進入中國大陸市場進行著作權認證工作

( ) 57. 民國 101 年 8 月兩岸兩會簽署「海峽兩岸投資保障和促進協議」人身自由與安全保障共識，下列何者不是前項共識的內容？ (103 年華領)

(A) 雙方將依據各自規定，對另一方投資人及相關人員，自限制人身自由時起 24 小時內通知

(B) 依據「海峽兩岸共同打擊犯罪及司法互助協議」的聯繫機制，通報對方指定的業務主管部門

(C) 大陸公安機關對臺灣投資者個人及其隨行家屬，在依法採取強制措施限制其人身自由時，應在 24 小時內通知在大陸的家屬

(D) 主動提供家屬探視後保釋的權利

( ) 58. 下列何者係政府當前兩岸政策的內涵？①不統、不獨、不武②對等、尊嚴③維護臺灣主體性④不接觸、不談判、不妥協 (103 年華領)

(A) ②③④　　　　(B) ①②③　　　　(C) ①②④　　　　(D) ①③④

解答

1.(A)	2.(C)	3.(B)	4.(D)	5.(C)	6.(B)	7.(B)	8.(D)	9.(C)	10.(B)
11.(D)	12.(C)	13.(C)	14.(D)	15.(D)	16.(C)	17.(D)	18.(C)	19.(D)	20.(C)
21.(C)	22.(C)	23.(C)	24.(B)	25.(D)	26.(B)	27.(A)	28.(B)	29.(A)	30.(D)
31.(C)	32.(D)	33.(A)	34.(B)	35.(B)	36.(D)	37.(D)	38.(D)	39.(D)	40.(D)
41.(B)	42.(C)	43.(C)	44.(B)	45.(A)	46.(B)	47.(D)	48.(A)	49.(D)	50.(A)
51.(A)	52.(C)	53.(C)	54.(A)	55.(D)	56.(B)	57.(D)	58.(B)		

試題解析

1. 大陸人士第一次來臺申請人在香港或澳門者，應向位於香港的臺北經濟文化辦事處（香港金鐘道89號力寶中心第4座4樓）或澳門的臺北經濟文化辦事處（澳門新口岸宋玉生廣場411～417號皇朝廣場5樓J～O座）申請。申請案係由接待旅行業代為送件者，本署核發之入出境許可證交由該代送件之旅行業轉發申請人。申請案係由旅行業全聯會代為送件者，本署核發之入出境許可證交由旅行業全聯會轉發申請人。

2. 依據「大陸地區人民及香港澳門居民強制出境處理辦法」第12條規定：「本辦法之強制出境執行作業，得委託中華民國紅十字會總會或行政院設立或指定之機構或委託之民間團體辦理之。」。

3. 全國人民代表大會，全稱中華人民共和國全國人民代表大會，簡稱全國人大或人大，是《中華人民共和國憲法》規定的中華人民共和國最高國家權力機關。根據2004年修正的《中華人民共和國憲法》第三章第一節第六十二條的規定，全國人民代表 大會行使下列職權：(1)修改憲法；(2)監督憲法的實施；(3)制定和修改刑事、民事、國家機構的和其他的基本法律；(4)選舉中華人民共和國主席、副主席；(5)根據中華人民共和國主席的提名，決定國務院總理的人選；根據國務院總理的提名，決定國務院副總理、國務委員、各部部長、各委員會主任、審計長、秘書長的人選；(6)選舉中央軍事委員會主席；根據中央軍事委員會主席的提名，決定中央軍事委員會其他組成人員的人選；(7)選舉最高人民法院院長；(8)選舉最高人民檢察院檢察長；(9)審查和批准國民經濟和社會發展計劃和計劃執行情況的報告；(10)審查和批准國家的預算和預算執行情況的報告；(11)改變或者撤銷全國人大常委會不適當的決定；(12)批准省、自治區和直轄市的建置；(13)決定特別行政區的設立及其制度；(14)決定戰爭和和平的問題；(15)應當由最高國家權力機關行使的其他職權。

4. 「四個堅持」就是所謂「四項基本原則」，即：堅持馬列主義毛澤東思想、堅持社會主義道路，堅持無產階級專政（後改為人民民主專政），堅持中國共產黨的領導。

5. 大陸國家領導人兼任的職務有三種--國家主席、中共總書記、軍委會主席。

6. 一國兩制，意即「一個國家，兩種制度」，是指中華人民共和國前任領導人鄧小平為了實現中國和平統一的目標而創造的方針。

7. 第一次辜汪會談或第一次汪辜會談，是指在民國82年4月27日至4月29日期間，由中華民國方面的海峽交流基金會（即「海基會」）董事長辜振甫，與中華人民共和國方面的海峽兩岸關係協會（即「海協會」）會長汪道涵於新加坡共和國所舉行的會談。會中簽訂兩岸公證書查證協議、兩岸掛號函件查詢補償事宜協議、兩會聯繫與會談制度協議，以及辜汪會談共同協議等四項事務性協議。

8. 國家旅遊局是國務院主管旅遊工作的直屬機構。相當於我國的行政院下的交通部掌管觀光相關業務的觀光局，位階比我國的高。

9. 中國共產黨現在稱呼毛澤東、鄧小平和江澤民分別為黨的第一、二和三代「中央領導集體核心」，稱呼第四代中央領導集體為「以胡錦濤同志為總書記的黨中央」。目前第五代的最高領導人是習近平，並稱呼現在第五代的中央領導集體為「以習近平同志為總書記的黨中央」。

10. 六四事件，是發生於1989年6月3日晚上至6月4日清晨，中國人民解放軍與中國平民在中華人民共和國首都北京市天安門廣場附近和通往廣場道路上所爆發的流血衝突，屬於八九民運的一部分。「八九民運」（民主運動）、或稱「八九學運」（學生運動），是指學生與公民在北京天安門廣場所發起長達兩個月的學生運動，因前中共總書記胡耀邦的猝逝所引發，之後演變為爭取民主改革訴求的運動。

11. 放棄早期採取的三不政策。開放大陸探親，中斷近40年的隔閡。

12. 在中國大陸，「高考」指高等學校的全國統一招生考試，分為：普通高等學校招生全國統一考試（普通高考，狹義的高考），及成人高等學校招生全國統一考試（成人高考）。在臺灣，高考是中華民國公務人員高等考試的簡稱。

13. 2003年中共將傳統非武力戰之心理戰、輿論戰、法律戰，提升為戰略理論高度，貫穿「和戰時期與戰爭全程」，形成三戰體系化的拓展。

14. 民國90年元月1日，金門、馬祖與對岸的小三通開始實施。民國97年6月19日，擴大小三通方案正式實施，同年7月4日之後有開放週末包機直航，民國98年7月29日開放直航。

15. 「臺灣關係法」（英語：Taiwan Relations Act；縮寫：TRA；中國大陸通常譯作「與臺灣關係法」）是一部現行的美國國內法。臺灣關係法中提到，美國政府在一些方面繼續給予臺灣統治當局（英文：Taiwan Authorities，在1979年1月1日前美國承認其為中華民國）與外國、外國政府或類似實體同等的待遇。

16. 民國100年7月5日，陸委會宣布駐香港機構「中華旅行社」正名為「臺北經濟文化辦事處」。同時，經濟部駐港的「遠東貿易中心」與新聞局「光華新聞文化中心」也都會一併更名為「臺北經濟文化辦事處」的「商務組」及「新聞組」。

17. 兩岸用語不同請參照本章第315～318頁。

18. 兩岸用語不同請參照本章第315～318頁。

19. 截至目前為止，兩岸小三通開放通航為金門對廈門、泉州，馬祖對福州（馬尾碼頭）。

20. 兩岸用語不同請參照本章第315～318頁。

21. 兩岸用語不同請參照本章第315～318頁。

22. 旅行業辦理大陸地區人民來臺從事觀光活動業務，除須領有觀光局旅行業執照外，須另外向觀光局申請核准，其申請具備的資格詳見本章大陸地區人民來臺從事觀光活動許可辦法第10條。

23. 1966年到1968年，中國正陷於「文化大革命」的混亂之中，大學停止招生。直至1979年，仍被允許參加高考，被稱爲「老三屆畢業生」。作爲對應，所有1977～1979年考入大學的學生，則被稱爲「新三級」或「新三屆」大學生。

24. 《毛主席語錄》（又稱《毛澤東語錄》，簡稱《毛語錄》）是毛澤東著作中一些語句的選編本，因爲最流行的版本用紅色封面包裝，又是共產黨領袖的經典言論，所以文化大革命中被紅衛兵稱爲「紅寶書」。國外的報導和著述習慣稱「紅寶書」爲「小紅書」（Little Red Book），既反映了沒有崇拜心理的色彩，亦不無諷刺意味。

25. 每年春天，在中國首都北京召開的「兩會」，全國人大會議和全國政協會議是中國政治生活中的大事。

26. 臺灣海峽飛彈危機（又稱第三次臺灣海峽危機，1996年臺海危機），是指1995年至1996年間，中華人民共和國政府因不滿中華民國總統李登輝獲邀以校友身分前往其母校美國康乃爾大學發表公開演講、並企圖影響第一次中華民國總統公民直接選舉結果所舉行的軍事演習行動。1995年7月21日至7月28日，中華人民共和國從江西鉛山導彈基地試射東風15導彈六枚，預定目標距臺灣富貴角北方約70海浬處。而當時試射的飛彈是M9式飛彈：M9式飛彈又被稱爲東風十五型飛彈。

27. 布袋戲又稱作布袋木偶戲、手操傀儡戲、手袋傀儡戲、掌中戲、小籠、指花戲，是一種起源於17世紀中國福建泉州，主要在福建泉州、漳州、廣東潮州與臺灣等地流傳的一種用布偶來表演的地方戲劇。

28. 1996年亞特蘭大奧運主題曲，由已故國寶級吟唱大師臺灣阿美族的郭英男爺爺與其妻郭秀珠奶奶的高吭合聲－《老人飲酒歌》。

29. 「一個中心、兩個基本點」是中國共產黨第十三次全國代表大會提出的黨在「社會主義初級 階段」的基本路線的核心，是指以經濟建設爲中心，堅持四項基本原則，堅持改革開放。

30. 龍井茶是中國著名綠茶。產於浙江杭州西湖一帶，已有一千二百餘年歷史。

31. 在中國大陸，馬玲薯叫土豆，在臺灣，花生的臺語叫土豆，客家話則叫地豆或番豆，在中國大陸，花生就叫花生。

32. 兩會在中國，是指中華人民共和國全國及地方各級人民代表大會和中國人民政治協商會議兩者合稱時的簡稱，由於兩個會議大多在每年初春召開，故常被稱爲兩會。

33. 三資企業是三種中華人民共和國法律容許境外資本經營模式的簡稱，並各自有不同之設立限制，這三種企業分別爲：中外合資經營企業、中外合作經營企業、外商獨資企業。

34. 貨櫃保險，係指貨櫃箱體；貨櫃（Container，中國大陸則稱爲集裝箱）。

35. 2001年12月11日中華人民共和國經過15年的談判正式加入，臺灣則於2002年1月1日加入。

36. 海峽交流基金會董事長江丙坤與海峽兩岸關係協會會長陳雲林進行過八次兩岸協商會談，而第八次江陳會談：於民國101年8月9日在臺北-圓山飯店舉行。因應未來兩會高層的更迭，兩會決定將會議以「兩岸兩會第幾次高層會談」的方式命名，而不會像以往用主談人姓氏代稱。近兩岸兩會第九次高層會談，於民國102年6月20日在上海-東郊賓館舉行。

37. 兩岸協商的機制是以「一個中國」為原則，達成九二共識進行協商，為此以不談及政治為原則下，進行交流與協商。

38. 中國大陸官方所承認的佛教、伊斯蘭教、道教、天主教和新教等五大宗教。

39. 蔣故總統經國先生於民國76年開放國人前往中國大陸探親的政策。

40. 兩岸協商的機制是以「一個中國」為原則，達成九二共識進行協商，為此以不談及政治為原則下，進行交流與協商。

41. 海峽兩岸經濟合作架構協議，又稱海峽兩岸經濟合作框架協議（英文譯名：Economic Cooperation Framework Agreement，簡稱ECFA），是臺灣地區與中國大陸地區（合稱「兩岸」）的雙邊經濟協議，由中華民國政府於2009年提出並積極推動，被視為加強臺灣經濟發展的重要政策；後於民國99年6月29日在中國大陸重慶簽訂。

42. 南方周末於1984年創辦，總部位於廣州，是南方報業傳媒集團下屬的大型綜合性周報，是中國共產黨廣東省委機關報（即《南方日報》）主辦的系列報之一。

43. 農委會於民國98年底第4次江陳會談與大陸簽署「海峽兩岸農產品檢疫檢驗合作協議」，加速農產品的檢疫准入申請。

44. ECFA早期收穫計畫於民國100年1月1日實施，貨品貿易早收計畫分兩年3階段降稅至零關稅，我方迄今共有11部臺灣電影片依據ECFA服務貿易早期收穫計畫，申請通過陸方廣電總局審批，其中7部已在大陸上映。

45. 經濟部於民國101年6月修正「在大陸地區設立辦事處從事商業行為審查原則」，中華民國對外貿易發展協會拔得頭籌，提出登陸申請並通過經濟部審查，未來將以「臺灣貿易中心」的名稱向大陸商務部申請在上海及北京設立辦事處，作為協助臺灣廠商拓展大陸市場。另外，根據「大陸地區經貿事務非營利法人或團體或其他機構來臺設立辦事處許可辦法」，作為受理、審核及管理大陸地區經貿團體來臺設立辦事處的依據，目前大陸方面已有「中國機電產品進出口商會」提出申請在臺掛牌運作。

46. 中國共產黨中央政治局常務委員會簡稱中共中央政治局常委會，由中央委員會全體會議選舉產生。其成員（中國共產黨中央政治局常務委員會委員，簡稱中共中央政治局常委）是中國共產黨和中華人民共和國的黨和國家領導人中的最高層。有中國學者將中央政治局常委會的集體領導制度比喻作「集體總統制」，認為是民主高效的政治體制。每個常委的表決權並不因其職務或資歷的高低而有所區別。十六屆和十七屆政治局常委人數由十四屆、十五屆時的7人增至9人，而十八屆又恢復為7人。

47. 平潭綜合實驗區是2009年由中華人民共和國政府建立的經濟開發區，不是政治開發區，為特別市，位於福建省平潭縣。

48. 在中國大陸工作的臺灣人（如藝人）稱呼中國大陸為「內地」，被行政院大陸委員會及文化部皆認為不妥適或不不妥當，而應秉持對等尊嚴原則使用符合國內民眾感受的用語稱呼「大陸」。

49. ECFA方面，大陸在未附加任何條件下，給予我方18個稅項農漁產品免稅優惠，ECFA早期收穫自民國100年1月1日起實施降稅，至民國102年1月起已全數降為零關稅。

50. 馬英九總統在民國101年提出「東海和平倡議」即採取「三組雙邊對話」到「一組三邊協商」兩階段，用「以對話取代對抗」、「以協商擱置爭議」的方式，探討合作開發東海資源的可行性。各方可先從三組雙邊對話開始，即臺灣與日本、臺灣與中國大陸、日本與中國大陸。有了共識之後，再逐步走向三邊共同協商，具體來說，就是從「三組雙邊對話」，到「一組三邊協商」。

52. 第八次江陳會談兩岸簽署「海峽兩岸投資保障和促進協議」，並由海基會與大陸海協會發表有關「人身自由與安全保障共識」，這是雙方在「海峽兩岸共同打擊犯罪及司法互助協議」建立的「相互通報機制」之上，進一步爭取「在24小時內通知家屬」的新機制。

53. 民國99年12月簽署的「海峽兩岸醫藥衛生合作協議」範圍雙方同意分別設置下列工作組，負責商定具體工作規劃、方案：
    (1) 傳染病防治工作組；
    (2) 醫藥品安全管理及研發工作組；
    (3) 中醫藥研究與交流及中藥材安全管理工作組；
    (4) 緊急救治工作組；
    (5) 檢驗檢疫工作組；
    (6) 雙方商定設置的其他工作組。

54. 我國於2010年與中國大陸簽署的經貿協定（議）。

55. 2012年11月中共建國後第四代領導人胡錦濤的施政理念，即中國社會要講科學的發展，再不能由某些人主觀地任意瞎折騰。這是一種施政理念，而不是政治理論。

56. 兩岸相互承認優先權的主張，以主張專利優先權為最大宗，國內企業赴大陸申請專利案件，民國100年計22433件，商標案件計7214件，其中專利案大部分為半導體、通訊及電子等高科技產業；大陸企業來臺申請專利案件，民國100年為1478件，商標案件為1968件。

57. 民國101年8月，兩岸兩會簽署「海峽兩岸投資保障和促進協議」，有關人身自由與安全保障共識的內容，雙方將依據各自規定，對另一方投資人及相關人員，自限制人身自由時起24小時內通知。及時通報對方指定的業務主管部門，並且應儘量縮短通報的時間。如果當事人家屬透過一方業務主管部門向另一方業務主管部門進行查詢，另一方應將查詢結果儘快回覆。

58. 政府當前兩岸政策的內涵，是秉持「以臺灣為主，對人民有利」的原則，並在「不統、不獨、不武」、「維持現狀」的前提下，把握現有的歷史機遇，積極開展兩岸關係。馬英九總統主張，兩岸和平應該建立在臺灣「要繁榮、要安全、要尊嚴」的「三要」原則之上。

第七章　臺灣地區與大陸地區人民關係條例

　　本章的重點，為各專責之主管機關、大陸配偶來臺申請與繼承、入出境、國籍認定等是必考題，尤以參加華語資格考試的應試者應熟讀兩岸人民關係條例，從本文中的重點理解，並將相關法條內容再閱讀之。

第一節　臺灣地區與大陸地區人民關係條例

　　「臺灣地區與大陸地區人民關係條例」，簡稱兩岸人民關係條例（表7-1），於民國81年7月31日立法公布，為中華民國政府為規範臺灣地區與大陸地區人民的經濟、貿易、文化等往來並處理衍生之法律事件所訂定的。依歷年試題比例，每年此條例約佔至少10題，尤以導遊考試比重較大。

表 7-1　臺灣地區與大陸地區人民關條例

條款	臺灣地區與大陸地區人民關條例
第一章　總則	
第 1 條	國家統一前，為確保臺灣地區安全與民眾福祉，規範臺灣地區與大陸地區人民之往來，並處理衍生之法律事件，特制定本條例。本條例未規定者，適用其他有關法令之規定。
第 2 條	本條例用詞，定義如下： 一、臺灣地區：指臺灣、澎湖、金門、馬祖及政府統治權所及之其他地區。 二、大陸地區：指臺灣地區以外之中華民國領土。 三、臺灣地區人民：指在臺灣地區設有戶籍之人民。 四、大陸地區人民：指在大陸地區設有戶籍之人民。
第 3 條	本條例關於大陸地區人民之規定，於大陸地區人民旅居國外者，適用之。
第 3-1 條	行政院大陸委員會統籌處理有關大陸事務，為本條例之主管機關。
第 4 條	行政院得設立或指定機構，處理臺灣地區與大陸地區人民往來有關之事務。（海基會）行政院大陸委員會處理臺灣地區與大陸地區人民往來有關事務，得委託前項之機構或符合下列要件之民間團體為之： 一、設立時，政府捐助財產總額逾二分之一。

（續下頁）

（承上頁）

條款	臺灣地區與大陸地區人民關條例
第4條	二、設立目的為處理臺灣地區與大陸地區人民往來有關事務，並以行政院大陸委員會為中央主管機關或目的事業主管機關。 行政院大陸委員會或第四條之二第一項經行政院同意之各該主管機關，得依所處理事務之性質及需要，逐案委託前二項規定以外，具有公信力、專業能力及經驗之其他具公益性質之法人，協助處理臺灣地區與大陸地區人民往來有關之事務；必要時，並得委託其代為簽署協議。 第一項及第二項之機構或民間團體，經委託機關同意，得複委託前項之其他具公益性質之法人，協助處理臺灣地區與大陸地區人民往來有關之事務。
第4-1條	公務員轉任前條之機構或民間團體者，其回任公職之權益應予保障，在該機構或團體服務之年資，於回任公職時，得予採計為公務員年資；本條例施行或修正前已轉任者，亦同。 公務員轉任前條之機構或民間團體未回任者，於該機構或民間團體辦理退休、資遣或撫卹時，其於公務員退撫新制施行前、後任公務員年資之退離給與，由行政院大陸委員會編列預算，比照其轉任前原適用之公務員退撫相關法令所定一次給與標準，予以給付。 公務員轉任前條之機構或民間團體回任公職，或於該機構或民間團體辦理退休、資遣或撫卹時，已依相關規定請領退離給與之年資，不得再予併計。 第一項之轉任方式、回任、年資採計方式、職等核敘及其他應遵行事項之辦法，由考試院會同行政院定之。 第二項之比照方式、計算標準及經費編列等事項之辦法，由行政院定之。
第4-2條	行政院大陸委員會統籌辦理臺灣地區與大陸地區訂定協議事項；協議內容具有專門性、技術性，以各該主管機關訂定為宜者，得經行政院同意，由其會同行政院大陸委員會辦理。 行政院大陸委員會或前項經行政院同意之各該主管機關，得委託第四條所定機構或民間團體，以受託人自己之名義，與大陸地區相關機關或經其授權之法人、團體或其他機構協商簽署協議。

（續下頁）

第七章

（承上頁）

條款	臺灣地區與大陸地區人民關條例
第 4-2 條	本條例所稱協議，係指臺灣地區與大陸地區間就涉及行使公權力或政治議題事項所簽署之文書；協議之附加議定書、附加條款、簽字議定書、同意紀錄、附錄及其他附加文件，均屬構成協議之一部分。
第 4-3 條	第四條第三項之其他具公益性質之法人，於受委託協助處理事務或簽署協議，應受委託機關、第四條第一項或第二項所定機構或民間團體之指揮監督。
第 4-4 條	依第四條第一項或第二項規定受委託之機構或民間團體，應遵守下列規定；第四條第三項其他具公益性質之法人於受託期間，亦同： 一、派員赴大陸地區或其他地區處理受託事務或相關重要業務，應報請委託機關、第四條第一項或第二項所定之機構或民間團體同意，及接受其指揮，並隨時報告處理情形；因其他事務須派員赴大陸地區者，應先通知委託機關、第四條第一項或第二項所定之機構或民間團體。 二、其代表人及處理受託事務之人員，負有與公務員相同之保密義務；離職後，亦同。 三、其代表人及處理受託事務之人員，於受託處理事務時，負有與公務員相同之利益迴避義務。 四、其代表人及處理受託事務之人員，未經委託機關同意，不得與大陸地區相關機關或經其授權之法人、團體或其他機構協商簽署協議。
第 5 條	依第四條第三項或第四條之二第二項，受委託簽署協議之機構、民間團體或其他具公益性質之法人，應將協議草案報經委託機關陳報行政院同意，始得簽署。 協議之內容涉及法律之修正或應以法律定之者，協議辦理機關應於協議簽署後三十日內報請行政院核轉立法院審議；其內容未涉及法律之修正或無須另以法律定之者，協議辦理機關應於協議簽署後三十日內報請行政院核定，並送立法院備查，其程序，必要時以機密方式處理。

（續下頁）

（承上頁）

條款	臺灣地區與大陸地區人民關條例
第 5-1 條	臺灣地區各級地方政府機關（構），非經行政院大陸委員會授權，不得與大陸地區人民、法人、團體或其他機關（構），以任何形式協商簽署協議。臺灣地區之公務人員、各級公職人員或各級地方民意代表機關，亦同。 臺灣地區人民、法人、團體或其他機構，除依本條例規定，經行政院大陸委員會或各該主管機關授權，不得與大陸地區人民、法人、團體或其他機關（構）簽署涉及臺灣地區公權力或政治議題之協議。
第 5-2 條	依第四條第三項、第四項或第四條之二第二項規定，委託、複委託處理事務或協商簽署協議，及監督受委託機構、民間團體或其他具公益性質之法人之相關辦法，由行政院大陸委員會擬訂，報請行政院核定之。
第 6 條	為處理臺灣地區與大陸地區人民往來有關之事務，行政院得依對等原則，許可大陸地區之法人、團體或其他機構在臺灣地區設立分支機構。 前項設立許可事項，以法律定之。
第 7 條	在大陸地區製作之文書，經行政院設立或指定之機構或委託之民間團體驗證者，推定為真正。（海基會）
第 8 條	應於大陸地區送達司法文書或為必要之調查者，司法機關得囑託或委託第四條之機構或民間團體為之。
第二章　行政	
第 9 條 （臺灣人進入大陸）	臺灣地區人民進入大陸地區，應經一般出境查驗程序。 主管機關得要求航空公司或旅行相關業者辦理前項出境申報程序。 臺灣地區公務員，國家安全局、國防部、法務部調查局及其所屬各級機關未具公務員身分之人員，應向內政部申請許可（入出國及移民署申請許可），始得進入大陸地區。但簡任第十職等及警監四階以下未涉及國家安全機密之公務員及警察人員赴大陸地區，不在此限；其作業要點，於本法修正後三個月內，由內政部會同相關機關擬訂，報請行政院核定之。

（續下頁）

（承上頁）

條款	臺灣地區與大陸地區人民關係條例
第9條（臺灣人進入大陸）	臺灣地區人民具有下列身分者，進入大陸地區應經申請，並經內政部會同國家安全局、法務部及行政院大陸委員會組成之審查會審查許可： 一、政務人員、直轄市長。 二、於國防、外交、科技、情治、大陸事務或其他經核定與國家安全相關機關從事涉及國家機密業務之人員。 三、受前款機關委託從事涉及國家機密公務之個人或民間團體、機構成員。 四、前三款退離職未滿三年之人員。 五、縣（市）長。 前項第二款至第四款所列人員，其涉及國家機密之認定，由（原）服務機關、委託機關或受託團體、機構依相關規定及業務性質辦理。 第四項第四款所定退離職人員退離職後，應經審查會審查許可，始得進入大陸地區之期間，原服務機關、委託機關或受託團體、機構得依其所涉及國家機密及業務性質增減之。 遇有重大突發事件、影響臺灣地區重大利益或於兩岸互動有重大危害情形者，得經立法院議決由行政院公告於一定期間內，對臺灣地區人民進入大陸地區，採行禁止、限制或其他必要之處置，立法院如於會期內一個月未為決議，視為同意；但情況急迫者，得於事後追認之。 臺灣地區人民進入大陸地區者，不得從事妨害國家安全或利益之活動。 第二項申報程序及第三項、第四項許可辦法，由內政部擬訂，報請行政院核定之。 1.「臺灣地區公務員及特定身分人員進入大陸地區許可辦法」：本辦法依臺灣地區與大陸地區人民關係條例（以下簡稱本條例）第九條第九項規定訂定之。 2.主管機關：內政部 3.臺灣地區公營事業機構之公務員，經所屬機構遴派或同意者，得申請許可進入大陸地區從事下列商務活動：

（續下頁）

（承上頁）

條款	臺灣地區與大陸地區人民關條例
第 9 條 （臺灣人進入大陸）	(1) 商務考察、訪問。 (2) 商務會議。 (3) 蒐集資料。 (4) 間接貿易。 (5) 間接投資或技術合作。 (6) 其他經主管機關許可之商業行爲。 4. 中央研究院院長，須報經總統府審核其事由，並附註意見。 5. 臺灣地區公務員依第八條至第十三條規定進入大陸地區之停留期間，不得逾一個月。
第 9-1 條 （喪失臺灣國籍）	臺灣地區人民不得在大陸地區設有戶籍或領用大陸地區護照。 違反前項規定在大陸地區設有戶籍或領用大陸地區護照者，除經有關機關認有特殊考量必要外，喪失臺灣地區人民身分及其在臺灣地區選舉、罷免、創制、複決、擔任軍職、公職及其他以在臺灣地區設有戶籍所衍生相關權利，並由戶政機關註銷其臺灣地區之戶籍登記；但其因臺灣地區人民身分所負之責任及義務，不因而喪失或免除。 本條例修正施行前，臺灣地區人民已在大陸地區設籍或領用大陸地區護照者，其在本條例修正施行之日起六個月內，註銷大陸地區戶籍或放棄領用大陸地區護照並向內政部提出相關證明者，不喪失臺灣地區人民身分。
第 9-2 條	依前條規定喪失臺灣地區人民身分者，嗣後註銷大陸地區戶籍或放棄持用大陸地區護照，得向內政部申請許可回復臺灣地區人民身分，並返回臺灣地區定居。 前項許可條件、程序、方式、限制、撤銷或廢止許可及其他應遵行事項之辦法，由內政部擬訂，報請行政院核定之。
第 10 條 （大陸人士來臺）	大陸地區人民非經主管機關（內政部）許可，不得進入臺灣地區。 經許可進入臺灣地區之大陸地區人民，不得從事與許可目的不符之活動（主管機關於三年內對其本人及邀請單位之其他申請案得不予受理）。

（續下頁）

（承上頁）

條款	臺灣地區與大陸地區人民關條例
第 10 條 （大陸人士來臺）	前二項許可辦法，由有關主管機關擬訂，報請行政院核定之。 1. 大陸地區人民進入臺灣地區許可辦法，主管機關為內政部。 2. 大陸地區專業人士來臺從事專業活動許可辦法，主管機關為內政部。 大陸地區專業人士來臺之停留期間，自入境翌日起不得逾二個月，總停留期間每年不得逾四個月。 大陸地區文教人士來臺講學及大眾傳播人士來臺參觀訪問、採訪、拍片或製作節目，其停留期間不得逾六個月。總停留期間不得逾一年。 大陸地區傑出民族藝術及民俗技藝人士，停留期間不得逾一年。總停留期間不得逾二年。 大陸地區科技人士申請來臺參與科技研究者，停留期間不得逾一年。總停留期間不得逾六年。
第 10-1 條	大陸地區人民申請進入臺灣地區團聚、居留或定居者，應接受面談、按捺指紋並建檔管理之；未接受面談、按捺指紋者，不予許可其團聚、居留或定居之申請。其管理辦法，由主管機關定之。
第 11 條 （僱用大陸籍員工）	僱用大陸地區人民在臺灣地區工作，應向主管機關申請許可。 經許可受僱在臺灣地區工作之大陸地區人民，其受僱期間不得逾一年，並不得轉換雇主及工作。但因雇主關廠、歇業或其他特殊事故，致僱用關係無法繼續時，經主管機關許可者，得轉換雇主及工作。 大陸地區人民因前項但書情形轉換雇主及工作時，其轉換後之受僱期間，與原受僱期間併計。 雇主向行政院勞工委員會申請僱用大陸地區人民工作，應先以合理勞動條件在臺灣地區辦理公開招募，並向公立就業服務機構申請求才登記，無法滿足其需要時，始得就該不足人數提出申請。但應於招募時，將招募內容全文通知其事業單位之工會或勞工，並於大陸地區人民預定工作場所公告之。 僱用大陸地區人民工作時，其勞動契約應以定期契約為之。

（續下頁）

（承上頁）

條款	臺灣地區與大陸地區人民關條例
第 11 條（僱用大陸籍員工）	第一項許可及其管理辦法，由行政院勞工委員會會同有關機關擬訂，報請行政院核定之。 依國際協定開放服務業項目所衍生僱用需求，及跨國企業、在臺營業達一定規模之臺灣地區企業，得經主管機關許可，僱用大陸地區人民，不受前六項及第九十五條相關規定之限制；其許可、管理、企業營業規模、僱用條件及其他應遵行事項之辦法，由行政院勞工委員會會同有關機關擬訂，報請行政院核定之。
第 13 條	僱用大陸地區人民者，應向行政院勞工委員會所設專戶繳納就業安定費。 前項收費標準及管理運用辦法，由行政院勞工委員會會同財政部擬訂，報請行政院核定之。
第 14 條	經許可受僱在臺灣地區工作之大陸地區人民，違反本條例或其他法令之規定者，主管機關得撤銷或廢止其許可。 前項經撤銷或廢止許可之大陸地區人民，應限期離境，逾期不離境者，依第十八條規定強制其出境。 前項規定，於中止或終止勞動契約時，適用之。
第 15 條	下列行為不得為之： 一、使大陸地區人民非法進入臺灣地區（處一年以上七年以下有期徒刑，得併科新臺幣一百萬元以下罰金）。 二、明知臺灣地區人民未經許可，而招攬使之進入大陸地區（處六個月以下有期徒刑、拘役或科或併科新臺幣十萬元以下罰金）。 三、使大陸地區人民在臺灣地區從事未經許可或與許可目的不符之活動（處新臺幣二十萬元以上一百萬元以下罰鍰）。 四、僱用或留用大陸地區人民在臺灣地區從事未經許可或與許可範圍不符之工作（處二年以下有期徒刑、拘役或科或併科新臺幣三十萬元以下罰金）。 五、居間介紹他人為前款之行為（處二年以下有期徒刑、拘役或科或併科新臺幣三十萬元以下罰金）。

（續下頁）

（承上頁）

條款	臺灣地區與大陸地區人民關係條例
第 16 條（來臺定居）	大陸地區人民得申請來臺從事商務或觀光活動，其辦法，由主管機關（內政部）定之。 大陸地區人民有下列情形之一者，得申請在臺灣地區定居： 一、臺灣地區人民之直系血親及配偶，年齡在七十歲以上、十二歲以下者。 二、其臺灣地區之配偶死亡，須在臺灣地區照顧未成年之親生子女者。 三、民國三十四年後，因兵役關係滯留大陸地區之臺籍軍人及其配偶。 四、民國三十八年政府遷臺後，因作戰或執行特種任務被俘之前國軍官兵及其配偶。 五、民國三十八年政府遷臺前，以公費派赴大陸地區求學人員及其配偶。 六、民國七十六年十一月一日前，因船舶故障、海難或其他不可抗力之事由滯留大陸地區，且在臺灣地區原有戶籍之漁民或船員。 大陸地區人民依前項第一款規定，每年申請在臺灣地區定居之數額，得予限制。 依第二項第三款至第六款規定申請者，其大陸地區配偶得隨同本人申請在臺灣地區定居；未隨同申請者，得由本人在臺灣地區定居後代為申請。 1. 觀光：大陸地區人民來臺從事觀光活動許可辦法，主管機關為內政部。 2. 商務：大陸地區人民來臺從事商務活動許可辦法，主管機關為內政部。 ＊ 從事商務訪問、商務考察、商務會議、演講、參加商展及參觀商展者，其停留期間不得逾十四日。 ＊ 從事商務研習或驗貨、售後服務、技術指導等履約活動者，其停留期間不得逾三個月。
第 17 條（大陸配偶）	大陸地區人民為臺灣地區人民配偶，得依法令申請進入臺灣地區團聚，經許可入境後，得申請在臺灣地區依親居留。

（續下頁）

（承上頁）

條款	臺灣地區與大陸地區人民關條例
第 17 條（大陸配偶）	前項以外之大陸地區人民，得依法令申請在臺灣地區停留；有下列情形之一者，得申請在臺灣地區商務或工作居留，居留期間最長為三年，期滿得申請延期： 一、符合第十一條受僱在臺灣地區工作之大陸地區人民。 二、符合第十條或第十六條第一項來臺從事商務相關活動之大陸地區人民。 經依第一項規定許可在臺灣地區依親居留滿四年，且每年在臺灣地區合法居留期間逾一百八十三日者，得申請長期居留。 內政部得基於政治、經濟、社會、教育、科技或文化之考量，專案許可大陸地區人民在臺灣地區長期居留，申請居留之類別及數額，得予限制；其類別及數額，由內政部擬訂，報請行政院核定後公告之。 經依前二項規定許可在臺灣地區長期居留者，居留期間無限制；長期居留符合下列規定者，得申請在臺灣地區定居： 一、在臺灣地區合法居留連續二年且每年居住逾一百八十三日。 二、品行端正，無犯罪紀錄。 三、提出喪失原籍證明。 四、符合國家利益。 內政部得訂定依親居留、長期居留及定居之數額及類別，報請行政院核定後公告之。 第一項人員經許可依親居留、長期居留或定居，有事實足認係通謀而為虛偽結婚者，撤銷其依親居留、長期居留、定居許可及戶籍登記，並強制出境。 大陸地區人民在臺灣地區逾期停留、居留或未經許可入境者，在臺灣地區停留、居留期間，不適用前條及第一項至第四項規定。 前條及第一項至第五項有關居留、長期居留、或定居條件、程序、方式、限制、撤銷或廢止許可及其他應遵行事項之辦法，由內政部會同有關機關擬訂，報請行政院核定之。

（續下頁）

（承上頁）

條款	臺灣地區與大陸地區人民關條例
第 17 條 （大陸配偶）	本條例中華民國九十八年六月九日修正之條文施行前，經許可在臺團聚者，其每年在臺合法團聚期間逾一百八十三日者，得轉換為依親居留期間；其已在臺依親居留或長期居留者，每年在臺合法團聚期間逾一百八十三日者，其團聚期間得分別轉換併計為依親居留或長期居留期間；經轉換併計後，在臺依親居留滿四年，符合第三項規定，得申請轉換為長期居留期間；經轉換併計後，在臺連續長期居留滿二年，並符合第五項規定，得申請定居。
第 17-1 條	經依前條第一項、第三項或第四項規定許可在臺灣地區依親居留或長期居留者，居留期間得在臺灣地區工作。
第 18 條	進入臺灣地區之大陸地區人民，有下列情形之一者，治安機關得逕行強制出境。但其所涉案件已進入司法程序者，應先經司法機關之同意： 一、未經許可入境。（即偷渡） 二、經許可入境，已逾停留、居留期限。 三、從事與許可目的不符之活動或工作。 四、有事實足認為有犯罪行為。 五、有事實足認為有危害國家安全或社會安定之虞。 進入臺灣地區之大陸地區人民已取得居留許可而有前項第三款至第五款情形之一者，內政部入出國及移民署於強制其出境前，得召開審查會，並給予當事人陳述意見之機會。 第一項大陸地區人民，於強制出境前，得暫予收容（靖廬），並得令其從事勞務。 第一項大陸地區人民有第一項第三款從事與許可目的不符之活動或工作之情事，致違反社會秩序維護法而未涉有其他犯罪情事者，於調查後得免移送簡易庭裁定。

（續下頁）

致勝方程式

民國 98 年 8 月 14 日起，大陸配偶取得身分證時間由 8 年改為 6 年，且全面放寬工作權，取消申請定居須檢附財力證明的規定，繼承遺產也不再有 200 萬元的限制，放寬大陸配偶於長期居留期間也可以繼承不動產。

（承上頁）

條款	臺灣地區與大陸地區人民關條例
第 18 條	進入臺灣地區之大陸地區人民，涉及刑事案件，經法官或檢察官責付而收容於第三項之收容處所，並經法院判決有罪確定者，其收容之日數，以一日抵有期徒刑或拘役一日或刑法第四十二條第三項、第六項裁判所定之罰金額數。 前五項規定，於本條例施行前進入臺灣地區之大陸地區人民，適用之。 第一項之強制出境處理辦法及第三項收容處所之設置及管理辦法，由內政部擬訂，報請行政院核定之。 第二項審查會之組成、審查要件、程序等事宜，由內政部定之。
第 19 條 （保證人 的行爲）	臺灣地區人民依規定保證大陸地區人民入境者，於被保證人屆期不離境時，應協助有關機關強制其出境，並負擔因強制出境所支出之費用。（保證人的責任） 前項費用，得由強制出境機關檢具單據影本及計算書，通知保證人限期繳納，屆期不繳納者，依法移送強制執行。
第 20 條	臺灣地區人民有下列情形之一者，應負擔強制出境所需之費用： 一、使大陸地區人民非法入境者。 二、非法僱用大陸地區人民工作者。 三、僱用之大陸地區人民依第十四條第二項或第三項規定強制出境者。 前項費用有數人應負擔者，應負連帶責任。 第一項費用，由強制出境機關檢具單據影本及計算書，通知應負擔人限期繳納；屆期不繳納者，依法移送強制執行。
第 21 條 （入籍臺 灣）	大陸地區人民經許可進入臺灣地區者，除法律另有規定外，非在臺灣地區設有戶籍滿十年，不得登記爲公職候選人、擔任公教或公營事業機關（構）人員及組織政黨；非在臺灣地區設有戶籍滿二十年，不得擔任情報機關（構）人員，或國防機關（構）之下列人員： 一、志願役軍官、士官及士兵。 二、義務役軍官及士官。 三、文職、教職及國軍聘雇人員。

（續下頁）

致勝方程式

兩岸遣返交接偷渡客爲馬祖福澳碼頭。

（承上頁）

條款	臺灣地區與大陸地區人民關條例
第 21 條（入籍臺灣）	大陸地區人民經許可進入臺灣地區設有戶籍者，得依法令規定擔任大學教職、學術研究機構研究人員或社會教育機構專業人員，不受前項在臺灣地區設有戶籍滿十年之限制。 前項人員，不得擔任涉及國家安全或機密科技研究之職務。
第 22 條（學歷檢覈）	在大陸地區接受教育之學歷，除屬醫療法所稱醫事人員相關之高等學校學歷外，得予採認；其適用對象、採認原則、認定程序及其他應遵行事項之辦法，由教育部擬訂，報請行政院核定之。 大陸地區人民非經許可在臺灣地區設有戶籍者，不得參加公務人員考試、專門職業及技術人員考試之資格。 大陸地區人民經許可得來臺就學，其適用對象、申請程序、許可條件、停留期間及其他應遵行事項之辦法，由教育部擬訂，報請行政院核定之。
第 23 條	臺灣地區、大陸地區及其他地區人民、法人、團體或其他機構，經許可得為大陸地區之教育機構在臺灣地區辦理招生事宜或從事居間介紹之行為。 其許可辦法由教育部擬訂，報請行政院核定之。
第 24 條（臺灣居民擁有大陸地區所得）	臺灣地區人民、法人、團體或其他機構有大陸地區來源所得者，應併同臺灣地區來源所得課徵所得稅。但其在大陸地區已繳納之稅額，得自應納稅額中扣抵。 臺灣地區法人、團體或其他機構，依第三十五條規定經主管機關許可，經由其在第三地區投資設立之公司或事業在大陸地區從事投資者，於依所得稅法規定列報第三地區公司或事業之投資收益時，其屬源自轉投資大陸地區公司或事業分配之投資收益部分，視為大陸地區來源所得，依前項規定課徵所得稅。但該部分大陸地區投資收益在大陸地區及第三地區已繳納之所得稅，得自應納稅額中扣抵。 前二項扣抵數額之合計數，不得超過因加計其大陸地區來源所得，而依臺灣地區適用稅率計算增加之應納稅額。

（續下頁）

（承上頁）

條款	臺灣地區與大陸地區人民關條例
第 25 條 （大陸居民擁有臺灣地區所得）	大陸地區人民、法人、團體或其他機構有臺灣地區來源所得者，應就其臺灣地區來源所得，課徵所得稅。（就源扣繳） 大陸地區人民於一課稅年度內在臺灣地區居留、停留合計滿一百八十三日者，應就其臺灣地區來源所得，準用臺灣地區人民適用之課稅規定，課徵綜合所得稅。 在臺灣地區因從事投資，所獲配之股利淨額或盈餘淨額，應由扣繳義務人於給付時，按規定之扣繳率扣繳，不計入營利事業所得額。 大陸地區人民於一課稅年度內在臺灣地區居留、停留合計未滿一百八十三日者，及大陸地區法人、團體或其他機構在臺灣地區無固定營業場所及營業代理人者，其臺灣地區來源所得之應納稅額，應由扣繳義務人於給付時，按規定之扣繳率扣繳，免辦理結算申報；如有非屬扣繳範圍之所得，應由納稅義務人依規定稅率申報納稅，其無法自行辦理申報者，應委託臺灣地區人民或在臺灣地區有固定營業場所之營利事業為代理人，負責代理申報納稅。 前二項之扣繳事項，適用所得稅法之相關規定。 大陸地區人民、法人、團體或其他機構取得臺灣地區來源所得應適用之扣繳率，其標準由財政部擬訂，報請行政院核定之。
第 25-1 條	大陸地區法人、團體或其他機構在臺灣地區有固定營業場所或營業代理人者，應就其臺灣地區來源所得，準用臺灣地區營利事業適用之課稅規定，課徵營利事業所得稅；其在臺灣地區無固定營業場所而有營業代理人者，其應納之營利事業所得稅，應由營業代理人負責，向該管稽徵機關申報納稅。但大陸地區法人、團體或其他機構大陸地區人民、法人、團體、其他機構或其於第三地區投資之公司，依第七十三條規定申請在臺灣地區投資經許可者，其取得臺灣地區之公司所分配股利或合夥人應分配盈餘應納之所得稅，由所得稅法規定之扣繳義務人於給付時，按給付額或應分配額扣繳百分之二十，不適用所得稅法結算申報之規定。但大陸地區人民於一課稅年度內在臺灣地區居留、停留合計滿一百八十三日者，應依前條第二項規定課徵綜合所得稅。

（續下頁）

第七章

(承上頁)

條款	臺灣地區與大陸地區人民關條例
第 25-1 條	依第七十三條規定申請在臺灣地區投資經許可之法人、團體或其他機構，其董事、經理人及所派之技術人員，因辦理投資、建廠或從事市場調查等臨時性工作，於一課稅年度內在臺灣地區居留、停留期間合計不超過一百八十三日者，其由該法人、團體或其他機構非在臺灣地區給與之薪資所得，不視為臺灣地區來源所得。
第 26 條（領退休金之限制）	支領各種月退休（職、伍）給與之退休（職、伍）軍公教及公營事業機關（構）人員擬赴大陸地區長期居住者，應向主管機關申請改領一次退休（職、伍）給與，並由主管機關就其原核定退休（職、伍）年資及其申領當月同職等或同官階之現職人員月俸額，計算其應領之一次退休（職、伍）給與為標準，扣除已領之月退休（職、伍）給與，一次發給其餘額；無餘額或餘額未達其應領之一次退休（職、伍）給與半數者，一律發給其應領一次退休（職、伍）給與之半數。 前項人員在臺灣地區有受其扶養之人者，申請前應經該受扶養人同意。 第一項人員未依規定申請辦理改領一次退休（職、伍）給與，而在大陸地區設有戶籍或領用大陸地區護照者，停止領受退休（職、伍）給與之權利，俟其經依第九條之二規定許可回復臺灣地區人民身分後恢復。 第一項人員如有以詐術或其他不正當方法領取一次退休（職、伍）給與，由原退休（職、伍）機關追回其所領金額，如涉及刑事責任者，移送司法機關辦理。 第一項改領及第三項停止領受及恢復退休（職、伍）給與相關事項之辦法，由各主管機關定之。
第 26-1 條（撫恤金）	軍公教及公營事業機關（構）人員，在任職（服役）期間死亡，或支領月退休（職、伍）給與人員，在支領期間死亡，而在臺灣地區無遺族或法定受益人者，其居住大陸地區之遺族或法定受益人，得於各該支領給付人死亡之日起五年內，經許可進入臺灣地區，以書面向主管機關申請領受公務人員或軍人保險死亡給付、一次撫卹金、餘額退伍金或一次撫慰金，不得請領年撫卹金或月撫慰金。逾期未申請領受者，喪失其權利。

(續下頁)

（承上頁）

條款	臺灣地區與大陸地區人民關條例
第 26-1 條 （撫恤金）	前項保險死亡給付、一次撫卹金、餘額退伍金或一次撫慰金總額，不得逾新臺幣二百萬元。 本條例中華民國八十六年七月一日修正生效前，依法核定保留保險死亡給付、一次撫卹金、餘額退伍金或一次撫慰金者，其居住大陸地區之遺族或法定受益人，應於中華民國八十六年七月一日起五年內，依第一項規定辦理申領，逾期喪失其權利。 申請領受第一項或前項規定之給付者，有因受傷或疾病致行動困難或領受之給付與來臺旅費顯不相當等特殊情事，經主管機關核定者，得免進入臺灣地區。 民國三十八年以前在大陸地區依法令核定應發給之各項公法給付，其權利人尚未領受或領受中斷者，於國家統一前，不予處理。
第 27 條	行政院國軍退除役官兵輔導委員會安置就養之榮民經核准赴大陸地區長期居住者，其原有之就養給付及傷殘撫卹金，仍應發給；本條修正施行前經許可赴大陸地區定居者，亦同。 就養榮民未依前項規定經核准，而在大陸地區設有戶籍或領用大陸地區護照者，停止領受就養給付及傷殘撫卹金之權利，俟其經依第九條之二規定許可回復臺灣地區人民身分後恢復。 行政院國軍退除役官兵輔導委員會安置就養之榮民經核准赴大陸地區長期居住者，其原有之就養給付及傷殘撫卹金，仍應發給；本條修正施行前經許可赴大陸地區定居者，亦同。 就養榮民未依前項規定經核准，而在大陸地區設有戶籍或領用大陸地區護照者，停止領受就養給付及傷殘撫卹金之權利，俟其經依第九條之二規定許可回復臺灣地區人民身分後恢復。 前二項所定就養給付及傷殘撫卹金之發給、停止領受及恢復給付相關事項之辦法，由行政院國軍退除役官兵輔導委員會擬訂，報請行政院核定之。
第 28 條 （交通運輸）	中華民國船舶、航空器及其他運輸工具，經主管機關許可，得航行至大陸地區。其許可及管理辦法，於本條例修正通過後十八個月內，由交通部會同有關機關擬訂，報請行政院核定之；於必要時，經向立法院報告備查後，得延長之。

（續下頁）

第七章

（承上頁）

條款	臺灣地區與大陸地區人民關條例
第 28-1 條	中華民國船舶、航空器及其他運輸工具，不得私行運送大陸地區人民前往臺灣地區及大陸地區以外之國家或地區。 臺灣地區人民不得利用非中華民國船舶、航空器或其他運輸工具，私行運送大陸地區人民前往臺灣地區及大陸地區以外之國家或地區。
第 29 條	大陸船舶、民用航空器及其他運輸工具，非經主管機關許可，不得進入臺灣地區限制或禁止水域、臺北飛航情報區限制區域。 前項限制或禁止水域及限制區域，由國防部公告之。 第一項許可辦法，由交通部會同有關機關擬訂，報請行政院核定之。
第 29-1 條	臺灣地區及大陸地區之海運、空運公司，參與兩岸船舶運輸及航空運輸，在對方取得之運輸收入，得依第四條之二規定訂定之臺灣地區與大陸地區協議事項，於互惠原則下，相互減免應納之營業稅及所得稅。 前項減免稅捐之範圍、方法、適用程序及其他相關事項之辦法，由財政部擬訂，報請行政院核定。
第 30 條	外國船舶、民用航空器及其他運輸工具，不得直接航行於臺灣地區與大陸地區港口、機場間；亦不得利用外國船舶、民用航空器及其他運輸工具，經營經第三地區航行於包括臺灣地區與大陸地區港口、機場間之定期航線業務。 前項船舶、民用航空器及其他運輸工具為大陸地區人民、法人、團體或其他機構所租用、投資或經營者，交通部得限制或禁止其進入臺灣地區港口、機場。 第一項之禁止規定，交通部於必要時得報經行政院核定為全部或一部之解除。其解除後之管理、運輸作業及其他應遵行事項，準用現行航政法規辦理，並得視需要由交通部會商有關機關訂定管理辦法。
第 31 條	大陸民用航空器未經許可進入臺北飛航情報區限制進入之區域（12浬），執行空防任務機關得警告飛離或採必要之防衛處置。

（續下頁）

（承上頁）

條款	臺灣地區與大陸地區人民關條例
第 32 條	大陸船舶未經許可進入臺灣地區限制或禁止水域，主管機關得逕行驅離或扣留其船舶、物品，留置其人員或爲必要之防衛處置。 前項扣留之船舶、物品，或留置之人員，主管機關應於三個月內爲下列之處分： 一、扣留之船舶、物品未涉及違法情事，得發還；若違法情節重大者，得沒入。 二、留置之人員經調查後移送有關機關依本條例第十八條收容遣返或強制其出境。 本條例實施前，扣留之大陸船舶、物品及留置之人員，已由主管機關處理者，依其處理。
第 33 條（擔任大陸職務之限制）	臺灣地區人民、法人、團體或其他機構，除法律另有規定外，得擔任大陸地區法人、團體或其他機構之職務或爲其成員。 臺灣地區人民、法人、團體或其他機構，不得擔任經行政院大陸委員會會商各該主管機關公告禁止之大陸地區黨務、軍事、行政或具政治性機關（構）、團體之職務或爲其成員。 臺灣地區人民、法人、團體或其他機構，擔任大陸地區之職務或爲其成員，有下列情形之一者，應經許可： 一、所擔任大陸地區黨務、軍事、行政或具政治性機關（構）、團體之職務或爲成員，未經依前項規定公告禁止者。 二、有影響國家安全、利益之虞或基於政策需要，經各該主管機關會商行政院大陸委員會公告者。 臺灣地區人民擔任大陸地區法人、團體或其他機構之職務或爲其成員，不得從事妨害國家安全或利益之行爲。 第二項及第三項職務或成員之認定，由各該主管機關爲之；如有疑義，得由行政院大陸委員會會同相關機關及學者專家組成審議委員會審議決定。 第二項及第三項之公告事項、許可條件、申請程序、審查方式、管理及其他應遵行事項之辦法，由行政院大陸委員會會商各該主管機關擬訂，報請行政院核定之。 本條例修正施行前，已擔任大陸地區法人、團體或其他機構之職務或爲其成員者，應自前項辦法施行之日起六個月內向主管機關申請許可；屆期未申請或申請未核准者，以未經許可論。

（續下頁）

（承上頁）

條款	臺灣地區與大陸地區人民關條例
第 33-1 條	臺灣地區人民、法人、團體或其他機構，非經各該主管機關許可，不得為下列行為： 一、與大陸地區黨務、軍事、行政、具政治性機關（構）、團體或涉及對臺政治工作、國家安全或利益之機關（構）、團體為任何形式之合作行為。 二、與大陸地區人民、法人、團體或其他機構，為涉及政治性內容之合作行為。 三、與大陸地區人民、法人、團體或其他機構聯合設立政治性法人、團體或其他機構。 臺灣地區非營利法人、團體或其他機構，與大陸地區人民、法人、團體或其他機構之合作行為，不得違反法令規定或涉有政治性內容；如依其他法令規定，應將預算、決算報告報主管機關者，並應同時將其合作行為向主管機關申報。 本條例修正施行前，已從事第一項所定之行為，且於本條例修正施行後仍持續進行者，應自本條例修正施行之日起三個月內向主管機關申請許可；已從事第二項所定之行為者，應自本條例修正施行之日起一年內申報；屆期未申請許可、申報或申請未經許可者，以未經許可或申報論。
第 33-2 條（兩岸縣市締結）	臺灣地區各級地方政府機關（構）或各級地方立法機關，非經內政部會商行政院大陸委員會報請行政院同意，不得與大陸地區地方機關締結聯盟。 本條例修正施行前，已從事前項之行為，且於本條例修正施行後仍持續進行者，應自本條例修正施行之日起三個月內報請行政院同意；屆期未報請同意或行政院不同意者，以未報請同意論。
第 33-3 條（兩岸學校締結）	臺灣地區各級學校與大陸地區學校締結聯盟或為書面約定之合作行為，應先向教育部申報，於教育部受理其提出完整申報之日起三十日內，不得為該締結聯盟或書面約定之合作行為；教育部未於三十日內決定者，視為同意。 前項締結聯盟或書面約定之合作內容，不得違反法令規定或涉有政治性內容。

（續下頁）

（承上頁）

條款	臺灣地區與大陸地區人民關條例
第 33-3 條（兩岸學校締結）	本條例修正施行前，已從事第一項之行為，且於本條例修正施行後仍持續進行者，應自本條例修正施行之日起三個月內向主管機關申報；屆期未申報或申報未經同意者，以未經申報論。
第 34 條（大利傳沒在臺促銷推廣）	依本條例許可之大陸地區物品、勞務、服務或其他事項，得在臺灣地區從事廣告之播映、刊登或其他促銷推廣活動。 前項廣告活動內容，不得有下列情形： 一、為中共從事具有任何政治性目的之宣傳。 二、違背現行大陸政策或政府法令。 三、妨害公共秩序或善良風俗。 第一項廣告活動及前項廣告活動內容，由各有關機關認定處理，如有疑義，得由行政院大陸委員會會同相關機關及學者專家組成審議委員會審議決定。 第一項廣告活動之管理，除依其他廣告相關法令規定辦理外，得由行政院大陸委員會會商有關機關擬訂管理辦法，報請行政院核定之。
第 35 條（赴大陸投資）	臺灣地區人民、法人、團體或其他機構，經經濟部許可，得在大陸地區從事投資或技術合作；其投資或技術合作之產品或經營項目，依據國家安全及產業發展之考慮，區分為禁止類及一般類，由經濟部會商有關機關訂定項目清單及個案審查原則，並公告之。但一定金額以下之投資，得以申報方式為之；其限額由經濟部以命令公告之。 臺灣地區人民、法人、團體或其他機構，得與大陸地區人民、法人、團體或其他機構從事商業行為。但由經濟部會商有關機關公告應經許可或禁止之項目，應依規定辦理。 臺灣地區人民、法人、團體或其他機構，經主管機關許可，得從事臺灣地區與大陸地區間貿易；其許可、輸出入物品項目與規定、開放條件與程序、停止輸出入之規定及其他輸出入管理應遵行事項之辦法，由有關主管機關擬訂，報請行政院核定之。 第一項及第二項之許可條件、程序、方式、限制及其他應遵行事項之辦法，由有關主管機關擬訂，報請行政院核定之。 本條例中華民國九十一年七月一日修正生效前，未經核准從事第一項之投資或技術合作者，應自中華民國九十一年七月一日起六個月內向經濟部申請許可；屆期未申請或申請未核准者，以未經許可論。

（續下頁）

（承上頁）

條款	臺灣地區與大陸地區人民關係條例
第 36 條（金融、保險、期貨）	臺灣地區金融保險證券期貨機構及其在臺灣地區以外之國家或地區設立之分支機構，經財政部許可，得與大陸地區人民、法人、團體、其他機構或其在大陸地區以外國家或地區設立之分支機構有業務上之直接往來。 臺灣地區金融保險證券期貨機構在大陸地區設立分支機構，應報經財政部許可；其相關投資事項，應依前條規定辦理。 前二項之許可條件、業務範圍、程序、管理、限制及其他應遵行事項之辦法，由金融監督管理委員會擬訂，報請行政院核定之。 為維持金融市場穩定，必要時，金融監督管理委員會得報請行政院核定後，限制或禁止第一項所定業務之直接往來。
第 36-1 條（大陸資金來臺）	大陸地區資金進出臺灣地區之管理及處罰，準用管理外匯條例第六條之一、第二十條、第二十二條、第二十四條及第二十六條規定；對於臺灣地區之金融市場或外匯市場有重大影響情事時，並得由中央銀行會同有關機關予以其他必要之限制或禁止。
第 37 條	大陸地區出版品、電影片、錄影節目及廣播電視節目，經主管機關許可，得進入臺灣地區，或在臺灣地區發行、銷售、製作、播映、展覽或觀摩。 前項許可辦法，由文化部擬訂，報請行政院核定之。
第 38 條（大陸幣券）	大陸地區發行之幣券，除其數額在金融監督管理委員會所定限額以下外，不得進出入臺灣地區。但其數額逾所定限額部分，旅客應主動向海關申報，並由旅客自行封存於海關，出境時准予攜出。 金融監督管理委員會得會同中央銀行訂定辦法，許可大陸地區發行之幣券，進出入臺灣地區。 大陸地區發行之幣券，於臺灣地區與大陸地區簽訂雙邊貨幣清算協定或建立雙邊貨幣清算機制後，其在臺灣地區之管理，準用管理外匯條例有關之規定。 前項雙邊貨幣清算協定簽訂或機制建立前，大陸地區發行之幣券，在臺灣地區之管理及貨幣清算，由中央銀行會同金融監督管理委員會訂定辦法。 第一項限額，由金融監督管理委員會以命令定之。

（續下頁）

（承上頁）

條款	臺灣地區與大陸地區人民關條例
第 39 條	大陸地區之中華古物（文化資產保護法），經主管機關許可運入臺灣地區公開陳列、展覽者，得予運出。 前項以外之大陸地區文物、藝術品，違反法令、妨害公共秩序或善良風俗者，主管機關得限制或禁止其在臺灣地區公開陳列、展覽。 第一項許可辦法，由有關主管機關擬訂，報請行政院核定之。
第 40 條	輸入或攜帶進入臺灣地區之大陸地區物品，以進口論；其檢驗、檢疫、管理、關稅等稅捐之徵收及處理等，依輸入物品有關法令之規定辦理。 輸往或攜帶進入大陸地區之物品，以出口論；其檢驗、檢疫、管理、通關及處理，依輸出物品有關法令之規定辦理。
第 40-1 條	大陸地區之營利事業，非經主管機關許可，並在臺灣地區設立分公司或辦事處，不得在臺從事業務活動（所以是許可制）；其分公司在臺營業，準用公司法第九條、第十條、第十二條至第二十五條、第二十八條之一、第三百八十八條、第三百九十一條至第三百九十三條、第三百九十七條、第四百三十八條及第四百四十八條規定。 前項業務活動範圍、許可條件、申請程序、申報事項、應備文件、撤回、撤銷或廢止許可及其他應遵行事項之辦法，由經濟部擬訂，報請行政院核定之。
第 40-2 條	大陸地區之非營利法人、團體或其他機構，非經各該主管機關許可，不得在臺灣地區設立辦事處或分支機構，從事業務活動。 經許可在臺從事業務活動之大陸地區非營利法人、團體或其他機構，不得從事與許可範圍不符之活動。 第一項之許可範圍、許可條件、申請程序、申報事項、應備文件、審核方式、管理事項、限制及其他應遵行事項之辦法，由各該主管機關擬訂，報請行政院核定之。
第三章　民事	
第 41 條	臺灣地區人民與大陸地區人民間之民事事件，除本條例另有規定外，適用臺灣地區之法律。 大陸地區人民相互間及其與外國人間之民事事件，除本條例另有規定外，適用大陸地區之規定。

（續下頁）

（承上頁）

條款	臺灣地區與大陸地區人民關係條例
第 41 條	本章所稱行爲地、訂約地、發生地、履行地、所在地、訴訟地或仲裁地，指在臺灣地區或大陸地區。
第 42 條	依本條例規定應適用大陸地區之規定時，如該地區內各地方有不同規定者，依當事人戶籍地之規定。
第 43 條	依本條例規定應適用大陸地區之規定時，如大陸地區就該法律關係無明文規定或依其規定應適用臺灣地區之法律者，適用臺灣地區之法律。
第 44 條	依本條例規定應適用大陸地區之規定時，如其規定有背於臺灣地區之公共秩序或善良風俗者，適用臺灣地區之法律。
第 45 條	民事法律關係之行爲地或事實發生地跨連臺灣地區與大陸地區者，以臺灣地區爲行爲地或事實發生地。
第 46 條	大陸地區人民之行爲能力，依該地區之規定。但未成年人已結婚者，就其在臺灣地區之法律行爲，視爲有行爲能力。 大陸地區之法人、團體或其他機構，其權利能力及行爲能力，依該地區之規定。
第 47 條	法律行爲之方式，依該行爲所應適用之規定。但依行爲地之規定所定之方式者，亦爲有效。 物權之法律行爲，其方式依物之所在地之規定。 行使或保全票據上權利之法律行爲，其方式依行爲地之規定。
第 48 條	債之契約依訂約地之規定。但當事人另有約定者，從其約定。 前項訂約地不明而當事人又無約定者，依履行地之規定，履行地不明者，依訴訟地或仲裁地之規定。
第 49 條	關於在大陸地區由無因管理、不當得利或其他法律事實而生之債，依大陸地區之規定。
第 50 條	侵權行爲依損害發生地之規定。但臺灣地區之法律不認其爲侵權行爲者，不適用之。

（續下頁）

（承上頁）

條款	臺灣地區與大陸地區人民關條例
第 51 條	物權依物之所在地之規定。 關於以權利爲標的之物權，依權利成立地之規定。 物之所在地如有變更，其物權之得喪，依其原因事實完成時之所在地之規定。 船舶之物權，依船籍登記地之規定；航空器之物權，依航空器登記地之規定。
第 52 條	結婚或兩願離婚之方式及其他要件，依行爲地之規定。 判決離婚之事由，依臺灣地區之法律。
第 53 條	夫妻之一方爲臺灣地區人民，一方爲大陸地區人民者，其結婚或離婚之效力，依臺灣地區之法律。
第 54 條	臺灣地區人民與大陸地區人民在大陸地區結婚，其夫妻財產制，依該地區之規定。但在臺灣地區之財產，適用臺灣地區之法律。
第 55 條	非婚生子女認領之成立要件，依各該認領人被認領人認領時設籍地區之規定。 認領之效力，依認領人設籍地區之規定。
第 56 條	收養之成立及終止，依各該收養者被收養者設籍地區之規定。 收養之效力，依收養者設籍地區之規定。
第 57 條	父母之一方爲臺灣地區人民，一方爲大陸地區人民者，其與子女間之法律關係，依子女設籍地區之規定。
第 58 條	受監護人爲大陸地區人民者，關於監護，依該地區之規定。但受監護人在臺灣地區有居所者，依臺灣地區之法律。
第 59 條	扶養之義務，依扶養義務人設籍地區之規定。
第 60 條	被繼承人爲大陸地區人民者，關於繼承，依該地區之規定。但在臺灣地區之遺產，適用臺灣地區之法律。
第 61 條	大陸地區人民之遺囑，其成立或撤回之要件及效力，依該地區之規定。但以遺囑就其在臺灣地區之財產爲贈與者，適用臺灣地區之法律。

（續下頁）

（承上頁）

條款	臺灣地區與大陸地區人民關條例
第 62 條	大陸地區人民之捐助行為，其成立或撤回之要件及效力，依該地區之規定。但捐助財產在臺灣地區者，適用臺灣地區之法律。
第 63 條	本條例施行前，臺灣地區人民與大陸地區人民間、大陸地區人民相互間及其與外國人間，在大陸地區成立之民事法律關係及因此取得之權利、負擔之義務，以不違背臺灣地區公共秩序或善良風俗者為限，承認其效力。 前項規定，於本條例施行前已另有法令限制其權利之行使或移轉者，不適用之。 國家統一前，下列債務不予處理： 一、民國三十八年以前在大陸發行尚未清償之外幣債券及民國三十八年黃金短期公債。 二、國家行局及收受存款之金融機構在大陸撤退前所有各項債務。
第 64 條	夫妻因一方在臺灣地區，一方在大陸地區，不能同居，而一方於民國七十四年六月四日以前重婚者，利害關係人不得聲請撤銷；其於七十四年六月五日以後七十六年十一月一日以前重婚者，該後婚視為有效。 前項情形，如夫妻雙方均重婚者，於後婚者重婚之日起，原婚姻關係消滅。
第 65 條	臺灣地區人民收養大陸地區人民為養子女，除依民法第一千零七十九條第五項規定外，有下列情形之一者，法院亦應不予認可： 一、已有子女或養子女者。 二、同時收養二人以上為養子女者。 三、未經行政院設立或指定之機構或委託之民間團體驗證收養之事實者。
第 66 條 （繼承）	大陸地區人民繼承臺灣地區人民之遺產，應於繼承開始起三年內以書面向被繼承人住所地之法院為繼承之表示；逾期視為拋棄其繼承權。 大陸地區人民繼承本條例施行前已由主管機關處理，且在臺灣地區無繼承人之現役軍人或退除役官兵遺產者，前項繼承表示之期間為四年。 繼承在本條例施行前開始者，前二項期間自本條例施行之日起算。

（續下頁）

（承上頁）

條款	臺灣地區與大陸地區人民關條例
第 67 條 （繼承限制）	被繼承人在臺灣地區之遺產，由大陸地區人民依法繼承者，其所得財產總額，每人不得逾新臺幣二百萬元。超過部分，歸屬臺灣地區同為繼承之人；臺灣地區無同為繼承之人者，歸屬臺灣地區後順序之繼承人；臺灣地區無繼承人者，歸屬國庫。 前項遺產，在本條例施行前已依法歸屬國庫者，不適用本條例之規定。其依法令以保管款專戶暫為存儲者，仍依本條例之規定辦理。 遺囑人以其在臺灣地區之財產遺贈大陸地區人民、法人、團體或其他機構者，其總額不得逾新臺幣二百萬元。 第一項遺產中，有以不動產為標的者，應將大陸地區繼承人之繼承權利折算為價額。但其為臺灣地區繼承人賴以居住之不動產者，大陸地區繼承人不得繼承之，於定大陸地區繼承人應得部分時，其價額不計入遺產總額。 大陸地區人民為臺灣地區人民配偶，其繼承在臺灣地區之遺產或受遺贈者，依下列規定辦理： 一、不適用第一項及第三項總額不得逾新臺幣二百萬元之限制規定。 二、其經許可長期居留者，得繼承以不動產為標的之遺產，不適用前項有關繼承權利應折算為價額之規定。但不動產為臺灣地區繼承人賴以居住者，不得繼承之，於定大陸地區繼承人應得部分時，其價額不計入遺產總額。 三、前款繼承之不動產，如為土地法第十七條第一項各款所列土地，準用同條第二項但書規定辦理。
第 67-1 條	前條第一項之遺產事件，其繼承人全部為大陸地區人民者，除應適用第六十八條之情形者外，由繼承人、利害關係人或檢察官聲請法院指定財政部國有財產局為遺產管理人，管理其遺產。 被繼承人之遺產依法應登記者，遺產管理人應向該管登記機關登記。 第一項遺產管理辦法，由財政部擬訂，報請行政院核定之。
第 68 條	現役軍人或退除役官兵死亡而無繼承人、繼承人之有無不明或繼承人因故不能管理遺產者，由主管機關管理其遺產。 前項遺產事件，在本條例施行前，已由主管機關處理者，依其處理。 第一項遺產管理辦法，由國防部及行政院國軍退除役官兵輔導委員會分別擬訂，報請行政院核定之。

（續下頁）

第七章

（承上頁）

條款	臺灣地區與大陸地區人民關條例
第 68 條	本條例中華民國八十五年九月十八日修正生效前，大陸地區人民未於第六十六條所定期限內完成繼承之第一項及第二項遺產，由主管機關逕行捐助設置財團法人榮民榮眷基金會，辦理下列業務，不受第六十七條第一項歸屬國庫規定之限制： 一、亡故現役軍人或退除役官兵在大陸地區繼承人申請遺產之核發事項。 二、榮民重大災害救助事項。 三、清寒榮民子女教育獎助學金及教育補助事項。 四、其他有關榮民、榮眷福利及服務事項。 依前項第一款申請遺產核發者，以其亡故現役軍人或退除役官兵遺產，已納入財團法人榮民榮眷基金會者為限。 財團法人榮民榮眷基金會章程，由行政院國軍退除役官兵輔導委員會擬訂，報請行政院核定之。
第 69 條 （物權）	大陸地區人民、法人、團體或其他機構，或其於第三地區投資之公司，非經主管機關許可（經濟部），不得在臺灣地區取得、設定或移轉不動產物權。但土地法第十七條第一項所列各款土地，不得取得、設定負擔或承租。（事前審查） 前項申請人資格、許可條件及用途、申請程序、申報事項、應備文件、審核方式、未依許可用途使用之處理及其他應遵行事項之辦法，由主管機關擬訂，報請行政院核定之。
第 71 條	未經許可之大陸地區法人、團體或其他機構，以其名義在臺灣地區與他人為法律行為者，其行為人就該法律行為，應與該大陸地區法人、團體或其他機構，負連帶責任。
第 72 條	大陸地區人民、法人、團體或其他機構，非經主管機關許可，不得為臺灣地區法人、團體或其他機構之成員或擔任其任何職務。 前項許可辦法，由有關主管機關擬訂，報請行政院核定之。
第 73 條 （投資）	大陸地區人民、法人、團體、其他機構或其於第三地區投資之公司，非經主管機關許可，不得在臺灣地區從事投資行為。 依前項規定投資之事業依公司法設立公司者，投資人不受同法第二百十六條第一項關於國內住所之限制。

（續下頁）

（承上頁）

條款	臺灣地區與大陸地區人民關係條例
第 73 條（投資）	第一項所定投資人之資格、許可條件、程序、投資之方式、業別項目與限額、投資比率、結匯、審定、轉投資、申報事項與程序、申請書格式及其他應遵行事項之辦法，由有關主管機關擬訂，報請行政院核定之。 依第一項規定投資之事業，應依前項所定辦法規定或主管機關命令申報財務報表、股東持股變化或其他指定之資料；主管機關得派員前往檢查，投資事業不得規避、妨礙或拒絕。 投資人轉讓其投資時，轉讓人及受讓人應會同向主管機關申請許可。
第 74 條（民事糾紛）	在大陸地區作成之民事確定裁判、民事仲裁判斷，不違背臺灣地區公共秩序或善良風俗者，得聲請法院裁定認可。 前項經法院裁定認可之裁判或判斷，以給付爲內容者，得爲執行名義。 前二項規定，以在臺灣地區作成之民事確定裁判、民事仲裁判斷，得聲請大陸地區法院裁定認可或爲執行名義者，始適用之。
第四章　刑事	
第 75 條	在大陸地區或在大陸船艦、航空器內犯罪，雖在大陸地區曾受處罰，仍得依法處斷。但得免其刑之全部或一部之執行。
第 75-1 條	大陸地區人民於犯罪後出境，致不能到庭者，法院得於其能到庭以前停止審判。但顯有應諭知無罪或免刑判決之情形者，得不待其到庭，逕行判決。
第 76 條	配偶之一方在臺灣地區，一方在大陸地區，而於民國七十六年十一月一日以前重爲婚姻或與非配偶以共同生活爲目的而同居者，免予追訴、處罰；其相婚或與同居者，亦同。
第 77 條	大陸地區人民在臺灣地區以外之地區，犯內亂罪、外患罪，經許可進入臺灣地區，而於申請時據實申報者，免予追訴、處罰；其進入臺灣地區參加主管機關核准舉辦之會議或活動，經專案許可免予申報者，亦同。
第 78 條	大陸地區人民之著作權或其他權利在臺灣地區受侵害者，其告訴或自訴之權利，以臺灣地區人民得在大陸地區享有同等訴訟權利者爲限。

（續下頁）

（承上頁）

條款	臺灣地區與大陸地區人民關條例
	第五章　罰則
第 79 條	違反第十五條第一款規定者（大陸人非法入境），處一年以上七年以下有期徒刑，得併科新臺幣一百萬元以下罰金。 意圖營利而犯前項之罪者，處三年以上十年以下有期徒刑，得併科新臺幣五百萬元以下罰金。 前二項之首謀者，處五年以上有期徒刑，得併科新臺幣一千萬元以下罰金。 前三項之未遂犯罰之。 中華民國船舶、航空器或其他運輸工具所有人、營運人或船長、機長、其他運輸工具駕駛人違反第十五條第一款規定者，主管機關得處該中華民國船舶、航空器或其他運輸工具一定期間之停航，或廢止其有關證照，並得停止或廢止該船長、機長或駕駛人之職業證照或資格。 中華民國船舶、航空器或其他運輸工具所有人，有第一項至第四項之行為或因其故意、重大過失致使第三人以其船舶、航空器或其他運輸工具從事第一項至第四項之行為，且該行為係以運送大陸地區人民非法進入臺灣地區為主要目的者，主管機關得沒入該船舶、航空器或其他運輸工具。所有人明知該船舶、航空器或其他運輸工具得沒入，為規避沒入之裁處而取得所有權者，亦同。 前項情形，如該船舶、航空器或其他運輸工具無相關主管機關得予沒入時，得由查獲機關沒入之。
第 79-1 條	受託處理臺灣地區與大陸地區人民往來有關之事務或協商簽署協議，逾越委託範圍，致生損害於國家安全或利益者，處行為負責人五年以下有期徒刑、拘役或科或併科新臺幣五十萬元以下罰金。 前項情形，除處罰行為負責人外，對該法人、團體或其他機構，並科以前項所定之罰金。
第 79-2 條	違反第四條之四第一款規定，未經同意赴大陸地區者，處新臺幣三十萬元以上一百五十萬元以下罰鍰。

（續下頁）

（承上頁）

條款	臺灣地區與大陸地區人民關係條例
第 79-3 條	違反第四條之四第四款規定者（未授權擅自至大陸協商），處新臺幣二十萬元以上二百萬元以下罰鍰。 違反第五條之一規定者（簽署協議），處新臺幣二十萬元以上二百萬元以下罰鍰；其情節嚴重或再為相同、類似之違反行為者，處五年以下有期徒刑、拘役或科或併科新臺幣五十萬元以下罰金。 前項情形，如行為人為法人、團體或其他機構，處罰其行為負責人；對該法人、團體或其他機構，並科以前項所定之罰金。
第 80 條	中華民國船舶、航空器或其他運輸工具所有人、營運人或船長、機長、其他運輸工具駕駛人違反第二十八條規定或違反第二十八條之一第一項規定（未經許可航行大陸）或臺灣地區人民違反第二十八條之一第二項規定者（載運大陸人），處三年以下有期徒刑、拘役或科或併科新臺幣一百萬元以上一千五百萬元以下罰金。但行為係出於中華民國船舶、航空器或其他運輸工具之船長或機長或駕駛人自行決定者，處罰船長或機長或駕駛人。 前項中華民國船舶、航空器或其他運輸工具之所有人或營運人為法人者，除處罰行為人外，對該法人並科以前項所定之罰金。但法人之代表人對於違反之發生，已盡力為防止之行為者，不在此限。 刑法第七條之規定，對於第一項臺灣地區人民在中華民國領域外私行運送大陸地區人民前往臺灣地區及大陸地區以外之國家或地區者，不適用之。 第一項情形，主管機關得處該中華民國船舶、航空器或其他運輸工具一定期間之停航，或廢止其有關證照，並得停止或廢止該船長、機長或駕駛人之執業證照或資格。
第 80-1 條	大陸船舶違反第三十二條第一項規定，經主管機關扣留者，得處該船舶所有人、營運人或船長、駕駛人新臺幣一百萬元以上一千萬元以下罰鍰。 前項船舶為漁船者，得處其所有人、營運人或船長、駕駛人新臺幣五萬元以上五十萬元以下罰鍰。 前二項所定之罰鍰，由海岸巡防機關執行處罰。

（續下頁）

（承上頁）

條款	臺灣地區與大陸地區人民關係條例
第 81 條	違反第三十六條第一項或第二項規定者（大陸資金入臺），處新臺幣二百萬元以上一千萬元以下罰鍰，並得限期命其停止或改正；屆期不停止或改正，或停止後再為相同違反行為者，處行為負責人三年以下有期徒刑、拘役或科或併科新臺幣一千五百萬元以下罰金。 臺灣地區金融保險證券期貨機構及其在臺灣地區以外之國家或地區設立之分支機構，違反金融監督管理委員會依第三十六條第四項規定報請行政院核定之限制或禁止命令者，處行為負責人三年以下有期徒刑、拘役或科或併科新臺幣一百萬元以上一千五百萬元以下罰金。 前二項情形，除處罰其行為負責人外，對該金融保險證券期貨機構，並科以前二項所定之罰金。 第一項及第二項之規定，於在中華民國領域外犯罪者，適用之。
第 82 條	違反第二十三條規定從事招生或居間介紹行為者，處一年以下有期徒刑、拘役或科或併科新臺幣一百萬元以下罰金。
第 83 條	違反第十五條第四款或第五款規定者（仲介或非法雇用大陸人），處二年以下有期徒刑、拘役或科或併科新臺幣三十萬元以下罰金。 意圖營利而違反第十五條第五款規定者，處三年以下有期徒刑、拘役或科或併科新臺幣六十萬元以下罰金。 法人之代表人、法人或自然人之代理人、受僱人或其他從業人員，因執行業務犯前二項之罪者，除處罰行為人外，對該法人或自然人並科以前二項所定之罰金。但法人之代表人或自然人對於違反之發生，已盡力為防止行為者，不在此限。
第 84 條	違反第十五條第二款規定者（未經許可入大陸），處六月以下有期徒刑、拘役或科或併科新臺幣十萬元以下罰金。 法人之代表人、法人或自然人之代理人、受僱人或其他從業人員，因執行業務犯前項之罪者，除處罰行為人外，對該法人或自然人並科以前項所定之罰金。但法人之代表人或自然人對於違反之發生，已盡力為防止行為者，不在此限。

（續下頁）

（承上頁）

條款	臺灣地區與大陸地區人民關條例
第 85 條	違反第三十條第一項規定者（直航），處新臺幣三百萬元以上一千五百萬元以下罰鍰，並得禁止該船舶、民用航空器或其他運輸工具所有人、營運人之所屬船舶、民用航空器或其他運輸工具，於一定期間內進入臺灣地區港口、機場。 前項所有人或營運人，如在臺灣地區未設立分公司者，於處分確定後，主管機關得限制其所屬船舶、民用航空器或其他運輸工具駛離臺灣地區港口、機場，至繳清罰鍰為止。但提供與罰鍰同額擔保者，不在此限。
第 85-1 條	違反依第三十六條之一（大陸資金來臺）所發布之限制或禁止命令者，處新臺幣三百萬元以上一千五百萬元以下罰鍰。中央銀行指定辦理外匯業務銀行違反者，並得由中央銀行按其情節輕重，停止其一定期間經營全部或一部外匯之業務。
第 86 條	違反第三十五條第一項規定從事一般類項目之投資或技術合作者，處新臺幣五萬元以上二千五百萬元以下罰鍰，並得限期命其停止或改正；屆期不停止或改正者，得連續處罰。 違反第三十五條第一項規定從事禁止類項目之投資或技術合作者，處新臺幣五萬元以上二千五百萬元以下罰鍰，並得限期命其停止；屆期不停止，或停止後再為相同違反行為者，處行為人二年以下有期徒刑、拘役或科或併科新臺幣二千五百萬元以下罰金。 法人、團體或其他機構犯前項之罪者，處罰其行為負責人。 違反第三十五條第二項但書規定從事商業行為者，處新臺幣五萬元以上五百萬元以下罰鍰，並得限期命其停止或改正；屆期不停止或改正者，得連續處罰。 違反第三十五條第三項規定從事貿易行為者，除依其他法律規定處罰外，主管機關得停止其二個月以上一年以下輸出入貨品或廢止其出進口廠商登記。
第 87 條	違反第十五條第三款規定者（來臺與申請目的不符），處新臺幣二十萬元以上一百萬元以下罰鍰。

（續下頁）

第七章

（承上頁）

條款	臺灣地區與大陸地區人民關條例
第 88 條	違反第三十七條規定者（大陸影片播映），處新臺幣四萬元以上二十萬元以下罰鍰。 前項出版品、電影片、錄影節目或廣播電視節目，不問屬於何人所有，沒入之。
第 89 條	委託、受託或自行於臺灣地區從事第三十四條第一項以外大陸地區物品、勞務、服務或其他事項之廣告播映、刊登或其他促銷推廣活動者，或違反第三十四條第二項、或依第四項所定管理辦法之強制或禁止規定者，處新臺幣十萬元以上五十萬元以下罰鍰。 前項廣告，不問屬於何人所有或持有，得沒入之。
第 90 條	具有第九條第四項身分（公職或政務官退職未滿 3 年）之臺灣地區人民，違反第三十三條第二項規定者（影響國家安全），處三年以下有期徒刑、拘役或科或併科新臺幣五十萬元以下罰金；未經許可擔任其他職務者，處一年以下有期徒刑、拘役或科或併科新臺幣三十萬元以下罰金。 前項以外之現職及退離職未滿三年之公務員，違反第三十三條第二項規定者，處一年以下有期徒刑、拘役或科或併科新臺幣三十萬元以下罰金。 不具備前二項情形，違反第三十三條第二項或第三項規定者，處新臺幣十萬元以上五十萬元以下罰鍰。 違反第三十三條第四項規定者，處三年以下有期徒刑、拘役，得併科新臺幣五十萬元以下罰金。
第 90-1 條	具有第九條第四項第一款、第二款或第五款身分，退離職未滿三年之公務員，違反第三十三條第二項規定者，喪失領受退休（職、伍）金及相關給與之權利。 前項人員違反第三十三條第三項規定，其領取月退休（職、伍）金者，停止領受月退休（職、伍）金及相關給與之權利，至其原因消滅時恢復。 第九條第四項第一款、第二款或第五款身分以外退離職未滿三年之公務員，違反第三十三條第二項規定者，其領取月退休（職、伍）金者，停止領受月退休（職、伍）金及相關給與之權利，至其原因消滅時恢復。

（續下頁）

（承上頁）

條款	臺灣地區與大陸地區人民關條例
第 90-1 條	臺灣地區公務員，違反第三十三條第四項規定者，喪失領受退休（職、伍）金及相關給與之權利。
第 90-2 條	違反第三十三條之一第一項（臺灣地區人民法人禁止行為）或第三十三條之二第一項（縣市締結聯盟）規定者，處新臺幣十萬元以上五十萬元以下罰鍰，並得按次連續處罰。 違反第三十三條之一第二項、第三十三條之三第一項或第二項規定者，處新臺幣一萬元以上五十萬元以下罰鍰，主管機關並得限期令其申報或改正；屆期未申報或改正者，並得按次連續處罰至申報或改正為止。
第 91 條	違反第九條第二項規定者（國安人員），處新臺幣一萬元以下罰鍰。 違反第九條第三項或第七項行政院公告之處置規定者（受委託之個人或團體），處新臺幣二萬元以上十萬元以下罰鍰。 違反第九條第四項規定者（公職或政務官退職未滿 3 年），處新臺幣二十萬元以上一百萬元以下罰鍰。
第 92 條	違反第三十八條第一項或第二項規定（中國古物來臺），未經許可或申報之幣券，由海關沒入之；申報不實者，其超過部分沒入之。 違反第三十八條第四項所定辦法而為兌換、買賣或其他交易者，其大陸地區發行之幣券及價金沒入之；臺灣地區金融機構及外幣收兌處違反者，得處或併處新臺幣三十萬元以上一百五十萬元以下罰鍰。 主管機關或海關執行前二項規定時，得洽警察機關協助。
第 93 條	違反依第三十九條第二項規定所發之限制或禁止命令者，其文物或藝術品，由主管機關沒入之。
第 93-1 條	違反第七十三條第一項規定從事投資者，主管機關得處新臺幣十二萬元以上六十萬元以下罰鍰及停止其股東權利，並得限期命其停止或撤回投資；屆期仍未改正者，並得連續處罰至其改正為止；屬外國公司分公司者，得通知公司登記主管機關撤銷或廢止其認許。 違反第七十三條第四項規定，應申報而未申報或申報不實或不完整者，主管機關得處新臺幣六萬元以上三十萬元以下罰鍰，並限期命其申報、改正或接受檢查；屆期仍未申報、改正或接受檢查者，並得連續處罰至其申報、改正或接受檢查為止。

（續下頁）

第七章

（承上頁）

條款	臺灣地區與大陸地區人民關條例
第 93-1 條	依第七十三條第一項規定經許可投資之事業，違反依第七十三條第三項所定辦法有關轉投資之規定者，主管機關得處新臺幣六萬元以上三十萬元以下罰鍰，並限期命其改正；屆期仍未改正者，並得連續處罰至其改正為止。 投資人或投資事業違反依第七十三條第三項所定辦法規定，應辦理審定、申報而未辦理或申報不實或不完整者，主管機關得處新臺幣六萬元以上三十萬元以下罰鍰，並得限期命其辦理審定、申報或改正；屆期仍未辦理審定、申報或改正者，並得連續處罰至其辦理審定、申報或改正為止。 投資人之代理人因故意或重大過失而申報不實者，主管機關得處新臺幣六萬元以上三十萬元以下罰鍰。 主管機關依前五項規定對投資人為處分時，得向投資人之代理人或投資事業為送達；其為罰鍰之處分者，得向投資事業執行之；投資事業於執行後對該投資人有求償權，並得按市價收回其股份抵償，不受公司法第一百六十七條第一項規定之限制；其收回股份，應依公司法第一百六十七條第二項規定辦理。
第 93-2 條	違反第四十條之一第一項（大陸營利事業）規定未經許可而為業務活動者，處行為人一年以下有期徒刑、拘役或科或併科新臺幣十五萬元以下罰金，並自負民事責任；行為人有二人以上者，連帶負民事責任，並由主管機關禁止其使用公司名稱。 違反依第四十條之一第二項所定辦法之強制或禁止規定者，處新臺幣二萬元以上十萬元以下罰鍰，並得限期命其停止或改正；屆期未停止或改正者，得連續處罰。
第 93-3 條	違反第四十條之二第一項或第二項規定者（大陸非營利法人），處新臺幣五十萬元以下罰鍰，並得限期命其停止；屆期不停止，或停止後再為相同違反行為者，處行為人二年以下有期徒刑、拘役或科或併科新臺幣五十萬元以下罰金。
第 94 條	本條例所定之罰鍰，由主管機關處罰；依本條例所處之罰鍰，經限期繳納，屆期不繳納者，依法移送強制執行。

（續下頁）

（承上頁）

條款	臺灣地區與大陸地區人民關條例
	第六章　附則
第 95 條	主管機關於實施臺灣地區與大陸地區直接通商、通航及大陸地區人民進入臺灣地區工作前，應經立法院決議；立法院如於會期內一個月未為決議，視為同意。
第 95-1 條	主管機關實施臺灣地區與大陸地區直接通商、通航前，得先行試辦金門、馬祖、澎湖與大陸地區之通商、通航。 前項試辦與大陸地區直接通商、通航之實施區域、試辦期間，及其有關航運往來許可、人員入出許可、物品輸出入管理、金融往來、通關、檢驗、檢疫、查緝及其他往來相關事項，由行政院以實施辦法定之。 前項試辦實施區域與大陸地區通航之港口、機場或商埠，就通航事項，準用通商口岸規定。 輸入試辦實施區域之大陸地區物品，未經許可，不得運往其他臺灣地區；試辦實施區域以外之臺灣地區物品，未經許可，不得運往大陸地區。但少量自用之大陸地區物品，得以郵寄或旅客攜帶進入其他臺灣地區；其物品項目及數量限額，由行政院定之。 違反前項規定，未經許可者，依海關緝私條例第三十六條至第三十九條規定處罰；郵寄或旅客攜帶之大陸地區物品，其項目、數量超過前項限制範圍者，由海關依關稅法第七十七條規定處理。 本條試辦期間如有危害國家利益、安全之虞或其他重大事由時，得由行政院以命令終止一部或全部之實施。
第 95-2 條	各主管機關依本條例規定受理申請許可、核發證照，得收取審查費、證照費；其收費標準，由各主管機關定之。
第 95-3 條	依本條例處理臺灣地區與大陸地區人民往來有關之事務，不適用行政程序法之規定。
第 95-4 條	本條例施行細則，由行政院定之。
第 96 條	本條例施行日期，由行政院定之。

第二節 臺灣地區與大陸地區人民關係條例施行細則

　　「臺灣地區與大陸地區人民關係條例施行細則」（表7-2）是依據「臺灣地區與大陸地區人民關係條例」第95條之4規定而訂定。依考題比例，約佔1～2題左右。

表7-2　臺灣地區與大陸地區人民關係條例施行細則

條款	臺灣地區與大陸地區人民關係條例施行細則
第 1 條	本細則依臺灣地區與大陸地區人民關係條例（以下簡稱本條例）第九十五條之四規定訂定之。
第 2 條	本條例第一條、第四條、第六條、第四十一條、第六十二條及第六十三條所稱人民，指自然人、法人、團體及其他機構。
第 3 條	本條例第二條第二款之施行區域，指中共控制之地區。
第 4 條	本條例第二條第三款所定臺灣地區人民，包括下列人民： 一、曾在臺灣地區設有戶籍，中華民國九十年二月十九日以前轉換身分為大陸地區人民，依第六條規定回復臺灣地區人民身分者。 二、在臺灣地區出生，其父母均為臺灣地區人民，或一方為臺灣地區人民，一方為大陸地區人民者。 三、在大陸地區出生，其父母均為臺灣地區人民，未在大陸地區設有戶籍或領用大陸地區護照者。 四、依本條例第九條之二第一項規定，經內政部許可回復臺灣地區人民身分，並返回臺灣地區定居者。 大陸地區人民經許可進入臺灣地區定居，並設有戶籍者，為臺灣地區人民。
第 5 條	本條例第二條第四款所定大陸地區人民，包括下列人民： 一、在大陸地區出生並繼續居住之人民，其父母雙方或一方為大陸地區人民者。 二、在臺灣地區出生，其父母均為大陸地區人民者。 三、在臺灣地區設有戶籍，中華民國九十年二月十九日以前轉換身分為大陸地區人民，未依第六條規定回復臺灣地區人民身分者。

（續下頁）

（承上頁）

條款	臺灣地區與大陸地區人民關係條例施行細則
第 5 條	四、依本條例第九條之一第二項規定在大陸地區設有戶籍或領用大陸地區護照，而喪失臺灣地區人民身分者。
第 6 條（恢復國籍）	中華民國七十六年十一月二日起迄中華民國九十年二月十九日間前往大陸地區繼續居住逾四年致轉換身分為大陸地區人民，其在臺灣地區原設有戶籍，且未在大陸地區設有戶籍或領用大陸地區護照者，得申請回復臺灣地區人民身分，並返臺定居。 前項申請回復臺灣地區人民身分有下列情形之一者，主管機關得不予許可其申請： 一、現（曾）擔任大陸地區黨務、軍事、行政或具政治性機關（構）、團體之職務或為其成員。 二、有事實足認有危害國家安全、社會安定之虞。 依第一項規定申請回復臺灣地區人民身分，並返臺定居之程序及審查基準，由主管機關另定之。
第 7 條	本條例第三條所定大陸地區人民旅居國外者，包括在國外出生，領用大陸地區護照者。但不含旅居國外四年以上之下列人民在內： 一、取得當地國籍者。 二、取得當地永久居留權並領有我國有效護照者。 前項所稱旅居國外四年之計算，指自抵達國外翌日起，四年間返回大陸地區之期間，每次未逾三十日而言；其有逾三十日者，當年不列入四年之計算。但返回大陸地區有下列情形之一者，不在此限： 一、懷胎七月以上或生產、流產，且自事由發生之日起未逾二個月。 二、罹患疾病而離開大陸地區有生命危險之虞，且自事由發生之日起未逾二個月。 三、大陸地區之二親等內之血親、繼父母、配偶之父母、配偶或子女之配偶在大陸地區死亡，且自事由發生之日起未逾二個月。 四、遇天災或其他不可避免之事變，且自事由發生之日起未逾一個月。
第 8 條	本條例第四條第一項所定機構或第二項所定受委託之民間團體，於驗證大陸地區製作之文書時，應比對正、副本或其製作名義人簽字及鈐印之真正，或為查證。

（續下頁）

（承上頁）

條款	臺灣地區與大陸地區人民關係條例施行細則
第 9 條	依本條例第七條規定推定為眞正之文書，其實質上證據力，由法院或有關主管機關認定。 文書內容與待證事實有關，且屬可信者，有實質上證據力。 推定為眞正之文書，有反證事實證明其為不實者，不適用推定。
第 10 條	本條例第九條之一第二項所稱其他以在臺灣地區設有戶籍所衍生相關權利，指經各有關機關認定依各相關法令所定以具有臺灣地區人民身分為要件所得行使或主張之權利。
第 11 條	本條例第九條之一第二項但書所稱因臺灣地區人民身分所負之責任及義務，指因臺灣地區人民身分所應負之兵役、納稅、為刑事被告、受科處罰金、拘役、有期徒刑以上刑之宣告尚未執行完畢、為民事被告、受強制執行未終結、受破產之宣告未復權、受課處罰鍰等法律責任、義務或司法制裁。
第 12 條	本條例第十三條第一項所稱僱用大陸地區人民者，指依本條例第十一條規定，經行政院勞工委員會許可僱用大陸地區人民從事就業服務法第四十六條第一項第八款至第十款規定工作之雇主。
第 13 條	本條例第十六條第二項第三款所稱民國三十四年後，因兵役關係滯留大陸地區之臺籍軍人，指臺灣地區直轄市、縣（市）政府出具名冊，層轉國防部核認之人員。 本條例第十六條第二項第四款所稱民國三十八年政府遷臺後，因作戰或執行特種任務被俘之前國軍官兵，指隨政府遷臺後，復奉派赴大陸地區有案之人員。 前項所定人員，由其在臺親屬或原派遣單位提出來臺定居申請，經國防部核認者，其本人及配偶，得准予入境。
第 14 條	依本條例規定強制大陸地區人民出境前，該人民有下列各款情事之一者，於其原因消失後強制出境： 一、懷胎五月以上或生產、流產後二月未滿。 二、患疾病而強制其出境有生命危險之虞。 大陸地區人民於強制出境前死亡者，由指定之機構依規定取具死亡證明書等文件後，連同遺體或骨灰交由其同船或其他人員於強制出境時攜返。

（續下頁）

（承上頁）

條款	臺灣地區與大陸地區人民關係條例施行細則
第 15 條	本條例第十八條第一項第一款所定未經許可入境者，包括持偽造、變造之護照、旅行證或其他相類之證書、有事實足認係通謀虛偽結婚經撤銷或廢止其許可或以其他非法之方法入境者在內。
第 16 條	本條例第十八條第一項第四款所定有事實足認為有犯罪行為者，指涉及刑事案件，經治安機關依下列事證之一查證屬實者： 一、檢舉書、自白書或鑑定書。 二、照片、錄音或錄影。 三、警察或治安人員職務上製作之筆錄或查證報告。 四、檢察官之起訴書、處分書或審判機關之裁判書。 五、其他具體事證。
第 17 條	本條例第十八條第一項第五款所定有事實足認為有危害國家安全或社會安定之虞者，得逕行強制其出境之情形如下： 一、曾參加或資助內亂、外患團體或其活動而隱瞞不報。 二、曾參加或資助恐怖或暴力非法組織或其活動而隱瞞不報。 三、在臺灣地區外涉嫌犯罪或有犯罪習慣。
第 18 條	大陸地區人民經強制出境者，治安機關應將其身分資料、出境日期及法令依據，送內政部警政署入出境管理局建檔備查。
第 19 條	本條例第二十條第一項所定應負擔強制出境所需之費用，包括強制出境前於收容期間所支出之必要費用。
第 20 條	本條例第二十一條所定公教或公營事業機關（構）人員，不包括下列人員： 一、經中央目的事業主管機關核可受聘擔任學術研究機構、專科以上學校及戲劇藝術學校之研究員、副研究員、助理研究員、博士後研究、研究講座、客座教授、客座副教授、客座助理教授、客座專家、客座教師。 二、經濟部及交通部所屬國營事業機關（構），不涉及國家安全或機密科技研究之聘僱人員。 本條例第二十一條第一項所稱情報機關（構），指國家安全局組織法第二條第一項所定之機關（構）；所稱國防機關（構），指國防部及其所屬機關（構）、部隊。

（續下頁）

（承上頁）

條款	臺灣地區與大陸地區人民關係條例施行細則
第 21 條	依本條例第三十五條規定，於中華民國九十一年六月三十日前經主管機關許可，經由在第三地區投資設立之公司或事業在大陸地區投資之臺灣地區法人、團體或其他機構，自中華民國九十一年七月一日起所獲配自第三地區公司或事業之投資收益，不論該第三地區公司或事業用以分配之盈餘之發生年度，均得適用本條例第二十四條第二項規定。 依本條例第三十五條規定，於中華民國九十一年七月一日以後經主管機關許可，經由在第三地區投資設立之公司或事業在大陸地區投資之臺灣地區法人、團體或其他機構，自許可之日起所獲配自第三地區公司或事業之投資收益，適用前項規定。 本條例第二十四條第二項有關應納稅額扣抵之規定及計算如下： 一、應依所得稅法規定申報課稅之第三地區公司或事業之投資收益，係指第三地區公司或事業分配之投資收益金額，無須另行計算大陸地區來源所得合併課稅。 二、所稱在大陸地區及第三地區已繳納之所得稅，指： 　㈠第三地區公司或事業源自大陸地區之投資收益在大陸地區繳納之股利所得稅。 　㈡第三地區公司或事業源自大陸地區之投資收益在第三地區繳納之公司所得稅，計算如下： 　　第三地區公司或事業當年度已繳納之公司所得稅 × 當年度源自大陸地區之投資收益／當年度第三地區公司或事業之總所得 　㈢第三地區公司或事業分配之投資收益在第三地區繳納之股利所得稅。 三、前款第一目規定在大陸地區繳納之股利所得稅及第二目規定源自大陸地區投資收益在第三地區所繳納之公司所得稅，經取具第四項及第五項規定之憑證，得不分稅額之繳納年度，在規定限額內扣抵。 臺灣地區法人、團體或其他機構，列報扣抵前項規定已繳納之所得稅時，除應依第五項規定提出納稅憑證外，並應提出下列證明文件： 一、足資證明源自大陸地區投資收益金額之財務報表或相關文件。

（續下頁）

（承上頁）

條款	臺灣地區與大陸地區人民關係條例施行細則
第 21 條	二、足資證明第三地區公司或事業之年度所得中源自大陸地區投資收益金額之相關文件，包括載有第三地區公司或事業全部收入、成本、費用金額等之財務報表或相關文件，並經第三地區合格會計師之簽證。 三、足資證明第三地區公司或事業分配投資收益金額之財務報表或相關文件。 臺灣地區人民、法人、團體或其他機構，扣抵本條例第二十四條第一項及第二項規定之大陸地區及第三地區已繳納之所得稅時，應取得大陸地區及第三地區稅務機關發給之納稅憑證。其屬大陸地區納稅憑證者，應經本條例第七條規定之機構或民間團體驗證；其屬第三地區納稅憑證者，應經中華民國駐外使領館、代表處、辦事處或其他經外交部授權機構認證。 本條例第二十四條第三項所稱因加計其大陸地區來源所得，而依臺灣地區適用稅率計算增加之應納稅額，其計算如下： 一、有關營利事業所得稅部分： （臺灣地區來源所得額＋本條例第二十四條第一項規定之大陸地區來源所得＋本條例第二十四條第二項規定之第三地區公司或事業之投資收益）× 稅率－累進差額＝營利事業國內所得額應納稅額。 （臺灣地區來源所得額 × 稅率）－累進差額＝營利事業臺灣地區來源所得額應納稅額。 營利事業國內所得額應納稅額－營利事業臺灣地區來源所得額應納稅額＝因加計大陸地區來源所得及第三地區公司或事業之投資收益而增加之結算應納稅額。 二、關綜合所得稅部分： 〔（臺灣地區來源所得額＋大陸地區來源所得額）－免稅額－扣除額〕× 稅率－累進差額＝綜合所得額應納稅額。 （臺灣地區來源所得額－免稅額－扣除額）× 稅率－累進差額＝臺灣地區綜合所得額應納稅額。 綜合所得額應納稅額－臺灣地區綜合所得額應納稅額＝因加計大陸地區來源所得而增加之結算應納稅額。

（續下頁）

第七章

（承上頁）

條款	臺灣地區與大陸地區人民關係條例施行細則
第 22 條	依本條例第二十六條第一項規定申請改領一次退休（職、伍）給與人員，應於赴大陸地區長期居住之三個月前，檢具下列文件，向原退休（職、伍）機關或所隸管區提出申請： 一、申請書。 二、支領（或兼領）月退休（職、伍）給與證書。 三、申請人全戶戶籍謄本。 四、經許可或查驗赴大陸地區之證明文件。 五、決定在大陸地區長期居住之意願書。 六、在臺灣地區有受扶養人者，經公證之受扶養人同意書。 七、申請改領一次退休（職、伍）給與時之前三年內，赴大陸地區居、停留，合計逾一百八十三日之相關證明文件。 前項第四款所定查驗文件，無法事前繳驗者，原退休（職、伍）機關得於申請人出境後一個月內，以書面向內政部警政署入出境管理局查證，並將查證結果通知核定機關。 原退休（職、伍）機關或所隸管區受理第一項申請後，應詳細審核並轉報核發各該月退休（職、伍）給與之主管機關於二個月內核定。其經核准者，申請人應於赴大陸地區前一個月內，檢具入出境等有關證明文件，送請支給機關審定後辦理付款手續。軍職退伍人員經核准改支一次退伍之同時，發給退除給與支付證。
第 23 條	申請人依前條規定領取一次退休（職、伍）給與後，未於二個月內赴大陸地區長期居住者，由原退休（職、伍）機關通知支給機關追回其所領金額。
第 24 條	申請人有前條情形，未依規定繳回其所領金額者，不得以任何理由請求回復支領月退休（職、伍）給與。
第 25 條	兼領月退休（職）給與人員，依本條例第二十六條第一項規定申請其應領之一次退休（職）給與者，應按其兼領月退休（職）給與之比例計算。
第 26 條	本條例所稱赴大陸地區長期居住，指赴大陸地區居、停留，一年內合計逾一百八十三日。但有下列情形之一並提出證明者，得不計入期間之計算： 一、受拘禁或留置。

（續下頁）

（承上頁）

條款	臺灣地區與大陸地區人民關係條例施行細則
第 26 條	二、懷胎七月以上或生產、流產，且自事由發生之日起未逾二個月。 三、配偶、二親等內之血親、繼父母、配偶之父母、或子女之配偶在大陸地區死亡，且自事由發生之日起未逾二個月。 四、遇天災或其他不可避免之事變，且自事由發生之日起未逾一個月。
第 27 條	本條例第二十六條第二項所稱受其扶養之人，指依民法第一千一百十四條至第一千一百十八條所定應受其扶養之人。 前項受扶養人為無行為能力人者，其同意由申請人以外之法定代理人或監護人代為行使；其為限制行為能力人者，應經申請人以外之法定代理人或監護人之允許。
第 28 條	本條例第二十六條第三項所稱停止領受退休（職、伍）給與之權利，指支領各種月退休（職、伍）給與之退休（職、伍）軍公教及公營事業機關（構）人員，自其在大陸地區設有戶籍或領用大陸護照時起，停止領受退休（職、伍）給與；如有溢領金額，應予追回。
第 29 條	大陸地區人民依本條例第二十六條之一規定請領保險死亡給付、一次撫卹金、餘額退伍金或一次撫慰金者，應先以書面並檢附相關文件向死亡人員最後服務機關（構）、學校申請，經初核後函轉主管（辦）機關核定，再由死亡人員最後服務機關（構）、學校通知申請人，據以申請進入臺灣地區領受各該給付。但軍職人員由國防部核轉通知。 前項公教及公營事業機關（構）人員之各項給付，應依死亡當時適用之保險、退休（構）、撫卹法令規定辦理。各項給付之總額依本條例第二十六條之一第二項規定，不得逾新臺幣二百萬元。本條例第六十七條規定之遺產繼承總額不包括在內。 第一項之各項給付請領人以大陸地區自然人為限。 應受理申請之死亡人員最後服務機關（構）、學校已裁撤或合併者，應由其上級機關（構）或承受其業務或合併後之機關（構）、學校辦理。 死亡人員在臺灣地區無遺族或法定受益人之證明，應由死亡人員最後服務機關（構）、學校或國防部依據死亡人員在臺灣地區之全戶戶籍謄本、公務人員履歷表或軍職人員兵籍資料等相關資料出具。其無法查明者，應由死亡人員最後服務機關（構）、學校或國防部登載公報或新聞紙後，經六個月無人承認，即可出具。

（續下頁）

（承上頁）

條款	臺灣地區與大陸地區人民關係條例施行細則
第 30 條	大陸地區法定受益人依本條例第二十六條之一第一項規定申請保險死亡給付者，應檢具下列文件： 一、給付請領書。 二、死亡人員之死亡證明書或其他合法之死亡證明文件。 三、死亡人員在臺灣地區無法定受益人證明。 四、經行政院設立或指定之機構或委託之民間團體驗證之法定受益人身分證明文件（大陸地區居民證或常住人口登記表）及親屬關係證明文件。
第 31 條	大陸地區遺族依本條例第二十六條之一第一項規定申請一次撫卹金者，應檢具下列文件： 一、撫卹事實表或一次撫卹金申請書。 二、死亡人員之死亡證明書或其他合法之死亡證明文件；因公死亡人員應另檢具因公死亡證明書及足資證明因公死亡之相關證明文件。 三、死亡人員在臺灣地區無遺族證明。 四、死亡人員最後服務機關（構）、學校查證屬實之歷任職務證明文件。 五、經行政院設立或指定之機構或委託之民間團體驗證之大陸地區遺族身分證明文件（大陸地區居民證或常住人口登記表）及撫卹遺族親屬關係證明文件。 前項依公務人員撫卹法或學校教職員撫卹條例核給之一次撫卹金之計算，按公務人員退休法或學校教職員退休條例一次退休金之標準辦理。
第 32 條	大陸地區遺族依本條例第二十六條之一第一項規定申請餘額退伍金或一次撫慰金者，應檢具下列文件： 一、餘額退伍金或一次撫慰金申請書。 二、死亡人員支（兼）領月退休金證書。 三、死亡人員之死亡證明書或其他合法之死亡證明文件。 四、死亡人員在臺灣地區無遺族或合法遺囑指定人證明。

（續下頁）

（承上頁）

條款	臺灣地區與大陸地區人民關係條例施行細則
第 32 條	五、經行政院設立或指定之機構或委託之民間團體驗證之大陸地區遺族或合法遺囑指定人身分證明文件（大陸地區居民證或常住人口登記表）及親屬關係證明文件。 六、遺囑指定人應繳交死亡人員之遺囑。
第 33 條	依本條例第二十六條之一規定得申請領受各項給付之申請人有數人時，應協議委託其中一人代表申請，受託人申請時應繳交委託書。 申請人無法取得死亡人員之死亡證明書或其他合法之死亡證明文件時，得函請死亡人員最後服務機關（構）、學校協助向主管機關查證或依主管權責出具。但軍職人員由國防部出具。 依本條例第二十六條之一第三項規定請領依法核定保留之各項給付，應依前四條規定辦理。但非請領公教及公營事業機關（構）人員之一次撫卹金者，得免檢附死亡證明書或其他合法之死亡證明文件。
第 34 條	死亡人員最後服務機關（構）、學校受理各項給付申請時，應查明得發給死亡人員遺族或法定受益人之給付項目。各項給付由主管（辦）機關核定並通知支給機關核實簽發支票函送死亡人員最後服務機關（構）、學校，於遺族或法定受益人簽具領據及查驗遺族或法定受益人經許可進入臺灣地區之證明文件及遺族或法定受益人身分證明文件（大陸地區居民證或常住人口登記表）後轉發。 各項給付總額逾新臺幣二百萬元者，死亡人員最後服務機關（構）、學校應按各項給付金額所占給付總額之比例核實發給，並函知各該給付之支給機關備查。死亡人員最後服務機關（構）、學校應將遺族或法定受益人簽章具領之領據及餘額分別繳回各項給付之支給機關。但軍職人員由國防部轉發及控管。 遺族或法定受益人有冒領或溢領情事，其本人及相關人員應負法律責任。
第 35 條	大陸地區遺族或法定受益人依本條例第二十六條之一第一項規定申請軍職人員之各項給付者，應依下列標準計算： 一、保險死亡給付： 　㈠中華民國三十九年六月一日以後，中華民國五十九年二月十三日以前死亡之軍職人員，依核定保留專戶儲存計息之金額發給。

（續下頁）

（承上頁）

條款	臺灣地區與大陸地區人民關係條例施行細則
第 35 條	㈡ 中華民國五十九年二月十四日以後死亡之軍職人員，依申領當時標準發給。但依法保留保險給付者，均以中華民國八十六年七月一日之標準發給。 二、一次撫卹金： ㈠ 中華民國三十八年以後至中華民國五十六年五月十三日以前死亡之軍職人員，依法保留撫卹權利者，均按中華民國五十六年五月十四日之給與標準計算。 ㈡ 中華民國五十六年五月十四日以後死亡之軍職人員，依法保留撫卹權利者，依死亡當時之給與標準計算。 三、餘額退伍金或一次撫慰金：依死亡人員死亡當時之退除給與標準計算。
第 36 條	本條例第二十六條之一第四項所稱特殊情事，指有下列情形之一，經主管機關核定者： 一、因受傷或疾病，致行動困難無法來臺，並有大陸地區醫療機構出具之相關證明文件足以證明。 二、請領之保險死亡給付、一次撫卹金、餘額退伍金或一次撫慰金，單項給付金額為新臺幣十萬元以下。 三、其他經主管機關審酌認定之特殊情事。
第 37 條	依本條例第二十六條之一第四項規定，經主管機關核定，得免進入臺灣地區請領公法給付者，得以下列方式之一核發： 一、由大陸地區遺族或法定受益人出具委託書委託在臺親友，或本條例第四條第一項所定機構或第二項所定受委託之民間團體代為領取。 二、請領之保險死亡給付、一次撫卹金、餘額退伍金或一次撫慰金，單項給付金額為新臺幣十萬元以下者，得依臺灣地區金融機構辦理大陸地區匯款相關規定辦理匯款。 三、其他經主管機關認為適當之方式。 主管機關依前項各款規定方式，核發公法給付前，應請大陸地區遺族或法定受益人出具切結書；核發時，並應查驗遺族或法定受益人事先簽具之領據等相關文件。

（續下頁）

（承上頁）

條款	臺灣地區與大陸地區人民關係條例施行細則
第 38 條	在大陸地區製作之委託書、死亡證明書、死亡證明文件、遺囑、醫療機構證明文件、切結書及領據等相關文件，應經行政院設立或指定之機構或委託之民間團體驗證。
第 39 條	有關請領本條例第二十六條之一所定各項給付之申請書表格及作業規定，由銓敘部、教育部、國防部及其他主管機關另定之。
第 40 條	本條例第二十八條及第二十八條之一所稱中華民國船舶，指船舶法第二條各款所列之船舶；所稱中華民國航空器，指依民用航空法令規定在中華民國申請登記之航空器。 本條例第二十九條第一項所稱大陸船舶、民用航空器，指在大陸地區登記之船舶、航空器，但不包括軍用船舶、航空器；所稱臺北飛航情報區，指國際民航組織所劃定，由臺灣地區負責提供飛航情報服務及執行守助業務之空域。 本條例第三十條第一項所稱外國船舶、民用航空器，指於臺灣地區及大陸地區以外地區登記之船舶、航空器；所稱定期航線，指在一定港口或機場間經營經常性客貨運送之路線。 本條例第二十八條第一項、第二十八條之一、第二十九條第一項及第三十條第一項所稱其他運輸工具，指凡可利用為航空或航海之器物。
第 41 條	大陸民用航空器未經許可進入臺北飛航情報區限制區域者，執行空防任務機關依下列規定處置： 一、進入限制區域內，距臺灣、澎湖海岸線三十浬以外之區域，實施攔截及辨證後，驅離或引導降落。 二、進入限制區域內，距臺灣、澎湖海岸線未滿三十浬至十二浬以外之區域，實施攔截及辨證後，開槍示警、強制驅離或引導降落，並對該航空器嚴密監視戒備。 三、進入限制區域內，距臺灣、澎湖海岸線未滿十二浬之區域，實施攔截及辨證後，開槍示警、強制驅離或逼其降落或引導降落。 四、進入金門、馬祖、東引、烏坵等外島限制區域內，對該航空器實施辨證，並嚴密監視戒備。必要時，應予示警、強制驅離或逼其降落。

（續下頁）

（承上頁）

條款	臺灣地區與大陸地區人民關係條例施行細則
第 42 條	大陸船舶未經許可進入臺灣地區限制或禁止水域，主管機關依下列規定處置： 一、進入限制水域者，予以驅離；可疑者，命令停船，實施檢查。驅離無效或涉及走私者，扣留其船舶、物品及留置其人員。 二、進入禁止水域者，強制驅離；可疑者，命令停船，實施檢查。驅離無效、涉及走私或從事非法漁業行為者，扣留其船舶、物品及留置其人員。 三、進入限制、禁止水域從事漁撈或其他違法行為者，得扣留其船舶、物品及留置其人員。 四、前三款之大陸船舶有拒絕停船或抗拒扣留之行為者，得予警告射擊；經警告無效者，得直接射擊船體強制停航；有敵對之行為者，得予以擊燬。
第 43 條	依前條規定扣留之船舶，由有關機關查證其船上人員有下列情形之一者，沒入之： 一、搶劫臺灣地區船舶之行為。 二、對臺灣地區有走私或從事非法漁業行為者。 三、搭載人員非法入境或出境之行為。 四、對執行檢查任務之船艦有敵對之行為。 扣留之船舶因從事漁撈、其他違法行為，或經主管機關查證該船有被扣留二次以上紀錄者，得沒入之。 扣留之船舶無前二項所定情形，且未涉及違法情事者，得予以發還。
第 44 條	本條例第三十二條第一項所稱主管機關，指實際在我水域執行安全維護、緝私及防衛任務之機關。 本條例第三十二條第二項所稱主管機關，指海岸巡防機關及其他執行緝私任務之機關。
第 45 條	前條所定主管機關依第四十二條規定扣留之物品，屬違禁、走私物品、用以從事非法漁業行為之漁具或漁獲物者，沒入之；扣留之物品係用以從事漁撈或其他違法行為之漁具或漁獲物者，得沒入之；其餘未涉及違法情事者，得予以發還。但持有人涉嫌犯罪移送司法機關處理者，其相關證物應併同移送。

（續下頁）

（承上頁）

條款	臺灣地區與大陸地區人民關係條例施行細則
第 46 條	本條例第三十三條、第三十三條之一及第七十二條所稱主管機關，對許可人民之事項，依其許可事項之性質定之；對許可法人、團體或其他機構之事項，由各該法人，團體或其他機構之許可立案主管機關為之。 不能依前項規定其主管機關者，由行政院大陸委員會確定之。
第 47 條	本條例第二十三條所定大陸地區之教育機構及第三十三條之三第一項所定大陸地區學校，不包括依本條例第二十二條之一規定經教育部備案之大陸地區臺商學校。 大陸地區臺商學校與大陸地區學校締結聯盟或為書面約定之合作行為，準用本條例第三十三條之三有關臺灣地區各級學校之規定。
第 48 條	本條例所定大陸地區物品，其認定標準，準用進口貨品原產地認定標準之規定。
第 49 條	本條例第三十五條第五項所稱從事第一項之投資或技術合作，指該行為於本條例修正施行時尚在繼續狀態中者。
第 50 條	本條例第三十六條所稱臺灣地區金融保險證券期貨機構，指依銀行法、保險法、證券交易法、期貨交易法或其他有關法令設立或監督之本國金融保險證券期貨機構及外國金融保險證券期貨機構經許可在臺灣地區營業之分支機構；所稱其在臺灣地區以外之國家或地區設立之分支機構，指本國金融保險證券期貨機構在臺灣地區以外之國家或地區設立之分支機構，包括分行、辦事處、分公司及持有已發行股份總數超過百分之五十之子公司。
第 51 條	本條例第三十六條之一所稱大陸地區資金，其範圍如下： 一、自大陸地區匯入、攜入或寄達臺灣地區之資金。 二、自臺灣地區匯往、攜往或寄往大陸地區之資金。 三、前二款以外進出臺灣地區之資金，依其進出資料顯已表明係屬大陸地區人民、法人、團體或其他機構者。
第 52 條	本條例第三十八條所稱幣券，指大陸地區發行之貨幣、票據及有價證券。
第 53 條	本條例第三十八條第一項但書規定之申報，應以書面向海關為之。

（續下頁）

（承上頁）

條款	臺灣地區與大陸地區人民關係條例施行細則
第 54 條	本條例第三十九條第一項所稱中華古物，指文化資產保存法所定之古物。
第 55 條	本條例第四十條所稱有關法令，指商品檢驗法、動物傳染病防治條例、野生動物保育法、藥事法、關稅法、海關緝私條例及其他相關法令。
第 56 條	本條例第三章所稱臺灣地區之法律，指中華民國法律。
第 57 條	本條例第四十二條所稱戶籍地，指當事人之戶籍所在地；第五十五條至第五十七條及第五十九條所稱設籍地區，指設有戶籍之臺灣地區或大陸地區。
第 58 條	本條例第五十七條所稱父或母，不包括繼父或繼母在內。
第 59 條	大陸地區人民依本條例第六十六條規定繼承臺灣地區人民之遺產者，應於繼承開始起三年內，檢具下列文件，向繼承開始時被繼承人住所地之法院為繼承之表示： 一、聲請書。 二、被繼承人死亡時之除戶戶籍謄本及繼承系統表。 三、符合繼承人身分之證明文件。 前項第一款聲請書，應載明下列各款事項，並經聲請人簽章： 一、聲請人之姓名、性別、年齡、籍貫、職業及住、居所；其在臺灣地區有送達代收人者，其姓名及住、居所。 二、為繼承表示之意旨及其原因、事實。 三、供證明或釋明之證據。 四、附屬文件及其件數。 五、地方法院。 六、年、月、日。 第一項第三款身分證明文件，應經行政院設立或指定之機構或委託之民間團體驗證；同順位之繼承人有多人時，每人均應增附繼承人完整親屬之相關資料。 依第一項規定聲請為繼承之表示經准許者，法院應即通知聲請人、其他繼承人及遺產管理人。但不能通知者，不在此限。

（續下頁）

（承上頁）

條款	臺灣地區與大陸地區人民關係條例施行細則
第 60 條	大陸地區人民依本條例第六十六條規定繼承臺灣地區人民之遺產者，應依遺產及贈與稅法規定辦理遺產稅申報；其有正當理由不能於遺產及贈與稅法第二十三條規定之期間內申報者，應於向被繼承人住所地之法院為繼承表示之日起二個月內，準用遺產及贈與稅法第二十六條規定申請延長申報期限。但該繼承案件有大陸地區以外之納稅義務人者，仍應由大陸地區以外之納稅義務人依遺產及贈與稅法規定辦理申報。 前項應申報遺產稅之財產，業由大陸地區以外之納稅義務人申報或經稽徵機關逕行核定者，免再辦理申報。
第 61 條	大陸地區人民依本條例第六十六條規定繼承臺灣地區人民之遺產，辦理遺產稅申報時，其扣除額適用遺產及贈與稅法第十七條規定。 納稅義務人申請補列大陸地區繼承人扣除額並退還溢繳之稅款者，應依稅捐稽徵法第二十八條規定辦理。
第 62 條	大陸地區人民依本條例第六十七條第二項規定繼承以保管款專戶存儲之遺產者，除應依第五十九條規定向法院為繼承之表示外，並應通知開立專戶之被繼承人原服務機關或遺產管理人。
第 63 條	本條例第六十七條第四項規定之權利折算價額標準，依遺產及贈與稅法第十條及其施行細則第三十一條至第三十三條規定計算之。被繼承人在臺灣地區之遺產有變賣者，以實際售價計算之。
第 64 條	本條例第六十八條第二項所稱現役軍人及退除役官兵之遺產事件，在本條例施行前，已由主管機關處理者，指國防部聯合後勤司令部及行政院國軍退除役官兵輔導委員會依現役軍人死亡無人繼承遺產管理辦法及國軍退除役官兵死亡暨遺留財物處理辦法之規定處理之事件。
第 65 條	大陸地區人民死亡在臺灣地區遺有財產者，納稅義務人應依遺產及贈與稅法規定，向財政部臺北市國稅局辦理遺產稅申報。大陸地區人民就其在臺灣地區之財產為贈與時，亦同。 前項應申報遺產稅之案件，其扣除額依遺產及贈與稅法第十七條第一項第八款至第十一款規定計算。但以在臺灣地區發生者為限。

（續下頁）

（承上頁）

條款	臺灣地區與大陸地區人民關係條例施行細則
第 66 條	繼承人全部為大陸地區人民者，其中一或數繼承人依本條例第六十六條規定申請繼承取得應登記或註冊之財產權時，應俟其他繼承人拋棄其繼承權或已視為拋棄其繼承權後，始得申請繼承登記。
第 67 條	本條例第七十二條第一項所定大陸地區人民、法人，不包括在臺公司大陸地區股東股權行使條例所定在臺公司大陸地區股東。
第 68 條	依本條例第七十四條規定聲請法院裁定認可之民事確定裁判、民事仲裁判斷，應經行政院設立或指定之機構或委託之民間團體驗證。
第 69 條	在臺灣地區以外之地區犯內亂罪、外患罪之大陸地區人民，經依本條例第七十七條規定據實申報或專案許可免予申報進入臺灣地區者，許可入境機關應即將申報書或專案許可免予申報書移送該管高等法院或其分院檢察署備查。 前項所定專案許可免予申報之事項，由行政院大陸委員會定之。
第 70 條	本條例第九十條之一所定喪失或停止領受月退休（職、伍）金及相關給與之權利，均自違反各該規定行為時起，喪失或停止領受權利；其有溢領金額，應予追回。
第 71 條	本條例第九十四條所定之主管機關，於本條例第八十七條，指依本條例受理申請許可之機關或查獲機關。
第 72 條	基於維護國境安全及國家利益，對大陸地區人民所為之不予許可、撤銷或廢止入境許可，得不附理由。
第 73 條	本細則自發布日施行。

歷年試題精選

一、導遊實務（二）

( )　1.大陸地區人民申請進入臺灣地區團聚、居留或定居者，除應接受面談外，是否仍
　　　需按捺指紋並建檔管理？　　　　　　　　　　　　　　　　　（97 年華導）
　　　(A) 不需要　　　　　　　　　　　　(B) 個案審酌
　　　(C) 若經許可就不需要　　　　　　　(D) 需要

( )　2.依臺灣地區與大陸地區人民關係條例之規定，對大陸地區公司在臺灣地區設立分
　　　公司，從事業務活動，採取下列哪一種管理方式？　　　　　　（97 年華導）
　　　(A) 許可制　　　　　　　　　　　　(B) 申報制
　　　(C) 查驗制　　　　　　　　　　　　(D) 禁止來臺設立分公司

( )　3.繼承人全部為大陸地區人民時，除臺灣地區與大陸地區人民關係條例另有規定
　　　外，應聲請法院指定何者為遺產管理人？　　　　　　　　　　（97 年華導）
　　　(A) 遺產所在地直轄市、縣（市）政府　(B) 行政院大陸委員會
　　　(C) 財政部國有財產局　　　　　　　　(D) 行政院

( )　4.內政部得訂定大陸地區人民依親居留、長期居留及定居之數額及類別，經報請哪
　　　一個機關核定後公告之？　　　　　　　　　　　　　　　　　（97 年華導）
　　　(A) 行政院大陸委員會　　　　　　　(B) 行政院
　　　(C) 立法院　　　　　　　　　　　　(D) 監察院

( )　5.大陸民用航空器未經許可進入臺北飛航情報區限制進入之區域，執行空防任務機
　　　關得採取何種措施？　　　　　　　　　　　　　　　　　　　（97 年華導）
　　　(A) 扣留民用航空器　　　　　　　　(B) 立即採取軍事攻擊
　　　(C) 採必要之防衛處理　　　　　　　(D) 警告後沒入之

( )　6.在大陸地區製作之文書，經行政院設立或指定之機構或委託之民間團體驗證者，
　　　其效力如何？　　　　　　　　　　　　　　　　　　　　　　（97 年華導）
　　　(A) 具有實質證據力
　　　(B) 推定為真正
　　　(C) 主管機關有反證事實證明其為不實者，亦不得推翻驗證結果
　　　(D) 既無形式證據力，亦無實質證據力

( )　7.兩岸公證書使用查證協議中，明定我方聯繫主體為：　　　　　　（97 年華導）
　　　(A) 各級法院　　　　　　　　　　　(B) 法務部
　　　(C) 行政院大陸委員會　　　　　　　(D) 財團法人海峽交流基金會

( ) 8.大陸地區人民爲臺灣地區人民配偶，經許可在臺長期居留者，居留期間可否工作？ (97年華導)
(A) 得在臺工作，不須申請許可
(B) 得向行政院勞工委員會申請許可後，受僱在臺工作
(C) 得向行政院大陸委員會申請許可後，受僱在臺工作
(D) 不能在臺工作

( ) 9.退離職未滿幾年之政務人員，其進入大陸地區仍應申請許可？ (98年華導)
(A)3 年 (B)4 年 (C)5 年 (D)6 年

( ) 10.臺灣地區甲公司買下有線電視某一時段，專門介紹大陸地區女子與臺灣地區男子結婚，請問甲公司之行爲，合乎目前相關法令規定爲何？ (98年華導)
(A) 兩岸條例已開放得爲廣告
(B) 應向主管機關申請許可
(C) 不得爲之
(D) 非登記有案的婚姻仲介所，方不得爲之

( ) 11.擔任行政職務之政務人員，不得以下列何種事由申請進入大陸地區？ (98年華導)
(A) 參加國際組織舉辦之國際會議或活動
(B) 從事與業務相關之交流活動或會議
(C) 經機關遴派出席專案活動或會議
(D) 觀光活動

( ) 12.爲處理兩岸人民往來有關之事務，行政院得依何種原則許可大陸地區之法人、團體或其他機構在臺灣地區設立分支機構？ (98年外導)
(A) 比例原則 (B) 競爭原則 (C) 對等原則 (D) 互補原則

( ) 13.退離職未滿幾年之政務人員，其進入大陸地區仍應申請許可？ (98年外導)
(A)3 年 (B)4 年 (C)5 年 (D)6 年

( ) 14.大陸地區科技人士申請來臺參與科技研究者，總停留期間不得超過幾年？
(A)1 年 (B)2 年 (C)4 年 (D)6 年 (99年外導)

( ) 15.大陸地區人民繼承臺灣地區人民之遺產，應於繼承開始起幾年內向法院爲繼承之表示；逾期視爲拋棄其繼承權？ (99年外導)
(A)1 年內 (B)2 年內 (C)3 年內 (D)4 年內

( ) 16.大陸的船舶、民用航空器，如何始得航行進入臺灣地區限制或禁止水域、臺北飛航情報區限制區域？ (99年外導)
(A) 經行政院大陸委員會許可
(B) 經國防部及交通部許可
(C) 經交通部許可
(D) 不得進入臺灣地區限制或禁止水域、臺北飛航情報區限制區域

(　　) 17. 臺灣地區人民依規定保證大陸地區人民入境者，於被保證人屆期不離境時，應協助有關機關強制其出境，是否需負擔因強制出境所支出之費用？　　　　　　(99 年外導)

(A) 需負擔費用

(B) 不需負擔費用

(C) 視個案而定

(D) 若無可歸責於保證人，則不需要負擔費用

(　　) 18. 臺灣地區與大陸地區人民關係條例所稱「長期居住」，指赴大陸居、停留，1 年內合計至少超過幾日？　　　　　　(99 年外導)

(A)270 日　　　　(B)165 日　　　　(C)183 日　　　　(D)180 日

(　　) 19. 臺灣地區人民與大陸地區人民發生有關「侵權行為」之處理，依據為何？

(A) 依臺灣地區之規定　　　　　　(B) 依大陸地區之規定　　(99 年華導)

(C) 依損害發生地之規定　　　　　(D) 依訴訟地或仲裁地之規定

(　　) 20. 臺灣地區男子與大陸地區女子結婚時，該結婚方式應依據下列何種規定？

(A) 依臺灣地區之規定　　　　　　(B) 依大陸地區之規定　　(99 年華導)

(C) 依行為地之規定　　　　　　　(D) 依訴訟地或仲裁地之規定

(　　) 21. 臺灣地區各級學校與大陸地區學校為書面約定之合作行為，向教育部申報後，教育部未於幾日內決定者，視為同意？　　　　　　(99 年華導)

(A)10 日　　　　(B)15 日　　　　(C)20 日　　　　(D)30 日

(　　) 22. 大陸地區人民繼承臺灣地區人民之遺產，應如何為繼承之表示？　　(99 年華導)

(A) 以書面向財政部國有財產局為繼承之表示

(B) 以書面向其他繼承人住所地之法院為繼承之表示

(C) 以書面向被繼承人住所地之法院為繼承之表示

(D) 不待表示，當然繼承

(　　) 23. 在大陸地區犯罪，並已在大陸地區遭判刑處罰者，臺灣司法機關依「臺灣地區與大陸地區人民關係條例」之規定，下列何種處理方式為正確？　　(100 年華導)

(A) 仍得依法處斷，且不得免其刑之全部或一部

(B) 不得再依法處斷

(C) 仍得依法處斷，但得免其刑之全部或一部

(D) 不得再依法處斷，但得免其刑之全部或一部

(　　) 24. 大陸地區人民申請許可入出金門、馬祖或澎湖，再申請轉赴臺灣本島者，總停留期間自入境之次日起算，不得逾幾日？　　　　　　(100 年華導)

(A)20 日　　　　(B)15 日　　　　(C)10 日　　　　(D)6 日

(　　) 25. 大陸地區專業人士來臺停留時間，自入境翌日起不得逾幾個月？　(100 年華導)

(A)1 個月　　　　(B)2 個月　　　　(C)3 個月　　　　(D)4 個月

第七章

( ) 26. 大陸地區廣播電視節目應經主管機關許可,始得在臺灣地區播映。違反者,應處以多少罰鍰? (100 年華導)

(A) 新臺幣 10 萬元以上 50 萬元以下　　(B) 新臺幣 5 萬元以上 50 萬元以下

(C) 新臺幣 4 萬元以上 20 萬元以下　　(D) 新臺幣 20 萬元以上 100 萬元以下

( ) 27. 下列何者不屬大陸地區資金? (100 年華導)

(A) 自大陸地區匯入、攜入或寄達臺灣地區之資金

(B) 自臺灣地區匯往、攜往或寄往大陸地區之資金

(C) 依進出資料明顯屬於大陸人民、法人、團體或其他機構之資金

(D) 取得旅居國國籍大陸人民匯入、攜入或寄達臺灣地區之資金

( ) 28. 下列敘述,何者正確? (100 年華導)

(A) 大陸地區人民因民事案件在臺爭訟者,得申請進入臺灣地區參加訴訟

(B) 大陸地區人民因刑事案件經司法機關傳喚者,得申請進入臺灣地區參加訴訟

(C) 大陸地區人民因商務仲裁案件經仲裁人通知應詢者,得申請進入臺灣地區應詢

(D) 大陸地區人民因行政訴訟案件在臺爭訟者,得申請進入臺灣地區參加訴訟

( ) 29. 臺灣地區人民有下列那些情形時,應負擔強制該大陸地區人民出境所需之費用?
①使大陸地區人民非法入境 ②非法僱用大陸地區人民工作 ③依規定保證大陸地區人民入境,屆期被保證人不離境時 ④未使大陸地區配偶接受面談者 (100 年外導)

(A) ①②　　　　(B) ①③　　　　(C) ①②③　　　　(D) ①②③④

( ) 30. 下列何者不在政府對大陸臺商學校的協助範圍? (100 年外導)

(A) 補助學生學費

(B) 協助學生返臺研習遭大陸刪減的課程

(C) 協助學生參加大陸大學升學考試

(D) 在大陸地區設置國民中學基本學力測驗考場

( ) 31. 如果想要從金門、馬祖以小三通方式進入大陸地區,是否須在何處設有戶籍達六個月以上? (100 年外導)

(A) 已無設籍問題　(B) 高雄市　　　(C) 基隆市　　　(D) 金門、馬祖

( ) 32. 臺灣地區與大陸地區人民關係條例規定,大陸地區人民之行為能力,依大陸地區之規定認定。而依中國大陸的規定,幾歲以上是成年人,具有完全行為能力?

(A)16 歲　　　　(B)18 歲　　　　(C)20 歲　　　　(D)22 歲　(101 年外導)

( ) 33. 臺海兩岸同時參與下列那一個國際組織? (101 年外導)

(A) 東協　　　　　　　　(B) 亞太經濟合作會議

(C) 聯合國　　　　　　　(D) 六方會談

（　）34.經修正臺灣地區與大陸地區人民關係條例部分條文，行政院自民國 98 年 8 月 14 日起實施全面放寬大陸配偶工作權。下列有關大陸配偶工作權的敘述，何者正確？　　　　　　　　　　　　　　　　　　　　　　　　　　　　　　（101 年外導）

(A) 只要合法入境，即可在臺工作

(B) 依規定獲得在臺灣地區依親居留之許可者，於居留期間，即可在臺工作

(C) 依規定獲得在臺灣地區依親居留之許可者，只需等待 1 年，即可在臺工作

(D) 只要合法入境，通過面談後，即可在臺工作

（　）35.大陸地區人民經哪一個機關的許可，得在臺灣地區取得、設定或移轉不動產物權？　　　　　　　　　　　　　　　　　　　　　　　　　　　　　　（101 年華導）

(A) 財政部　　　　　(B) 經濟部　　　　　(C) 內政部　　　　　(D) 法務部

（　）36.我方財團法人海峽交流基金會與大陸海峽兩岸關係協會所簽署的協議，其內容涉及法律修正或應以法律定之者，須送立法院審議；未涉及法律之修正或無須另以法律定之者，送立法院備查；這是下列哪一項法律的規定？　　　　（101 年華導）

(A) 中華民國憲法　　　　　　　　　(B) 行政院組織法

(C) 行政院大陸委員會組織條例　　　(D) 臺灣地區與大陸地區人民關係條例

（　）37.依據臺灣地區與大陸地區人民關係條例第 17 條，大陸配偶申請居留時，有關財力證明的要求為：　　　　　　　　　　　　　　　　　　　　　　　（101 年華導）

(A) 無須檢附任何財力證明的文件

(B) 有相當財產足以自立或生活保障無虞

(C) 檢附新臺幣 200 萬元財力證明之文件

(D) 檢附新臺幣 100 萬元財力證明之文件

（　）38.邀請單位使大陸地區人民在臺灣地區從事未經許可或與許可目的不符之活動，依規定應處新臺幣多少元之罰鍰？　　　　　　　　　　　　　　　　　（101 年華導）

(A)5 萬元以上 500 萬元以下　　　　(B)10 萬元以上 200 萬元以下

(C)20 萬元以上 100 萬元以下　　　　(D)30 萬元以上 300 萬元以下

（　）39.大陸地區觀光客甲來臺，走斑馬線過馬路時，被臺灣地區人民乙騎機車撞倒受傷，甲在臺向乙主張侵權行為損害賠償時，應適用下列何種法律？　（102 年外導）

(A) 民法　　　　　　　　　　　　　(B) 大陸地區民法通則

(C) 涉外民事法律適用法　　　　　　(D) 大陸地區合同法

( ) 40.張翠山於民國 38 年隨政府播遷來臺，大陸地區遺有一子張無忌，而張翠山來臺
後又與殷素素女士結婚，育有一子張有忌。民國 90 年 7 月 15 日張無忌來臺，與
其父再度重逢，張翠山欣見愛兒，過度激動，不幸於隔日過世，在臺灣地區留下
新臺幣 600 萬元存款與房屋一棟（價值新臺幣 900 萬元）。以下有關繼承的相關規
定，何者正確？ (102 年外導)

(A) 由於張無忌當然完全繼承張翠山在臺灣地區的所有遺產，所以當張無忌於民
國 100 年向行政院大陸委員會提出繼承的意思表示，完全符合臺灣地區的法
律規定

(B) 因為張翠山與殷素素結婚，而且在臺灣有了兒子張有忌，因此，只要殷素素
及張有忌以書面提出異議，張無忌就無法繼承張翠山在臺灣地區的任何遺產

(C) 因為臺灣地區與大陸地區人民關係條例有特別規定，所以張無忌必須在民國
95 年 1 月 1 日以前，向行政院大陸委員會提出繼承的意思表示，這樣就能繼
承張翠山在臺灣地區的所有遺產

(D) 張無忌雖然能繼承張翠山在臺灣地區的部分遺產，但必須在張翠山過世之日
起 3 年內，向張翠山生前住所地的法院以書面為繼承的表示

( ) 41.承上題，針對張翠山遺留下來的房子，殷素素母子主張是其 2 人賴以居住的，所
以有關張翠山在臺灣地區的遺產分配，以下何者正確？ (102 年外導)

(A) 依法應由殷素素、張有忌、張無忌 3 人各分得新臺幣 200 萬元，不動產則由 3
人共同繼承

(B) 依法應由殷素素、張有忌繼承該不動產。張無忌僅能分得現金新臺幣 200 萬
元

(C) 依法應將該房屋價額計入遺產總額後，張無忌可分得現金新臺幣 500 萬元

(D) 依法可由張無忌 1 人繼承該房屋，再由張無忌補足差額，讓殷素素母子 2 人
各分得新臺幣 500 萬元

( ) 42.依臺灣地區與大陸地區人民關係條例之規定，臺灣地區與大陸地區人民結婚，其
結婚之效力如何認定？ (102 年外導)

(A) 地區之法律 　　　　　　　 (B) 依大陸地區之法律

(C) 依結婚行為地之規定 　　　 (D) 依當事人住所地之規定

( ) 43.依臺灣地區與大陸地區人民關係條例第 6 條之規定：為處理臺灣地區與大陸地區
人民往來有關之事務，行政院得依何種原則，許可大陸地區之法人、團體或其他
機構在臺灣地區設立分支機構？ (102 年外導)

(A) 公正 　　　　(B) 嚴明 　　　　(C) 對等 　　　　(D) 便利

( ) 44.依臺灣地區與大陸地區人民關係條例之規定，主管機關實施那三件事前，應經立
法院決議 (102 年外導)

(A) 直接通商，直接通航及直接通水

(B) 直接通商，直接通航及直接通郵

(C) 直接通商，直接通航及大陸地區人民進入臺灣地區工作

(D) 直接通商，直接通郵及大陸地區人民進入臺灣地區工作

( ) 45.大陸地區人民之著作權在臺灣地區受侵害時，可否在臺灣地區提起自訴？

(A) 現行規定並未對大陸地區人民之自訴權利有所限制 (102 年華導)

(B) 大陸地區人民一律不得提起自訴

(C) 大陸地區人民之自訴權利，以臺灣地區人民得在第三國享有同等訴訟權利者
為限

(D) 大陸地區人民之自訴權利，以臺灣地區人民得在大陸地區享有同等訴訟權利
者為限

( ) 46.臺灣地區人民甲男赴大陸地區經商時，認識大陸女子乙，他打算與乙女在大陸地
區結婚，依現行相關規定，甲男應如何辦理？ (102 年華導)

(A) 甲男直接至我方戶政事務所辦理結婚登記

(B) 甲男檢附相關證明文件，向大陸婚姻登記管理機關辦理結婚登記

(C) 請旅行社代向大陸婚姻登記機關辦理結婚登記

(D) 甲男檢附相關證明文件，向大陸公安機關辦理結婚登記

( ) 47.大陸地區人民利先生與臺灣地區人民孔女士在大陸人民法院判決離婚，如果孔女
士想到臺灣的戶政事務所辦理離婚登記，以下敘述何者正確？ (102 年華導)

(A) 孔女士所持的大陸人民法院離婚判決，經大陸公證處公證、財團法人海峽交
流基金會驗證，再經我方法院認可後，就可以向戶政事務所辦理離婚登記

(B) 對於大陸人民法院的離婚判決，孔女士必須先經大陸海峽兩岸關係協會公證
後，再向財團法人海峽交流基金會申請驗證，就可以向戶政事務所辦理離婚
登記

(C) 對於大陸人民法院的離婚判決，孔女士必須先向財團法人海峽交流基金會申
請做成公證書後，再向大陸人民法院驗證，就可以向戶政事務所辦理離婚登
記

(D) 孔女士所持的大陸人民法院離婚判決，只要經財團法人海峽交流基金會驗證
後，就可以向戶政事務所辦理離婚登記

第七章

( ) 48.臺灣地區人民甲欲收養大陸小孩乙，依現行規定，下列敘述何者錯誤？ (102 年華導)
(A) 應適用收養者被收養者設籍地區之規定
(B) 須經我方法院裁定認可
(C) 甲已有子女，如再收養乙，我方法院不予裁定認可
(D) 收養事實，無須經財團法人海峽交流基金會驗證

( ) 49.臺灣地區直轄市欲與大陸地區某市長，就推動雙方藝文交流事項，簽署不涉及公權力或政治性問題的合作備忘錄，依臺灣地區與大陸地區人民關係條例相關規定，應由該市政府將合作備忘錄草案，向下列哪個機關申請許可？ (102 年華導)
(A) 內政部　　　　　　　　(B) 行政院大陸委員會
(C) 文化部　　　　　　　　(D) 外交部

( ) 50.臺灣地區人民甲男和大陸地區人民乙女結婚後，在大陸地區生了一個兒子丙，丙在大陸辦理戶籍登記，依現行相關規定，下列敘述何者正確？ (102 年華導)
(A) 丙一出生即是臺灣地區人民
(B) 丙是大陸地區人民，12 歲之前可申請來臺定居
(C) 丙同時兼具臺灣地區人民及大陸地區人民雙重身分
(D) 丙是大陸地區人民，12 歲以後可申請來臺定居

( ) 51.依臺灣地區與大陸地區人民關係條例規定強制大陸地區人民出境前，該人民因懷胎或生產、流產而暫緩強制出境，不包括下列何種情形？ (103 年華導)
(A) 懷胎 7 月以上或生產、流產後 2 月未滿
(B) 懷胎 7 月以上或生產、流產後 1 月未滿
(C) 懷胎 2 月以上或生產、流產後 5 月未滿
(D) 懷胎 5 月以上或生產、流產後 2 月未滿

( ) 52.臺灣地區小天才圖書有限公司將進口一批大陸地區圖書，參加經許可在臺北世貿一館舉行的兩岸圖書展覽會；下列敘述何者正確？ (103 年華導)
(A) 經許可參展的大陸地區圖書，不可以在展覽時進行著作財產權授權的交易
(B) 經許可參展的大陸地區圖書，不可以在展覽時進行著作財產權讓與的交易
(C) 經許可參展的大陸地區圖書，不可以在展覽時銷售
(D) 該公司曾獲許可銷售的大陸地區簡體字圖書，不可以逕行參展

( ) 53.大陸漁船未經許可進入臺灣地區限制或禁止水域，經主管機關扣留者，其處罰規定，下列敘述何者正確？ (103 年華導)
(A) 得處船舶所有人、營運人或船長、駕駛人新臺幣 100 萬元以上 1000 萬元以下罰鍰
(B) 得處船舶所有人、營運人或船長、駕駛人新臺幣 5 萬元以上 50 萬元以下罰鍰
(C) 得處船舶所有人、營運人或船長、駕駛人新臺幣 100 萬元以上 500 萬元以下罰鍰
(D) 得處船舶所有人、營運人或船長、駕駛人新臺幣 10 萬元以上 1000 萬元以下罰鍰

(　) 54.在大陸地區作成之離婚判決，如何使其在臺灣地區發生效力？　　　(103 年華導)
(A) 向法務部申請認可
(B) 向法院聲請裁定認可
(C) 向財團法人海峽交流基金會申請認可
(D) 向內政部戶政司登記認可

(　) 55.已婚之臺灣地區人民甲，在大陸地區與大陸單身女友乙，生了一個非婚生兒子
丙，甲想要認領丙，下列敘述何者錯誤？　　　(103 年華導)
(A) 認領之成立要件，依各該認領人被認領人認領時設籍地區之規定
(B) 大陸地區並無有關非婚生子女認領之規定
(C) 甲可依臺灣地區民法規定，提出撫育丙之事實，視為認領
(D) 甲認領丙，須經大陸地區公安機關同意

(　) 56.政府縮短大陸配偶取得身分證時間，於民國 98 年修正臺灣地區與大陸地區人民
關係條例，取得身分證時間為幾年？　　　(103 年外導)
(A)10 年　　　　(B)8 年　　　　(C)6 年　　　　(D)4 年

(　) 57.依臺灣地區與大陸地區人民關係條例規定，大陸地區人民非在臺灣地區設有戶籍
滿 20 年，不得擔任國防機關之人員，但不包括下列何者？　　　(103 年外導)
(A) 志願役士官　(B) 志願役士兵　(C) 義務役士官　(D) 義務役士兵

(　) 58.兩岸協議之內容涉及法律之修正或應以法律定之者，協議辦理機關應於協議簽署
後幾日內報請行政院核轉立法院審議？　　　(103 年外導)
(A)60 日　　　　(B)50 日　　　　(C)40 日　　　　(D)30 日

(　) 59.為處理兩岸人民往來有關的事務，行政院得依何種原則許可大陸地區之法人、團
體或其他機構在臺灣地區設立分支機構？　　　(103 年外導)
(A) 比重原則　　(B) 互補原則　　(C) 對等原則　　(D) 互助原則

(　) 60.臺灣地區與大陸地區人民關係條例用何種事項來定義「臺灣地區人民」與「大陸
地區人民」之身分？　　　(103 年外導)
(A) 國籍　　　　(B) 戶籍　　　　(C) 居所　　　　(D) 居住之事實

解答

1.(D)	2.(A)	3.(C)	4.(B)	5.(C)	6.(B)	7.(D)	8.(A)	9.(A)	10.(C)
11.(D)	12.(C)	13.(A)	14.(D)	15.(C)	16.(C)	17.(A)	18.(C)	19.(C)	20.(C)
21.(D)	22.(C)	23.(C)	24.(B)	25.(B)	26.(C)	27.(D)	28.(B)	29.(C)	30.(C)
31.(A)	32.(B)	33.(A)	34.(B)	35.(C)	36.(D)	37.(A)	38.(C)	39.(A)	40.(D)
41.(B)	42.(A)	43.(C)	44.(C)	45.(D)	46.(B)	47.(A)	48.(D)	49.(C)	50.(B)
51.(C)	52.(C)	53.(B)	54.(B)	55.(D)	56.(C)	57.(D)	58.(D)	59.(C)	60.(B)

試題解析

1. 詳見「臺灣地區與大陸地區人民關係條例」第17條。
2. 詳見「臺灣地區與大陸地區人民關係條例」第40-1條。
3. 詳見「臺灣地區與大陸地區人民關係條例」第67-1條。
4. 詳見「臺灣地區與大陸地區人民關係條例」第17條。
5. 詳見「臺灣地區與大陸地區人民關係條例」第31條。
6. 詳見「臺灣地區與大陸地區人民關係條例」第7條。
7. 詳見「臺灣地區與大陸地區人民關係條例」第17條。
8. 詳見「臺灣地區與大陸地區人民關係條例」第17-1條。
9. 詳見「臺灣地區與大陸地區人民關係條例」第9條。
10. 詳見「臺灣地區與大陸地區人民關係條例」第34條。
11. 詳見「臺灣地區與大陸地區人民關係條例」第9條。
12. 詳見「臺灣地區與大陸地區人民關係條例」第6條。
13. 詳見「臺灣地區與大陸地區人民關係條例」第9條。
15. 詳見「臺灣地區與大陸地區人民關係條例」第66條。
16. 詳見「臺灣地區與大陸地區人民關係條例」第29條。
17. 詳見「臺灣地區與大陸地區人民關係條例」第20條。
18. 詳見「臺灣地區與大陸地區人民關係條例」第17條。
19. 詳見「臺灣地區與大陸地區人民關係條例」第50條。
20. 詳見「臺灣地區與大陸地區人民關係條例」第52條。
21. 詳見「臺灣地區與大陸地區人民關係條例」第33-3條。
22. 詳見「臺灣地區與大陸地區人民關係條例」第66條。
23. 詳見「臺灣地區與大陸地區人民關係條例」第75-1條。
29. 詳見「臺灣地區與大陸地區人民關係條例」第20條。
31. 政府已於民國97年6月19日擴大小三通方案。
32. 詳見「臺灣地區與大陸地區人民關係條例」第46條。

34. 大陸配偶工作權之取得與外籍配偶一致,即取得依親居留者,居留期間即可在臺工作,無須申請工作許可。
35. 「大陸地區人民在臺灣地區取得設定或移轉不動產物權許可辦法」是依據「臺灣地區與大陸地區人民關係條例」第六十九條第二項規定訂定之。該辦法第6條規定,大陸地區人民取得、設定或移轉不動產物權,應填具申請書,並檢附文件,向該管直轄市或縣(市)政府申請審核,直轄市或縣(市)政府為前項之審核通過後,應併同取得、設定或移轉不動產權利案件簡報表,報請內政部許可。
36. 詳見「臺灣地區與大陸地區人民關係條例」第5條。
37. 詳見「臺灣地區與大陸地區人民關係條例」第17條。
38. 詳見「臺灣地區與大陸地區人民關係條例」第87條。
39. 詳見「臺灣地區與大陸地區人民關係條例」第50條。
40. 詳見「臺灣地區與大陸地區人民關係條例」第66-67條。
41. 詳見「臺灣地區與大陸地區人民關係條例」第66-67條。
42. 詳見「臺灣地區與大陸地區人民關係條例」第52條。
43. 詳見「臺灣地區與大陸地區人民關係條例」第6條。
44. 詳見「臺灣地區與大陸地區人民關係條例」第95條。
45. 詳見「臺灣地區與大陸地區人民關係條例」第78條。
48. 詳見「臺灣地區與大陸地區人民關係條例」第56、7條。
49. 詳見「臺灣地區與大陸地區人民關係條例」第39條。
50. 詳見「臺灣地區與大陸地區人民關係條例」第57、16條。
51. 詳見「臺灣地區與大陸地區人民關係條例施行細則」第14條。
52. 詳見「臺灣地區與大陸地區人民關係條例」第34條。
53. 詳見「臺灣地區與大陸地區人民關係條例」第80-1條。
54. 詳見「臺灣地區與大陸地區人民關係條例」第52條。
55. 詳見「臺灣地區與大陸地區人民關係條例」第55條。
56. 詳見「臺灣地區與大陸地區人民關係條例」第17條。
57. 詳見「臺灣地區與大陸地區人民關係條例」第21條。
58. 詳見「臺灣地區與大陸地區人民關係條例」第5條。
59. 詳見「臺灣地區與大陸地區人民關係條例」第6條。
60. 詳見「臺灣地區與大陸地區人民關係條例」第2條。

二、領隊實務（二）

( )　1.臺灣地區學校與大陸地區學校簽訂姊妹校協定，事先未向主管機關申報者，除會被處以罰鍰外，主管機關並得：　(97年外領)
(A) 處分其校長　　　　　　　　　　(B) 禁止其與大陸地區學校交流一年
(C) 終止兩校的協定　　　　　　　　(D) 限期令其申報或改正

( )　2.內政部得訂定大陸地區人民依親居留、長期居留及定居之數額及類別，經報請哪一個機關核定後公告之？　(97年外領)
(A) 行政院大陸委員會　　　　　　　(B) 行政院
(C) 立法院　　　　　　　　　　　　(D) 監察院

( )　3.大陸民用航空器未經許可進入臺北飛航情報區限制進入之區域，執行空防任務機關得採取何種措施？　(97年外領)
(A) 扣留民用航空器　　　　　　　　(B) 立即採取軍事攻擊
(C) 採必要之防衛處理　　　　　　　(D) 警告後沒入之

( )　4.為處理臺灣地區與大陸地區人民往來有關之事務，行政院可依哪種原則，許可大陸地區之法人、團體或其他機構在臺灣地區設定分支機構？　(97年外領)
(A) 對等原則　　　　　　　　　　　(B) 依兩岸協商而定
(C) 比例原則　　　　　　　　　　　(D) 尊嚴比例原則

( )　5.違反「在大陸地區從事投資或技術合作許可辦法」規定，到大陸從事一般類項目投資之臺商，應處以下列何種罰則？　(97年外領)
(A) 新臺幣二十萬元以上罰鍰，並得限期命其停止或改正
(B) 新臺幣五百萬元以下罰鍰，並得限期命其停止或改正
(C) 新臺幣五萬元以上一千五百萬元以下罰鍰，並得限期命其停止或改正
(D) 新臺幣五萬元以上二千五百萬元以下罰鍰，並得限期命其停止或改正

( )　6.臺北市如欲與上海市締結為姊妹市，應經相關部會會商後，報請何機關同意？
(A) 立法院　　　　(B) 行政院　　　　(C) 司法院　　　　(D) 內政部　(97年外領)

( )　7.上海東方電視臺聘請某臺灣人士為該臺節目部經理，該臺不屬政府公告禁止任職之機構，則這位臺灣人士：　(97年外領)
(A) 可接受聘請前往任職，不需報備　(B) 可先前往任職，再向主管機關報備
(C) 應先向主管機關報備　　　　　　(D) 應向主管機關申請許可

( )　8.下列哪一類臺灣地區公務員，經所屬機構遴派或同意，得申請進入大陸地區，從事商務考察訪問或間接貿易？　(97年華領)
(A) 國防部及其所屬機關之聘僱人員　(B) 擔任行政職務的政務人員
(C) 縣（市）長　　　　　　　　　　(D) 臺灣地區公營事業機構之公務員

( ) 9.下列大陸地區人民，何者每年申請在臺灣地區定居之數額，得予限制？ (97 年華領)

    (A) 臺灣地區人民之直系血親及配偶，年齡在 70 歲以上、12 歲以下者

    (B) 民國 76 年 11 月 1 日前，因船舶故障、海難或其他不可抗力之事由滯留大陸地區，且在臺灣地區原有戶籍之漁民或船員

    (C) 民國 38 年政府遷臺前，以公費派赴大陸地區求學人員及其配偶

    (D) 民國 38 年政府遷臺後，因作戰或執行特種任務被俘之前國軍官兵及其配偶

( ) 10.大陸地區人民經許可來臺觀光，抵達機場港口時，若經查核係採用不法取得僞造或變造之證件者，查核機關將作何種處置？ (98 年華領)

    (A) 禁止入境　　　　　　　　　(B) 沒收證件後准其入境

    (C) 留置備查　　　　　　　　　(D) 得由旅行社具保後准其入境

( ) 11.一群尋求政治權力的人結合成一個組織，目的是在合法的控制政府的人事及政策，則這個組織稱爲： (98 年華領)

    (A) 利益團體　　　(B) 壓力團體　　　(C) 公民社會　　　(D) 政黨組織

( ) 12.大陸地區人民申請進入臺灣地區之事由或目的消失者，應自其事由或目的消失之日起，幾日內離境？ (98 年華領)

    (A)10 日　　　　　(B)15 日　　　　　(C)20 日　　　　　(D)30 日

( ) 13.大陸地區人民經許可進入臺灣地區者，下列何種情形應受「在臺灣地區設有戶籍滿二十年」之限制？ (98 年華領)

    (A) 擔任臺灣電力公司職員　　　(B) 登記爲立法委員候選人

    (C) 受聘擔任國防大學講師　　　(D) 組織政黨

( ) 14.臺灣地區人民若未經主管機關許可，而與大陸地區黨務團體爲合作行爲者，可處以下列何種罰則？ (98 年華領)

    (A) 新臺幣五萬元以下罰鍰

    (B) 新臺幣五萬元以上，二十萬元以下罰鍰

    (C) 新臺幣十萬元以上，五十萬元以下罰鍰

    (D) 新臺幣十萬元以上，一百萬元以下罰鍰

( ) 15.退離職未滿幾年之政務人員，其進入大陸地區仍應申請許可？ (98 年華導)

    (A)3 年　　　　　(B)4 年　　　　　(C)5 年　　　　　(D)6 年

( ) 16.臺灣地區甲公司買下有線電視某一時段，專門介紹大陸地區女子與臺灣地區男子結婚，請問甲公司之行爲，目前相關法令規定爲何？ (98 年華導)

    (A) 兩岸條例已開放得爲廣告

    (B) 應向主管機關申請許可

    (C) 不得爲之

    (D) 非登記有案的婚姻仲介所，方不得爲之

第七章

( ) 17.擔任行政職務之政務人員，不得以下列何種事由申請進入大陸地區？ (98 年華導)

(A) 參加國際組織舉辦之國際會議或活動

(B) 從事與業務相關之交流活動或會議

(C) 經機關遴派出席專案活動或會議

(D) 觀光活動

( ) 18.父母均爲臺灣地區人民而在大陸地區所生之子女，是否當然爲臺灣地區人民或大陸地區人民？ (98 年外領)

(A) 爲大陸地區人民

(B) 爲臺灣地區人民

(C) 兼具大陸地區及臺灣地區人民身分

(D) 須未在大陸地區設有戶籍或領用大陸地區護照，才具備臺灣地區人民身分

( ) 19.大陸地區人民已取得臺灣地區不動產所有權者，其來臺停留期間及入境次數，不予限制。但每年總停留期間不得逾幾個月？ (98 年外領)

(A)6 個月　　　　(B)5 個月　　　　(C)4 個月　　　　(D)3 個月

( ) 20.依現行規定，大陸地區發行之貨幣得進出入臺灣地區之限額爲： (98 年外領)

(A) 人民幣 6 萬元　　　　　　　　(B) 人民幣 3 萬元

(C) 人民幣 2 萬元　　　　　　　　(D) 人民幣 1 萬元

( ) 21.政府是在什麼時候開放大陸地區人民到金門、馬祖觀光？ (98 年外領)

(A)90 年 1 月 1 日　　　　　　　　(B)90 年 11 月 23 日

(C)91 年 1 月 1 日　　　　　　　　(D)94 年 10 月 3 日

( ) 22.下列何者是臺灣地區與大陸地區人民關係條例用來定義「臺灣地區人民」與「大陸地區人民」身分的事項？ (98 年外領)

(A) 戶籍　　　　(B) 住所　　　　(C) 居所　　　　(D) 國籍

( ) 23.目前受政府委託辦理兩岸文書驗證之人民團體，爲下列何者？ (99 年華領)

(A) 財團法人海峽交流基金會

(B) 海峽兩岸關係協會

(C) 臺商協會

(D) 視文書性質分由財團法人海峽交流基金會或臺商協會辦理

( ) 24.臺灣地區各級學校與大陸地區學校締結聯盟或爲書面約定之合作行爲，應先向教育部申報，於教育部受理其提出完整申報之日起幾日內，不得爲該締結聯盟或書面約定之合作行爲？ (100 年外領)

(A) 六十日　　　　(B) 五十日　　　　(C) 四十日　　　　(D) 三十日

(　) 25.臺灣地區人民有下列那些情形時，應負擔強制該大陸地區人民出境所需之費用？
①使大陸地區人民非法入境 ②非法僱用大陸地區人民工作 ③依規定保證大陸地區人民入境，屆期被保證人不離境時 ④未使大陸地區配偶接受面談者　　(100年外領)
(A)①② 　　　(B)①③ 　　　(C)①②③ 　　　(D)①②③④

(　) 26.李大同的父母一方為臺灣地區人民，一方為大陸地區人民，其父母與李大同間之法律關係，應依那個地區之規定？　　(101年華領)
(A) 若父親是臺灣地區人民，則依臺灣地區之規定
(B) 若父親是大陸地區人民，則依大陸地區之規定
(C) 依李大同設籍地區之規定
(D) 一律依臺灣地區之規定

(　) 27.依「跨國企業內部調動之大陸地區人民申請來臺服務許可辦法」對跨國企業之規定，下列敘述何者錯誤？　　(101年華領)
(A) 大陸地區人民擔任跨國企業之負責人、經理人或從事專門性、技術性服務，且任職滿1年，因跨國企業內部人員調動服務，得申請進入臺灣地區
(B) 申請人進入臺灣地區後，不得轉任或兼任該跨國企業以外之職務，其有轉任、兼任或離職者，應於20日內離境
(C) 申請人得於調動來臺3年內，為其隨同來臺停留未滿1年之子女，依規定申請入學
(D) 申請人之配偶及未滿18歲子女得申請隨同來臺

(　) 28.依規定向教育部申請備案後，於大陸地區設立之大陸地區臺商學校，係指：
(A) 高級中等以下學校　　　　　(B) 高級中等學校　　(101年華領)
(C) 大學及高級中等學校　　　　(D) 中等以下學校及幼稚園

(　) 29.來臺駐點採訪的中國大陸媒體，每家媒體每次最多可派駐幾人？　(101年華領)
(A)3人 　　　(B)5人 　　　(C)7人 　　　(D)9人

(　) 30.民國99年教育部公告認可中國大陸高等學校學歷名冊，總共採認幾所大學？
(A)35所 　　　(B)41所 　　　(C)52所 　　　(D)63所　(101年華領)

(　) 31.依規定在大陸地區作成之民事仲裁判斷，不違背臺灣公共秩序或善良風俗者，得向下列那個機關聲請認可？　　(101年外領)
(A) 法院　　　　　　　　　　　(B) 行政院大陸委員會
(C) 財團法人海峽交流基金會　　(D) 內政部

(　) 32.邀請單位邀請大陸地區人民來臺從事商務活動，邀請單位年度營業額達新臺幣1億元，依規定其每年邀請人次不得超過多少？　　(101年外領)
(A)2百人次 　　(B)4百人次 　　(C)6百人次 　　(D)8百人次

( ) 33. 根據民國 100 年 6 月 21 日核定之海峽兩岸關於大陸居民赴臺灣旅遊協議修正文件一的規定，有關開放大陸居民赴臺灣個人旅遊（自由行）第一批開放區域試點城市，下列何者不包括在內？ (101 年外領)

    (A) 廣州市   (B) 廈門市   (C) 北京市   (D) 上海市

( ) 34. 海峽兩岸經濟合作架構協議簽署後，為處理該協議後續議題須成立下列何種機構？ (101 年外領)

    (A) 兩岸經濟貿易委員會   (B) 兩岸金融合作委員會

    (C) 兩岸經濟協調委員會   (D) 兩岸經濟合作委員會

( ) 35. 大陸配偶入境並通過面談，在依親居留期間有關工作權之取得有何規範？

    (A)3 年後可申請在臺工作   (B)2 年後可申請在臺工作 (101 年華領)

    (C)1 年後可申請在臺工作   (D) 無須申請許可，即可在臺工作

( ) 36. 臺灣地區人民、法人、團體或其他機構，經經濟部許可，得在大陸地區從事投資或技術合作；其投資或技術合作之產品或經營項目，依據國家安全及產業發展之考慮，區分那些類？ (101 年華領)

    (A) 禁止類、一般類   (B) 禁止類、調整類

    (C) 禁止類、調整類、一般類   (D) 禁止類、審查類、一般類

( ) 37. 大陸民用航空器未經許可進入臺北飛航情報區限制進入之區域，執行空防任務之機關得採取何種措施？ (101 年華領)

    (A) 發布緊急動員令   (B) 發布空襲警報後等待其飛離

    (C) 採必要之防衛處理   (D) 查封拍賣

( ) 38. 依民國 99 年 9 月 1 日公布的最新法律規定，下列哪一種在大陸地區接受教育之學歷，不予採認？ (101 年華領)

    (A) 法律   (B) 政治   (C) 醫事   (D) 工程

( ) 39. 依臺灣地區與大陸地區人民關係條例（下稱「本條例」）之規定，下列敘述何者錯誤？ (101 年華領)

    (A) 臺灣地區人民與大陸地區人民間之民事事件，除本條例另有規定外，適用臺灣地區法律

    (B) 大陸地區人民相互間及其與外國人間之民事事件，除本條例另有規定外，適用大陸地區之規定

    (C) 民事法律關係之行為地或事實發生地跨連臺灣地區與大陸地區者，以臺灣地區為行為地或事實發生地

    (D) 依本條例規定應適用大陸地區之規定時，如該地區內各地方有不同規定者，適用當事人工作地之規定

(　) 40.某甲為臺灣地區人民，非法僱用某乙大陸地區人民，依規定強制出境所需之費用
　　　　應由何方負擔？　　　　　　　　　　　　　　　　　　　　　　(101 年華領)
　　　　(A) 某甲某乙負連帶責任　　　　　　(B) 某甲
　　　　(C) 某乙　　　　　　　　　　　　　(D) 執行強制出境之單位自行負責

(　) 41.我政務人員退離職時，原則上未滿幾年，進入大陸地區應經申請，並經內政部會
　　　　同國家安全局、法務部及行政院大陸委員會組成之審查會審查許可？　(102 年華領)
　　　　(A)1 年　　　　　(B)2 年　　　　　(C)3 年　　　　　(D)4 年

(　) 42.依臺灣地區與大陸地區人民關係條例第 26 條規定，支領月退休給與之退休公教
　　　　人員擬赴大陸長期居住者，其退休給與之領取方式，下列敘述何者正確？
　　　　(A) 一律發給其應領一次退休給與的半數　　　　　　　　　　　(102 年華領)
　　　　(B) 應申請改領一次退休給與
　　　　(C) 可以繼續支領月退休給與
　　　　(D) 停止領受退休給與之權利

(　) 43.臺灣地區人民可以不經許可，擔任下列何項大陸地區的職務？　　(102 年華領)
　　　　(A) 人民解放軍士兵　　　　　　　　(B) 私立大學講師
　　　　(C) 共產黨鄉級黨務工作人員　　　　(D) 村官

(　) 44.依大陸地區人民來臺就讀專科以上學校辦法之規定，下列敘述何者正確？
　　　　(A) 私立大學可以使用教育部補助款提供大陸地區學生獎學金　　(102 年外領)
　　　　(B) 公立大學可以使用行政院國家科學委員會補助款提供大陸地區學生獎學金
　　　　(C) 教育部可以直接編列預算，提供大陸地區學生獎學金，招攬優秀大陸地區學
　　　　　　生
　　　　(D) 地方政府可以編列預算提供大陸地區學生獎學金

(　) 45. 針對兩岸間簽署協議事項，下列敘述何者正確？　　　　　　　　(102 年外領)
　　　　(A) 海峽兩岸海關合作協議，是由我方財政部關稅總局與大陸海關總署簽署的
　　　　(B) 海峽兩岸保險業監督管理合作瞭解備忘錄，是由財團法人海峽交流基金會與
　　　　　　大陸海峽兩岸關係協會簽署的
　　　　(C) 海峽兩岸貨幣清算合作備忘錄，是由我方中央銀行與大陸中國人民銀行簽署
　　　　　　的
　　　　(D) 海峽兩岸共同打擊犯罪及司法互助協議，是由我方行政院大陸委員會與大陸
　　　　　　國務院臺灣事務辦公室簽署

(　) 46. 在大陸地區製作之文書，經財團法人海峽交流基金會（以下簡稱海基會）驗證者，
　　　　對於其驗證效力之敘述，下列何者正確？　　　　　　　　　　　(102 年外領)
　　　　(A) 主管機關不得推翻其驗證之結果
　　　　(B) 海基會之驗證具有實質證據力
　　　　(C) 海基會之驗證僅得推定為真正
　　　　(D) 海基會之驗證既無形式證據力，亦無實質證據力

(　) 47. 在大陸地區工作的臺商王力旺想送兒子到臺商子弟學校就讀，他可以送哪一所學校？ (102 年外領)
(A) 北京臺商子女學校　　　　　　(B) 重慶臺商子女學校
(C) 深圳臺商子女學校　　　　　　(D) 華東臺商子女學校

(　) 48. 大陸地區人民在臺灣地區設有戶籍滿幾年，才可以登記為公職候選人？ (102 年外領)
(A)20 年　　　　(B)15 年　　　　(C)10 年　　　　(D)5 年

(　) 49. 依大陸地區古物運入臺灣地區公開陳列展覽許可辦法之規定，有關申請大陸地區古物來臺公開展覽之敘述，何者正確？ (102 年外領)
(A) 同一單位每年只能申請辦理 1 次
(B) 每次不得逾 6 個月
(C) 展覽期間屆滿，可以申請延長，但以 2 次為限，延長期間以 6 個月為限
(D) 展覽結束後，可以留下一部分送給臺灣地區博物館

(　) 50. 大陸地區選手如來臺參加世界大學運動會活動，下列敘述何者正確？ (102 年外領)
(A) 必須申報取得專案許可入境　　(B) 行政院體育委員會可以專案許可入境
(C) 內政部可以專案許可入境　　　(D) 行政院大陸委員會可以專案許可入境

(　) 51. 大陸地區人民除法律另有規定外，非在臺灣地區設有戶籍滿幾年，不得擔任公職人員？ (103 年外領)
(A)5 年　　　　(B)10 年　　　　(C)15 年　　　　(D)20 年

(　) 52. 政府依據私立學校法第 86 條的規定，訂定「大陸地區臺商學校設立及輔導辦法」，目前已輔導設立了幾所臺商學校？ (103 年外領)
(A)1 所　　　　(B)2 所　　　　(C)3 所　　　　(D)4 所

(　) 53. 大陸配偶在依親居留期間工作，是否需要向勞動部申請工作許可？ (103 年外領)
(A) 不用申請工作許可　　　　　　(B) 要申請工作許可
(C) 有子女才可以不用申請工作許可　(D) 有子女才需要申請工作許可

(　) 54. 臺灣地區人民保證大陸地區人民入境者，於被保證人屆期不離境時，保證人所應負擔之責任或義務，下列敘述何者錯誤？ (103 年外領)
(A) 應協助有關機關強制其出境
(B) 應負擔強制出境所支出之費用
(C) 保證人應負擔被保證人逾期停留之罰鍰
(D) 強制出境機關得檢具強制出境相關費用單據影本及計算書，通知保證人繳納，保證人有繳納之義務

(　) 55.中國大陸某副省長組團來臺參訪,該省公關人員事先與國內某報社簽約,購買特定日期及版面,要求該媒體配合副省長在臺參訪期間刊出相關訊息,下列敘述何者正確? (103 年外領)

    (A) 雖然該媒體刻意以新聞報導方式配合介紹當地旅遊資訊,但並不違反我方法令規定

    (B) 該媒體讓中國大陸地方政府購買版面,已構成置入性行銷,並侵害民眾閱讀的權利

    (C) 該媒體採用報導方式專題介紹該省相關建設協助招商,屬於新聞自由,不算置入性行銷,沒有違法

    (D) 該媒體以廣告方式招募臺灣人才,到該省設立的農民創業園區任職,協助民眾就業,沒有違法

(　) 56.兩岸所簽署之協議,行政院係送立法院審議或備查? (103 年外領)

    (A) 以協議之內容重要性與否,決定送立法院審議或備查

    (B) 以協議之內容涉及法律訂定或修正與否,決定送立法院審議或備查

    (C) 一律送立法院審議

    (D) 一律送立法院備查

(　) 57.大陸地區人民經許可在臺灣地區長期居留,居留期間為何? (103 年華領)

    (A) 居留期間無限制　　　　　　　(B) 居留期間不得超過 2 年

    (C) 居留期間不得超過 4 年　　　　(D) 居留期間不得超過 5 年

(　) 58.依臺灣地區與大陸地區人民關係條例規定,那一個機關得基於政治、經濟、社會、教育、科技或文化之考量,專案許可大陸地區人民在臺灣地區長期居留?

    (A) 內政部　　　　　　　　　　　(B) 行政院 (103 年華領)

    (C) 行政院大陸委員會　　　　　　(D) 法務部

(　) 59.在臺灣地區出生,其父親為臺灣地區人民,母親為大陸地區人民,其身分為何?

    (A) 大陸地區人民　　　　　　　　(B) 臺灣地區人民 (103 年華領)

    (C) 外國人　　　　　　　　　　　(D) 雙重國籍人

(　) 60.大陸地區人民須符合以下何種資格,可申請來臺接受健康檢查或醫學美容?

    (A) 年滿 20 歲且有相當新臺幣 20 萬元以上存款 (103 年華領)

    (B) 年滿 20 歲且工資所得相當新臺幣 30 萬元以下

    (C) 年滿 20 歲且持有銀行核發普卡

    (D) 年滿 20 歲且繳交保證金新臺幣 20 萬元

解答

1.(D)	2.(B)	3.(C)	4.(A)	5.(D)	6.(B)	7.(B)	8.(D)	9.(A)	10.(A)
11.(D)	12.(A)	13.(C)	14.(C)	15.(A)	16.(C)	17.(D)	18.(D)	19.(C)	20.(B)
21.(A)	22.(C)	23.(A)	24.(D)	25.(C)	26.(C)	27.(B)	28.(A)	29.(B)	30.(B)
31.(A)	32.(B)	33.(A)	34.(D)	35.(D)	36.(A)	37.(C)	38.(D)	39.(D)	40.(C)
41.(C)	42.(B)	43.(D)	44.(D)	45.(C)	46.(C)	47.(D)	48.(C)	49.(B)	50.(C)
51.(B)	52.(C)	53.(A)	54.(C)	55.(B)	56.(B)	57.(A)	58.(A)	59.(B)	60.(A)

試題解析

1. 詳見「臺灣地區與大陸地區人民關係條例」第33-3條。
2. 詳見「臺灣地區與大陸地區人民關係條例」第17條。
3. 詳見「臺灣地區與大陸地區人民關係條例」第31條。
4. 詳見「臺灣地區與大陸地區人民關係條例」第6條。
6. 詳見「臺灣地區與大陸地區人民關係條例」第33-2條。
7. 詳見「臺灣地區與大陸地區人民關係條例」第33-1條。
8. 詳見「臺灣地區與大陸地區人民關係條例」第9條。
9. 詳見「臺灣地區與大陸地區人民關係條例」第16條。
10. 詳見「臺灣地區與大陸地區人民關係條例」第18條與「臺灣地區與大陸地區人民關係條例施行細則」第15條。
13. 詳見「臺灣地區與大陸地區人民關係條例」第21條。
14. 詳見「臺灣地區與大陸地區人民關係條例」第90-2條。
15. 詳見「臺灣地區與大陸地區人民關係條例」第9條。
16. 詳見「臺灣地區與大陸地區人民關係條例」第34條。
17. 詳見「臺灣地區與大陸地區人民關係條例」第9條。
18. 詳見「臺灣地區與大陸地區人民關係條例」第2條。
22. 詳見「臺灣地區與大陸地區人民關係條例」第2條。
23. 詳見「臺灣地區與大陸地區人民關係條例」第7條。
24. 詳見「臺灣地區與大陸地區人民關係條例」第33-3條。
25. 詳見「臺灣地區與大陸地區人民關係條例」第20條。
26. 詳見「臺灣地區與大陸地區人民關係條例」第41條。
27. 依「跨國企業內部調動之大陸地區人民申請來臺服務許可辦法」第4條：「申請人進入臺灣地區後，不得轉任或兼任該跨國企業以外之職務，其有轉任、兼任或離職者，應於十日內離境。」

28. 詳見「臺灣地區與大陸地區人民關係條例施行細則」第47條。政府依據「私立學校法」第86條的規定，訂定「大陸地區臺商學校設立及輔導辦法」，目前設校如下：
   (1) 廣東省「東莞臺商子弟學校」—小學、初中、高中
   (2) 江蘇省「華東臺商子女學校」—小學、初中、高中
   (3) 上海市「上海臺商子女學校」—小學、初中

29. 自民國97年5月20日至民國102年5月底止，共有新華社、人民日報、中央人民廣播電臺、中央電視臺、中國新聞社等5家全國性媒體，以及福建東南衛視、福建日報社、廈門衛視、深圳報業集團、湖南電視臺等5家地方媒體在臺駐點。民國98年再放寬大陸駐點媒體人數每家從2人增至5人，同時取消駐點記者赴外地採訪需事先報備之規定，使大陸新聞人員在臺採訪享有自由與便利性。

30. 民國102年3月12日教育部公告，排除公安、軍事、醫療等相關學校，計111校（含原採認之41所），給予開放採認。

31. 詳見「臺灣地區與大陸地區人民關係條例」第74條。

32. 依據「大陸地區人民來臺從事商務活動許可辦法」，是依據「臺灣地區與大陸地區人民關係條例」第十條第三項及第十六條第一項規定訂定之。該辦法第6條第4款規定邀請單位年度營業額達新臺幣一億元，其每年邀請人數不得超過四百人次。

33. 觀光局透過臺旅會與大陸「海旅會」多次積極磋商後，針對陸客來臺自由行開放區域，第1階段先開放天津、重慶、南京、廣州、杭州、成都6個城市，第2階段再開放濟南、西安、福州及深圳4個城市。

34. ECFA兩岸經濟合作委員會（經合會）是依據「海峽兩岸經濟合作架構協議」(ECFA)第11條規定，在兩會架構下，為處理與ECFA相關事務而組成的任務性、功能性的磋商平臺及聯繫機制，不是決策機構。

35. 大陸配偶工作權之取得與外籍配偶一致，即取得依親居留者，居留期間即可在臺工作，無庸申請工作許可。

36. 「在大陸地區從事投資或技術合作許可辦法」第七條：「臺灣地區人民、法人、團體或其他機構在大陸地區從事投資或技術合作之產品或經營項目，依據國家安全及經濟發展之考慮，區分為一般類及禁止類，其項目清單及個案審查原則，由主管機關會商目的事業主管機關訂定發布。」

37. 詳見「臺灣地區與大陸地區人民關係條例」第31條。

38. 依據「臺灣地區與大陸地區人民關係條例」第22條，教育部核釋依「大陸地區學歷採認辦法」第八條第七款規定，不予採認之醫療法所稱醫事人員相關之大陸地區高等學校或機構學歷。

39. 詳見「臺灣地區與大陸地區人民關係條例」第3章。

40. 詳見「臺灣地區與大陸地區人民關係條例」第19條。

41. 詳見「臺灣地區與大陸地區人民關係條例」第9條。

42. 詳見「臺灣地區與大陸地區人民關係條例」第26條。

43. 詳見「臺灣地區與大陸地區人民關係條例」第33條。

44. 大陸地區人民來臺就讀專科以上學校辦法，是依「臺灣地區與大陸地區人民關係條例」（以下簡稱本條例）第二十二條第三項、大學法第二十五條第三項及專科學校法第二十六條第三項規定訂定之。該條例第16條規定學校不得以中央政府補助款作為大陸地區學生獎助學金。

46. 詳見「臺灣地區與大陸地區人民關係條例」第7條。

47. 政府依據「私立學校法」第86條的規定，訂定「大陸地區臺商學校設立及輔導辦法」，目前設校如下：
   (1) 廣東省「東莞臺商子弟學校」--小學、初中、高中
   (2) 江蘇省「華東臺商子女學校」--小學、初中、高中
   (3) 上海市「上海臺商子女學校」--小學、初中

48. 詳見「臺灣地區與大陸地區人民關係條例」第21條。

49. 「大陸地區古物運入臺灣地區公開陳列展覽許可辦法」，依「臺灣地區與大陸地區人民關係條例」第39條第三項規定訂定之。該辦法第6條，同一申請單位每年申請大陸地區古物來臺公開陳列、展覽，以二次為限，每次不得逾六個月，並不得與其辦理之他項大陸地區古物公開陳列、展覽之期間重疊。但因文化交流之特殊需要，報經本會許可者，不受二次公開陳列、展覽之限制。

50. 詳見「臺灣地區與大陸地區人民關係條例」第10條。

51. 詳見「臺灣地區與大陸地區人民關係條例」第21條。

52. 政府依據私立學校法第86條的規定，訂定「大陸地區臺商學校設立及輔導辦法」，目前設校如下：
   (1) 廣東省「東莞臺商子弟學校」—小學、初中、高中
   (2) 江蘇省「華東臺商子女學校」—小學、初中、高中
   (3) 上海市「上海臺商子女學校」—小學、初中

53. 詳見「臺灣地區與大陸地區人民關係條例」第17-1條。

54. 詳見「臺灣地區與大陸地區人民關係條例」第20條。

55. 詳見「臺灣地區與大陸地區人民關係條例」第34條。

56. 詳見「臺灣地區與大陸地區人民關係條例」第5條。

57. 詳見「臺灣地區與大陸地區人民關係條例」第17條。

58. 詳見「臺灣地區與大陸地區人民關係條例」第17條。

59. 詳見「臺灣地區與大陸地區人民關係條例」第57條。

60. 詳見「大陸地區人民來臺從事觀光活動許可辦法」第3條。

第八章　香港澳門關係條例

　　「九七」後的香港及「九九」後的澳門均定位爲有別於大陸其他地區之特別區域。因此，政府以特別法的方式制定「香港澳門關係條例」，以規範「九七」後臺港間及「九九」後臺澳間人民往來關係，除該條例明文規定者外，臺港、臺澳關係排除適用「兩岸人民關係條例」。

　　依歷年試題比例，每年此章約佔8題左右，尤以導遊考試比重較大。在本章閱讀的重點，臺港澳專責機關、港澳居民身分認定、就業聘僱與經貿文化交流之主關機關。

第一節　臺灣對港、澳關係

一、臺港關係

　　香港在1997年移交給中國大陸，我國爲維持對港政策的一貫性與持續性，在香港仍能維持其自由經濟制度與自治地位之前提下，將香港定位爲有別於大陸其他地區之「特別區域」。

1. 臺港機關
   (1) 2002年始改由體制內的政制事務局（2007年更名爲政制及內地事務局）與行政院大陸委員會香港事務局(駐香港稱爲「臺北經濟文化辦事處」)溝通，官方互動亦漸趨頻密。

   香港事務局下設五組：
   ① 服務組：關於旅行證件服務等事項。
   ② 商務組：關於經貿、投資及商務往來等事項。
   ③ 新聞組：關於新聞發布、文化交流及資訊服務等事項。
   ④ 聯絡組：關於學術、教育及社會各界之交流聯繫、服務等事項。
   ⑤ 綜合組：關於資料蒐集、問題研究、文書認證、庶務、人事、會計及其他不屬於各組事項。

   (2) 香港政府在臺灣最先成立香港貿易發展局，之後設置香港旅遊發展局臺北辦事處，於2012年5月15日改爲香港經濟貿易文化辦事處爲香港特區政府在臺成立綜合性的統籌機構。

   (3) 2010年4月初，臺港分別成立「臺港經濟文化合作策進會」和「港臺經濟文化合作協進會」作爲官方洽談機構。

2. 香港特首：現任爲梁振英，每屆任期5年，當選第四屆行政長官，於2012年7月1日正式就職。

3. 香港特別行政區代表花：洋紫荊。

二、臺澳關係

　　澳門在1999年移交給中國大陸，澳門全境由澳門半島、氹仔、路環以及路氹城四大部份（區域）所組成。澳門（MACAU）地名的由來是因為媽閣廟的葡萄牙語。

1. 機關：行政院大陸委員會澳門事務處（當地名稱為臺北經濟文化辦事處），於1999年12月20日成立，為我政府在澳門之代表機構，澳門政府也將在臺設立「澳門經濟文化辦事處」，其功能包括推動一般交流合作，以及臺澳共同打擊犯罪及司法互助合作。
2. 澳門特首：現為催世安，每屆任期5年，現為第三任。
3. 澳門特別行政區代表花：荷花。

第二節　港澳入出境

一、護照

（一）經香港或澳門返臺

1. 經香港返臺：經由香港羅湖、落馬洲或紅磡管制站，親自赴臺北經濟文化辦事處服務組（地址：香港金鐘道89號力寶中心第1座40樓，電話(852)2530-1187）辦理入國證明書返國或申請遺失補發護照。臺北經濟文化辦事處上班時間電話：（852）2530-1187、(852)2525-8642，並設有急難救助專線電話（上班時間專線：(852)2160-2038、非上班時間24小時行動電話：(852)9314-0130、(852)6143-9012），提供國人在大陸地區因遺失護照而需緊急回臺的協助。
2. 經澳門返臺：可先將大陸公安之報案證明、身分證明文件及臺胞證影本電傳至本會澳門事務處服務組（駐地名稱為「臺北經濟文化辦事處」，服務電話：(853)2830-6289、(853)2871-2561，急難事件的緊急聯絡電話：(853)6687-2557、(853)6666-3563；電傳號碼：(853)2830-6153；地址：澳門新口岸宋玉生廣場411-417號皇朝廣場五樓J-O座），以便將當事人的入境資料通知澳門特區政府。當事人可擇期（公共假期、例假日除外）進入澳門後，向本會澳門事務處申請入國證明書返臺。

（二）直航返臺

　　臺灣地區人民(在臺設有戶籍)，且無以下情形之一：

1. 喪失我國國籍或臺灣地區人民身分；

2. 本人已返臺或證照遭他人冒用入境；

3. 民國86年2月19日前即進入大陸地區，則可依內政部入出國及移民署訂定之「臺灣地區人民在大陸地區護照逾期或遺失由大陸或經香港澳門轉機返臺作業要點」規定，檢附下列資料，洽請出發地機場(港口)之航空(船舶)公司或其代理公司協助辦理返臺事宜：

  (1)護照逾期：逾期之護照及臺灣同胞來往大陸通行證（即臺胞證，臺胞證遺失者，須先至大陸公安部門申報遺失，並辦妥臨時臺胞證）。

  (2)護照遺失：足資辨識當事人身分之證明文件（國民身分證、駕駛執照或健保卡等）、遺失護照報案證明（須先至大陸公安部門申報遺失以取得報案證明）及臺胞證（臺胞證遺失者，同上述說明須備妥臨時臺胞證）。出發地之航空（船舶）公司將上述資料轉送國內機場（港口）之入出國及移民署國境事務大隊審查核准後，即可直接搭機（船）返臺。

二、簽證

(一) 香港

    國人目前赴香港的簽證方式有三種方式：

1. 網上快證：申請護照有效期不得少於6個月。可透過分佈於臺灣的旅行社網路特約商，通過互聯網申請網上快證。網上快證持證人，可於兩個月內進入香港兩次，每次最長可逗留30天。

2. 香港旅遊入境許可證（即「港簽」）

  (1)現居於臺灣的臺灣華籍居民如欲來港旅遊，可透過旅行社，遞交香港入境許可證申請。憑旅遊入境許可證赴港，一般可逗留30天。

  (2)其許可證分為ID78D一次入境（來港旅遊超過30天）；ID78H－有效期一年，可多次入境/有效期三年，可多次入境（來港旅遊不超過30天）。

3. 臺灣居民持有有效的「臺灣居民來往大陸通行證」，俗稱「臺胞證」。符合一般的入境規定，不論過境香港往返中國內地或來港旅遊，均可以訪客身分逗留香港不超過30天。

4. 網上預辦入境登記：從2012年9月1日起，符合條件的臺灣華籍居民，可於申請者須透過「香港政府一站通」網頁預辦入境登記，免費辦理入境登記，核准後可於2個月內進入香港特區2次，每次最長可逗留30天。

(二) 澳門

    免簽證，可以停留30天。

三、入出境

(一) 臺灣地區人民赴香港或澳門

依「香港澳門關係條例」第10條前段規定，臺灣地區人民進入香港或澳門，依一般之出境規定辦理。而所謂一般之出境規定，係指「入出國及移民法」第5條及「國民入出國許可辦法」第2條等相關規定。故目前臺灣地區人民赴香港或澳門，並無特別之限制，一般公務員也同。

另如為「國家機密保護法」第26條第1項所指之「國家機密核定人員」、「辦理國家機密事項業務人員」及「退、離職或移交國家機密未滿3年之人員」，應先經其（原）服務機關或委託機關首長或其授權之人核准，始得出境。又部分機關基於本身業務性質之考量，對所屬人員赴港澳探親、探病或旅遊另有規範。

(二) 港澳居民來臺

根據「香港澳門居民進入臺灣地區及居留定居許可辦法規定」，香港或澳門居民申請進入臺灣地區，計分為5類：

1. 一般入出境：發給單次入出境許可、逐次加簽許可或多次入出境許可，持憑入出境。
   (1) 單次入出境：經許可來臺者，核發單次入出境許可，有效期間自核發之翌日起6個月，在效期內可入出境1次，因故未能於有效期間內入境者，得於有效期間屆滿前，向入出國及移民署申請延期1次。
   (2) 多次入出境：須經常來臺者，得核發逐次加簽許可，有效期間自核發之翌日起1年或3年。
2. 臨時入境停留30日：持有效期間6個月以上之香港或澳門護照（驗畢退還）與訂妥機船位，並於30日內離境之回程或離境機船票，至行政院核定之臺灣本島機場、港口申請（依本款規定申請者，收取證件費新臺幣300元）發給臨時入境停留通知單。
3. 網路申請入臺證：自民國99年9月1日起，實施港澳居民網路申辦來臺許可「不發證」、「不收費」簡化措施，有效期限3個月，逾期者應重新申請持憑，限單次入出境使用，每次停留30天。

四、居留

可分為依親、工作、投資或專業移民，而投資方面只要等值新臺幣5百萬以上，並存款滿1年，附有外匯銀行證明者，即可申請。

五、定居

自定居申請日往前推算，在臺連續居留滿1年（1年內得出境30日，出境次數不予限制）或連續居留滿2年且每年在臺居住270日以上，才可以申請。

第三節　香港澳門關係條例

一、香港澳門關係條例

表 8-1　香港澳門關係條例

條款	香港澳門關係條例條文
	第一章　總則
第 1 條	為規範及促進與香港及澳門之經貿、文化及其他關係，特制定本條例。 本條例未規定者，適用其他有關法令之規定。但臺灣地區與大陸地區人民關係條例，除本條例有明文規定者外，不適用之。
第 2 條	本條例所稱香港，指原由英國治理之香港島、九龍半島、新界及其附屬部分。 本條例所稱澳門，係原由葡萄牙治理之澳門半島、仔島、路環島及其附屬部分。
第 3 條	本條例所稱臺灣地區及臺灣地區人民，依臺灣地區與大陸地區人民關係條例之規定。
第 4 條	本條例所稱香港居民，指具有香港永久居留資格，且未持有英國國民(海外)護照或香港護照以外之旅行證照者。 本條例所稱澳門居民，指具有澳門永久居留資格，且未持有澳門護照以外之旅行證照或雖持有葡萄牙護照但係於葡萄牙結束治理前於澳門取得者。 前二項香港或澳門居民，如於香港或澳門分別於英國及葡萄牙結束其治理前，取得華僑身分者及其符合中華民國國籍取得要件之配偶及子女，在本條例施行前之既有權益，應予維護。
第 5 條	本條例所稱主管機關為行政院大陸委員會。

（續下頁）

（承上頁）

條款	香港澳門關係條例條文
	第二章　行政
	第一節　交流機構
第 6 條	行政院得於香港或澳門設立或指定機構或委託民間團體，處理臺灣地區與香港或澳門往來有關事務。 主管機關應定期向立法院提出前項機構或民間團體之會務報告。 第一項受託民間團體之組織與監督，以法律定之。
第 7 條	依前條設立或指定之機構或受託之民間團體，非經主管機關授權（陸委會），不得與香港或澳門政府或其授權之民間團體訂定任何形式之協議。
第 8 條	行政院得許可香港或澳門政府或其授權之民間團體在臺灣地區設立機構並派駐代表，處理臺灣地區與香港或澳門之交流事務。 前項機構之人員，須為香港或澳門居民。
第 9 條	在香港或澳門製作之文書，行政院得授權第六條所規定之機構或民間團體辦理驗證。 前項文書之實質內容有爭議時，由有關機關或法院認定。
	第二節　入出境管理
第 10 條	臺灣地區人民進入香港或澳門，依一般之出境規定辦理；其經由香港或澳門進入大陸地區者，適用臺灣地區與大陸地區人民關係條例相關之規定。
第 11 條	香港或澳門居民，經許可得進入臺灣地區。 前項許可辦法，由內政部擬訂，報請行政院核定後發布之。
第 12 條	香港或澳門居民得申請在臺灣地區居留或定居；其辦法由內政部擬訂，報請行政院核定後發布之。 每年核准居留或定居，必要時得酌定配額。
第 13 條	香港或澳門居民受聘僱在臺灣地區工作，準用就業服務法第五章至第七章有關外國人聘僱、管理及處罰之規定。 第四條第三項之香港或澳門居民受聘僱在臺灣地區工作，得予特定規定；其辦法由行政院勞工委員會會同有關機關擬訂，報請行政院核定後發布之。

（續下頁）

第八章

（承上頁）

條款	香港澳門關係條例條文
第 14 條	進入臺灣地區之香港或澳門居民，有下列情形之一者，治安機關得逕行強制出境，但其所涉案件已進入司法程序者，應先經司法機關之同意： 一、未經許可入境者。 二、經許可入境，已逾停留期限者。 三、從事與許可目的不符之活動者。 四、有事實足認為有犯罪行為者。 五、有事實足認為有危害國家安或社會安定之虞者。 前項香港或澳門居民，於強制出境前，得暫予收容（縣市警察拘留所），並得令其從事勞務。 前二項規定，於本條例施行前進入臺灣地區之香港或澳門居民，適用之。 第一項之強制出境處理辦法及第二項收容處所之設置及管理辦法，由內政部擬訂，報請行政院核定後發布之。
第 15 條	臺灣地區人民有下列情形之一者，應負擔強制出境及收容管理之費用： 一、使香港或澳門居民非法進入臺灣地區者。 二、非法僱用香港或澳門居民工作者。 前項費用，有數人應負擔者，應負連帶責任。 第一項費用，由強制出境機關檢具單據及計算書，通知應負擔人限期繳納；逾期未繳納者，移送法院強制執行。
第 16 條	香港及澳門居民經許可進入臺灣地區者，非在臺灣地區設有戶籍滿十年，不得登記為公職候選人、擔任軍職及組織政黨。 第四條第三項之香港及澳門居民經許可進入臺灣地區者，非在臺灣地區設有戶籍滿一年，不得登記為公職候選人、擔任軍職及組織政黨。
第 17 條	駐香港或澳門機構在當地聘僱之人員，受聘僱達相當期間者，其入境、居留、就業之規定，均比照臺灣地區人民辦理；其父母、配偶、未成年子女與配偶之父母隨同申請來臺時，亦同。 前項機構、聘僱人員及聘僱期間之認定辦法，由主管機關擬訂，報請行政院核定後發布之。

（續下頁）

（承上頁）

條款	香港澳門關係條例條文
第 18 條	對於因政治因素而致安全及自由受有緊急危害之香港或澳門居民，得提供必要之援助。
第三節　文教交流	
第 19 條	香港或澳門居民來臺灣地區就學，其辦法由教育部擬訂，報請行政院核定後發布之。
第 20 條	香港或澳門學歷之檢覈及採認辦法，由教育部擬訂，報請行政院核定後發布之。 前項學歷，於英國及葡萄牙分別結束其治理前取得者，按本條例施行前之有關規定辦理。
第 21 條	香港或澳門居民得應專門職業及技術人員考試，其考試辦法準用外國人應專門職業及技術人員考試條例之規定。
第 22 條	香港或澳門專門職業及技術人員執業資格之檢覈及承認，準用外國政府專門職業及技術人員執業證書認可之相關規定辦理。
第 23 條	香港或澳門出版品、電影片、錄影節目及廣播電視節目經許可者，得進入臺灣地區或在臺灣地區發行、製作、播映；其辦法由文化部擬訂，報請行政院核定後發布之。
第四節　交通運輸	
第 24 條	中華民國船舶得依法令規定航行至香港或澳門。但有危害臺灣地區之安全、公共秩序或利益之虞者，交通部或有關機關得予以必要之限制或禁止。 香港或澳門船舶得依法令規定航行至臺灣地區。但有下列情形之一者，交通部或有關機關得予以必要之限制或禁止： 一、有危害臺灣地區之安全、公共秩序或利益之虞。 二、香港或澳門對中華民國船舶採取不利措施。 三、經查明船舶為非經中華民國政府准許航行於臺港或臺澳之大陸地區航運公司所有。

（續下頁）

（承上頁）

條款	香港澳門關係條例條文
第 24 條	香港或澳門船舶入出臺灣地區港口及在港口停泊期間應予規範之相關事宜，得由交通部或有關機關另定之，不受商港法第二十五條規定之限制。
第 25 條	外國船舶得依法令規定航行於臺灣地區與香港或澳門間。但交通部於必要時得依航業法有關規定予以限制或禁止運送客貨。
第 26 條	在中華民國、香港或澳門登記之民用航空器，經交通部許可，得於臺灣地區與香港或澳門間飛航。但基於情勢變更，有危及臺灣地區安全之虞或其他重大原因，交通部得予以必要之限制或禁止。 在香港或澳門登記之民用航空器違反法令規定進入臺北飛航情報區限制進入之區域，執行空防任務機關得警告驅離、強制降落或採取其他必要措施。
第 27 條	在外國登記之民用航空器，得依交換航權並參照國際公約於臺灣地區與香港或澳門間飛航。 前項民用航空器違反法令規定進入臺北飛航情報區限制進入之區域，執行空防任務機關得警告驅離、強制降落或採取其他必要措施。
	第五節　經貿交流
第 28 條	臺灣地區人民有香港或澳門來源所得者，其香港或澳門來源所得，免納所得稅。 臺灣地區法人、團體或其他機構有香港或澳門來源所得者，應併同臺灣地區來源所得課徵所得稅。但其在香港或澳門已繳納之稅額，得併同其國外所得依所得來源國稅法已繳納之所得稅額，自其全部應納稅額中扣抵。 前項扣抵之數額，不得超過因加計其香港或澳門所得及其國外所得，而依其適用稅率計算增加之應納稅額。
第 29 條	香港或澳門居民有臺灣地區來源所得者，應就其臺灣地區來源所得，依所得稅法規定課徵所得稅。 香港或澳門法人、團體或其他機構有臺灣地區來源所得者，應就其臺灣地區來源所得比照總機構在中華民國境外之營利事業，依所得稅法規定課徵所得稅。

（續下頁）

（承上頁）

條款	香港澳門關係條例條文
第 30 條	臺灣地區人民、法人、團體或其他機構在香港或澳門從事投資或技術合作，應向經濟部或有關機關申請許可或備查；其辦法由經濟部會同有關機關擬訂，報請行政院核定後發布之。
第 31 條	香港或澳門居民、法人、團體或其他機構在臺灣地區之投資，準用外國人投資及結匯相關規定；第四條第三項之香港或澳門居民在臺灣地區之投資，準用華僑回國投資及結匯相關規定。
第 32 條	臺灣地區金融保險機構，經許可者，得在香港或澳門設立分支機構或子公司；其辦法由金融監督管理委員會擬訂，報請行政院核定後發布之。
第 33 條	香港或澳門發行幣券在臺灣地區之管理，得於其維持十足發行準備及自由兌換之條件下，準用管理外匯條例之有關規定。 香港或澳門幣券不符合前項條件，或有其他重大情事，足認對於臺灣地區之金融穩定或其他金融政策有重大影響之虞者，得由中央銀行會同金融監督管理委員會限制或禁止其進出臺灣地區及在臺灣地區買賣、兌換及其他交易行為。但於進入臺灣地區時自動向海關申報者，准予攜出。
第 34 條	香港或澳門資金之進出臺灣地區，於維持金融市場或外匯市場穩定之必要時，得訂定辦法管理、限制或禁止之；其辦法由中央銀行會同其他有關機關擬訂，報請行政院核定後發布之。
第 35 條	臺灣地區與香港或澳門貿易，得以直接方式為之。但因情勢變更致影響臺灣地區重大利益時，得由經濟部會同有關機關予以必要之限制。 輸入或攜帶進入臺灣地區之香港或澳門物品，以進口論；其檢驗、檢疫、管理、關稅等稅捐之徵收及處理等，依輸入物品有關法令之規定辦理。 輸往香港或澳門之物品，以出口論；依輸出物品有關法令之規定辦理。
第 36 條	香港或澳門居民或法人之著作，合於下列情形之一者，在臺灣地區得依著作權法享有著作權： 一、於臺灣地區首次發行，或於臺灣地區外首次發行後三十日內在臺灣地區發行者。但以香港或澳門對臺灣地區人民或法人之著作，在相同情形下，亦予保護且經查證屬實者為限。

（續下頁）

（承上頁）

條款	香港澳門關係條例條文
第 36 條	二、依條約、協定、協議或香港、澳門之法令或慣例，臺灣地區人民或法人之著作得在香港或澳門享有著作權者。
第 37 條	香港或澳門居民、法人、團體或其他機構在臺灣地區申請專利、商標或其他工業財產權之註冊或相關程序時，有下列情形之一者，應予受理： 一、香港或澳門與臺灣地區共同參加保護專利、商標或其他工業財產權之國際條約或協定。 二、香港或澳門與臺灣地區簽訂雙邊相互保護專利、商標或其他工業財產權之協議或由團體、機構互訂經主管機關核准之保護專利、商標或其他工業財產權之協議。 三、香港或澳門對臺灣地區人民、法人、團體或其他機構申請專利、商標或其他工業財產權之註冊或相關程序予以受理時。 香港或澳門對臺灣地區人民、法人、團體或其他機構之專利、商標或其他工業財產權之註冊申請承認優先權時，香港或澳門居民、法人、團體或其他機構於香港或澳門為首次申請之翌日起十二個月內向經濟部申請者，得主張優先權。 前項所定期間，於新式樣專利案或商標註冊案為六個月。
第三章　民事	
第 38 條	民事事件，涉及香港或澳門者，類推適用涉外民事法律適用法。涉外民事法律適用法未規定者，適用與民事法律關係最重大牽連關係地法律。
第 39 條	未經許可之香港或澳門法人、團體或其他機構，不得在臺灣地區為法律行為。
第 40 條	未經許可之香港或澳門法人、團體或其他機構以其名義在臺灣區與他人為法律行為者，其行為人就該法律行為，應與該香港或澳門法人、團體或其他機構，負連帶責任。
第 41 條	香港或澳門之公司，在臺灣地區營業，準用公司法有關外國公司之規定。

（續下頁）

（承上頁）

條款	香港澳門關係條例條文
第 41-1 條	大陸地區人民、法人、團體或其他機構於香港或澳門投資之公司，有臺灣地區與大陸地區人民關係條例第七十三條所定情形者，得適用同條例關於在臺投資及稅捐之相關規定。
第 42 條	在香港或澳門作成之民事確定裁判，其效力、管轄及得爲強制執行之要件，準用民事訴訟法第四百零二條及強制執行法第四條之一之規定。 在香港或澳門作成之民事仲裁判斷，其效力、聲請法院承認及停止執行，準用商務仲裁條例第三十條至第三十四條之規定。
第四章　刑事	
第 43 條	在香港或澳門或在其船艦、航空器內，犯下列之罪者，適用刑法之規定： 一、刑法第五條各款所列之罪。 二、臺灣地區公務員犯刑法第六條各款所列之罪者。 三、臺灣地區人民或對於臺灣地區人民，犯前二款以外之罪，而其最輕本刑爲三年以上有期徒刑者。但依香港或澳門之法律不罰者，不在此限。 香港或澳門居民在外國地區犯刑法第五條各款所列之罪者；或對於臺灣地區人民犯前項第一款、第二款以外之罪，而其最輕本刑爲三年以上有期徒刑，且非該外國地區法律所不罰者，亦同。
第 44 條	同一行爲在香港或澳門已經裁判確定者，仍得依法處斷。但在香港或澳門已受刑之全部或一部執行者，得免其刑之全部或一部之執行。
第 45 條	香港或澳門居民在臺灣地區以外之地區，犯內亂罪、外患罪，經許可進入臺灣地區，而於申請時據實申報者，免予追訴、處罰；其進入臺灣地區參加中央機關核准舉辦之會議或活動，經主管機關專案許可免予申報者，亦同。
第 46 條	香港或澳門居民及經許可或認許之法人，其權利在臺灣地區受侵害者，享有告訴或自訴之權利。 未經許可或認許之香港或澳門法人，就前項權利之享有，以臺灣地區法人在香港或澳門享有同等權利者爲限。

（續下頁）

（承上頁）

條款	香港澳門關係條例條文
第 46 條	依臺灣地區法律關於未經認許之外國法人、團體或其他機構得為告訴或自訴之規定，於香港或澳門之法人、團體或其他機構準用之。
第五章　罰則	
第 47 條	使香港或澳門居民非法進入臺灣地區者，處五年以下有期徒刑、拘役或科或併科新臺幣五十萬元以下罰金。 意圖營利而犯前項之罪者，處一年以上七年以下有期徒刑，得併科新臺幣一百萬元以下罰金。 前二項之未遂犯罰之。
第 48 條	中華民國船舶之所有人、營運人或船長、駕駛人違反第二十四條第一項所限制或禁止之命令者，處新臺幣一百萬元以上一千萬元以下罰鍰，並得處該船舶一定期間停航，或註銷、撤銷其有關證照，及停止或撤銷該船長或駕駛人之執業證照或資格。 香港或澳門船舶之所有人、營運人或船長、駕駛人違反第二十四條第二項所為限制或禁止之命令者，處新臺幣一百萬元以上一千萬元以下罰鍰。 外國船舶違反第二十五條所為限制或禁止之命令者，處新臺幣三萬元以上三十萬元以下罰鍰，並得定期禁止在中華民國各港口裝卸客貨或入出港。 第一項及第二項之船舶為漁船者，其罰鍰金額為新臺幣十萬元以上一百萬元以下。
第 49 條	在中華民國登記之民用航空器所有人、使用人或機長、賀駛員違反第二十六條第一項之許可或所為限制或禁止之命令者，處新臺幣一百萬元以上一千萬元以下罰鍰，並得處該民用航空器一定期間停航，並註銷、撤銷其有關證書，及停止或撤銷該機長或賀駛員之執業證書。 在香港或澳門登記之民用航空器所有人、使用人或機關長、駕駛員違反第二十六條第一項之許可或所為限制或禁止之命令者，處新臺幣一百萬元以上一千萬元以下罰鍰。

（續下頁）

（承上頁）

條款	香港澳門關係條例條文
第 50 條	違反第三十條許可規定從事投資或技術合作者，處新臺幣十萬元以上五十萬元以下罰鍰，並得命其於一定期限內停止投資或技術合作；逾期不停止者，得連續處罰。
第 51 條	違反第三十二條規定者，處新臺幣三百萬元以上一千五百萬元以下罰鍰，並得命其一定期限內停止設立行為；逾期不停止者，得連續處罰。
第 52 條	違反第三十三條第二項所為之限制或禁止進出臺灣地區之命令者，其未經申報之幣券由海關沒入。 違反第三十三條第二項所為之限制或禁止在臺灣地區買賣、兌換或其他交易行為之命令者，其幣券及價金沒入之。中央銀行指定辦理外匯業務之銀行或機構違反者，並得由中央銀行按其情節輕重，停止其一定期間經營全部或一部外匯之業務。
第 53 條	違反依第三十四條所定辦法發布之限制或禁止命令者，處新臺幣三百萬元以上一千五百萬元以下罰鍰。中央銀行指定辦理外匯業務之銀行違反者，並得由中央銀行按其情節輕重，停止其一定期間經營全部或一部外匯之業務。
第 54 條	違反第二十三條規定者，處新臺幣四萬元以上二十萬元以下罰鍰。 前項出版品、電影片、錄影節目或廣播電視節目、不問屬於何人所有，沒入之。
第 55 條	本條例所定罰鍰，由各有關機關處罰；經限期繳納逾期未繳納者，移送法院強制執行。
第六章　附則	
第 56 條	臺灣地區與香港或澳門司法之相互協助，得依互惠原則處理。
第 57 條	臺灣地區與大陸地區直接通信、通航或通商前，得視香港或澳門為第三地。
第 58 條	香港或澳門居民，就入境及其他依法律規定應經許可事項，於本條例施行前已取得許可者，本條例施行後，除該許可所依據之法規或事實發生變更或其他依法應撤銷者外，許可機關不得撤銷其許可或變更許可內容。

（續下頁）

第八章

（承上頁）

條款	香港澳門關係條例條文
第 59 條	各有關機關及第六條所規定之機構或民間團體，依本條例規定受理申請許可、核發證照時，得收取審查費、證照費；其收費標準由各有關機關定之。
第 60 條	本條例施行前，香港或澳門情況發生變化，致本條例之施行有危害臺灣地區安全之虞時，行政院得報請總統依憲法增修條文第二條第四項之規定，停止本條例一部或全部之適用，並應即將其決定附具理由於十日內送請立法院追認，如立法院二分之一不同意或不為審議時，該決定立即失效。恢復一部或全部適用時，亦同。 本條例停止適用之部分，如未另定法律規範，與香港或澳門之關係，適用臺灣地區與大陸地區人民關係條例相關規定。
第 61 條	本條例施行細則，由行政院定之。
第 62 條	本條例施行日期，由行政院定之。但行政院得分別情形定其一部或全部之施行日期。 本條例中華民國九十五年五月五日修正之條文，自中華民國九十五年七月一日施行。

二、香港澳門關係條例細則

表 8-2　香港澳門關係條例細則

條文	香港澳門關係條例細則條文
第 1 條	本細則依香港澳門關係條例（以下簡稱本條例）第六十一條規定訂定之。
第 2 條	本條例所稱大陸地區，係指臺灣地區以外，但不包括香港及澳門之中華民國領土；所稱大陸地區人民，指在大陸地區設有戶籍或臺灣地區人民前往大陸地區繼續居住逾四年之人民。
第 3 條	本條例第四條第一項所稱香港護照，係指由香港政府或其他有權機構核發，供香港居民國際旅行使用，具有護照功能之旅行證照。
第 4 條	本條例第四條第二項所稱澳門護照，係指由澳門政府或其他有權機構核發，供澳門居民國際旅行使用，具有護照功能之旅行證照。

（續下頁）

（承上頁）

條文	香港澳門關係條例細則條文
第 5 條	香港居民申請進入臺灣地區或在臺灣地區主張其為香港居民時，相關機關得令其陳明未持有英國國民（海外）護照或香港護照以外旅行證照之事實或出具證明。
第 6 條	澳門居民申請進入臺灣地區或在臺灣地區主張其為澳門居民時，相關機關得令其陳明未持有葡萄牙護照或澳門護照以外旅行證照之事實或出具證明。 前項葡萄牙護照，以葡萄牙結束其治理前，於澳門取得者為限。
第 7 條	本條例第四條第三項所稱取得華僑身分者，係指取得僑務委員會核發之華僑身分證明書者。 香港或澳門居民主張其已取得前項華僑身分者，應提出前項華僑身分證明書，必要時，相關機關得向僑務委員會查證。
第 9 條	依本條例第六條第一項在香港或澳門設立或指定之機構或委託之民間團體，處理臺灣地區與香港或澳門往來有關事務時，其涉及外國人民或政府者，主管機關應洽商外交部意見。
第 10 條	本條例第八條第二項所稱人員，係指該機構之派駐人員。
第 11 條	本條例第九條所稱驗證，包括駐外館處文件證明辦法所規定之各項文件證明事務。
第 12 條	本條例第九條之機構或民間團體辦理驗證，準用駐外館處文件證明辦法之規定。
第 13 條	本條例第十條所稱一般之出境規定，係指規範臺灣地區人民前往大陸地區以外國家或地區之相關法令規定。
第 14 條	內政部依本條例第十二條第二項規定酌定配額時，應衡酌香港或澳門居民在臺灣地區居留及定居情形，會商主管機關就港澳政策加以考量，報請行政院核定後公告之。
第 15 條	本條例施行前，經許可在臺灣地區居留之香港或澳門居民，除來臺就學者外，得視同本條例第四條第三項之香港或澳門居民，受聘僱在臺灣地區工作。

（續下頁）

第八章

（承上頁）

條文	香港澳門關係條例細則條文
第 16 條	本條例施行前，香港或澳門居民已在臺灣地區工作，無需許可，而依本條例第十三條，須經許可方得工作者，應於本條例施行之日起，六個月內依相關規定申請許可，逾期未辦理者，為未經許可。相關機關處理前項申請許可，必要時，得會商主管機關提供意見。
第 17 條	本條例第十四條第一項所稱治安機關，係指依法令有偵查或調查犯罪職權，或關於特定事項，依法令得行使偵查或調查犯罪職權或辦理強制出境事務之機關。
第 18 條	本條例第十四條第一項第一款所稱未經許可入境者，包括持偽造、變造之護照、旅行證或其他相類似之書證入境或以虛偽陳述、隱瞞重要事實或其他非法之方法入境者在內。
第 19 條	本條例第十四條第一項第四款所稱有事實足認為有犯罪行為者，係指涉及刑事案件，經治安機關依下列事證認定屬實者： 一 檢舉書、自白書或鑑定書。 二 照片、錄音或錄影。 三 警察或治安人員職務上製作之筆錄或查證報告。 四 檢察官之起訴書、處分書或審判機關之裁判書。 五 其他具體事證。
第 20 條	本條例第十四條第一項第五款所稱有事實足認為有危害國家安全或社會安定之虞者，指有下列情形之一： 一、曾參加或資助內亂、外患團體或其活動而隱瞞不報者。 二、曾參加或資助恐怖或暴力非法組織或其活動而隱瞞不報者。 三、在臺灣地區外涉嫌重大犯罪或有犯罪習慣者。
第 21 條	香港或澳門居民經強制出境者，治安機關應將其身分資料、出境日期及法令依據，送內政部警政署入出境管理局建檔備查。
第 22 條	依本條例第十四條規定強制香港或澳門居民出境前，其有下列各款情事之一者，於其原因消失後強制出境： 一、懷胎五月以上或生產、流產後二月未滿者。 二、罹患疾病而強制其出境有生命危險之虞者。

（續下頁）

（承上頁）

條文	香港澳門關係條例細則條文
第 22 條	香港或澳門居民於強制出境前死亡者，由指定之機構依規定取具死亡證明書等文件後，連同遺體或骨灰交由同機 (船) 或其他人員於強制出境時攜返。
第 23 條	本條例第十六條所稱擔任軍職，係指依陸海空軍軍官士官任官條例及陸海空軍軍官士官任職條例擔任軍職。但不包括服義務役者在內。
第 24 條	經主管機關依本條例第十七條認定，受聘僱達相當期間之駐香港或澳門機構在當地聘僱之人員，得申請來臺定居，其申請，由其聘僱機構核轉內政部警政署入出境管理局核發臺灣地區定居證。 前項人員之父母、配偶、未成年子女及其配偶之父母隨同申請者，亦同。 前二項人員入境後，應即依相關規定辦理戶籍登記。
第 25 條	主管機關於有本條例第十八條之情形時，除其他法令另有規定外，應報請行政院專案處理。
第 26 條	本條例第二十三條之香港或澳門出版品、電影片、錄影節目及廣播電視節目，文化部得授權香港或澳門之民間團體認定並出具證明。
第 27 條	本條例第二十四條所稱中華民國船舶，係指船舶法第二條各款所列之船舶；所稱香港或澳門船舶，係指在香港或澳門登記並與其有真正連繫之船舶。但不包括軍用或公務船舶。
第 28 條	本條例第二十六條第二項所稱臺北飛航情報區，係指國際民航組織所劃定，由臺灣地區負責提供飛航情報服務及執行守助業務之空域。
第 29 條	本條例第二十八條第三項所稱因加計其香港或澳門所得及其國外所得，而依其適用稅率計算增加之應納稅額，其計算公式如下： （臺灣地區所得額＋大陸地區所得額＋香港或澳門所得額＋國外所得額）×稅率－累進差額＝營利事業全部所得額應納稅額 （臺灣地區所得額＋大陸地區所得額）×稅率－累進差額＝營利事業臺灣地區及大陸地區所得額應納稅額營利事業全部所得額應納稅額－營利事業臺灣地區及大陸地區所得額應納稅額＝因加計香港或澳門所得及國外所得而增加之結算應納稅額

（續下頁）

（承上頁）

條文	香港澳門關係條例細則條文
第 30 條	本條例第三十二條所稱臺灣地區金融保險機構，係指依銀行法、保險法、證券交易法、期貨交易法或其他有關法令設立或監督之本國金融、保險、證券及期貨機構。
第 31 條	金融監督管理委員會於許可臺灣地區金融保險機構在香港或澳門設立分支機構或子公司時，其許可應附有限制從事與政府大陸政策不符之業務或活動之條件。 違反前項許可設立之條件者，金融監督管理委員會得撤銷其許可。
第 32 條	本條例第三十三條所稱幣券，係指香港或澳門發行之貨幣、票據或有價證券。
第 33 條	本條例第三十三條第二項但書規定之申報，應以書面向海關為之，並由旅客自行封存於海關，於出境時准其將原幣券攜出。
第 34 條	本條例第三十四條所稱香港或澳門資金係指： 一　自香港、澳門匯入、攜入或寄達臺灣地區之資金。 二　自臺灣地區匯往、攜往或寄往香港、澳門之資金。 三　前二款以外進出臺灣地區之資金，依其進出資料顯已表明係屬香港、澳門居民、法人、團體或其他機構者。 本條例第四十二條第一項所稱管轄，係指強制執行法第四條之一請求許可執行之訴之管轄。
第 35 條	本條例第四十二條第一項所稱管轄，係指強制執行法第四條之一請求許可執行之訴之管轄。
第 36 條	在臺灣地區以外之地區犯內亂罪、外患罪之香港或澳門居民，經依本條例第四十五條規定據實申報或專案許可免予申報進入臺灣地區時，許可入境機關應即將申報書或專案許可免予申報書移送該管高等法院或其分院檢察署備查。 前項專案許可免予申報事項，由主管機關定之。
第 37 條	本細則自本條例施行之日施行。但有本條例第六十二條但書情形時，分別自本條例一部或全部施行之日施行。 本細則修正條文自發布日施行。

歷年試題精選

一、導遊實務（二）

( )　1.臺灣法院對居住在港澳的人士所發出的訴訟文書，其送達方式爲何？
　　　(A) 由法院逕行寄送　　　　　　　(B) 寄交香港警方代轉　　　　　(97 年外導)
　　　(C) 寄交香港法院代轉　　　　　　(D) 交由臺北經濟文化辦事處代爲郵寄

( )　2.香港或澳門居民繼承臺灣地區人民遺產之限額爲新臺幣：　　　　　(97 年外導)
　　　(A)200 萬元　　　(B)300 萬元　　　(C)400 萬元　　　(D) 無限額

( )　3.我國政府對於港澳事務的主管機關是：　　　　　　　　　　　　　(97 年外導)
　　　(A) 外交部　　　　　　　　　　　　(B) 內政部
　　　(C) 行政院大陸委員會　　　　　　(D) 僑務委員會

( )　4.依香港澳門關係條例及其施行細則之規定，香港事務局處理臺灣地區與香港往來
　　　有關事務時，其涉及外國人民或政府者，主管機關應洽商哪一個機關的意見？
　　　(A) 僑務委員會　　　　　　　　　　(B) 外交部　　　　　　　　　　(97 年外導)
　　　(C) 經濟部國際貿易局　　　　　　(D) 行政院大陸委員會

( )　5.中華民國政府駐在香港的機構，其在當地的名稱爲何？　　　　　　(98 年華導)
　　　(A) 香港事務局　　(B) 中華旅行社　　(C) 臺港文化中心　　(D) 臺港關係協會

( )　6.澳門居民阿盛是澳門某大學的會計系學生，他若想來臺執業，應準用何種身分報
　　　考臺灣的會計師執照？　　　　　　　　　　　　　　　　　　　　(98 年華導)
　　　(A) 臺灣人　　(B) 華僑　　(C) 大陸人　　(D) 外國人

( )　7.香港或澳門居民在我國有新臺幣多少萬元以上之投資，經中央目的事業主管機關
　　　審查通過者，得申請在臺灣地區居留？　　　　　　　　　　　　　(98 年華導)
　　　(A)500 萬元　　　(B)600 萬元　　　(C)1000 萬元　　　(D)2000 萬元

( )　8.以下何地不屬於「香港澳門關係條例」規定中的香港？　　　　　　(98 年華導)
　　　(A) 九龍半島　　(B) 新界　　(C) 澳門半島　　(D) 香港島

( )　9.港澳地區居民不具有華僑身分者，若想在臺灣競選立法委員，必須具備下列那項
　　　條件？　　　　　　　　　　　　　　　　　　　　　　　　　　　(98 年華導)
　　　(A) 在臺灣設籍滿一年　　　　　　(B) 在臺灣設籍滿十年
　　　(C) 在臺灣存款達新臺幣五百萬元　(D) 沒有規定

( )　10.臺灣地區人民有香港或澳門來源所得者，其香港或澳門來源所得，應如何處理？
　　　(A) 併綜合所得稅申報　　　　　　(B) 免納所得稅　　　　　　　　(98 年華導)
　　　(C) 就源課繳　　　　　　　　　　(D) 免徵營業稅

( ) 11. 澳門居民某甲為當地黑社會重要分子，在當地經常涉入重大犯罪，其申請來臺觀光時，並未說明其背景，且獲准入境，此時以如何處理本案為宜？ (98 年華導)

(A) 治安機關逕行強制某甲出境 　(B) 洽澳門警方共同處理
(C) 請國際刑警組織協調處理 　　(D) 請法院作出裁定後執行

( ) 12. 依香港澳門關係條例規定，對於涉及香港或澳門之民事事件係： (98 年華導)

(A) 類推適用涉外民事法律適用法之規定
(B) 類推適用民事訴訟法之規定
(C) 類推適用臺灣地區與大陸地區人民關係條例之規定
(D) 類推適用民法之規定

( ) 13. 香港、澳門居民依規定由我國發給之入出境證件污損或遺失者，應向我國何機關申請補發？ (98 年華導)

(A) 外交部領事事務局 　　　　(B) 警察局
(C) 內政部入出國及移民署 　　(D) 行政院大陸委員會

( ) 14. 進入我國之香港或澳門居民有下列那種情形時，我治安單位得逕行強制驅逐出境？ (98 年華導)

(A) 與我國人民結婚者 　　　　(B) 在我國境內投資者
(C) 未經許可入境者 　　　　　(D) 與人糾紛正在法院審理者

( ) 15. 香港澳門關係條例中所稱香港居民，係指具有下列何種資格，且未持有英國國民（海外）護照或香港護照以外之旅行證照者？ (98 年華導)

(A) 澳門永久居留資格 　　　　(B) 大陸地區永久居留資格
(C) 香港永久居留資格 　　　　(D) 華僑資格

( ) 16. 目前港澳地區的企業欲在臺灣設立分公司，準用何種身分受到公司法的規範？

(A) 港澳公司 　　　　　　　　(B) 大陸公司 (98 年華導)
(C) 外國公司 　　　　　　　　(D) 不受公司法規範

( ) 17. 欠稅限制出境之期間，自內政部入出國及移民署限制其出境之日起，不得逾多久？ (98 年華導)

(A)5 年 　　　　(B)6 年 　　　　(C)7 年 　　　　(D)8 年

( ) 18. 下列何者學歷可被我國政府認可，作為港澳學生來臺就學的學歷證明？ (98 年華導)

(A) 榮譽博士學位 　　　　　　(B) 函授課程證明
(B) 職業訓練的能力證明書 　　(C) 港澳各級學校的畢業證書

( ) 19. 我國對於香港或澳門專門職業的執業資格是否承認？ (99 年華導)

(A) 不予承認
(B) 均予承認
(C) 除醫師及律師資格以外，其他資格都不承認
(D) 準用外國政府專門職業及技術人員執業證書認可的相關規定辦理

(　) 20.港澳僑生須於畢業後 1 年內，返回原居地就業，須經多久之後方可申請來臺辦理
居留？　　　　　　　　　　　　　　　　　　　　　　　　　　　　　(99 年華導)
　　　(A)1 年　　　　　(B)2 年　　　　　(C)3 年　　　　　(D)5 年

(　) 21.港澳居民以船員身分隨船入境，可申請臨時停留許可證，其停留期間為自入境之
翌日起多少天？　　　　　　　　　　　　　　　　　　　　　　　　　(99 年華導)
　　　(A)3 天　　　　　(B)7 天　　　　　(C)14 天　　　　(D)21 天

(　) 22.香港或澳門居民如有未經許可而進入臺灣地區時，治安機關查獲後，應如何處
理？　　　　　　　　　　　　　　　　　　　　　　　　　　　　　　(99 年華導)
　　　(A) 得逕行強制出境　　　　　　　(B) 施予警告
　　　(C) 督促補辦手續　　　　　　　　(D) 處以刑責

(　) 23.臺灣居民赴港連續居住多少年，即可申請為香港永久居民？　　　(99 年華導)
　　　(A)3 年　　　　　(B)5 年　　　　　(C)7 年　　　　　(D)10 年

(　) 24.香港或澳門居民申請在臺灣居留，目前我國的配額限制為每年多少人？(99 年華導)
　　　(A)3,600 人　　　(B)3 萬人　　　　(C)4 萬人　　　(D) 無配額限制

(　) 25.港澳居民要在臺設籍滿多少年，才能登記為公職候選人？　　　　(99 年華導)
　　　(A)1 年以上　　　(B)3 年以上　　　(C)7 年以上　　　(D)10 年以上

(　) 26.依香港澳門關係條例之規定，臺灣地區人民在香港或澳門從事投資者，有關機關
之管理係採取何種制度？　　　　　　　　　　　　　　　　　　　　(99 年華導)
　　　(A) 報備制　　　　　　　　　　　(B) 許可制
　　　(C) 許可及報備並行制　　　　　　(D) 適用國人對外投資之管理制度

(　) 27.為規範及促進與香港及澳門之經貿、文化及其他關係，特制定何種法律？
　　　(A) 臺灣地區與大陸地區人民關係條例　　　　　　　　　　　　(100 年華導)
　　　(B) 香港澳門基本法
　　　(C) 入出國及移民法
　　　(D) 香港澳門關係條例

(　) 28.關於港澳居民參加我國的專門職業及技術人員考試，下列何者敘述為正確？
　　　(A) 準用外國人身分應考　　　　　　　　　　　　　　　　　　(100 年華導)
　　　(B) 只須繳驗學經歷證件即可，不必繳交港澳居民身分證件
　　　(C) 不得應考律師及中醫師
　　　(D) 不得應考導遊人員及領隊人員

(　) 29.我國派駐香港最高機構之對外名稱為：　　　　　　　　　　　　(100 年華導)
　　　(A) 臺北遠東貿易中心　　　　　　(B) 光華文化中心
　　　(C) 中華旅行社　　　　　　　　　(D) 華光旅運社

( ) 30.香港及澳門居民經許可進入我國，設有戶籍未滿多少年者，不得登記為公職候選人？ (100 年華導)

(A)25 年   (B)20 年   (C)10 年   (D)5 年

( ) 31.香港澳門關係條例中所稱之主管機關係指下列何一機關？ (100 年華導)

(A) 外交部   (B) 僑務委員會   (C) 行政院大陸委員會   (D) 內政部

( ) 32.香港澳門關係條例所稱「澳門居民」是指：①具有澳門永久居留資格②未持有澳門護照以外之旅行證照③雖持有葡萄牙護照但係於葡萄牙結束澳門治理前，於澳門取得者④於澳門居住滿三年者 (100 年華導)

(A) ①②   (B) ①②③   (C) ①②④   (D) ①②③④

( ) 33.攜帶瓦斯噴霧器、電擊棒、伸縮警棍等個人防身物品進入香港、澳門海關時，則下列敘述何者正確？ (100 年華導)

(A) 只要放在托運行李中就不會有問題

(C) 放在隨身行李中沒關係

(B) 只要不入境，轉機應該不會查

(D) 不管入境或轉機，托運及隨身行李中皆不可攜帶

( ) 34.香港或澳門居民經許可在臺灣地區定居並辦妥戶籍登記後，若須申請入出境，應依什麼身分辦理？ (101 年華導)

(A) 香港或澳門居民   (B) 大陸地區人民

(C) 外國地區人民   (D) 臺灣地區人民

( ) 35.香港或澳門之公司，在臺灣地區營業，依香港澳門關係條例，準用我國公司法有關什麼公司之規定？ (101 年華導)

(A) 本國公司   (B) 外國公司   (C) 大陸地區公司   (D) 有限公司

( ) 36.葡萄牙於哪一年結束澳門之治理？ (101 年華導)

(A) 民國 86 年   (B) 民國 87 年   (C) 民國 88 年   (D) 民國 89 年

( ) 37.香港在臺灣最先設立的正式機構為： (101 年華導)

(A) 香港旅遊發展局   (B) 香港貿易發展局

(C) 港臺經濟文化合作協進會   (D) 香港經濟文化辦事處

( ) 38.香港澳門關係條例所稱「香港」，係指香港島、九龍半島及下列何者？ (101 年華導)

(A) 維多利亞島   (B) 灣仔島   (C) 新界及其附屬部分   (D) 青州島

( ) 39.香港澳門關係條例中，對居民的定義，下列何者正確？ (101 年華導)

(A) 具有香港永久居留資格，且持有英國國民（海外）護照者，為「香港居民」

(B) 具有澳門永久居留資格，且未持有澳門護照以外之旅行證照者，為「澳門居民」

(C) 在香港居住之人士，且未持有英國國民（海外）護照或香港護照以外之旅行證照者，為「香港居民」

(D) 具有澳門永久居留資格，且持有葡萄牙結束治理後於澳門取得之護照者，為「澳門居民」

( ) 40.澳門居民在澳門應向我派駐之何種機關申請來臺之入出境證？ (101 年外導)

(A) 香港中華旅行社　　　　　　　　(B) 臺北經濟文化辦事處

(C) 欣安服務中心　　　　　　　　　(D) 內政部入出國及移民署

( ) 41.西元 2005 年就任之香港特首爲何人？ (101 年外導)

(A) 董建華　　　(B) 曾蔭權　　　(C) 唐英年　　　(D) 許仕仁

( ) 42.民事事件涉及香港或澳門時，應用下列何種法律解決？ (101 年外導)

(A) 適用我國民法　　　　　　　　　(B) 準用我國民法

(C) 適用香港或澳門之民事法典　　　(D) 類推適用涉外民事法律適用法

( ) 43.國人某甲在澳門犯重傷害罪，案經澳門法院判刑且執行完畢後，將其遣返臺灣，我國應如何處理？ (101 年華導)

(A) 基於「一事不再理」之原則，我司法機關不得再行處斷

(B) 應維持「司法獨立」之原則，重行依我國法律處斷

(C) 應採取「相互尊重」之原則，依澳門法院審理結果加以執行

(D) 仍應依我國法律處斷，但得免某甲刑罰全部或一部之執行

( ) 44.香港或澳門居民及經許可或認許之法人，其權利在臺灣地區受侵害時，得爲何種救濟行爲？ (101 年華導)

(A) 得有告訴或自訴之權利　　　　　(B) 不得提起告訴或自訴

(C) 最重本刑在 3 年以上，始得告訴　(D) 申經許可，始得告訴

( ) 45.香港西元 2012 年立法會議員選舉中所謂的「超級議席」，所指爲何？ (102 年華導)

(A) 由 60 席議員增加至 70 席，超出 10 席（5 席由地區直選，5 席由功能組別中之區議員產生）

(B) 此 10 席議員，全部由香港居民 1 人 1 票直選產生

(C) 在功能組別增加的 5 席，由全港合格選民投票選出

(D) 在地區直選的 5 席，由地區合格選民投票選出

( ) 46.下列有關臺港關係目前發展的敘述，何者錯誤？ (102 年華導)

(A) 民國 101 年時雙方互爲第四大貿易夥伴

(B) 臺港已簽訂空運協議、銀行監理合作備忘錄

(C) 臺灣駐港辦事處已更名、香港在臺新設立辦事處

(D) 香港與臺灣已簽訂「更緊密經貿關係安排（CEPA）」

( ) 47.在入境澳門時，不准攜帶下列那項物品？ (102 年華導)

(A) 殺蟲劑　　　(B) 食用水果　　　(C) 生鮮雞蛋　　　(D) 種植用種子

( ) 48.根據「香港特別行政區基本法」、「澳門特別行政區基本法」之規定，下列何者並非中國大陸對港澳所謂「一國兩制」方針的承諾範圍？ (102 年華導)

(A)「港人治港」、「澳人治澳」

(B)「高度自治」

(C)「依中央授權，自行處理對外事務」

(D)「完全自治」

( ) 49. 下列有關港澳學生來臺就學的醫療保險事項，何者敘述正確？ (102 年華導)
  (A) 因港澳生不再屬僑生範疇，故不適用加入僑生傷病醫療保險
  (B) 因港澳生比照陸生，在政策未確認前亦未加入全民健保
  (C) 港澳生仍比照僑生，先加入僑生傷病醫療保險，在臺居留滿 4 個月後加入全民健保
  (D) 港澳視為第三地，故港澳生準用外國學生加入學生醫療保險處理

( ) 50. 民國 101 年 5 月香港特區政府在臺成立綜合性的統籌機構，其全名為何？
  (A) 香港旅遊局臺灣辦事處   (B) 港臺經濟文化合作協進會 (102 年華導)
  (C) 香港經濟貿易文化辦事處   (D) 港臺商貿合作委員會

( ) 51. 國人赴港澳投資，為便利個人及企業投資商機之取得，金額分別在多少以下，可適用先投資事後 6 個月內辦理報備之規定？ (103 年華導)
  (A) 個人 100 萬美金、企業 1000 萬美金以下
  (B) 個人 250 萬美金、企業 2500 萬美金以下
  (C) 個人 300 萬美金、企業 3000 萬美金以下
  (D) 個人 500 萬美金、企業 5000 萬美金以下

( ) 52. 香港居民某甲夫婦欲來臺投資及工作，應向何機關申請？ (103 年華導)
  (A) 行政院大陸委員會、勞動部   (B) 行政院大陸委員會、僑務委員會
  (C) 經濟部、勞動部   (D) 香港中華旅行社、香港遠東貿易中心

( ) 53. 澳門與下列中國大陸那一個城市接鄰？ (103 年華導)
  (A) 深圳   (B) 珠海   (C) 東莞   (D) 中山

( ) 54. 臺灣地區某大學組團經香港前往中國大陸山東進行學術交流，在機場辦理登機手續時，某甲看到帶團顧問在口袋中放了 1 支電擊棒。甲驚呼：「電擊棒是香港法律禁止攜帶的物品，若經查獲會被起訴。」乙說：「藏在背包裏就好了。」丙說：「塞在託運行李就沒事。」丁強調：「我們只是經香港轉機赴中國大陸，沒關係！」上述那一位的說法正確？ (103 年華導)
  (A) 甲   (B) 乙   (C) 丙   (D) 丁

( ) 55. 香港特區政府擬於西元 2012 年 9 月 3 日的中小學新學期開設下列何種課程，因該課程指引含糊，偏頗不客觀，引發洗腦、思想改造疑慮，學生、家長組成聯盟，發起遊行、靜坐、絕食活動，要求港府撤回開設課程的決議？ (103 年華導)
  (A) 民主憲政   (B) 法治教育   (C) 生活規範   (D) 德育及國民教育

( ) 56. 香港、澳門主權移轉給中國大陸各在西元那一年？ (103 年華導)
  (A)1997，1999   (B)1998，1999   (C)1996，1997   (D)1999，2000

解答

1.(D)	2.(D)	3.(C)	4.(B)	5.(B)	6.(D)	7.(A)	8.(C)	9.(B)	10.(B)
11.(A)	12.(A)	13.(C)	14.(C)	15.(C)	16.(C)	17.(A)	18.(C)	19.(D)	20.(B)
21.(B)	22.(A)	23.(C)	24.(D)	25.(C)	26.(C)	27.(D)	28.(A)	29.(C)	30.(C)
31.(C)	32.(B)	33.(D)	34.(D)	35.(B)	36.(C)	37.(B)	38.(C)	39.(B)	40.(B)
41.(B)	42.(D)	43.(D)	44.(A)	45.(C)	46.(D)	47.(C)	48.(D)	49.(C)	50.(C)
51.(D)	52.(C)	53.(B)	54.(A)	55.(D)	56.(A)				

試題解析

1. 行政院大陸委員會香港事務局（駐地名稱為「臺北經濟文化辦事處」），該辦事處業務包括促進臺港間經貿、投資、金融、商務、文化、教育、觀光、科技、交通、運輸、醫療、公共衛生、食品安全等方面之交流合作。

2. 詳見「香港澳門關係條例」第38條。

3. 詳見「香港澳門關係條例」第5條。

4. 詳見「香港澳門關係條例」第38條與「香港澳門關係條例細則」第9條。

5. 其名稱於民國100年改為「臺北經濟文化辦事處」。

6. 詳見「香港澳門關係條例」第21條。

7. 依「香港澳門居民進入臺灣地區及居留定居許可辦法」第17條第五款：「在臺灣地區有新臺幣五百萬元以上之投資，經中央目的事業主管機關審查通過者。」

8. 詳見「香港澳門關係條例」第2條。

9. 詳見「香港澳門關係條例」第16條。

10. 詳見「香港澳門關係條例」第28條。

11. 詳見「香港澳門關係條例」第14條。

12. 詳見「香港澳門關係條例」第38條。

13. 詳見「香港澳門關係條例」第11條。

14. 詳見「香港澳門關係條例」第14條。

15. 詳見「香港澳門關係條例」第4條。

16. 詳見「香港澳門關係條例」第31條。

17. 「稅捐稽徵法」部份條文修正案，大幅放寬欠稅的限制出境額度。個人部分，放寬到100萬元、營利事業則放寬到200萬元。限制出境期間，也從原先的無期間限制，改為從限制出境之日起，不得超過五年。

18. 詳見「香港澳門關係條例」第20條。

19. 詳見「香港澳門關係條例」第21條。

20. 依據「香港澳門關係條例」第4條、第13條、第59條及本條例施行細則第15條、第16條規定：「取得華僑身分香港澳門居民聘僱及管理辦法；就業服務法第五章至第七章規定，申請許可在臺工作之香港澳門居民，其在臺工作期間不得轉換雇主及工作，工作期限最長為二年，期滿後如有繼續聘僱必要者，雇主得申請展延，展延以一年為限。」

21. 香港、澳門居民申請臨時入境停留可30天，但是以船員身分只能停留7天。

22. 詳見「香港澳門關係條例」第14條。

24. 只要符合「香港澳門居民進入臺灣地區及居留定居許可辦法」第17條規定，提出申請即可在臺居留。

25. 詳見「香港澳門關係條例」第16條。

26. 詳見「香港澳門關係條例」第31條。

27. 詳見「香港澳門關係條例」第1條。

28. 詳見「香港澳門關係條例」第21條。

29. 民國86年之前，臺灣駐香港機構以「中華旅行社」之商業機構名義運作(相對之中國大陸於香港之簽證機構為中國旅行社)，民國86年7月1日，更名「香港事務局」，之後於民國100年7月15日正式對外以「臺北經濟文化辦事處」名義運作。

30. 詳見「香港澳門關係條例」第16條。

31. 詳見「香港澳門關係條例」第5條。

32. 詳見「香港澳門關係條例」第4條。

33. 香港、澳門地區將電擊棒、瓦斯噴霧器、伸縮警棍等列為絕對禁止攜帶之管制品，無論隨身或置於託運行李，一經查獲，將遭到當地海關檢控。

34. 只要已辦妥戶籍登記後，即為臺灣地區人民。

35. 詳見「香港澳門關係條例」第31條。

36. 澳門政權於1999年12月20日由葡萄牙移交至中華人民共和國，結束澳門的殖民地時期。

37. 香港貿易發展局於2008年12月5日成立。香港經濟貿易文化辦事處（是中華人民共和國香港特別行政區政府政制及內地事務局轄下，常駐於臺灣的部門，專責臺港相關的經濟、貿易及文化等事務），成立於2011年12月19日。

38. 詳見「香港澳門關係條例」第2條。

39. 詳見「香港澳門關係條例」第4條。

40. 行政院大陸委員會在澳門的辦事處（駐地名稱為「臺北經濟文化辦事處」），該辦事處業務功能將包括促進臺港間經貿、投資、金融、商務、文化、教育、觀光、科技、交通、運輸、醫療、公共衛生、食品安全等方面之交流合作。

41. 現任為梁振英，每屆任期5年，當選第四屆行政長官，於2012年7月1日正式就職。

42. 詳見「香港澳門關係條例」第38條。

43. 詳見「香港澳門關係條例」第44條。

44. 詳見「香港澳門關係條例」第46條。

45. 區議會（第二）俗稱超級區議員或超級區議會，是指於2012年香港立法會選舉，五個由區議員擁有參選權、提名權，並由全港未有其他功能組別投票權的選民（不包括因所屬界別候選人自動當選而失去功能組別投票機會的選民）一人一票選出的議席。使用「超級」一詞，是因爲有關議員很可能以數十萬票當選，遠高於一般地區直選的議員以及行政長官，同時也要經歷兩次選舉。其後當局正式將之命名爲「區議會（第二）功能界別」，而原有區議員互選產生的「區議會功能界別」則改稱「區議會（第一）功能界別」。

46. 大陸與香港及澳門兩個特別行政區政府簽訂的特別政策，先後於2003年6月29日及10月18日簽訂「內地與香港關於建立更緊密經貿關係的安排」（Mainland and Hong Kong Closer Economic Partnership Arrangement，CEPA）及「內地與澳門關於建立更緊密經貿關係的安排」（英文名稱：Mainland and Macao Closer Economic Partnership Arrangement，CEPA）。

47. 行政長官行使「澳門特別行政區基本法」第五十條賦予的職權，並根據經第7/2003號法律「對外貿易法」第九條第四款及第五款，以及第28/2003號行政法規「對外貿易活動規章」第十八條第二款的規定，作出本批示。其中乳類製品；禽蛋，除鮮禽蛋除外；天然蜜糖；未列明食用動物產品。

49. 香港或澳門居民來臺就學仍比照僑生之權益，可享有僑保、僑生工讀及各項獎助學金。依據「全民健康保險法」規定：「持居留證港澳生自在臺居留滿四個月起，應一律參加全民健保。新生自抵臺日起算至居留未滿四個月期間，仍照舊辦理僑生傷病醫療保險。」

50. 香港經濟貿易文化辦事處（是中華人民共和國香港特別行政區政府政制及內地事務局轄下，常駐於臺灣的部門，專責臺港相關的經濟、貿易及文化等事務），成立於2011年12月19日。

51. 依據「香港澳門關係條例」第30條、「對香港澳門投資或技術合作審核處理辦法」、「外匯收支或交易申報辦法」第6條規定，臺灣地區人民、法人、團體等欲前往香港或澳門投資，應依對香港澳門投資或技術合作審核處理辦法，向經濟部投資審議委員會(以下簡稱投審會)提出申請。爲便利個人及企業對外投資商機之取得，其投資金額分別在美金500萬元及美金5000萬元以下者，可適用先投資事後6個月內辦理報備之規定，至於超過上列投資金額者則須事先向投審會申請獲准後，方可進行。

52. 行政院大陸委員會香港事務局（也稱香港事務局、臺北經濟文化辦事處）是中華民國政府駐香港最高辦事機構，隸屬於行政院大陸委員會，專責處理臺、港關係的相關事務。香港事務局下設五組，服務組、聯絡組、綜合組、新聞組又稱爲「光華新聞文化中心」以及商務組負責經貿、投資等事項，以及大陸商情的蒐集，對外稱爲「遠東貿易服務中心駐香港辦事處」

53. 澳門與珠海接鄰。

54. 旅客前往或自大陸、香港及澳門等地出發時，某些物品（如電擊棒、瓦斯噴霧器及伸縮警棍）即使爲託運，也視爲禁運品。

55. 香港特區政府擬於2012年9月3日的中小學新學期開設德育及國民教育課程，因該課程指引含糊，偏頗不客觀，引發洗腦、思想改造疑慮，學生、家長組成聯盟，發起遊行、靜坐、絕食活動，要求港府撤回開設課程的決議。

56. 香港於1997年、澳門於1999年主權移轉給中國大陸。

二、領隊實務（二）

( ) 1.我國依香港澳門關係條例，視港澳之地位為： (93 年華領)
    (A) 第三國
    (B) 特區
    (C) 中華民國固有疆域之部分大陸地區
    (D) 第三地政府

( ) 2.國人進入香港或澳門，應依下列何項規定辦理？ (93 年華領)
    (A) 依香港或澳門給予的簽證類別而不同
    (B) 依一般之出境規定辦理
    (C) 依一般之出境申報規定辦理
    (D) 依一般之出境規定辦理，但由旅行社代為辦理申報

( ) 3.香港澳門關係條例中，所稱之主管機關是： (93 年華領)
    (A) 外交部
    (B) 大陸委員會之香港事務局及澳門事務處
    (C) 大陸委員會
    (D) 各該主管機關（內政部、交通部、外交部等）

( ) 4.於香港登記之民用航空器，在何種條件下，得飛航臺港？ (94 年華領)
    (A) 經大陸委員會同意　　　　　(B) 經向我主管機關登記
    (C) 依臺港交換航權規定　　　　(D) 經我政府交通部許可

( ) 5.香港或澳門居民得依何種機關所訂定之許可辦法，申請在臺灣地區居留或定居？
    (A) 內政部　　　(B) 外交部　　　(C) 陸委會　　　(D) 僑委會　(94 年華領)

( ) 6.目前政府於香港派駐香港事務局，協助處理相關事務，該事務局係由哪一機關所
    派駐？ (94 年華領)
    (A) 內政部　　　(B) 外交部　　　(C) 陸委會　　　(D) 經濟部

( ) 7.同一犯罪行為如在香港或澳門已經裁判確定，則該犯罪行為在臺灣地區是否仍得
    處罰？ (94 年華領)
    (A) 仍得依法處罰　　　　　　　(B) 應予免罰
    (C) 不屬管轄範圍　　　　　　　(D) 依互惠原則處理

( ) 8.香港澳門關係條例中所稱香港，係指原由英國治理之香港島、九龍半島及什麼地
    區？ (94 年華領)
    (A) 避風塘及新界　　　　　　　(B) 新界及其附屬部分
    (C) 新界及路環島　　　　　　　(D) 澳門半島

第八章

( ) 9.香港或澳門居民來臺灣地區就學之敘述，下列何者正確？ (94 年華領)
　　(A) 應先經教育部許可並參加大學聯考及格
　　(B) 應先經兩地教育主管機關協商同意
　　(C) 應先取得臺灣地區人民身份
　　(D) 依教育部規定辦法即可申請來臺就學

( ) 10.香港特區政府中，對臺事務的專責單位是： (94 年華領)
　　(A) 政制事務局　　(B) 政務司　　(C) 律政司　　(D) 中央政策組

( ) 11.為規範及促進我政府與香港及澳門之關係，我政府所訂之法律為何？ (97 年華領)
　　(A) 香港關係條例、澳門關係條例　　(B) 香港澳門關係條例
　　(C) 臺灣地區與香港澳門關係條例　　(D) 香港澳門基本法

( ) 12.我國船舶在下述何種情形下，得限制或禁止其航行至香港或澳門？ (97 年華領)
　　(A) 航行的最終目的地是大陸地區　　(B) 危害臺灣地區安全
　　(C) 該船舶是權宜船　　(D) 該船舶僱用過多的大陸籍船工

( ) 13.臺灣與香港間飛航已行之有年，但在下列何種情況下，主管機關可禁止香港航空
　　器飛來臺灣？ (97 年華領)
　　(A) 航機上之乘客未備妥入臺證件
　　(B) 兩地飛航班機數不對等
　　(C) 情勢變更，有危及臺灣地區安全之虞
　　(D) 航機產生噪音過大

( ) 14.目前，港澳地區的居民在臺是否受到著作權法的保護？ (98 年華領)
　　(A) 在港澳出版的著作，在臺仍受到著作權法保護
　　(B) 其著作不受到臺灣的著作權法保護
　　(C) 要在臺灣出版的著作才受到相關法規保護
　　(D) 兩地的版權認定有所不同，因此無法判定是否可以受到保護

( ) 15.港澳居民申請臨時入出境臺灣，最久可以停留多久時間？ (98 年華領)
　　(A) 七天　　(B) 十四天　　(C) 三十天　　(D) 六十天

( ) 16.阿志從香港來臺定居多年，取得了臺灣護照，請問他的國籍是： (98 年華領)
　　(A) 中華人民共和國　　(B) 大不列顛國協
　　(C) 香港籍　　(D) 中華民國

( ) 17.來自香港的依婷即將臨盆，但其延長停留時間已將屆滿，請問依照規定她將會受
　　到何種處置？ (99 年華領)
　　(A) 馬上遣送回香港　　(B) 酌予延長停留時間
　　(C) 送到第三地待產　　(D) 留置靖廬

( ) 18.港澳地區居民來臺工作，其聘僱期限最久多長？ (99 年華領)
　　(A)1 年　　(B)2 年　　(C)3 年　　(D)5 年

(　　) 19.港澳僑生須於畢業後 1 年內，返回原居地就業，須經多久之後方可申請來臺辦理居留？　　　　　　　　　　　　　　　　　　　　　　　　　　(99 年華領)

(A)1 年　　　　　(B)2 年　　　　　(C)3 年　　　　　(D)5 年

(　　) 20.港澳居民要在臺設籍滿多少年，才能登記爲公職候選人？　　(99 年華領)

(A)1 年以上　　　(B)3 年以上　　　(C)7 年以上　　　(D)10 年以上

(　　) 21.我政府宣布從什麼時候起開放港澳居民來臺網路簽證？　　(100 年華領)

(A) 民國 93 年 11 月 1 日　　　　(B) 民國 94 年 1 月 1 日

(C) 民國 94 年 7 月 1 日　　　　　(D) 民國 94 年 10 月 1 日

(　　) 22.英國是在哪一年結束香港之治理？　　(100 年華領)

(A) 民國 85 年　　(B) 民國 86 年　　(C) 民國 87 年　　(D) 民國 88 年

(　　) 23.目前我政府派駐澳門機構在當地名稱爲：　　(100 年華領)

(A) 中華旅行社　　　　　　　　(B) 臺北貿易中心

(C) 孫逸仙文化中心　　　　　　(D) 臺北經濟文化中心

(　　) 24.港澳地區居民在當地要取得永久居留權，成爲「永久居民」，則必須住滿多久？

(A)4 年　　　　　(B)5 年　　　　　(C)7 年　　　　　(D)8 年　　(100 年華領)

(　　) 25.港澳居民來臺，依「香港澳門居民進入臺灣地區及居留定居許可辦法」規定，必要時得延長停留時間，最多可以延長多久？　　(100 年外領)

(A) 三個月　　　　(B) 六個月　　　　(C) 九個月　　　　(D) 十二個月

(　　) 26.臺灣地區與大陸地區直接通信、通航或通商前，依香港澳門關係條例之規定，得視香港或澳門爲：　　(100 年外領)

(A) 國外　　　　(B) 大陸地區　　　　(C) 境外　　　　(D) 第三地

(　　) 27.依規定港澳地區居民能否在臺開設新臺幣帳戶？　　(101 年華領)

(A) 可以，但必須準用外國人在臺的相關規範

(B) 不可以，因爲現在港澳是中國大陸的領土

(C) 可以，須請香港銀行代辦

(D) 沒有相關規定

(　　) 28.香港澳門關係條例所稱「澳門」是指澳門半島以及下列何者？　　(101 年華領)

(A) 氹仔島及大嶼山島　　　　　(B) 氹仔島及路環島

(C) 灣仔島及大嶼山島　　　　　(D) 灣仔島及路環島

(　　) 29.依規定港澳居民來臺就學畢業回港澳工作服務滿多久者，可申請在臺灣地區居留？　　(101 年華領)

(A)1 年　　　　　(B)2 年　　　　　(C)3 年　　　　　(D)4 年

第八章

( ) 30.為協助處理臺港間涉及公權力事務並結合民間力量推動臺港經貿文化交流，我政府在民國 99 年 5 月成立那一團體？ (101 年華領)

    (A) 臺港經濟文化合作策進會   (B) 港臺經濟文化合作協進會

    (C) 香港事務局   (D) 臺北經濟文化中心

( ) 31.香港或澳門居民有臺灣地區來源所得者，依規定該臺灣地區來源所得應如何課稅？ (101 年華領)

    (A) 免納所得稅   (B) 依所得稅法課徵所得稅

    (C) 免徵營業稅   (D) 全部得自應納稅額扣抵

( ) 32.臺灣自民國 99 年 9 月 1 日起實施港澳居民網路申辦來臺許可「不發證」、「不收費」簡化措施，香港則是在何時也對我實施國人可自行在網上免費辦理簽證措施？

    (A) 民國 100 年 5 月 1 日   (B) 民國 101 年 7 月 1 日 (102 年華領)

    (C) 民國 101 年 9 月 1 日   (D) 民國 102 年 1 月 1 日

( ) 33.澳門（MACAU）地名的由來是因為： (102 年華領)

    (A) 媽閣廟的葡萄牙語   (B) 大三巴的葡萄牙語

    (C) 媽祖的葡萄牙語   (D) 小島的葡萄牙語

( ) 34.國民所得是反映整體經濟活動的指標。民國 101 年，下列那個國家（地區）國民所得最高？ (102 年華領)

    (A) 新加坡   (B) 澳門   (C) 香港   (D) 馬來西亞

( ) 35.下列何者是澳門的代表性花卉？ (102 年華領)

    (A) 紫荊花   (B) 向日葵   (C) 蓮花   (D) 梅花

( ) 36.某甲以香港為單一旅遊目的地，其旅遊行程規劃不可能包括下列何處？ (103 年華領)

    (A) 香港島   (B) 九龍半島   (C) 新界   (D) 路環島

( ) 37.香港政府於民國 100 年獲准在臺設處，為香港居民在臺工作、學習、旅遊、商務和生活等方面提供綜合性服務，其名稱為何？ (103 年華領)

    (A) 香港經濟文化辦事處   (B) 香港經濟文化代表處

    (C) 香港經濟貿易文化辦事處   (D) 香港經濟貿易文化中心

( ) 38.臺灣民眾某甲投資澳門某娛樂場，未經向主管機關申請許可或備查手續，違反香港澳門關係條例規定，罰鍰為新臺幣多少萬元？ (103 年華領)

    (A)300 萬元至 1500 萬元   (B)100 萬元至 1000 萬元

    (C)10 萬元至 50 萬元   (D)5 萬元至 20 萬元

( ) 39.香港俗稱「拉布行動（filibuster）」是指甚麼？ (103 年華領)

    (A) 在議會中拉起布條的示威抗議舉動

    (B) 街頭遊行的高舉旗幟行為

    (C) 嘉年華會的慶祝活動

    (D) 阻礙議事進行的抗爭行動

1.(D)　　2.(B)　　3.(C)　　4.(D)　　5.(A)　　6.(C)　　7.(A)　　8.(B)　　9.(D)　　10.(A)
11.(A)　12.(B)　13.(C)　14.(A)　15.(C)　16.(D)　17.(A)　18.(D)　19.(B)　20.(D)
21.(B)　22.(B)　23.(D)　24.(B)　25.(A)　26.(D)　27.(A)　28.(B)　29.(B)　30.(D)
31.(B)　32.(C)　33.(A)　34.(B)　35.(C)　36.(D)　37.(C)　38.(C)　39.(D)

試題解析

1. 詳見「香港澳門關係條例」第57條。
2. 詳見「香港澳門關係條例」第10條。
3. 詳見「香港澳門關係條例」第5條。
4. 詳見「香港澳門關係條例」第26條。
5. 詳見「香港澳門關係條例」第12條。
6. 依據「香港澳門關係條例」第6條：「行政院得於香港或澳門設立或指定機構或委託民間團體，處理臺灣地區與香港或澳門往來有關事務。」香港事務局統籌處理香港事務，主管機關為行政院大陸委員會。
7. 詳見「香港澳門關係條例」第44條。
8. 詳見「香港澳門關係條例」第2條。
9. 詳見「香港澳門關係條例」第19條。
10. 香港主權移交後，對於中華民國的事務（對臺事務）分別由中聯辦及政制及內地事務局負責。民國100年，中華民國行政院大陸委員會於香港設置「臺北經濟文化辦事處」；香港則在臺灣設立「經濟貿易文化辦事處」。
11. 詳見「香港澳門關係條例」第1條。
12. 詳見「香港澳門關係條例」第24條。
13. 詳見「香港澳門關係條例」第26條。
14. 詳見「香港澳門關係條例」第36條。
15. 持有效期間6個月以上之香港或澳門護照（驗畢退還）與訂妥機船位，並於30日內離境之回程或離境機船票，至行政院核定之臺灣本島機場、港口申請（依本款規定申請者，收取證件費新臺幣300元）發給臨時入境停留通知單。
16. 領有臺灣護照者，國籍為中華民國。
17. 詳見「香港澳門關係條例細則」第22條。
18. 依據「香港澳門關係條例」第4條、第13條、第59條及本條例施行細則第15條、第16條規定：「取得華僑身分香港澳門居民聘僱及管理辦法；就業服務法第五章至第七章規定，申請許可在臺工作之香港澳門居民，其在臺工作期間不得轉換雇主及工作，工作期限最長為二年，期滿後如有繼續聘僱必要者，雇主得申請展延，展延以一年為限。」

19. 詳見「香港澳門關係條例」第16條。

20. 詳見「香港澳門關係條例」第57條。

21. 內政部入出國及移民署爲配合行政院「電子化政府推動方案」與「挑戰2008－國家重點發展計畫」之「觀光客倍增計畫」，於民國94年1月1日啓用港澳居民網路申請入臺證作業，申辦對象爲曾經來臺之香港、澳門居民及未曾來臺，但在香港、澳門出生之香港、澳門居民。從民國99年9月1日起實施的香港和澳門居民以網路申辦「臨時入境停留許可同意書」（俗稱電子簽），香港、澳門居民網路申辦來臺許可「不發證」、「不收費」簡化措施，有效期是3個月，申請人可以在臺灣停留30天。

22. 中華人民共和國政府和大不列顛及北愛爾蘭聯合王國政府（英國）根據1984年《中英聯合聲明》的雙方共同承諾，於1997年7月1日英國政府將香港移交中華人民共和國政府的歷史事件。

23. 民國100年，中華民國行政院大陸委員會於香港設置「臺北經濟文化辦事處」。由於香港、澳門兩地爲中華人民共和國的特別行政區，依「香港澳門關係條例」，駐兩地臺北經濟文化辦事處的主管機關爲大陸委員會，而非外交部。

24. 「香港澳門居民進入臺灣地區及居留定居許可辦法」第17條第13款規定：「在臺灣地區合法停留五年以上，且每年居住超過二百七十日，並對國家社會或慈善事業具有特殊貢獻，經主管機關會商有關機關審查通過者。」

25. 依據「香港澳門居民進入臺灣地區及居留定居許可辦法」第11條規定：「香港或澳門居民經許可進入臺灣地區者，停留期間自入境之翌日起，不得逾三個月，並得申請延期一次，期間不得逾三個月。」

26. 詳見「香港澳門關係條例」第57條。

27. 詳見「香港澳門關係條例」第34條。

28. 詳見「香港澳門關係條例」第2條。

29. 依「香港澳門居民進入臺灣地區及居留定居許可辦法」第16條第1項規定：「經中央目的事業主管機關核准來臺就學者或其畢業回香港或澳門服務滿二年者。」

30. 爲了提升臺灣與香港的互動與交流，由政府所積極主導籌設之法人組織「臺港經濟文化合作策進會」，與港方成立之「港臺經濟文化合作協進會」，共同做爲未來促進臺港間經貿及文化的交流，推動及整合相關合作事宜，進而加強提升官方間互動的平臺。

31. 詳見「香港澳門關係條例」第29條。

32. 從2012年9月1日起，符合條件的臺灣華籍居民，須透過「香港政府一站通」網頁預辦入境登記，免費辦理入境登記，核准後可於兩個月內進入香港特區2次，每次最長可停留30天。

33. 此名稱據說可能源自於「媽閣」的諧音，但是至目前爲止，考古界尚未發現「媽閣廟」在葡萄牙人登陸澳門前已存在的可靠證據。

35. 澳門特區區花爲蓮花；洋紫荊花則是香港的象徵。

36. 香港爲香港島、九龍半島、新界三大區域。

37. 香港政府於民國100年獲准在臺設處，香港與澳門特區政府分別於12月19日及2日在臺設立「香港經濟貿易文化辦事處」。

38. 臺灣民衆投資澳門，未經向主管機關申請許可或備查手續，違反「香港澳門關係條例」規定，罰鍰爲10萬元至50萬元。

39. 香港俗稱「拉布行動（filibuster）」是指阻礙議事進行的抗爭行動。

參考資料

1. 張五岳、張仕賢、蔡國裕等合著（2012）中國大陸研究（第三版），臺北：文京出版社。

2. 中國政府網http：//www.gov.cn/test/2005-08/11/content_27116.htm

3. 行政院大陸委員會http：//www.mac.gov.tw/mp.asp?mp＝1

4. GovHK香港政府一站通http：//www.gov.hk/tc/residents/

5. 澳門特別行政區政府網站http：//portal.gov.mo/web/guest/citizen/catpage?catid＝27

6. 財團法人臺灣海峽兩岸觀光旅遊協會http：//tst.org.tw/Page_Info.aspx?id＝35

7. 觀光局行政資訊系統http：//admin.taiwan.net.tw/law/law_d.aspx?no＝130&d＝494

8. ECFA兩岸經濟合作架構協議http：//www.ecfa.org.tw/RelatedDoc.aspx?pid＝3&cid＝5

9. 港澳人民關係條例http://www.mac.gov.tw/ct.asp?xItem＝63210&ctNode＝5654&mp＝1

10. 香港旅遊局http://www.discoverhongkong.com/tc/plan-your-trip/practicalities/immigration-and-customs/immigration.jsp

11. 澳門特別行政區海關http://bo.io.gov.mo/bo/i/2012/01/despce_cn.asp#452

導遊與領隊實務(二)

作　　者 / 石慶賀、張倩華、吳炳南
發 行 人 / 陳本源
執行編輯 / 顏采容
封面設計 / 翁千釉
出 版 者 / 全華圖書股份有限公司
郵政帳號 / 0100836-1號
印 刷 者 / 宏懋打字印刷股份有限公司
圖書編號 / 08161
初版一刷 / 2014年12月
定　　價 / 490元
I S B N / 978-957-21-9704-2
全華圖書 / www.chwa.com.tw
全華科技網 Open Tech / www.opentech.com.tw
若您對書籍內容、排版印刷有任何問題，歡迎來信指導book@chwa.com.tw

臺北總公司（北區營業處）
地址：23671新北市土城區忠義路21號
電話：(02) 2262-5666
傳眞：(02) 6637-3695、6637-3696

南區營業處
地址：80769高雄市三民區應安街12號
電話：(07) 381-1377
傳眞：(07) 862-5562

中區營業處
地址：40256臺中市南區樹義一巷26號
電話：(04) 2261-8485
傳眞：(04) 3600-9806

歡迎加入 全華會員

● **會員獨享**

會員享購書折扣、紅利積點、生日禮金、不定期優惠活動…等。

● **如何加入會員**

填妥讀者回函卡直接傳真 (02) 2262-0900 或寄回，將由專人協助登入會員資料，待收到
E-MAIL 通知後即可成為會員。

如何購買 全華書籍

1. **網路購書**

全華網路書店「http://www.opentech.com.tw」，加入會員購書更便利，並享有紅利積點
回饋等各式優惠。

2. **全華門市、全省書局**

歡迎至全華門市（新北市土城區忠義路 21 號）或全省各大書局、連鎖書店選購。

3. **來電訂購**

(1) 訂購專線：(02) 2262-5666 轉 321-324
(2) 傳真專線：(02) 6637-3696
(3) 郵局劃撥（帳號：0100836-1　戶名：全華圖書股份有限公司）

※ 購書未滿一千元者，酌收運費 70 元。

OpenTech.com.tw 全華網路書店

全華網路書店 www.opentech.com.tw
E-mail: service@chwa.com.tw

※ 本會員制如有變更則以最新修訂制度為準，造成不便請見諒。